U0231029

The Composition
Manual of
Cigarette Smoke and
Cigarette Butt

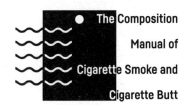

The Composition
Manual of
Cigarette Smoke and
Cigarette Butt

卷烟烟气、烟蒂成分手册

李力群　｜主编
李瑞丽

化学工业出版社
·北京·

内容简介

本书分为烟气焦油成分分析和烟蒂焦油成分分析两部分，通过吸烟机模拟卷烟抽吸，利用 GC/MS 方法，讲解了制备烟蒂焦油和烟气焦油及对其各成分的检测方法，主要包括烟气焦油、烟蒂焦油中挥发性香味成分的测定，生物碱、喹啉和吡啶等成分的分析方法，并采用硅胶柱色谱方法分别对烟气和烟蒂焦油进行分离，并对得到的各组分进行了详细剖析，为深入理解卷烟燃烧产生的化学成分、卷烟燃烧机制及吸烟对人体健康的影响提供了一定的理论基础和数据支持。

本书可供从事卷烟产品开发及相关行业的技术人员参考学习。

图书在版编目（CIP）数据

卷烟烟气、烟蒂成分手册/李力群，李瑞丽主编. 一北京：
化学工业出版社，2022.9
ISBN 978-7-122-41994-1

Ⅰ.①卷… Ⅱ.①李… ②李… Ⅲ.①烟气分析（烟草）-
手册②卷烟滤嘴-成分-手册 Ⅳ.①TS41-62②TS452-62

中国版本图书馆 CIP 数据核字（2022）第 147059 号

责任编辑：廉　静
文字编辑：张春娥
责任校对：宋　玮
装帧设计：王晓宇

出版发行：化学工业出版社
　　　　　（北京市东城区青年湖南街 13 号　邮政编码 100011）
印　　装：中煤（北京）印务有限公司
787mm×1092mm　1/16　印张 21　字数 521 千字
2022 年 11 月北京第 1 版第 1 次印刷

购书咨询：010-64518888
售后服务：010-64518899
网　　址：http://www.cip.com.cn
凡购买本书，如有缺损质量问题，本社销售中心负责调换。

定　　价：188.00 元

编写人员名单

主　　编：李力群　李瑞丽

副 主 编：乔月梅　陈　晨　郭春生　梁　淼

编写人员：李力群　李瑞丽　乔月梅　陈　晨　郭春生

　　　　　梁　淼　纪旭东　叶亚军　杜　赫　许艳冉

　　　　　田　数　张峻松　张文洁　杨泽恩　王新惠

前言

烟草是茄科一年生或有限多年生草本植物，人类吸食烟草已有几百年的历史。烟草中含有大量的烟碱（尼古丁），具有一定的致瘾性。卷烟原辅材料和香料等物质经过燃烧和裂解发生一系列复杂的化学反应，产生大量的化学成分，形成了卷烟烟气；吸烟者抽吸时形成的气溶胶一部分被烟蒂截留，另一部分从烟蒂末端流出，进入吸烟者口腔，因此，了解烟气焦油和烟蒂焦油的主要组成成分，有利于深入理解卷烟燃烧产生的化学成分、卷烟燃烧机制及了解吸烟对人体健康的影响。鉴于此，编制了《卷烟烟气、烟蒂成分手册》，旨在为烟草领域相关科研工作者针对卷烟烟气、烟蒂焦油的成分分析提供一定的理论基础和数据支持。

本手册分为烟气焦油成分分析和烟蒂焦油成分分析两部分。编者通过吸烟机模拟卷烟抽吸过程，并分别制备得到烟气焦油和烟蒂焦油，利用 GC/MS 技术对烟气焦油、烟蒂焦油中挥发性香味成分以及生物碱、喹啉和吡啶等成分进行测定分析。进一步采用硅胶柱色谱方法分别对烟气和烟蒂焦油进行分离制备，并对得到的各组分进行了详细分析，具有较强的实用性和指导性。

本书历经三年多的时间筹划，组织了 10 余名科技人员进行撰稿，并由主编李力群和李瑞丽负责统稿，不断修正完善。参编人员主要有：内蒙古昆明卷烟有限责任公司的李力群、乔月梅、陈晨、郭春生、纪旭东、叶亚军、杜赫、许艳冉、田数等；郑州轻工业大学的李瑞丽、梁淼、张峻松、张文洁、杨泽恩、王新惠等。本书在编撰过程中，得到了内蒙古昆明卷烟有限责任公司和郑州轻工业大学的大力支持，在此表示衷心感谢！

由于编者水平有限，书中难免存在不足和疏漏之处，衷心希望广大读者批评指正，以使本手册能更完整、更科学。

编者

2022 年 8 月

目录

第 1 部分　烟气焦油 ························ **001**

1　烟气焦油的分离制备工艺研究 ···································· 002
　　1.1　实验材料、试剂及仪器 ······································ 002
　　1.2　焦油的提取 ·· 002
　　　　1.2.1　溶剂的前处理 ·· 002
　　　　1.2.2　卷烟的抽吸 ·· 002
　　　　1.2.3　剑桥滤片前处理方法 ·································· 003
　　　　1.2.4　焦油含量的计算方法 ·································· 003
　　1.3　气相色谱质谱分析条件 ······································ 004
　　1.4　结果与分析 ·· 004

2　烟气焦油中香味成分的测定分析 ································ 005
　　2.1　实验材料、试剂及仪器 ······································ 005
　　2.2　实验方法 ·· 005
　　2.3　结果与分析 ·· 005

3　烟气焦油中挥发性香味成分的测定分析 ·························· 022
　　3.1　烟气焦油中中性香味成分的测定分析 ························ 022
　　　　3.1.1　实验材料、试剂及仪器 ······························ 022
　　　　3.1.2　实验方法 ·· 022
　　　　3.1.3　结果分析 ·· 023
　　3.2　烟气焦油中碱性成分的测定分析 ···························· 046
　　　　3.2.1　实验材料、试剂及仪器 ······························ 046
　　　　3.2.2　实验方法 ·· 047
　　　　3.2.3　结果与分析 ·· 048
　　3.3　烟气焦油中有机酸的测定分析 ······························ 049
　　　　3.3.1　实验材料、试剂及仪器 ······························ 049
　　　　3.3.2　实验方法 ·· 050

   3.3.3 结果与分析 ··· 051

  3.4 烟气焦油中酚类化合物的测定分析（GC-MS）·························· 053

   3.4.1 实验材料、试剂及仪器 ··· 053

   3.4.2 实验方法 ··· 053

   3.4.3 结果与分析 ··· 054

  3.5 烟气焦油中酚类化合物的测定分析（HPLC）·························· 055

   3.5.1 实验材料、试剂及仪器 ··· 055

   3.5.2 实验方法 ··· 056

   3.5.3 结果与分析 ··· 056

4 烟气焦油中生物碱的测定分析 ······································· 058

  4.1 实验材料、试剂及仪器 ·· 058

  4.2 实验方法 ·· 058

   4.2.1 萃取溶液及标准溶液的配制 ·· 058

   4.2.2 焦油中生物碱的萃取 ·· 059

   4.2.3 气相色谱质谱条件 ··· 059

  4.3 结果与分析 ··· 059

   4.3.1 工作曲线、检出限和定量限 ·· 059

   4.3.2 焦油中生物碱测定结果 ··· 059

5 烟气焦油中挥发性醛酮类的测定分析 ························ 061

  5.1 实验材料、试剂及仪器 ·· 061

  5.2 实验方法 ·· 061

  5.3 结果与分析 ··· 061

   5.3.1 工作曲线、检出限和定量限 ·· 061

   5.3.2 焦油中挥发性醛酮类测定结果 ····································· 062

6 烟气焦油中金属元素的测定分析 ······························· 063

  6.1 实验材料、仪器与试剂 ·· 063

  6.2 实验方法 ·· 063

   6.2.1 焦油的消解处理 ·· 063

   6.2.2 原子吸收的工作条件 ·· 064

   6.2.3 标准工作曲线的配制 ·· 064

  6.3 结果与分析 ··· 064

   6.3.1 焦油中金属元素测定方法的优化 ·································· 064

   6.3.2 标准工作曲线的线性关系 ··· 065

   6.3.3 焦油中镍、铬、铅、镉含量的测定结果 ······················· 065

7 烟气焦油中喹啉、吡啶的测定分析 ·································· 066

  7.1 实验材料、试剂及仪器 ·································· 066

  7.2 实验方法 ·································· 066

    7.2.1 萃取溶液及标准溶液的配制 ·································· 066

    7.2.2 焦油中喹啉、吡啶成分的萃取 ·································· 066

    7.2.3 气相色谱-质谱条件 ·································· 067

  7.3 结果与分析 ·································· 067

    7.3.1 工作曲线 ·································· 067

    7.3.2 焦油中喹啉、吡啶测定分析结果 ·································· 067

8 焦油的分级组分分析 ·································· 068

  8.1 实验材料、试剂及仪器 ·································· 068

  8.2 实验方法 ·································· 068

    8.2.1 流动相前处理 ·································· 068

    8.2.2 分级组分分离条件 ·································· 068

    8.2.3 气相色谱质谱条件 ·································· 069

  8.3 结果与分析 ·································· 069

    8.3.1 主流烟气焦油组分 10-1 成分结果分析 ·································· 069

    8.3.2 主流烟气焦油组分 10-2 成分结果分析 ·································· 076

    8.3.3 主流烟气焦油组分 10-3 成分结果分析 ·································· 085

    8.3.4 主流烟气焦油组分 10-4 成分结果分析 ·································· 096

    8.3.5 主流烟气焦油组分 10-5 成分结果分析 ·································· 101

    8.3.6 主流烟气焦油组分 10-6 成分结果分析 ·································· 106

    8.3.7 主流烟气焦油组分 10-7 成分结果分析 ·································· 111

    8.3.8 主流烟气焦油组分 10-8 成分结果分析 ·································· 115

    8.3.9 主流烟气焦油组分 10-9 成分结果分析 ·································· 120

    8.3.10 主流烟气焦油组分 10-10 成分结果分析 ·································· 123

第 2 部分　烟蒂焦油   **129**

9 烟蒂焦油的分离制备工艺研究 ·································· 130

  9.1 实验材料、试剂及仪器 ·································· 130

  9.2 焦油的提取 ·································· 130

    9.2.1 溶剂的前处理 ·································· 130

    9.2.2 卷烟的抽吸 ·································· 130

    9.2.3 烟蒂前处理方法 ·································· 131

    9.2.4 焦油含量的计算方法 ·································· 131

  9.3 气相色谱质谱分析条件 ·································· 131

9.4　结果与分析 ··· 132

10　烟蒂焦油中香味成分的测定分析 ································· 133
　　10.1　实验材料、试剂及仪器 ······································ 133
　　10.2　实验方法 ··· 133
　　10.3　结果与分析 ··· 133

11　烟蒂焦油中挥发性香味成分的测定分析 ····················· 164
　　11.1　烟蒂焦油中中性香味成分的测定分析 ··················· 164
　　　　11.1.1　实验材料、试剂及仪器 ····························· 164
　　　　11.1.2　实验方法 ·· 164
　　　　11.1.3　结果分析 ·· 165
　　11.2　烟蒂焦油中碱性成分的测定分析 ························· 191
　　　　11.2.1　实验材料、试剂及仪器 ····························· 191
　　　　11.2.2　实验方法 ·· 192
　　　　11.2.3　结果与分析 ··· 193
　　11.3　烟蒂焦油中有机酸的测定分析 ···························· 194
　　　　11.3.1　实验材料、试剂及仪器 ····························· 194
　　　　11.3.2　实验方法 ·· 195
　　　　11.3.3　结果与分析 ··· 196
　　11.4　烟蒂焦油中酚类化合物的测定分析（GC-MS）········· 198
　　　　11.4.1　实验材料、试剂及仪器 ····························· 198
　　　　11.4.2　实验方法 ·· 198
　　　　11.4.3　结果与分析 ··· 199
　　11.5　烟蒂焦油中酚类化合物的测定分析（HPLC）··········· 200
　　　　11.5.1　实验材料、试剂及仪器 ····························· 200
　　　　11.5.2　实验方法 ·· 201
　　　　11.5.3　结果与分析 ··· 201

12　烟蒂焦油中生物碱的测定分析 ································· 203
　　12.1　实验材料、试剂及仪器 ······································ 203
　　12.2　实验方法 ··· 203
　　　　12.2.1　萃取溶液及标准溶液的配制 ······················· 203
　　　　12.2.2　焦油中生物碱的萃取 ································· 204
　　　　12.2.3　气相色谱质谱条件 ···································· 204
　　12.3　结果与分析 ··· 204
　　　　12.3.1　工作曲线、检出限和定量限 ······················· 204
　　　　12.3.2　焦油中生物碱测定结果 ······························ 204

13　烟蒂焦油中金属元素的测定分析 ⋯⋯⋯⋯⋯ 206

　　13.1　实验材料、仪器与试剂 ⋯⋯⋯⋯⋯ 206

　　13.2　实验方法 ⋯⋯⋯⋯⋯ 206

　　　　13.2.1　焦油的消解处理 ⋯⋯⋯⋯⋯ 206

　　　　13.2.2　原子吸收的工作条件 ⋯⋯⋯⋯⋯ 207

　　　　13.2.3　标准工作曲线的配制 ⋯⋯⋯⋯⋯ 207

　　13.3　结果与分析 ⋯⋯⋯⋯⋯ 207

　　　　13.3.1　焦油中金属元素测定方法的优化 ⋯⋯⋯⋯⋯ 207

　　　　13.3.2　标准工作曲线的线性关系 ⋯⋯⋯⋯⋯ 208

　　　　13.3.3　焦油中镍、铬、铅、镉含量的测定结果 ⋯⋯⋯⋯⋯ 208

14　烟蒂焦油中挥发性醛酮类的测定分析 ⋯⋯⋯⋯⋯ 209

　　14.1　实验材料、试剂及仪器 ⋯⋯⋯⋯⋯ 209

　　14.2　实验方法 ⋯⋯⋯⋯⋯ 209

　　14.3　结果与分析 ⋯⋯⋯⋯⋯ 209

　　　　14.3.1　工作曲线、检出限和定量限 ⋯⋯⋯⋯⋯ 209

　　　　14.3.2　焦油中挥发性醛酮类测定结果 ⋯⋯⋯⋯⋯ 210

15　烟蒂焦油中喹啉、吡啶的测定分析 ⋯⋯⋯⋯⋯ 211

　　15.1　实验材料、试剂及仪器 ⋯⋯⋯⋯⋯ 211

　　15.2　实验方法 ⋯⋯⋯⋯⋯ 211

　　　　15.2.1　萃取溶液及标准溶液的配制 ⋯⋯⋯⋯⋯ 211

　　　　15.2.2　焦油中喹啉、吡啶成分的萃取 ⋯⋯⋯⋯⋯ 211

　　　　15.2.3　气相色谱质谱条件 ⋯⋯⋯⋯⋯ 212

　　15.3　结果与分析 ⋯⋯⋯⋯⋯ 212

　　　　15.3.1　工作曲线 ⋯⋯⋯⋯⋯ 212

　　　　15.3.2　焦油中喹啉、吡啶测定分析结果 ⋯⋯⋯⋯⋯ 212

16　烟蒂焦油减压蒸馏化学成分分析研究 ⋯⋯⋯⋯⋯ 213

　　16.1　实验材料、试剂及仪器 ⋯⋯⋯⋯⋯ 213

　　16.2　实验方法 ⋯⋯⋯⋯⋯ 213

　　　　16.2.1　烟蒂焦油的分离 ⋯⋯⋯⋯⋯ 213

　　　　16.2.2　样品前处理 ⋯⋯⋯⋯⋯ 213

　　　　16.2.3　GC/MS 分析条件 ⋯⋯⋯⋯⋯ 214

　　16.3　结果与分析 ⋯⋯⋯⋯⋯ 214

17　烟蒂焦油的分级组分分析 ⋯⋯⋯⋯⋯ 218

　　17.1　实验材料、试剂及仪器 ⋯⋯⋯⋯⋯ 218

17.2 实验方法 ·· 218
    17.2.1 流动相前处理 ·· 218
    17.2.2 分级组分分离条件 ·· 218
    17.2.3 气相色谱质谱条件 ·· 219
17.3 结果与分析 ·· 219
    17.3.1 烟蒂焦油 17 组分成分分析 ································· 219
    17.3.2 烟蒂焦油 4 组分成分分析 ··································· 302

参考文献 ·· 325

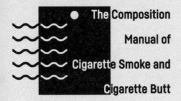
The Composition
Manual of
Cigarette Smoke and
Cigarette Butt

第 1 部分

烟气焦油

1　烟气焦油的分离制备工艺研究

2　烟气焦油中香味成分的测定分析

3　烟气焦油中挥发性香味成分的测定分析

4　烟气焦油中生物碱的测定分析

5　烟气焦油中挥发性醛酮类的测定分析

6　烟气焦油中金属元素的测定分析

7　烟气焦油中喹啉、吡啶的测定分析

8　焦油的分级组分分析

1

烟气焦油的分离制备工艺研究

1.1 实验材料、试剂及仪器

实验材料：卷烟样品［(54mm 烟支+30mm 醋纤滤嘴)×圆周 24.3mm］，内蒙古昆明卷烟有限责任公司。

实验试剂：无水乙醇，分析级，天津市凯通化学试剂有限公司。

实验仪器见表 1-1。

表 1-1　主要实验仪器

实验仪器	生产厂商
SB-3200DT 超声波清洗机	宁波新芝生物科技股份有限公司
EL204 型电子天平	瑞士 Mettler Toledo 公司
RM20H 转盘式吸烟机	德国 Borgwaldt KC 公司
DLSB-1020 低温冷却液循环泵	郑州国瑞仪器有限公司
N-1300 旋转蒸发仪	东京理化器械株式会社
SHB-3 循环水多用真空泵	郑州杜甫仪器厂

1.2 焦油的提取

工艺流程如图 1-1 所示。

1.2.1 溶剂的前处理

利用重蒸装置对无水乙醇进行重蒸，温度为 78~80℃，目的是为了除去其中的高沸点杂质。

1.2.2 卷烟的抽吸

将卷烟置于恒温恒湿箱（温度：22℃±1℃；相对湿度：60%±3%）中平衡 48h。根据 GB/T 16450—2004《常规分析用吸烟机定义和标准条件》调整抽吸参数，在 RM20H 转盘型 20 孔道吸烟机上抽吸平衡后的卷烟，每轮抽吸 20 支卷烟，每个孔道抽吸 1 支烟，主流烟气总粒相物用 ϕ92mm 的剑桥滤片捕集，保留烟蒂。

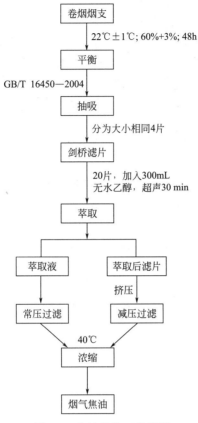

图 1-1 焦油提取工艺流程

1.2.3 剑桥滤片前处理方法

将剑桥滤片分为大小相同的 4 片，每 20 片置于 500mL 三角瓶中，加入 300mL 无水乙醇，超声振荡萃取 30min。将萃取液进行常压过滤，滤去部分固体杂质；将萃取过的剑桥滤片置于减压条件下进行抽滤，挤压，直至无液体滴下。合并滤液，转移至茄形瓶中，40℃下减压蒸馏，去除无水乙醇，称重，得到烟气焦油。

1.2.4 焦油含量的计算方法

$$Y = \frac{m_1 - m_0}{n} \times 1000$$

式中　Y——每支卷烟主流烟气焦油含量，mg/支；

　　m_0——空烧瓶质量，g；

　　m_1——旋蒸结束后盛有焦油的烧瓶质量，g；

　　n——卷烟烟支数目，支。

1.3　气相色谱质谱分析条件

色谱条件：色谱柱，HP-5MS（60m×0.25mm×0.25μm）；载气，He，流速 1.0mL/min；升温程序，初温 40℃，保持 2min，以 2℃/min 的速率升至 250℃；以 10℃/min 的速率升温至 280℃，保持 20min；进样口温度，250℃；进样量，1μL；分流比，5∶1。

质谱条件：电子轰击（EI）离子源；电子能量 70eV；传输线温度：240℃；离子源温度：230℃，四极杆温度：150℃；质谱质量扫描范围：35～550amu。

1.4　结果与分析

按照 1.2 中介绍的方法制备得到卷烟样品的焦油的含量见表 1-2。结果表明，卷烟样品烟气焦油含量均略高于其盒标焦油量，但总体差距不大。

表 1-2　卷烟样品的焦油含量

烟气焦油			盒标焦油/(mg/支)
总量/g	卷烟数目/支	含量/(mg/支)	
15.63	1438	10.87	8

2

烟气焦油中香味成分的测定分析

2.1 实验材料、试剂及仪器

实验材料：烟气焦油，实验室自制。

实验试剂：无水乙醇，色谱纯，天津市凯通化学试剂有限公司；苯甲酸苄酯，质量分数≥98%，百灵威科技有限公司。

实验仪器见表 2-1。

表 2-1 主要实验仪器

实验仪器	生产厂商
SB-3200DT 超声波清洗机	宁波新芝生物科技股份有限公司
EL204 型电子天平	瑞士 Mettler Toledo 公司
Agilent 7890B /5977A 气相色谱-质谱联用仪	美国 Agilent 公司

2.2 实验方法

准确称取烟气湿焦油 1g，置于 10mL 容量瓶中，以无水乙醇定容，超声萃取 15min，过 0.45μm 有机膜后转移至色谱瓶中，进行 GC/MS 分析。GC/MS 分析条件如下。

色谱柱：HP-5MS（60m×0.25mm×0.25μm）；载气：He，流速 1.0mL/min；升温程序：初温 40℃，保持 2min，以 2℃/min 的速率升至 250℃；以 10℃/min 的速率升温至 280℃，保持 20min；进样口温度：250℃；进样量：1μL；分流比：5∶1。

质谱条件：电子轰击（EI）离子源；电子能量 70eV；传输线温度：240℃；离子源温度：230℃，四极杆温度：150℃；质谱质量扫描范围：35～550amu。

2.3 结果与分析

按照 2.2 中的方法对卷烟样品烟气焦油成分进行检测分析，其成分分析结果如表 2-2 和图 2-1、图 2-2 所示。结果表明，卷烟样品烟气焦油成分中共含有 521 种物质，总含量为 165.927μg/支，其中醇类 17 种，总含量为 6.096μg/支；酸类 16 种，总含量为 2.380μg/支；

酮类 46 种，总含量为 4.544μg/支；酯类 60 种，总含量为 42.292μg/支；醛类 12 种，总含量为 2.644μg/支；酚类 18 种，总含量为 2.103μg/支；杂环类 42 种，总含量为 50.247μg/支；烯烃 7 种，总含量为 1.959μg/支；醚类 5 种，总含量为 0.225μg/支；苯系物 7 种，总含量为 0.439μg/支；胺类 16 种，总含量为 0.845μg/支，其他物质 29 种，总含量为 2.591μg/支。其中含量最多的是杂环类与酯类。

表 2-2　焦油中香味成分分析结果

类别	序号	英文名称	CAS 号	化合物名称	含量/(μg/支)
醇类	1	1,2-Ethanediol	107-21-1	乙二醇	0.058
	2	(S)-(+)-1,2-Propanediol	4254-15-3	(S)-1,2-丙二醇	4.154
	3	1-[(Trimethylsilyl)oxy]propan-2-ol	1000333-03-7	1-[(三甲基硅基)氧基]丙-2-醇	0.261
	4	1-Phenyl-1-decanol	21078-95-5	1-苯基-1-癸醇	0.015
	5	Maltol	118-71-8	麦芽醇	0.036
	6	Benzeneethanol, 4-hydroxy-	501-94-0	对羟基苯乙醇	0.104
	7	1,3-Benzenediol, 4,5-dimethyl-	527-55-9	4,5-二甲基-1,3-苯二醇	0.080
	8	1,2-Benzenediol, O,O'-di(4-butylbenzoyl)-	1000330-49-7	O,O'-二(4-丁基苯甲酰基)-1,2-苯二醇	0.009
	9	1,3-Benzenediol, O-(4-butylbenzoyl)-O'-(4-fluorobenzoyl)-	1000345-61-1	O-(4-丁基苯甲酰基)-O'-(4-氟苯甲酰基)-1,3-苯二醇	0.015
	10	1,4-Methanonaphthalen-9-ol, 1,2,3,4-tetrahydro-	55255-94-2	1,2,3,4-四氢-1,4-甲基萘-9-醇	0.060
	11	Ethanol, 2-(3-methylphenoxy)-	13605-19-1	2-(3-甲基苯氧基)乙醇	0.125
	12	1,2-Dihydro-1-demethyl-harmalol	83177-17-7	2,3,4,9-四氢-1H-吡啶并[3,4-b]吲哚-7-醇	0.107
	13	Undecanol-4	4272-06-4	4-十一烷醇	0.145
	14	Desaspidinol	437-72-9	地塞米松醇	0.016
	15	Nerolidol	142-50-7	S-(Z)-3,7,11-三甲基-1,6,10-十二烷三烯-3-醇	0.129
	16	1,2-Benzenediol,O-acetoxyacetyl-O'-(4-butylbenzoyl)-	1000330-49-5	O-乙酰氧基乙酰基-O'-(4-丁基苯甲酰基)-1,2-苯二醇	0.021
	17	1-(6-Methoxy-4-methyl-3-quinolinyl)-3,4-dimethyl-1H-pyrazol-5-ol	1000148-56-8	1-(6-甲氧基-4-甲基-3-喹啉基)-3,4-二甲基-1H-吡唑-5-醇	0.761
小计					6.096
酸类	1	Propanoic acid	79-09-4	丙酸	0.119
	2	Pentanoic acid	109-52-4	正戊酸	0.017
	3	Butanoic acid, 3-methyl-	503-74-2	异戊酸	0.032
	4	Butanoic acid, 2-methyl-	116-53-0	2-甲基丁酸	0.028
	5	Methylenecyclopropanecarboxylic acid	62266-36-8	亚甲基环丙烷-2-羧酸	0.135
	6	Propanoic acid, 2-oxo-	127-17-3	丙酮酸	0.016
	7	Acetic acid	64-19-7	乙酸	0.039
	8	3-Furancarboxylic acid	488-93-7	3-糠酸	0.007
	9	Acetic acid, (acetyloxy)-	13831-30-6	乙酰氧基乙酸	0.071
	10	Butanoic acid	107-92-6	丁酸	0.016
	11	Butanoic acid, 2-oxo-	600-18-0	2-酮丁酸	0.058
	12	Difluorophosphoric acid	13779-41-4	二氟磷酸	1.695

类别	序号	英文名称	CAS 号	化合物名称	含量/(μg/支)
酸类	13	N-methoxycarbonyl octyl ester 1-aminocyclopentanoic acid	1000328-90-4	N-甲氧基羰基辛酯-1-氨基环戊酸	0.006
	14	DL-Proline, 5-oxo-	149-87-1	DL-焦谷氨酸	0.099
	15	1-H-Imidazole-l-propanoic acid, alpha-hydroxy-, (S)	51103-59-4	(αS)-α-羟基-1H-咪唑-1-丙酸	0.009
	16	Hippuric acid	495-69-2	马尿酸	0.033
小计					2.380
酮类	1	Acetoin	513-86-0	3-羟基-2-丁酮	0.011
	2	4-Cyclopentene-1,3-dione	930-60-9	4-环戊烯-1,3-二酮	0.062
	3	Dihydroxyacetone	96-26-4	1,3-二羟基丙酮	0.062
	4	2(5H)-Furanone	497-23-4	2(5H)-呋喃酮	0.033
	5	2-Cyclopenten-1-one, 2-hydroxy-3-methyl-	80-71-7	甲基环戊烯醇酮	0.125
	6	2-Pyrrolidinone	616-45-5	2-吡咯烷酮	0.065
	7	2-Cyclopenten-1-one, 2-hydroxy-3,4-dimethyl-	21835-00-7	2-羟基-3,4-二甲基-2-环戊烯-1-酮	0.069
	8	2(3H)-Furanone, 5-acetyldihydro-	29393-32-6	5-乙酰基二氢呋喃-2-酮	0.017
	9	4H-Pyran-4-one, 2,3-dihydro-3,5-dihydroxy-6-methyl-	28564-83-2	2,3-二氢-3,5-二羟基-6-甲基-4H-吡喃-4-酮	1.109
	10	6-Ethyl-5,6-dihydro-2H-pyran-2-one	19895-35-3	6-乙基-5,6-二氢-2H-吡喃-2-酮	0.185
	11	(S)-5-Hydroxymethyl-2[5H]-furanone	78508-96-0	(S)-5-羟甲基-2[5H]-呋喃酮	0.106
	12	4H-Pyran-4-one, 3,5-dihydroxy-2-methyl-	1073-96-7	3,5-二羟基-2-甲基-4H-吡喃-4-酮	0.047
	13	3(2H)-Pyridazinone, 6-methyl-	13327-27-0	6-甲基-3(2H)-哒嗪酮	0.550
	14	3-Octyne-2,5-dione, 6,6,7-trimethyl-	63922-61-2	6,6,7-三甲基-3-辛炔-2,5-二酮	0.016
	15	1-Penten-3-one	1629-58-9	1-戊烯-3-酮	0.042
	16	(4S)-4-Ethyl-2-oxazolidone	13896-06-5	(4S)-4-乙基-2-噁唑烷酮	0.063
	17	Ethanone, 1-(2-hydroxy-5-methylphenyl)-	1450-72-2	2-羟基-5-甲基苯乙酮	0.090
	18	2,4,5-Trioxoimidazolidine	120-89-8	2,4,5-咪唑啉三酮	0.016
	19	1-Nonen-3-one, 1-phenyl-	30669-47-7	1-苯基-1-壬烯-3-酮	0.012
	20	1-Propanone, 1-phenyl-3-[2-(phenylmethoxy)phenyl]-	56052-51-8	1-苯基-3-[2-(苯基甲氧基)苯基]-1-丙酮	0.004
	21	5-Fluoro-2-hydroxyacetophenone	394-32-1	5-氟-2-羟基苯乙酮	0.029
	22	Ethanone, 1-(3-hydroxyphenyl)-	121-71-1	3-羟基苯乙酮	0.053
	23	1,5-Dioxaspiro[5.5]undecan-9-one, 3,3-dimethyl-	69225-59-8	3,3-二甲基-1,5-二氧杂螺[5.5]十一烷-9-酮	0.043
	24	1H-Pyrrolo[3,2-d]pyrimidine-2,4(3H,5H)-dione	65996-50-1	1H-吡咯并[3,2-d]嘧啶-2,4(3H,5H)-二酮	0.058
	25	3-Pentanone	96-22-0	3-戊酮	0.284
	26	Resorcinol, 2-acetyl-	699-83-2	2,6-二羟基苯乙酮	0.028
	27	Propan-2-one, 1-(4-isopropoxy-3-methoxyphenyl)-	1000267-40-3	1-(4-异丙氧基-3-甲氧基苯基)-丙烷-2-酮	0.041
	28	Ethanone, 1-cyclobutyl-	3019-25-8	环丁基甲基酮	0.021
	29	Megastigmatrienone	38818-55-2	巨豆三烯酮	0.142

类别	序号	英文名称	CAS 号	化合物名称	含量/(μg/支)
酮类	30	3-Buten-2-one, 4-(5-hydroxy-2,6,6-trimethyl-1-cyclohexen-1-yl)-	69050-59-5	2-羟基-5,7-巨豆三烯-9-酮	0.113
	31	2H-1-benzopyran-2-one, 3,4-dihydro-4,4,6-trimethyl-	1000400-21-5	3,4-二氢-4,4,6-三甲基-2H-1-苯并吡喃-2-酮	0.016
	32	Ketone, methyl 2-methyl-1,3-oxathiolan-2-yl	33266-06-7	2-甲基-1,3-氧噻吩-2-甲基酮	0.019
	33	Cotinine	486-56-6	吡啶吡咯酮	0.080
	34	2(1H)-Pyridinone, 3-acetyl-4-hydroxy-6-methyl-	5501-39-3	3-乙酰基-4-羟基-6-甲基吡啶-2(1H)-酮	0.008
	35	Pyrrolo[1,2-a]pyrazine-1,4-dione, hexahydro-	19179-12-5	六氢吡咯并[1,2-a]吡嗪-1,4-二酮	0.051
	36	(3aS,6aS)-3,3-dimethyl-3,4,5,6-tetrahydro-3a,6a-methanopentalen-1(2H)-one	121402-83-3	(3aS,6aS)-3,3-二甲基-3,4,5,6-四氢-3a,6a-甲基戊烯-1(2H)-酮	0.022
	37	7-Hydroxy-2-hydroxymethylene-1-indanone	42421-10-3	2-羟基亚甲基-7-羟基-1-茚满酮	0.088
	38	1-Propanone, 1-(5-methyl-2-thienyl)-	59303-13-8	1-(5-甲基-2-噻吩基)-1-丙酮	0.035
	39	3-[3-(4-Hydroxyphenyl)-3-oxoprop-1-en-1-yl]-6-methylchromen-4-one	1000388-47-5	3-[3-(4-羟基苯基)-3-氧代丙-1-烯-1-基]-6-甲基色烯-4-酮	0.166
	40	1-(Hexahydropyrrolizin-3-ylidene)-3,3-dimethyl-butan-2-one	1000194-96-3	1-(六氢吡咯烷-3-亚基)-3,3-二甲基丁烷-2-酮	0.041
	41	2(5H)-Furanone, 5,5-dimethyl-	20019-64-1	5,5-二甲基-2(5H)-呋喃酮	0.008
	42	2-Phenylamino-4H-3,1-benzoxazin-4-one	1026-16-0	2-苯基氨基-4H-3,1-苯并噁嗪-4-酮	0.015
	43	(3S,3aR)-3-Butyl-3a,4,5,6-tetrahydroisobenzofuran-1(3H)-one	4567-33-3	(3S,3aR)-3-丁基-3a,4,5,6-四氢异苯并呋喃-1(3H)-酮	0.318
	44	3-Oxabicyclo[3.2.0]heptane-2,4-dione, cis-	118554-23-7	(Z)-3-氧杂双环[3.2.0]-2,4-庚二酮	0.006
	45	Coumarin, 3,4-dihydro-4,5,7-trimethyl-	1000126-60-5	3,4-二氢-4,5,7-三甲基香豆素	0.108
	46	6-Hepten-2-one, 7-phenyl-	33046-88-7	(6E)-7-苯基-6-庚烯-2-酮	0.067
小计					4.544
酯类	1	1,2-Propanediol, 1-acetate	627-69-0	2-羟基丙基乙酸酯	0.151
	2	1,2-Ethanediol, monoacetate	542-59-6	乙二醇乙酸酯	0.012
	3	1,2-Propanediol, 2-acetate	6214-01-3	2-乙酸-1-羟基-2-丙酯	0.093
	4	Proline, 2-methyl-5-oxo-, methyl ester	56145-24-5	脯氨酸 2-甲基-5-氧代甲酯	0.012
	5	Phenylglyoxylic acid, 2-butyl ester	1000453-46-5	苯乙醛酸-2-丁酯	0.033
	6	2-Phenylethyl docosanoate	104899-74-3	二十二烷酸-2-苯基乙基酯	0.013
	7	Ethane-1,1-diol dipropanoate	26880-30-8	亚乙基二丙酸酯	0.048
	8	Thioacetic acid, o-ethyl ester	926-67-0	硫代乙酸邻乙酯	0.020
	9	Propanoic acid, ethenyl ester	105-38-4	丙酸乙烯酯	0.016
	10	Nicotinic acid, 4-nitrophenyl ester	1000307-95-2	4-硝基苯烟酸酯	0.012
	11	Phosphorochloridic acid, hexyl pentyl ester	1000309-08-9	磷酰氯己基戊酯	0.015
	12	Propanoic acid, 2-oxo-, methyl ester	600-22-6	丙酮酸甲酯	0.037
	13	2(3H)-Furanone, dihydro-4-hydroxy-	5469-16-9	(+/−)-3-羟基-γ-丁内酯	0.175
	14	Pentanedioic acid, 2-oxo-, dimethyl ester	13192-04-6	α-酮戊二酸二甲酯	0.011

类别	序号	英文名称	CAS 号	化合物名称	含量/(μg/支)
酯类	15	5-Oxotetrahydrofuran-2-carboxylic acid, ethyl ester	1126-51-8	5-氧代四氢呋喃-2-羧酸乙酯	0.194
	16	Acetic acid (3-methoxy-3-methyl)butyl ester	1000430-01-2	乙酸(3-甲氧基-3-甲基)丁酯	0.042
	17	Succinic acid, 2,4-dimethylpent-3-yl ethyl ester	1000349-08-1	2,4-二甲基-3-戊基丁二酸乙酯	0.042
	18	1,2,3-Propanetriol, 1-acetate	106-61-6	一乙酸甘油酯	0.168
	19	(+)-Diethyl L-tartrate	87-91-2	L-(+)-酒石酸二乙酯	0.112
	20	Propanoic acid, 2-methyl-, propyl ester	644-49-5	2-甲基丙酸丙酯	0.060
	21	Succinic acid, 2,4,6-trichlorophenyl 2-naphthylmethyl ester	1000390-01-0	2,4,6-三氯苯-2-萘丁二酸甲酯	0.009
	22	4-Chlorobutyric acid, 4-isopropylphenyl ester	1000357-38-8	4-异丙基-4-氯丁酸-苯酯	0.022
	23	Propanoic acid, 3-chloro-, 4-formylphenyl ester	1000142-41-5	3-氯-4-甲酰基苯基丙酸酯	0.073
	24	2-Fluorobenzoic acid, 4-nitrophenyl ester	1000307-69-1	4-硝基苯基-2-氟苯甲酸酯	0.024
	25	1-Aminocyclopentanecarboxylic acid, N-methoxycarbonyl, octyl ester	1000328-90-4	N-甲氧基羰基氨基环戊酸辛酯	0.006
	26	Hexyl tiglate, 2-	1000383-63-3	2-己基苯二甲酸酯	0.229
	27	2-Propenoic acid, 2-methyl-, 2-propenyl ester	96-05-9	甲基丙烯酸烯丙酯	0.013
	28	3-(4-Methylbenzoyl)-2-thioxo-4-thiazolyl 4-methylbenzoate	299929-13-8	3-(4-甲基苯甲基)-2-硫代-4-噻唑基-4-甲基苯甲酸酯	0.006
	29	DL-Alanine,N-methyl-N-(byt-3-yn-1-yloxycarbonyl)-, pentadecyl ester	1000392-71-2	DL-丙氨酸-N-甲基-N-(丁-3-炔氧基-1-羰基)-十五烷基酯	0.020
	30	Benzoic acid, 2-methyl-, methyl ester	89-71-4	邻甲基苯甲酸甲酯	0.065
	31	4-Methylbenzoic acid, 3-pentyl ester	1000325-60-0	4-甲基苯甲酸-3-戊酯	0.038
	32	Pentanoic acid, 5-hydroxy-, 2,4-di-t-butylphenyl esters	166273-38-7	5-羟基-2,4-双(1,1-二甲基乙基)苯基戊酸酯	0.073
	33	Phthalic acid, butyl 2-phenylethyl ester	1000309-77-3	邻苯二甲酸丁酯	0.052
	34	2-Propene-1,1-diol, diacetate	869-29-4	2-丙烯-1,1-二醇乙酸酯	0.112
	35	2,2,4-Trimethyl-1,3-pentanediol diisobutyrate	6846-50-0	2,2,4-三甲基-1,3-戊二醇二异丁酸酯	0.498
	36	3-Chloro-2-fluorobenzoic acid, 4-nitrophenyl ester	1000357-73-4	3-氯-2-氟苯甲酸对硝基苯酯	0.054
	37	1,4,2,5 cyclohexanetetrol, tetra-acetate	1000371-49-7	1,4,2,5-环己四醇四乙酸酯	0.050
	38	Pipecolic acid, N-ethoxycarbonyl-, nonyl ester	1000393-07-6	N-乙氧羰基哌啶酸壬酯	0.012
	39	6-Cyanonaphthalene-2-carboxylic acid, 4-pentyl-phenyl ester	1000193-15-2	6-氰基萘-2-羧酸-4-戊基苯基酯	0.012
	40	Benzyl Benzoate	120-51-4	苯甲酸苄酯	36.523
	41	Heptanoic acid, 4-methoxyphenyl ester	56052-15-4	(4-甲氧基苯基)庚酸酯	0.048
	42	3-Fluorobenzoic acid, 4-nitrophenyl ester	1000307-73-0	4-硝基-3-氟苯甲酸苯酯	0.016
	43	Amyl crotonate	1000429-17-2	巴豆酸戊酯	0.047
	44	l-Leucine, N-cyclopropylcarbonyl-, butyl ester	1000327-78-0	N-环丙基羰基-l-亮氨酸丁酯	0.020
	45	Undecanoic acid, 2-methyl-, methyl ester	55955-69-6	2-甲基十一酸甲酯	0.031
	46	3,7,11-Trimethyl-8,10- dodecedienylacetate	1000374-10-3	3,7,11-三甲基-8,10-十二碳二烯基乙酸酯	0.154
	47	3,7,11-Trimethyl-3-hydroxy-6,10-dodecadien-1-yl acetate	1000144-12-7	3,7,11-三甲基-3-羟基-6,10-十二碳二烯-1-乙酸酯	0.234
	48	2,3,4-Trifluorobenzoic acid, 4-nitrophenyl ester	1000308-03-6	4-硝基-2,3,4-三氟苯甲酸苯酯	0.016

续表

类别	序号	英文名称	CAS 号	化合物名称	含量/(μg/支)
酯类	49	Benzenecarbothioic acid, 2,4,6-triethyl-, S-(2-phenylethyl) ester	64712-67-0	2,4,6-三乙基-S-(2-苯乙基)苯硫代甲酸酯	0.109
	50	1,4-Benzenedicarboxylic acid, bis(2-hydroxyethyl) ester	959-26-2	双(2-羟基乙基)对苯二甲酸酯	0.080
	51	4-Cyanobenzoic acid, 2-isopropoxyphenyl ester	1000292-66-0	2-异丙氧基苯-4-氰基苯甲酸酯	0.022
	52	Pentanethioic acid, S-propyl ester	2432-76-0	正辛酸异丙酯	0.057
	53	Dicyclohexyl phthalate	84-61-7	邻苯二甲酸二环己酯	0.075
	54	Succinic acid, 2,2,3,3,4,4,4-heptafluorobutyl 2-methylhex-3-yl ester	1000382-35-2	2,2,3,3,4,4,4-七氟丁基-2-甲基十六烷基丁二酸酯	1.556
	55	n-Butyric acid tetrahydrofurfuryl ester	637-65-0	丙酸四氢糠酯	0.004
	56	Sulfurous acid, 2-ethylhexyl isohexyl ester	1000309-19-0	亚硫酸-2-乙基己基异己基酯	0.141
	57	Glycerol 1,2-diacetate	102-62-5	2-乙酰氧基-3-羟丙基乙酸酯	0.185
	58	Sulfurous acid, dodecyl 2-propyl ester	1000309-12-3	十二烷基-2-丙基亚硫酸酯	0.233
	59	4-Methoxycarbonyl-4-butanolide	3885-29-8	5-氧代四氢呋喃-2-羧酸甲酯	0.021
	60	1-Aminocyclopentanecarboxylic acid, N-methoxycarbonyl-, heptyl ester	1000328-90-3	N-甲氧羰基-1-氨基环戊酸庚酯	0.086
		小计			42.292
醛类	1	Furfural	98-01-1	糠醛	0.023
	2	2-Furancarboxaldehyde, 5-methyl-	620-02-0	5-甲基呋喃醛	0.050
	3	1H-Pyrrole-2-carboxaldehyde	1003-29-8	2-吡咯甲醛	0.008
	4	Benzaldehyde, 4-methyl-	104-87-0	对甲基苯甲醛	0.369
	5	Cinnamaldehyde, (E)-	14371-10-9	反式肉桂醛	0.028
	6	5-Hydroxymethylfurfural	67-47-0	5-羟甲基糠醛	1.697
	7	5-Acetoxymethyl-2-furaldehyde	10551-58-3	5-乙酰氧基甲基呋喃醛	0.058
	8	1,2-benzenedicarboxaldehyde, 4-(1,1-dimethylethyl)-	1000400-21-4	4-(1,1-二甲基乙基)-1,2-苯二甲醛	0.105
	9	Pentanal, 2-methyl-	123-15-9	2-甲基戊醛	0.022
	10	6-Methoxy-3-methyl-2-benzofurancarbaldehyde	10410-28-3	6-甲氧基-3-甲基-2-苯并呋喃甲醛	0.199
	11	3,4-Dihydroxy-5-methoxybenzaldehyde	3934-87-0	5-羟基香兰素	0.024
	12	(1,1′-Biphenyl)-2,2′-dicarboxaldehyde	1210-05-5	二苯基-2,2′-二甲醛	0.061
		小计			2.644
酚类	1	Phenol	108-95-2	苯酚	0.241
	2	p-Cresol	106-44-5	4-甲基苯酚	0.304
	3	2,4,5-Trihydroxypyrimidine	496-76-4	2,4,5-三叔丁基苯酚	0.065
	4	Isomaltol	3420-59-5	异麦芽酚	0.012
	5	Phenol, 2-methoxy-	90-05-1	愈创木酚	0.033
	6	Phenol, 3,4-dimethyl-	95-65-8	2,3-二甲基苯酚	0.076
	7	Phenol, o-amino-	95-55-6	2-氨基苯酚	0.093
	8	Phenol, 4-ethyl-	123-07-9	4-乙基苯酚	0.103
	9	Phenol, 4-ethyl-2-methyl-	2219-73-0	4-乙基-2-甲基苯酚	0.031
	10	Hydroquinone	123-31-9	1,4-苯二酚	0.255

类别	序号	英文名称	CAS 号	化合物名称	含量/(μg/支)
酚类	11	4'-Acetoxymethyl-alpha-(2-oxopyrrolidino)hexanophene	1000314-30-4	4'-乙酰基甲基-α-(2-氧吡咯烷)六诺酚	0.013
	12	1,3-Benzodioxol-5-ol	533-31-3	芝麻酚	0.028
	13	Phenol, 2-methoxy-4-(2-propenyl)-, acetate	93-28-7	乙酸丁香酚酯	0.042
	14	Phenol, 4-ethenyl-2,6-dimethoxy-	28343-22-8	4-乙烯基-2,6-二甲氧基苯酚	0.062
	15	Thymol	89-83-8	百里酚	0.098
	16	Guaiacol, 4-butyl-	59832-96-1	4-丁基愈创木酚	0.173
	17	Phenol, 4-propoxy-	18979-50-5	4-丙氧基苯酚	0.037
	18	Phenol, 2,2'-methylenebis[6-(1,1-dimethylethyl)-4-methyl-	119-47-1	2,2'-亚甲基双-(4-甲基-6-叔丁基)苯酚	0.437
	小计				2.103
杂环类	1	2,6-Pyridinediamine	141-86-6	2,6-二氨基吡啶	0.004
	2	3-Pyridinol	109-00-2	3-羟基吡啶	0.269
	3	2(1H)-Pyridinone, 4-hydroxy-6-methyl-	3749-51-7	2,4-二羟基-6-甲基吡啶	0.013
	4	Furo[2,3-c]pyridine, 2-methyl-	69022-76-0	2-甲基呋喃[2,3-c]吡啶	0.046
	5	Thiazolo[3,2-a]pyridinium, 8-hydroxy-2,5-dimethyl-, hydroxide, inner salt	30276-97-2	8-羟基-2,5-二甲基[1,3]噻唑并[3,2-a]吡啶-4-鎓	0.138
	6	3-Benzylpyridazine	60905-93-3	3-苄基吡啶	0.142
	7	8-Methyl-5H-pyrido[4,3-b]indole	88894-13-7	8-甲基-5H-吡啶并[4,3-b]吲哚	0.214
	8	Ethanone, 1-(1H-pyrrol-2-yl)-	1072-83-9	2-乙酰基吡咯	0.032
	9	5,10-Diethoxy-2,3,7,8-tetrahydro-1H,6H-dipyrrolo[1,2-a:1',2'-d]pyrazine	1000190-75-5	5,10-二乙氧基-2,3,7,8-四氢-1H,6H-二吡咯[1,2-a:1',2'-d]吡嗪	0.117
	10	4-Methyl-2H-pyran	1000432-32-7	4-甲基-2H-吡喃	0.021
	11	2H-pyran, 2,2'-[1,4-phenylenebis(oxy)]bistetrahydro-	1000401-88-0	2,2'-[1,4-亚苯基双(氧基)]双四氢-2H-吡喃	0.057
	12	2-(1-Methylcyclohexyloxy)-tetrahydropyran	72347-38-7	2-[(1-甲基环己基)氧基]四氢-2H-吡喃	0.022
	13	Furan	110-00-9	呋喃	0.015
	14	2-Acetyl-5-methylfuran	1193-79-9	5-甲基-2-乙酰基呋喃	0.005
	15	Furan, 2-propyl-	4229-91-8	2-正丙基呋喃	0.012
	16	Furan, 3-phenyl-	13679-41-9	3-苯基呋喃	0.050
	17	2-Acetylbenzofuran	1646-26-0	2-乙酰基苯并呋喃	0.027
	18	Furan, 2-(1,2-diethoxyethyl)-	14133-54-1	2-(1,2-二乙氧基乙基)呋喃	0.018
	19	1,3-Dioxolane	646-06-0	1,3-二氧戊环	0.011
	20	Thymine	65-71-4	5-甲基脲嘧啶	0.028
	21	1H-Pyrazole, 4-nitro-	2075-46-9	4-硝基吡唑	0.029
	22	1H-Tetrazole, 1-methyl-	16681-77-9	1-甲基-1H-四唑	0.085
	23	2-Pyrazinamine, N,N-dimethyl-	5214-29-9	二甲胺嗪	0.029
	24	Thiazole, 2-hydroxy-4-methyl-5-(beta-chloroethyl)-	42261-30-3	2-羟基-4-甲基-5-(β-氯乙基)噻唑	0.010
	25	Indole	120-72-9	吲哚	0.037
	26	Isocytosine	108-53-2	异胞嘧啶	0.099
	27	Pyridine, 3-(1-methyl-2-pyrrolidinyl)-, (S)-	54-11-5	烟碱	47.640

续表

类别	序号	英文名称	CAS 号	化合物名称	含量/(μg/支)
杂环类	28	2,2'-Bi-1,3-dioxolane	6705-89-1	2,2'-双-1,3-二氧戊环	0.063
	29	Indolizine, 3-methyl-	1761-10-0	3-甲基中氮茚	0.066
	30	Imidazole, 4-amino-5-ethoxycarbonyl-	21190-16-9	4-氨基-5-乙氧基羰基咪唑	0.181
	31	Pyridine, 3-(3,4-dihydro-2H-pyrrol-5-yl)-	532-12-7	麦斯明	0.032
	32	1,3,2-Benzodioxaborole, 2-hydroxy-	45770-13-6	2-羟基-1,3,2-苯并二噁硼烷	0.336
	33	1H-Benzimidazole, 5,6-dimethyl-	582-60-5	5,6-二甲基苯并咪唑	0.016
	34	1,8-Naphthyridine, 2,7-dimethyl-	14903-78-7	2,7-二甲基-1,8-萘啶	0.088
	35	1H-Indole, 2,5-dimethyl-	1196-79-8	2,5-二甲基吲哚	0.027
	36	Benzo[b]thiophene, 2-ethyl-	1196-81-2	2-乙基苯并噻吩	0.007
	37	1H-Benzimidazole, 1-(2-propenyl)-	19018-22-5	1-(2-丙烯基)-1H-苯并咪唑	0.046
	38	6-Hydroxymethyl-1-methyluracil	2476-13-3	1-N-甲基-6-(羟甲基)尿嘧啶	0.041
	39	5-Methylpyrimido[3,4-a]indole	30689-02-2	5-甲基嘧啶[3,4-a]吲哚	0.017
	40	Imidazo[2,1-a]isoquinoline	234-70-8	2-甲基苯并[4,5]咪唑并[2,1-a]异喹啉	0.104
	41	6-Piperidin-1-ylmethyl-benzo[4,5]imidazo[1,2-c]quinazoline	1000317-79-4	6-哌啶-1-基甲基苯并[4,5]咪唑并[1,2-c]喹唑啉	0.012
	42	2,3-Dihydro-1H-1-isopropylcyclopenta[b]quinoxaline	109682-77-1	2,3-二氢-1H-1-异丙基环戊烷[b]喹喔啉	0.041
小计					50.247
烯烃	1	(2S,6R,7S,8E)-(+)-2,7-Epoxy-4,8-megastigmadiene	108342-25-2	(2S,6R,7S,8E)-(+)-2,7-环氧-4,8-巨豆二烯	0.044
	2	Benzonitrile, 4-ethenyl-	3435-51-6	4-氰基苯乙烯	0.091
	3	1-Hexene, 2,5,5-trimethyl-	62185-56-2	2,5,5-三甲基-1-己烯	0.015
	4	(E)-tert-Butylsulfinyl-2-phenylethene	1000077-50-6	(E)-叔丁基亚硫基-2-苯基乙烯	1.245
	5	Neophytadiene	504-96-1	新植二烯	0.198
	6	3,7-Dimethyl-1-phenylsulfonyl-2,6-octadiene	1000432-27-5	3,7-二甲基-1-苯磺酰-2,6-辛二烯	0.230
	7	(Z)-2,6,10-trimethyl-, 1,5,9-Undecatriene	62951-96-6	(Z)-2,6,10-三甲基-1,5,9-十一碳三烯	0.136
小计					1.959
醚类	1	Benzene, 1,4-dimethoxy-	150-78-7	对苯二甲醚	0.024
	2	Benzene, (2-propynyloxy)-	13610-02-1	苯基炔丙基醚	0.063
	3	Benzene, 1,1'-[oxybis(methylene)]bis-	103-50-4	苄醚	0.082
	4	Hexyl 4-methoxyphenyl ether	1000323-57-7	4-甲氧基苯基己基醚	0.022
	5	3,4-Methylenedioxyanisole	7228-35-5	胡椒酚甲醚	0.034
小计					0.225
苯系物	1	1,2-Benzenediol, 4-methyl-	452-86-8	3,4-二羟基甲苯	0.068
	2	Orcinol	504-15-4	3,5-二羟基甲苯	0.094
	3	2-Methoxy-5-methylphenol	1195-09-1	3-羟基-4-甲氧基甲苯	0.180
	4	Benzo[b]thiophene, 3,5-dimethyl-	1964-45-0	3,5-二甲基苯并(b)硫代苯	0.023
	5	1,8-Naphthyridine, 2,4,7-trimethyl-	14757-44-9	2,4,7-三甲基-1,8-萘	0.031
	6	Toluene	108-88-3	甲苯	0.006
	7	Naphthalene, 1,2,3,4,5,8-hexafluoro-6-methyl-	38339-71-8	1,2,3,4,5,8-六氟-6-甲基萘	0.037
小计					0.439

类别	序号	英文名称	CAS 号	化合物名称	含量/(μg/支)
胺类	1	1-Propanamine, (3E)-N,N-dimethyl-3-(5-oxo-6H-benzo[c][l]benzothiepin-11-ylidene)propan-1-amine	1447-71-8	(3E)-N,N-二甲基-3-(5-氧-6H-苯并[c][l]苯并噻吩-11-吡啶)丙-1-胺	0.056
	2	Succinimide	123-56-8	丁二酰亚胺	0.099
	3	Phenethylamine, N-benzyl-p-chloro-	13622-43-0	N-苄基对氯苯乙胺	0.008
	4	Glutarimide	1121-89-7	戊二酰亚胺	0.033
	5	Octopamine	104-14-3	奥克巴胺	0.017
	6	Propanamide, N-(1-oxopropyl)-	6050-26-6	N-丙酰基丙酰胺	0.176
	7	1,4-Benzenediamine, N,N-dimethyl-	99-98-9	对氨基-N,N-二甲基苯胺	0.058
	8	1H-Indole, 2-aminomethyl-	21109-25-1	1-(1H-吲哚-2-基)甲胺	0.127
	9	N,N'-(2-Hydroxytrimethylene)diphthalimide	73825-95-3	N,N'-(2-羟基三亚甲基)二酞酰亚胺	0.032
	10	Ethylamine, N-ethyl-N-(3-methylphenyl)-2-(2-thiophenyl)-	1000310-34-2	N-乙基-N-(3-甲基苯基)-2-(2-硫苯基)乙胺	0.024
	11	6-Methyl-2-(piperidin-1-ylmethyl)-4-pyrimidinylamine	112860-60-3	6-甲基-2-(哌啶-1-基甲基)-4-嘧啶胺	0.013
	12	N-(p-Acetylphenyl)-p-chloro-benzenesulfinylamide	34317-55-0	对氯苯亚磺酰基-N-对乙酰基苯基酰胺	0.109
	13	N-Benzyl-1-phenylethanamine	17480-69-2	(S)-(-)-N-苄基-α-苯基乙胺	0.012
	14	5H-Tetrazol-5-amine	1000273-02-0	5H-四唑-5-胺	0.019
	15	1H-1,2,4-Triazol-3-amine, N-methyl-	15285-16-2	3-甲氨基-1H-1,2,4-三唑	0.050
	16	Thiophen-2-methylamine, N-(2-fluorophenyl)-	1000310-35-2	N-(2-氟苯基)噻吩-2-甲胺	0.012
	小计				0.845
未知物	1	—	—	未知物-1	0.342
	2	—	—	未知物-2	0.003
	3	—	—	未知物-3	0.007
	4	—	—	未知物-4	0.007
	5	—	—	未知物-5	0.008
	6	—	—	未知物-6	0.006
	7	—	—	未知物-7	0.004
	8	—	—	未知物-8	0.006
	9	—	—	未知物-9	0.003
	10	—	—	未知物-10	0.003
	11	—	—	未知物-11	0.005
	12	—	—	未知物-12	0.003
	13	—	—	未知物-13	0.153
	14	—	—	未知物-14	0.010
	15	—	—	未知物-15	0.009
	16	—	—	未知物-16	0.003
	17	—	—	未知物-17	0.006
	18	—	—	未知物-18	0.019
	19	—	—	未知物-19	0.005

类别	序号	英文名称	CAS 号	化合物名称	含量/(μg/支)
	20	—	—	未知物-20	0.005
	21	—	—	未知物-21	0.007
	22	—	—	未知物-22	0.024
	23	—	—	未知物-23	0.014
	24	—	—	未知物-24	0.003
	25	—	—	未知物-25	0.016
	26	—	—	未知物-26	0.007
	27	—	—	未知物-27	0.004
	28	—	—	未知物-28	0.012
	29	—	—	未知物-29	0.004
	30	—	—	未知物-30	0.004
	31	—	—	未知物-31	0.008
	32	—	—	未知物-32	0.004
	33	—	—	未知物-33	0.006
	34	—	—	未知物-34	0.004
	35	—	—	未知物-35	0.025
	36	—	—	未知物-36	0.015
	37	—	—	未知物-37	0.030
	38	—	—	未知物-38	0.016
未知物	39	—	—	未知物-39	0.009
	40	—	—	未知物-40	0.014
	41	—	—	未知物-41	0.058
	42	—	—	未知物-42	0.024
	43	—	—	未知物-43	0.029
	44	—	—	未知物-44	0.018
	45	—	—	未知物-45	0.027
	46	—	—	未知物-46	0.018
	47	—	—	未知物-47	0.006
	48	—	—	未知物-48	0.036
	49	—	—	未知物-49	0.020
	50	—	—	未知物-50	0.015
	51	—	—	未知物-51	0.017
	52	—	—	未知物-52	0.004
	53	—	—	未知物-53	0.031
	54	—	—	未知物-54	0.007
	55	—	—	未知物-55	0.039
	56	—	—	未知物-56	0.008
	57	—	—	未知物-57	0.014
	58	—	—	未知物-58	0.007
	59	—	—	未知物-59	0.004

续表

类别	序号	英文名称	CAS 号	化合物名称	含量/(µg/支)
	60	—	—	未知物-60	0.014
	61	—	—	未知物-61	0.267
	62	—	—	未知物-62	0.018
	63	—	—	未知物-63	0.026
	64	—	—	未知物-64	0.003
	65	—	—	未知物-65	0.042
	66	—	—	未知物-66	0.030
	67	—	—	未知物-67	0.019
	68	—	—	未知物-68	0.029
	69	—	—	未知物-69	0.051
	70	—	—	未知物-70	0.107
	71	—	—	未知物-71	0.031
	72	—	—	未知物-72	0.010
	73	—	—	未知物-73	0.080
	74	—	—	未知物-74	0.020
	75	—	—	未知物-75	0.009
	76	—	—	未知物-76	0.014
	77	—	—	未知物-77	0.013
	78	—	—	未知物-78	0.045
未知物	79	—	—	未知物-79	0.009
	80	—	—	未知物-80	0.052
	81	—	—	未知物-81	0.011
	82	—	—	未知物-82	0.030
	83	—	—	未知物-83	0.033
	84	—	—	未知物-84	0.029
	85	—	—	未知物-85	0.019
	86	—	—	未知物-86	0.019
	87	—	—	未知物-87	0.044
	88	—	CAS 号	未知物-88	0.010
	89	—	—	未知物-89	0.024
	90	—	—	未知物-90	0.027
	91	—	—	未知物-91	0.327
	92	—	—	未知物-92	1.082
	93	—	—	未知物-93	0.020
	94	—	—	未知物-94	0.008
	95	—	—	未知物-95	0.008
	96	—	—	未知物-96	0.057
	97	—	—	未知物-97	0.020
	98	—	—	未知物-98	0.036
	99	—	—	未知物-99	0.006

续表

类别	序号	英文名称	CAS 号	化合物名称	含量/(μg/支)
未知物	100	—	—	未知物-100	0.012
	101	—	—	未知物-101	0.003
	102	—	—	未知物-102	0.040
	103	—	—	未知物-103	0.134
	104	—	—	未知物-104	0.075
	105	—	—	未知物-105	0.063
	106	—	—	未知物-106	0.053
	107	—	—	未知物-107	0.012
	108	—	—	未知物-108	0.006
	109	—	—	未知物-109	0.184
	110	—	—	未知物-110	0.003
	111	—	—	未知物-111	0.059
	112	—	—	未知物-112	0.018
	113	—	—	未知物-113	0.029
	114	—	—	未知物-114	0.013
	115	—	—	未知物-115	0.010
	116	—	—	未知物-116	0.019
	117	—	—	未知物-117	0.075
	118	—	—	未知物-118	0.009
	119	—	—	未知物-119	0.007
	120	—	—	未知物-120	0.010
	121	—	—	未知物-121	0.099
	122	—	—	未知物-122	0.028
	123	—	—	未知物-123	0.005
	124	—	—	未知物-124	0.023
	125	—	—	未知物-125	0.011
	126	—	—	未知物-126	0.007
	127	—	—	未知物-127	0.019
	128	—	—	未知物-128	0.011
	129	—	—	未知物-129	0.007
	130	—	—	未知物-130	0.017
	131	—	—	未知物-131	0.081
	132	—	—	未知物-132	0.035
	133	—	—	未知物-133	0.007
	134	—	—	未知物-134	0.013
	135	—	—	未知物-135	0.148
	136	—	—	未知物-136	0.037
	137	—	—	未知物-137	0.014
	138	—	—	未知物-138	0.006
	139	—	—	未知物-139	0.015

续表

类别	序号	英文名称	CAS 号	化合物名称	含量/(μg/支)
	140	—	—	未知物-140	0.036
	141	—	—	未知物-141	0.165
	142	—	—	未知物-142	0.126
	143	—	—	未知物-143	0.003
	144	—	—	未知物-144	0.032
	145	—	—	未知物-145	0.109
	146	—	—	未知物-146	0.022
	147	—	—	未知物-147	0.026
	148	—	—	未知物-148	0.014
	149	—	—	未知物-149	0.013
	150	—	—	未知物-150	0.009
	151	—	—	未知物-151	0.007
	152	—	—	未知物-152	0.024
	153	—	—	未知物-153	0.003
	154	—	—	未知物-154	0.042
	155	—	—	未知物-155	0.021
	156	—	—	未知物-156	0.036
	157	—	—	未知物-157	0.019
	158	—	—	未知物-158	0.071
未知物	159	—	—	未知物-159	0.228
	160	—	—	未知物-160	0.195
	161	—	—	未知物-161	0.201
	162	—	—	未知物-162	0.030
	163	—	—	未知物-163	0.004
	164	—	—	未知物-164	0.004
	165	—	—	未知物-165	0.005
	166	—	—	未知物-166	0.008
	167	—	—	未知物-167	0.025
	168	—	—	未知物-168	0.013
	169	—	—	未知物-169	0.008
	170	—	—	未知物-170	0.026
	171	—	—	未知物-171	0.170
	172	—	—	未知物-172	0.003
	173	—	—	未知物-173	0.075
	174	—	—	未知物-174	0.078
	175	—	—	未知物-175	0.108
	176	—	—	未知物-176	0.010
	177	—	—	未知物-177	0.006
	178	—	—	未知物-178	0.005
	179	—	—	未知物-179	0.004

类别	序号	英文名称	CAS 号	化合物名称	含量/(μg/支)
	180	—	—	未知物-180	0.037
	181	—	—	未知物-181	0.548
	182	—	—	未知物-182	0.009
	183	—	—	未知物-183	11.375
	184	—	—	未知物-184	0.766
	185	—	—	未知物-185	0.616
	186	—	—	未知物-186	0.017
	187	—	—	未知物-187	0.010
	188	—	—	未知物-188	0.008
	189	—	—	未知物-189	0.296
	190	—	—	未知物-190	0.024
	191	—	—	未知物-191	2.462
	192	—	—	未知物-192	2.181
	193	—	—	未知物-193	0.003
	194	—	—	未知物-194	0.006
	195	—	—	未知物-195	0.026
	196	—	—	未知物-196	0.014
	197	—	—	未知物-197	1.075
	198	—	—	未知物-198	1.636
未知物	199	—	—	未知物-199	0.589
	200	—	—	未知物-200	0.006
	201	—	—	未知物-201	0.227
	202	—	—	未知物-202	0.135
	203	—	—	未知物-203	0.025
	204	—	—	未知物-204	0.004
	205	—	—	未知物-205	0.614
	206	—	—	未知物-206	1.044
	207	—	—	未知物-207	0.005
	208	—	—	未知物-208	0.074
	209	—	—	未知物-209	3.836
	210	—	—	未知物-210	0.012
	211	—	—	未知物-211	0.004
	212	—	—	未知物-212	0.636
	213	—	—	未知物-213	0.006
	214	—	—	未知物-214	0.157
	215	—	—	未知物-215	0.004
	216	—	—	未知物-216	0.441
	217	—	—	未知物-217	0.688
	218	—	—	未知物-218	0.699
	219	—	—	未知物-219	0.005

类别	序号	英文名称	CAS 号	化合物名称	含量/(μg/支)
未知物	220	—	—	未知物-220	4.351
	221	—	—	未知物-221	0.036
	222	—	—	未知物-222	0.009
	223	—	—	未知物-223	0.042
	224	—	—	未知物-224	0.139
	225	—	—	未知物-225	0.014
	226	—	—	未知物-226	0.003
	227	—	—	未知物-227	0.003
	228	—	—	未知物-228	0.218
	229	—	—	未知物-229	0.695
	230	—	—	未知物-230	0.028
	231	—	—	未知物-231	0.181
	232	—	—	未知物-232	0.644
	233	—	—	未知物-233	1.011
	234	—	—	未知物-234	0.004
	235	—	—	未知物-235	0.010
	236	—	—	未知物-236	0.053
	237	—	—	未知物-237	0.053
	238	—	—	未知物-238	0.426
	239	—	—	未知物-239	2.330
	240	—	—	未知物-240	0.668
	241	—	—	未知物-241	0.694
	242	—	—	未知物-242	0.178
	243	—	—	未知物-243	0.004
	244	—	—	未知物-244	0.004
	245	—	—	未知物-245	0.079
	246	—	—	未知物-246	0.050
小计					49.562
其他类	1	Silane, triethylmethoxy-	2117-34-2	三乙氧基硅烷	0.132
	2	2,3,4-trimethyl-, Oxetane	32347-12-9	2,3,4-三甲基辛烷	0.027
	3	Hydrogen azide	7782-79-8	叠氮化氢	0.077
	4	Glycerin	56-81-5	甘油	0.268
	5	Silane, diethyldifluoro-	358-06-5	二乙基二氟硅烷	0.012
	6	Acetic acid, cesium salt	3396-11-0	乙酸铯	0.009
	7	Dimethylamino(dimethyl)difluorophosphorane	1000306-15-5	二甲氨基(二甲基)二氟磷烷	0.011
	8	Silane, [(1,1-dimethyl-2-propenyl)oxy]dimethyl-	23483-22-9	[(1,1-二甲基丙-2-烯-1-基)氧基](二甲基)甲硅烷基	0.114
	9	1,4:3,6-Dianhydro-alpha-d-glucopyranose	1000098-14-8	1,4:3,6-二氢-$α$-d-吡喃葡萄糖	0.157
	10	DL-Arabinose	20235-19-2	DL-阿拉伯糖	0.087
	11	Propyl[1-(propylthio)ethyl]persulfide	69078-86-0	丙基[1-(丙硫基)乙基]过硫化物	0.023

类别	序号	英文名称	CAS 号	化合物名称	含量/(μg/支)
其他类	12	anti-2-Acetoxyacetaldoxime	37858-07-4	抗-2-乙酰氧基乙醛肟	0.081
	13	Hydrazine, 1,2-dibutyl-	1744-71-4	1,2-二丁基联氨	0.047
	14	beta-D-Glucopyranose, 1,6-anhydro-	498-07-7	1,6-脱水吡喃葡萄糖	0.276
	15	1[5′-(hydroxymethyl)furfuryl]pyrrolidine	1000366-03-3	1[5′-(羟甲基)糠基]吡咯烷	0.088
	16	1H-Indole-2-carbonitrile, 3-methyl-	13006-59-2	3-甲基-1H-吲哚-2-碳腈	0.244
	17	Phosphorus pentafluoride	7647-19-0	[氟(甲基)磷酰基]甲烷	0.043
	18	4H-Chromene-3-carbonitrile, 2-amino-7-benzyloxy-4-cyclohex-3-enyl-	1000303-31-5	2-氨基-7-苄氧基-4-环己基-3-烯基-4H-色烯-3-甲腈	0.071
	19	Dimethylphosphinic fluoride	753-70-8	2-氟-3,4-二甲氧基苯乙腈	0.009
	20	Phenyltrimethylammonium chloride	138-24-9	苯基三甲基氯化铵	0.015
	21	1,2-Oxaphosphole, 3,5-bis(1,1-dimethylethyl)-2,5-dihydro-2-hydroxy-, 2-oxide	56248-43-2	3,5-双(1,1-二甲基乙基)-2,5-二氢-2-羟基-2-氧化物-1,2-氧杂膦	0.026
	22	(3S,8aS)-3-Isopropylhexahydropyrrolo[1,2-a]pyrazine-1,4-dione	2854-40-2	(3S,8aS)-3-异丙基六氢吡咯并[1,2-a]吡嗪-1,4-二酮	0.019
	23	photocitral A	55253-28-6	1R,2R,5S-2-甲基-5-(1-甲基乙烯基)环戊烷甲醛	0.050
	24	Scopoletin	92-61-5	莨菪亭	0.406
	25	Hexane, 3,3-dimethyl-	563-16-6	3,3-二甲基己烷	0.010
	26	1H-Purine-6-carbonitrile	2036-13-7	6-嘌呤腈	0.015
	27	Bismuthine, tripropyl-	3692-82-8	三丙基铋	0.077
	28	Undecane, 3-methyl-	1002-43-3	3-甲基十一烷	0.184
	29	2-Ethenoxy-1,7,7-trimethylbicyclo(2.2.1)heptane	1000432-15-0	2-乙烯基-1,7,7-三甲基双环(2.2.1)庚烷	0.013
小计					2.591
总计					165.927

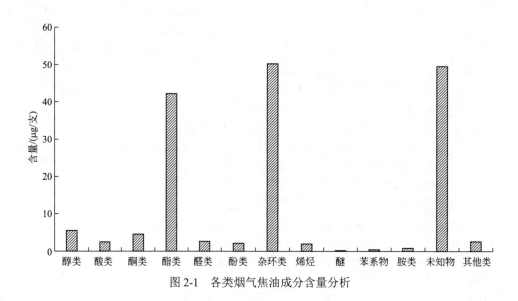

图 2-1　各类烟气焦油成分含量分析

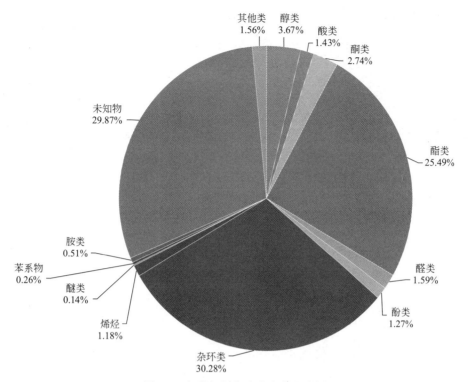

图 2-2　各类烟气焦油成分占比分析

3

烟气焦油中挥发性香味成分的测定分析

3.1 烟气焦油中中性香味成分的测定分析

3.1.1 实验材料、试剂及仪器

实验材料：卷烟样品 [(54mm 烟支+30mm 醋纤滤嘴)×圆周 24.3mm]，内蒙古昆明卷烟有限责任公司。

实验试剂：无水硫酸钠，分析纯，天津市德恩化学试剂有限公司；氢氧化钠（分析纯）、二氯甲烷（色谱纯），天津市凯通化学试剂有限公司；盐酸，分析纯，上海振金化学试剂有限公司；无水乙醇，色谱纯，天津市凯通化学试剂有限公司；苯甲酸苄酯，质量分数≥98%，百灵威科技有限公司。

实验仪器见表 3-1。

表 3-1　主要实验仪器

实验仪器	生产厂商
SB-3200DT 超声波清洗机	宁波新芝生物科技股份有限公司
EL204 型电子天平	瑞士 Mettler Toledo 公司
RM20H 转盘式吸烟机	德国 Borgwaldt KC 公司
Agilent 7890B/5977A 气相色谱-质谱联用仪	美国 Agilent 公司
DLSB-1020 低温冷却液循环泵	郑州国瑞仪器有限公司
HZ-2 型电热恒温水浴锅	北京市医疗设备总厂

3.1.2 实验方法

准确称取苯甲酸苄酯 0.025g（精确至 0.1mg）于 250mL 容量瓶中，用二氯甲烷定容，得到内标溶液，浓度为 0.1000mg/mL。

称取烟气湿焦油 0.6g，置于 150mL 三角瓶中，加入 60mL 二氯甲烷萃取液，振荡萃取 30min，结束后，将三角瓶内的溶液转移至分液漏斗中，用 15mL 5%的 HCl 洗脱三次，合并下层液，用饱和食盐水冲洗一次，得到中性成分萃取液。加入适量的无水硫酸钠干燥过夜，

转移至浓缩瓶中，加入 1mL 0.1mg/mL 的苯甲酸苄酯-二氯甲烷内标溶液，浓缩至 1mL，过 0.45μm 有机膜后转移至色谱瓶中，进行 GC/MS 分析。

GC/MS 分析条件如下。

色谱柱：HP-5MS（60m×0.25mm×0.25μm）；载气：He，流速 1.0mL/min；升温程序：初温 40℃，保持 2min，以 2℃/min 的速率升至 250℃，以 10℃/min 的速率升温至 280℃、保持 20min；进样口温度：250℃；进样量：1μL；分流比：5∶1。

质谱条件：电子轰击(EI)离子源；电子能量 70eV；传输线温度：240℃；离子源温度：230℃，四极杆温度：150℃；质谱质量扫描范围：35～550amu。

3.1.3　结果分析

焦油中性成分分析结果如表 3-2、图 3-1 和图 3-2 所示。结果表明，主流烟气焦油中性成分中共有 806 种物质，总含量为 31420.470μg/支，其中醇类 24 种，总含量为 1279.601μg/支；酸类 22 种，总含量为 809.783μg/支；酮类 96 种，总含量为 1885.105μg/支；酯类 84 种，总含量为 8018.821μg/支；醛类 20 种，总含量为 501.361μg/支；酚类 21 种，总含量为 945.481μg/支；杂环类 44 种，总含量为 1505.605μg/支；烯烃 22 种，总含量为 2433.325μg/支；醚类 4 种，总含量为 92.227μg/支；苯系物 19 种，总含量为 400.675μg/支；胺类 30 种，总含量为 703.438μg/支；其他物质 39 种，总含量为 2621.637μg/支。其中含量最多的是酯类。

表 3-2　焦油中性成分分析结果

类别	序号	英文名称	CAS	化合物名称	含量/(μg/支)
醇类	1	2-Pentanol,4-methyl-	108-11-2	4-甲基-2-戊醇	6.566
	2	Benzyl alcohol	100-51-6	苄醇	7.004
	3	Maltol	118-71-8	麦芽醇	13.920
	4	1-(4-Methylphenyl)ethanol	536-50-5	1-(4-甲基苯基)-1-乙醇	10.165
	5	1H-Inden-5-ol,2,3-dihydro-	1470-94-6	5-茚醇	10.612
	6	1-Dodecanol	112-53-8	十二醇	13.177
	7	1,2-Benzenediol,O-(4-butylbenzoyl)-O′-(2-methylbenzoyl)-	1000325-96-0	O-(4-丁基苯甲酰基)-O′-(2-甲基苯甲酰基)-1,2-苯二醇	8.351
	8	1H-Benz[e]inden-3-ol,2,3,3a,4,5,9b-hexahydro-3a-methyl-,acetate,[3S-(3 alpha,3a alpha),9b beta)]-	71805-92-0	(3S)-2,3,3a,4,5,9bβ-六氢-3aα-甲基-1H-苯并[e]茚-3α-醇乙酸酯	44.390
	9	1,3-Benzenediol,O-(4-butylbenzoyl)-O′-(3-cyclopentylpropionyl)-	1000330-74-3	O-(4-丁基苯甲酰基)-O′-(3-环戊基丙酰基)-1,3-苯二醇	6.238
	10	(6-Hydroxymethyl-2,3-dimethylphenyl)methanol	1000190-69-6	(6-羟甲基-2,3-二甲基苯基)甲醇	40.303
	11	3-Buten-1-ol,1-[naphthyl]-	1000127-32-8	1-[萘基]-3-丁烯-1-醇	28.378
	12	1-Dodecanol,3,7,11-trimethyl-	6750-34-1	3,7,11-三甲基-1-十二醇	98.951
	13	Desaspidinol	437-72-9	地塞米松醇	42.236
	14	2,3,4-Trimethyl-1-pentanol	6570-88-3	2,3,4-三甲基-1-戊醇	11.524
	15	1-Tridecyn-4-ol	74646-37-0	1-十三碳炔-4-醇	6.132
	16	6,10-Dodecadien-1-ol,3,7,11-trimethyl-	51411-24-6	(+/-)-二氢法尼醇	40.719
	17	Phytol	150-86-7	叶绿醇	16.334
	18	Fluoro(methyl)(2,4,6-tri-tert-butylphenyl)silanol	1000427-05-1	氟(甲基)-(2,4,6-三叔丁基苯基)硅醇	24.697

续表

类别	序号	英文名称	CAS	化合物名称	含量/(μg/支)
醇类	19	1*H*-Imidazole-1-ethanol, alpha, 4,5-triphenyl-	58275-51-7	α,4,5-三苯基-1*H*-咪唑-1-乙醇	9.342
	20	1,3-Benzenediol, *O*-methoxycarbonyl-*O'*-(2-furoyl)-	1000330-76-5	*O*-甲氧羰基-*O'*-(2-糠醛基)-1,3-苯二酚	87.297
	21	Tridecanol,2-ethyl-2-methyl-	1000115-66-1	2-乙基-2-甲基十三醇	53.554
	22	2*R*-Acetoxymethyl-1,3,5-trimethyl-4*c*-(3-methyl-2-buten-1-yl)-1*c*-cyclohexanol	1000144-12-6	2*R*-乙酰基甲基-1,3,5-三甲基-4*c*-(3-甲基-2-丁烯-1-基)-1*c*-环己醇	117.054
	23	beta-Tocopherol	148-03-8	3,4-二氢-2,5,8-三甲-2-(4,8,12-三甲基十三烷基)-2*H*-1-苯并吡喃-6-醇	316.071
	24	Nerolidol	142-50-7	*S*-(*Z*)-3,7,11-三甲基-1,6,10-十二烷三烯-3-醇	266.586
		小计			1279.601
酸类	1	Butanoic acid	107-92-6	丁酸	13.297
	2	Butanoic acid, 3-methyl-	503-74-2	异戊酸	17.734
	3	Methylenecyclopropanecarboxylic acid	62266-36-8	亚甲基环丙烷羧酸	20.422
	4	Pentanoic acid,2-methyl-	97-61-0	2-甲基戊酸	13.590
	5	5-Hexenoic acid	1577-22-6	5-己酸	5.884
	6	Pentanoic acid,4-methyl-	646-07-1	4-甲基戊酸	6.195
	7	Pentanoic acid	109-52-4	正戊酸	7.660
	8	Octanoic acid	124-07-2	辛酸	14.908
	9	Benzoic acid	65-85-0	苯甲酸	35.896
	10	(−)-*O*-Acetylmalic anhydride	59025-03-5	(*S*)-(−)-2-乙酰氧基琥珀酸酐	3.759
	11	Benzeneacetic acid,4-hydroxy-	156-38-7	对羟基苯乙酸	15.057
	12	1,3-Dimethyl 2-(4*b*,5,6,7,8,8*a*,9,10-octahydrophenanthren-9-yl) propanedioate (isomer 1)	1000445-06-9	1,3-二甲基-2-(4*b*,5,6,7,8,8*a*,9,10-八氢菲-9-基)丙二酸(异构体 1)	18.782
	13	1-Cyclopentene-1-carboxylic acid,2-methyl-3-vinyl-	1000155-48-3	2-甲基-3-乙烯基-1-环戊烯-1-羧酸	54.895
	14	Tetradecanoic acid	544-63-8	肉豆蔻酸	36.573
	15	3-(6-Methoxy-3-methyl-2-benzofuranyl)acrylic acid	10410-32-9	3-(6-甲氧基-3-甲基-2-苯并呋喃基)丙烯酸	40.922
	16	Cyclo(L-prolyl-L-valine)	2854-40-2	(3*S*,8*aS*)-六氢-3-(1-甲基乙基)吡咯并[1,2-*a*]吡嗪-1,4-二酮	23.816
	17	1-Aminocyclopentanecarboxylic acid, *N*-(2-chloroethoxycarbonyl)-, decyl ester	1000329-17-1	*N*-(2-氯乙氧羰基)-1-氨基环戊酸癸酯	11.416
	18	*n*-Hexadecanoic acid	57-10-3	棕榈酸	347.672
	19	2-Methylheptanoic acid	1188-02-9	2-甲基庚酸	27.765
	20	Acetic acid, trifluoro-,3,7-dimethyloctyl ester	28745-07-5	4-乙酰氧基乙酰苯胺-6-乙酰氧基-2-萘酸-对苯二甲酸共聚物	20.467
	21	2-Naphthoic acid,6-hydroxy-5,7-dimethoxy-,acetate	23673-54-3	6-乙酰氧基-5,7-二甲氧基-2-萘甲酸	30.485
	22	3-Methylbutyl *N*,*O*-bis(heptafluorobutyryl)hydroxyprolinate	1000105-07-9	3-甲基丁基-*N*,*O*-双(七氟丁基)羟脯氨酸	42.588
		小计			809.783

续表

类别	序号	英文名称	CAS	化合物名称	含量/(μg/支)
酮类	1	Cyclopentanone	120-92-3	环戊酮	4.902
	2	2-Cyclopenten-1-one	930-30-3	2-环戊烯酮	25.438
	3	2(5H)-Furanone,5-methyl-	591-11-7	5-甲基-2(5H)-呋喃酮	5.275
	4	(R)-(+)-3-Methylcyclopentanone	6672-30-6	(R)-(+)-3-甲基环戊酮	2.633
	5	2-Propanone,1-(acetyloxy)-	592-20-1	乙酰氧基-2-丙酮	16.528
	6	3,7-Octadien-2-one,(E)-	25172-06-9	(E)-3,7-辛烷-2-酮	2.428
	7	2-Cyclopenten-1-one,2-methyl-	1120-73-6	2-甲基-2-环戊烯-1-酮	25.989
	8	2-Cyclohexen-1-one	930-68-7	2-环己烯-1-酮	2.847
	9	3-Penten-2-one,3-methyl-	565-62-8	3-甲基-3-戊烯-2-酮	3.156
	10	Hex-2-yn-4-one,2-methyl-	52066-33-8	2-甲基-4-己炔-3-酮	3.457
	11	2,3-Pentanedione	600-14-6	2,3-戊二酮	5.543
	12	2,4-Dihydroxy-2,5-dimethyl-3(2H)-furan-3-one	10230-62-3	2,4-二羟基-2,5-二甲基-3(2H)-呋喃酮	2.713
	13	2-Cyclopenten-1-one,3,4-dimethyl-	30434-64-1	3,4-二甲基-2-环戊烯-1-酮	22.217
	14	1,4-Cyclohexanedione	637-88-7	1,4-环己二酮	3.269
	15	1-Penten-3-one,2,4-dimethyl-	3212-68-8	2,4-二甲基-1-戊烯-3-酮	4.724
	16	1,2-Propadiene-1,3-dione	504-64-3	1,2-丙二烯-1,3-二酮	3.765
	17	1-Pentanone,1-(4-methylphenyl)-	1671-77-8	4-甲基苯戊酮	1.436
	18	1,3-Cyclopentanedione,2-methyl-	765-69-5	2-甲基-1,3-环戊二酮	61.731
	19	1-(3-Methyl-2H-pyrazol-4-yl)ethanone	1000436-16-2	1-(3-甲基-2H-吡唑-4-基)乙酮	4.253
	20	2-Cyclopenten-1-one,2-hydroxy-3,4-dimethyl-	21835-00-7	2-羟基-3,4-二甲基-2-环戊烯-1-酮	27.288
	21	2-Cyclopenten-1-one,2,3,4-trimethyl-	28790-86-5	2,3,4-三甲基-2-环戊烯-1-酮	16.395
	22	Acetophenone	98-86-2	苯乙酮	5.475
	23	4-Hepten-2-one,(E)-	36678-43-0	(4E)-4-庚烯-2-酮	4.762
	24	2-Cyclopenten-1-one,2,3-dimethyl-	1121-05-7	2,3-二甲基-2-环戊烯酮	76.064
	25	3-tert-Butyl-2-pyrazolin-5-one	29211-68-5	3-叔丁基-2-吡唑啉-5-酮	1.681
	26	Spirohexan-4-one,5,5-dimethyl-	64149-38-8	5,5-二甲基-螺环己烷-4-酮	16.076
	27	1,3-Dioxolan-2-one,4,5-bis(methylene)-	62458-20-2	4,5-二甲基亚甲基-1,3-二氧戊环-2-酮	3.511
	28	2,3-Dimethyl-4-hydroxy-2-butenoic lactone	1575-46-8	3,4-二甲基-2(5H)-呋喃酮	4.444
	29	2-Cyclopenten-1-one,3-ethyl-2-hydroxy-	21835-01-8	乙基环戊烯醇酮	37.096
	30	Furyl hydroxymethyl ketone	17678-19-2	糠羟甲基甲酮	4.034
	31	2-Cyclohexen-1-one,4,4-dimethyl-	1073-13-8	4,4-二甲基-2-环己-1-酮	2.902
	32	Cyclohexanone,3,3,5-trimethyl-	873-94-9	3,3,5-三甲基环己酮	13.523
	33	2-Hydroxy-5-ethyl-5-methylcyclopent-2-en-1-one	53263-57-3	2-羟基-5-乙基-5-甲基环戊-2-烯-1-酮	8.751
	34	1,4-Methanonaphthalen-9-one,1,2,3,4-tetrahydro-	6165-88-4	1,2,3,4-四氢-1,4-甲基壬酰-9-酮	11.244
	35	6-Ethyl-5,6-dihydro-2H-pyran-2-one	19895-35-3	6-乙基-5,6-二氢-2H-吡喃-2-酮	7.512
	36	Ethanone,1-(4-methylphenyl)-	122-00-9	对甲基苯乙酮	6.785

续表

类别	序号	英文名称	CAS	化合物名称	含量/(μg/支)
	37	Ethanone, 1-(1-ethyl-3-methyl-1H-pyrazol-4-yl)-	1000302-80-6	1-(1-乙基-3-甲基-1H-吡唑-4-基)乙酮	4.419
	38	Furo[3,4-b]furan-2,6(3H,4H)-dione,4-ethyldihydro-3-methylene-, [3aR-(3a alpha,4 beta,6a alpha)]-	33644-10-9	4-乙基二氢-3-亚甲基-[3aR-(3aα,4β,6aα]呋喃[3,4-b]呋喃-2,6(3H,4H)二酮	9.867
	39	2-Hydroxy-3-propyl-2-cyclopenten-1-one	25684-04-2	2-羟基-3-丙基-2-环戊烯-1-酮	6.996
	40	3,7-Dimethyltropolone	1000423-11-4	3,7-二甲基托酚酮	5.757
	41	(E)-1,4-Diphenylbut-3-en-2-one	5409-59-6	(E)-1,4-二苯基丁-3-烯-2-酮	53.141
	42	Furaneol	3658-77-3	2,5-二甲基-4-羟基-3(2H)-呋喃酮	15.786
	43	2,5(1H,3H)-Pentalenedione, tetrahydro-,cis-	51716-63-3	顺式二环[3.3.0]辛烷-3,7-二酮	14.876
	44	9H,11H-Pyrrolo[2,1-a]pyrido[3,4-b]indole-3-one, 1,2,3,5,6,11b-hexahydro-11b-methyl-	1000137-90-4	1,2,3,5,6,11b-六氢-11b-甲基-9H,11H-吡咯并[2,1-a]吡啶并[3,4-b]吲哚-3-酮	5.489
	45	2-Indanone,4,5,6,7-tetrahydro-	20990-33-4	4,5,6,7-四氢-2-茚满酮	2.477
	46	2-Acetoxy-3-methyl-2-cyclopenten-1-one	1000430-72-5	2-乙酰氧基-3-甲基-2-环戊烯-1-酮	3.154
	47	2H-Inden-2-one,1,3-dihydro-	615-13-4	2-茚酮	15.524
	48	Cyclopentanone,2,2,5-trimethyl-	4573-09-5	2,2,5-三甲基环戊酮	3.858
	49	1-Methylindan-2-one	35587-60-1	1-甲基吲哚-2-酮	9.102
	50	3-Buten-2-one,4-phenyl-	122-57-6	苯亚甲基丙酮	13.055
酮类	51	3-Methyl-1-(tetrahydropyrrolo[1,2-c]oxazol-3-ylidene)-butan-2-one	1000194-35-7	3-甲基-1-(四氢吡咯并[1,2-c]噁唑-3-亚基)丁酮	19.676
	52	Bicyclo[3.1.0]hexan-3-one	1755-04-0	双环[3.1.0]己烷-3-酮	14.193
	53	2,4,6-Cycloheptatrien-1-one,2-hydroxy-5-(1-methylethyl)-	672-76-4	2-羟基-5-异丙基-2,4,6-环庚三烯-1-酮	6.973
	54	5-Undecen-4-one	56312-55-1	5-十一烯-4-酮	9.818
	55	3-(Hydroxyimino)-6-methylindolin-2-one	107976-73-8	3-(羟基亚氨基)-6-甲基吲哚-2-酮	2.311
	56	2,4-Azetidinedione,3-ethyl-3-phenyl-	42282-82-6	3-乙基-3-苯基氮杂环丁烷-2,4-二酮	19.545
	57	Methanone,(2,3-dihydro-5-benzofuryl)(4-morpholyl)-	1000268-71-6	(2,3-二氢-5-苯并呋喃)(4-吗啉基)甲酮	8.178
	58	2-Cyclohexen-3-ol-1-one,2-[1-iminoethyl]-	1000131-52-4	2-[1-亚氨基乙基]-2-环己烯-3-醇-1-酮	3.490
	59	Ethanone,1-(2,3,4-trihydroxyphenyl)-	528-21-2	2′,3′,4′-三羟基苯乙酮	10.047
	60	2′,4′-Dihydroxypropiophenone	5792-36-9	2,4-二羟基苯丙酮	33.500
	61	3-Methylene-2,6-heptanedione	1000136-98-1	3-亚甲基-2,6-庚二酮	26.056
	62	2-Indolinone,1-methyl-	61-70-1	N-甲基吲哚酮	15.380
	63	3′,5′-Dihydroxyacetophenone	51863-60-6	3′,5′-二羟基苯乙酮	21.009
	64	5-Hydroxy-3-methyl-1-indanone	57878-30-5	2,3-二氢-5-羟基-3-甲基-1H-茚-1-酮	20.735
	65	2,5-Dihydroxy-4-methoxyacetophenone	1000422-88-0	2,5-二羟基-4-甲氧基苯乙酮	11.082
	66	Pyrolo[3,2-d]pyrimidin-2,4(1H,3H)-dione	65996-50-1	1H-吡咯并[3,2-d]嘧啶-2,4(3H,5H)-二酮	9.999

类别	序号	英文名称	CAS	化合物名称	含量/(μg/支)
	67	2-Propanone,1-(4-hydroxy-3-methoxyphenyl)-	2503-46-0	4-羟基-3-甲氧基苯丙酮	17.485
	68	Benzofuran-2,3-dione, 4,7-dimethyl-2,3-dihydro-	31297-30-0	4,7-二甲基-1-苯并呋喃-2,3-二酮	15.582
	69	Resorcinol, 2-acetyl-	699-83-2	2,6-二羟基苯乙酮	16.067
	70	3-Buten-2-one,4-(5-hydroxy-2,6,6-trimethyl-1-cyclohexen-1-yl)-	69050-59-5	2-羟基-5,7-巨豆二烯-9-酮	43.609
	71	Megastigmatrienone	38818-55-2	巨豆三烯酮	90.534
	72	1(2H)-Acenaphthylenone	2235-15-6	1-苊酮	6.364
	73	4′,6′-Dihydroxy-2′,3′-dimethylacetophenone	7743-14-8	1-(4,6-二羟基-2,3-二甲基苯基)乙酮	6.599
	74	2-Cyclohexen-1-one,4-(3-hydroxybutyl)-3,5,5-trimethyl-	36151-02-7	4-[(3R)-3-羟基丁基]-3,5,5-三甲基-(4R)-2-环己烯-1-酮	48.594
	75	Cyperen-8-one	1940169-12-9	香蒲-8-酮	26.315
	76	4,5-Dimethoxy-2-hydroxyacetophenone	20628-06-2	4,5-二甲氧基-2-羟基苯乙酮	31.223
	77	9H-Fluoren-9-one	486-25-9	9-芴酮	40.429
	78	4(1H)-Pyrimidinone,6-mercapto-2-phenyl-	42956-81-0	2-苯基-4-硫烷基-1H-嘧啶-6-酮	16.078
	79	3′,4′-(Methylenedioxy)acetophenone	3162-29-6	3,4-亚甲二氧苯乙酮	21.272
	80	Pyrrolidin-2-one,1-(4-aminophenyl)-	1000303-70-5	1-(4-氨基苯基)-吡咯烷-2-酮	9.471
酮类	81	Solavetivone	54878-25-0	螺岩兰草酮	44.944
	82	2-Pentadecanone,6,10,14-trimethyl-	502-69-2	6,10,14-三甲基-2-十五烷酮	33.230
	83	alpha Isomethyl ionone	127-51-5	α-异甲基紫罗兰酮	16.877
	84	1-Propanone,1-(3-acetyl-2,2-dimethylcyclopropyl)-2-methyl-	77142-84-8	1-(3-乙酰基-2,2-二甲基环丙基)-2-甲基-1-丙酮	20.215
	85	3(2H)-Benzofuranone,6-methoxy-2-(phenylmethylene)-	4940-52-7	6-甲氧基-2-(苯基亚甲基)-3(2H)-苯并呋喃酮	6.329
	86	Methyl(beta-ethoxyethyl)hydrazone methylethylketone	1000423-19-9	甲基(β-乙氧基乙基)腙甲基乙基酮	2.666
	87	2,5-Hexanedione	110-13-4	2,5-己二酮	8.102
	88	Pyrrolo[1,2-a]pyrazine-1,4-dione,hexahydro-3-(phenylmethyl)-	14705-60-3	六氢-3-(苯甲基)吡咯并[1,2-a]吡嗪-1,4-二酮	245.527
	89	3-Hydroxyflavone	577-85-5	3-羟基黄酮	29.868
	90	3,6-Heptanedione	1703-51-1	2,5-庚二酮	12.486
	91	Monobenzone,TMS derivative	500901-56-4	单苯甲酮,TMS 衍生物	35.072
	92	6H-Dibenzo[b,d]pyran-6-one,7,9-dihydroxy-3-methoxy-1-methyl-	56771-85-8	1-甲基-3-甲氧基-7,9-二羟基-6H-二苯并[b,d]吡喃-6-酮	138.529
	93	Pyrolo[3,2-d]pyrimidin-2,4(1H,3H)-dione	65996-50-1	1H-吡咯并[3,2-d]嘧啶-2,4(3H,5H)-二酮	7.063
	94	Cyclobuta[1,2-B:3,4-B′]difuran-2(3H),5(6H)-dione, (3a-alpha,3b-beta,6a-beta,6b-alpha)-3,6-dicyclohexylidene-tetrahydro-3b,6b-bis(4-pentanoyloxyphenyl)-	1000159-79-4	(3a-α,3b-β,6a-β,6b-α)-3,6-二环己基四氢-3b,6b-双(4-戊酰氧基苯基)-环丁烷[1,2-B:3,4-B′]二呋喃-2(3H),5(6H)-二酮	6.081
	95	2H-1-Benzopyran-2-one, 7-methoxy-	531-59-9	7-甲氧基香豆素	11.943
	96	2H-1-Benzopyran-2-one, 3-methyl-	2445-82-1	3-甲基香豆素	31.211
小计					1885.105

续表

类别	序号	英文名称	CAS	化合物名称	含量/(µg/支)
酯类	1	Propylpyruvate	1000431-41-8	丙酮酸丙酯	2.580
	2	Acetic acid, methyl ester	79-20-9	乙酸甲酯	0.663
	3	1,2-Propanediol,1-acetate	627-69-0	2-羟基丙基乙酸酯	4.835
	4	Oxalic acid,dicyclobutyl ester	1000309-69-5	二环丁基草酸酯	1.810
	5	Butyrolactone	96-48-0	γ-丁内酯	4.206
	6	2(3H)-Furanone,3-acetyldihydro-3-methyl-	1123-19-9	α-乙酰-α-甲基-γ-丁内酯	7.817
	7	Succinic acid,3-methylbut-2-en-1-yl 3-methoxyphenyl ester	1000390-97-8	丁二酸-3-甲基-2-丁烯-3-甲氧基苯基酯	7.025
	8	3-Furancarboxylic acid,methyl ester	13129-23-2	3-呋喃甲酸甲酯	6.621
	9	delta-Valerolactam,diethylboryl-	1000162-35-6	二乙基硼基-δ-缬草酸酯	1.710
	10	3-Chloropropanoic acid,1-cyclopentylethyl ester	1000282-65-5	1-环戊基-3-氯丙酸乙酯	6.261
	11	1-Aminocyclopentanecarboxylic acid,N-methoxycarbonyl-,tetradecyl ester	1000328-90-8	N-甲氧羰基-1-氨基环戊酸十四酯	5.327
	12	4-Chlorobutyric acid,4-isopropylphenyl ester	1000357-38-8	4-异丙基苯基-4-氯丁酸酯	5.947
	13	3-Cyclopentylpropionic acid,4-isopropylphenyl ester	1000331-24-9	4-异丙基苯基-3-环戊基丙酸酯	11.799
	14	1,2,3-Propanetriol,1-acetate	106-61-6	一乙酸甘油酯	38.167
	15	Glycerol 1,2-diacetate	102-62-5	(2-乙酰-3-羟基丙基)酯	25.189
	16	l-Alanine,N-(2-furoyl)-,heptyl ester	1000314-28-5	N-(2-糠酰基)-l-丙氨酸庚酯	6.418
	17	Glycine,N-(2-chloroethoxycarbonyl)-,2-chloroethyl ester	1000328-05-3	N-(2-氯乙氧基羰基)甘氨酸-2-氯乙酯	15.130
	18	Succinic acid,4-chloro-3-methylphenyl 4-methoxybenzyl ester	1000389-69-5	4-氯-3-甲基苯基-4-甲氧苄基丁二酸酯	7.847
	19	o-Toluic acid,4-cyanophenyl ester	1000307-45-8	4-氰基苯基邻甲苯甲酸酯	5.553
	20	Propanoic acid,2,2-dimethyl-,2-(1,1-dimethylethyl)phenyl ester	54644-41-6	2,2-二甲基丙酸-2-叔丁基苯酯	3.343
	21	1,2,4-Benzenetriol,triacetate	613-03-6	1,2,4-苯三酚醋酸酯	7.573
	22	1,4-benzenediol,2-methyl-,4-acetate	1000404-50-8	2-甲基-1,4-苯二醇-4-乙酸酯	22.405
	23	Benzeneacetic acid,methyl ester	101-41-7	苯乙酸甲酯	8.665
	24	Cyclohexanecarboxylic acid,3-methylbutyl ester	25183-19-1	3-甲基丁基环己烷甲酸酯	25.359
	25	Propanoic acid,2-oxo-,ethyl ester	617-35-6	丙酮酸乙酯	2958.679
	26	alpha-Terpinyl acetate	80-26-2	乙酸松油酯	45.704
	27	1,1-Dimethyl-3-phenylpropyl butyrate	1000430-90-1	1,1-二甲基-3-苯丙酸丁酸酯	10.296
	28	2-Methyl-2-butyl methylphosphonofluoridate	159395-77-4	2-甲基-2-丁基甲基膦氟酸酯	8.001
	29	4-Butylbenzoic acid,tridec-2-ynyl ester	1000292-52-8	十三碳-2-炔基 4-丁基苯甲酸酯	15.522
	30	2-Amino-3-cyano-5-methyl-isonicotinic acid methyl ester	1000296-52-1	2-氨基-3-氰基-5-甲基异烟酸甲酯	11.544
	31	2(4H)-Benzofuranone,5,6,7,7a-tetrahydro-4,4,7a-trimethyl-,(R)-	17092-92-1	二氢猕猴桃内酯	12.490
	32	4-Butylbenzoic acid,2,3-dichlorophenyl ester	1000331-30-1	2,3-二氯苯基-4-丁基苯甲酸酯	10.262
	33	2,3,4-Trifluorobenzoic acid,2-chloroethyl ester	1000331-18-9	2-氯乙基-2,3,4-三氟苯甲酸酯	14.147
	34	2,2,4-Trimethyl-1,3-pentanediol diisobutyrate	6846-50-0	2,2,4-三甲基-1,3-戊二醇二异丁酸酯	44.663

类别	序号	英文名称	CAS	化合物名称	含量/(μg/支)
酯类	35	l-Alanine,N-(4-ethylbenzoyl)-,heptyl ester	1000314-16-2	N-(4-乙基苯甲酰基)-l-丙氨酸庚酯	10.738
	36	Fumaric acid,2-methylcyclohex-1-enylmethyl pentadecyl ester	1000345-16-4	2-甲基环己-1-烯基甲基十五烷基富马酸酯	66.550
	37	3,3,5-Trimethylcyclohexyl isobutyrate	1000429-51-3	3,3,5-三甲基环己基异丁酸酯	16.363
	38	Benzyl Benzoate	120-51-4	苯甲酸苄酯	1008.000
	39	3,7,11-Trimethyl-3-hydroxy-6,10-dodecadien-1-yl acetate	1000144-12-7	3,7,11-三甲基-3-羟基-6,10-十二烷二-1-乙酸酯	35.790
	40	Phthalic acid, 4-heptyl isobutyl ester	1000356-78-3	4-庚基异丁基邻苯二甲酸酯	24.125
	41	Acetic acid,trifluoro-,3,7-dimethyloctyl ester	28745-07-5	2,2,2-三氟-3,7-二甲基辛基乙酸酯	10.124
	42	2-Bromopropionic acid,cyclopentyl ester	149863-74-1	2-溴丙酸环戊酯	30.758
	43	Hexadecanoic acid,methyl ester	112-39-0	棕榈酸甲酯	102.736
	44	l-Leucine,N-cyclopropylcarbonyl-,butyl ester	1000327-78-0	N-环丙基羰基-l-亮氨酸丁酯	57.338
	45	DL-Alanine,N-methyl-N-(3-butyn-1-yloxycarbonyl)-,pentadecyl ester	1000392-71-2	N-甲基-N-(3-丁基-1-酰氧羰基)-DL-丙氨酸十五烷基酯	17.546
	46	Dibutyl phthalate	84-74-2	邻苯二甲酸二丁酯	29.390
	47	Tetradecanoic acid,2-methyl-,methyl ester	55554-09-1	2-甲基十四烷酸甲酯	50.193
	48	Sulfurous acid,dodecyl 2-propyl ester	1000309-12-3	十二烷基-2-丙基亚硫酸酯	34.299
	49	Pentanedioic acid,(2,4-di-t-butylphenyl) mono-ester	1000164-44-5	(2,4-二叔丁基苯基)戊二酸单酯	19.890
	50	9,12-Octadecadienoic acid,methyl ester,(E,E)-	2566-97-4	甲基反亚油酸酯	42.803
	51	Sulfurous acid,2-ethylhexyl hexyl ester	1000309-20-2	2-乙基己基亚硫酸己酯	20.656
	52	11,14,17-Eicosatrienoic acid,methyl ester	55682-88-7	11,14,17-二十碳三烯酸甲酯	61.479
	53	2,3,4-Trifluorobenzoic acid,3-fluorophenyl ester	1000331-19-3	2,3,4-三氟苯酸-3-氟苯基酯	255.149
	54	Kessanyl acetate	17806-59-6	乙酸克萨尼酯	111.759
	55	L-Valine,N-dimethylaminomethylene-,methyl ester	1000375-63-9	N-二甲氨基亚甲基-L-缬氨酸--甲酯	23.370
	56	1-Propene-1,2,3-tricarboxylic acid,tributyl ester	7568-58-3	1-丙烯-1,2,3-三羧酸三丁酯	32.808
	57	Butyl citrate	77-94-1	柠檬酸三丁酯	34.407
	58	DL-Valine,N-methyl-N-decyloxycarbonyl-,pentadecyl ester	1000392-93-2	N-甲基-N-癸氧羰基-DL-缬氨酸十五烷基酯	14.795
	59	Perillyl benzoate	73524-02-4	苯甲酸紫苏酯	12.074
	60	Pyrazolo[5,1-c][1,2,4]benzotriazin-8-ol,acetate (ester)	16150-81-5	吡唑并[5,1-c][1,2,4]苯并三嗪-8-醇乙酸酯	19.982
	61	Palmitic acid vinyl ester	693-38-9	十六酸乙烯酯	10.511
	62	Methyl (2R,3R,4S)-3-(tert-butyldimethylsilyloxy)-2,4-dimethylhexanoate	1000429-60-7	(2R,3R,4S)-3-(叔丁基二甲基甲硅烷氧基)-2,4-二甲基己酸甲酯	27.447
	63	Tributyl acetylcitrate	77-90-7	乙酰柠檬酸三丁酯	338.428
	64	Tridecenyl angelate,2E-	1000383-56-9	2E-十三烯当归酯	44.794
	65	DL-Alanine,N-methyl-N-hexyloxycarbonyl-,nonyl ester	1000392-63-8	N-甲基-N-己氧羰基-DL-丙氨酸-壬基酯	47.640
	66	Methyl 4-ketohex-5-enoate	23684-13-1	4-氧代己基-5-烯酸甲酯	11.861

续表

类别	序号	英文名称	CAS	化合物名称	含量/(μg/支)
酯类	67	Phthalic acid,di(6-methyl-2-heptyl) ester	1000377-97-3	二(6-甲基-2-庚基)邻苯二甲酸酯	47.683
	68	4-Cyanobenzoic acid,2-isopropoxyphenyl ester	1000292-66-0	2-异丙氧基苯基-4-氰基苯甲酸酯	182.893
	69	Pipecolic acid,N-octyloxycarbonyl-,pentadecyl ester	1000393-13-6	正辛基羰基哌啶酸十五烷基酯	7.187
	70	1,2-Benzenedicarboxylic acid,bis(2-ethylhexyl) ester	74746-55-7	1,2-苯二甲酸双(2-乙基己基)酯	57.183
	71	2-Butenedioic acid (Z)-,dimethyl ester	624-48-6	马来酸二甲酯	8.905
	72	Sulfurous acid,dodecyl 2-ethylhexyl ester	1000309-19-5	二烷基-2-乙基己基亚硫酸酯	12.678
	73	2-Phenylethyl docosanoate	104899-74-3	二十二烷酸-2-苯基乙基酯	17.048
	74	Phthalic acid,3,5-dimethylphenyl 4-formylphenyl ester	1000315-73-8	3,5-二甲基苯基-4-甲酰基苯基邻苯二甲酸酯	281.793
	75	Succinic acid,di(geranyl) ester	1000391-21-7	二(香叶基)丁二酸酯	14.873
	76	Terephthalic acid,2-bromo-4-fluorophenyl nonyl ester	1000323-71-3	对苯二甲酸-2-溴-4-氟苯基壬基酯	63.079
	77	Trichloroacetic acid,1-adamantylmethyl ester	1000282-92-0	1-金刚烷基甲基三氯乙酸酯	153.990
	78	Propanoic acid,2,2-dimethyl-,[(E,E)-3,7,11-trimethyl-2,6,10-dodecatrien-1-yl] ester	1000164-38-8	2,2-二甲基丙酸-[(E,E)-3,7,11-三甲基-2,6,10-十二碳三烯-1-基]酯	670.253
	79	Isophthalic acid,di(2-methylprop-2-en-1-yl) ester	1000343-95-8	二(2-甲基丙-2-烯-1-基)间苯二甲酸酯	89.378
	80	1-Naphthaleneacetic acid,pentadecyl ester	1000415-03-8	十五烷基-1-萘乙酸酯	12.432
	81	benzoic acid,4-(2-methylbutyl)-,4-butoxyphenyl ester	1000398-19-3	苯甲酸-4-(2-甲基丁基)-4-丁氧基苯基酯	6.125
	82	D-alpha-Tocopherol succinate	4345-03-3	D-α-生育酚琥珀酸酯	368.139
	83	Heptafluorobutyric acid,2-naphthyl ester	1000307-63-1	2-萘基七氟丁酸酯	28.368
	84	4,4-Dimethyl-2-pentanol,2-methylpropionate	1000447-34-3	4,4-二甲基-2-戊醇-2-甲基丙酸酯	9.453
		小计			8018.821
醛类	1	3-Furaldehyde	498-60-2	3-糠醛	25.224
	2	2-Furancarboxaldehyde,5-methyl-	620-02-0	5-甲基呋喃醛	72.238
	3	1H-Imidazole-4-carboxaldehyde	3034-50-2	4-咪唑甲醛	30.087
	4	1H-Pyrrole-2-carboxaldehyde,1-methyl-	1192-58-1	N-甲基-2-吡咯甲醛	1.633
	5	Propionaldehyde,diethylhydrazone	28236-90-0	丙醛二乙腙	2.529
	6	Benzeneacetaldehyde	122-78-1	苯乙醛	6.019
	7	Propanal benzyl isopentyl acetal	1000431-61-4	丙醛苄基异戊基缩醛	8.551
	8	5-Ethyl-2-furaldehyde	23074-10-4	5-乙基-2-糠醛	16.302
	9	3,6-Octadienal,3,7-dimethyl-	55722-59-3	3,7-二甲基-3,6-辛二烯醛	6.827
	10	5-Hydroxymethylfurfural	67-47-0	5-羟甲基糠醛	62.258
	11	5-Acetoxymethyl-2-furaldehyde	10551-58-3	5-乙酰氧基甲基呋喃醛	12.391
	12	Benzaldehyde,4-hydroxy-	123-08-0	对羟基苯甲醛	17.703
	13	Benzaldehyde,2-hydroxy-4-methoxy-	673-22-3	2-羟基-4-甲氧基苯甲醛	5.864
	14	Benzaldehyde,3-hydroxy-4-methoxy-	621-59-0	3-羟基-4-甲氧基苯甲醛	58.795
	15	3-Hydroxy-4-methylbenzaldehyde	57295-30-4	3-羟基-4-甲基苯甲醛	43.380

续表

类别	序号	英文名称	CAS	化合物名称	含量/(μg/支)
醛类	16	Benzaldehyde,3-ethyl-	34246-54-3	3-乙基苯甲醛	23.773
	17	Benzaldehyde,2,4-dihydroxy-6-methyl-	487-69-4	2,4-二羟基-6-甲基苯甲醛	13.537
	18	6-Methoxy-3-methyl-2-benzofurancarbaldehyde	10410-28-3	6-甲氧基-3-甲基-2-苯并呋喃甲醛	13.184
	19	Benzenepropanal,3-(1,1-dimethylethyl)-alpha-methyl-	62518-65-4	3-(1,1-二甲基乙基)-α-甲基苯丙醛	71.491
	20	Acetaldehyde,tetramer	108-62-3	四聚乙醛	9.575
		小计			501.361
酚类	1	Phenol	108-95-2	苯酚	178.039
	2	p-Cresol	106-44-5	4-甲基苯酚	176.916
	3	Phenol,2-methoxy-	90-05-1	愈创木酚	31.072
	4	Phenol,3,4-dimethyl-	95-65-8	2,3-二甲基苯酚	8.536
	5	Phenol,4-ethyl-	123-07-9	4-乙基苯酚	78.434
	6	Phenol,2,4-dimethyl-	105-67-9	2,4-二甲基苯酚	47.927
	7	Phenol,3-ethyl-	620-17-7	3-乙基苯酚	31.167
	8	Phenol,4-ethyl-2-methyl-	2219-73-0	4-乙基-2-甲基苯酚	5.507
	9	1,4-Benzenediol,2-methoxy-	824-46-4	2-甲氧基对苯二酚	3.150
	10	Ethyl maltol	4940-11-8	乙基麦芽酚	4.464
	11	Phenol,3-ethyl-5-methyl-	698-71-5	3-甲基-5-乙基苯酚	15.349
	12	p-Cumenol	99-89-8	4-异丙基苯酚	17.482
	13	Phenol,4-ethyl-2-methoxy-	2785-89-9	4-乙基-2-甲氧基苯酚	28.674
	14	Thymol	89-83-8	百里酚	5.221
	15	2-Methoxy-4-vinylphenol	7786-61-0	2-甲氧基-4-乙烯基苯酚	65.532
	16	Ethanone,1-(2-hydroxy-4-methoxyphenyl)-	552-41-0	丹皮酚	11.358
	17	Phenol,4-ethenyl-2,6-dimethoxy-	28343-22-8	4-乙烯基-2,6-二甲氧基苯酚	76.836
	18	Demethoxyencecalinol	71822-00-9	去甲氧基苯甲醇	70.993
	19	(E)-2,6-Dimethoxy-4-(prop-1-en-1-yl)phenol	20675-95-0	1-(3,5-二甲氧基-4-羟基苯酚)丙烯	32.945
	20	Phenol,2-(1,1-dimethylethyl)-5-methyl-	88-60-8	6-叔丁基间甲酚	17.332
	21	4-(1-Hydroxyallyl)-2-methoxyphenol	112465-50-6	4-(1-羟基烯丙基)-2-甲氧基苯酚	38.547
		小计			945.481
杂环类	1	4-Methyl-2H-pyran	1000432-32-7	4-甲基-2H-吡喃	5.119
	2	1H-Pyrazole,4,5-dihydro-3-methyl-1-propyl-	26964-49-8	3-甲基-1-丙基-4,5-二氢-1H-吡唑	1.927
	3	1H-Pyrazole-4-carboxylic acid,1-methyl-	1000351-30-6	1-甲基-1H-吡唑-4-羧酸	3.714
	4	5-Cyano-1,2,3,4-tetrahydro-4,6-dimethyl-2-oxopyridine	27036-93-7	1,4,5,6-四氢-2,4-二甲基-6-氧代-3-吡啶甲腈	6.515
	5	1H-Pyrrolo[2,3-b]pyridine,2-methyl-	23612-48-8	2-甲基-7-氮杂吲哚	13.493
	6	2-Amino-3-hydroxypyridine	16867-03-1	2-氨基-3-羟基吡啶	12.938
	7	2-Isopropenyl-3,6-dimethylpyrazine	1000109-60-7	2-异丙烯基-3,6-二甲基吡嗪	4.857
	8	8-Methyl-5H-pyrido[4,3-b]indole	88894-13-7	8-甲基-5H-吡啶并[4,3-b]吲哚	15.296

续表

类别	序号	英文名称	CAS	化合物名称	含量/(μg/支)
	9	6-Amino-2,3-diethyl-1*H*-pyrrolo[2,3-*b*]pyridine	55463-66-6	6-氨基-2,3-二乙基-1*H*-吡咯[2,3-*b*]吡啶	13.751
	10	2-Ethenyl-6-hydroxy-2,5,7,8-tetramethyl-3,4-dihydro-2*H*-1-benzopyran	1000432-45-5	2-乙烯基-6-羟基-2,5,7,8-四甲基-3,4-二氢-2*H*-1-苯并吡喃	95.544
	11	2-Azafluorene	244-40-6	9*H*-茚并[2,1-*c*]吡啶	17.517
	12	Pyrazole,1-methyl-5-(1-pyrazolylcarbonyl)-	296895-85-7	1-甲基-5-(1-吡唑基羰基)吡唑	55.914
	13	5,10-Diethoxy-2,3,7,8-tetrahydro-1*H*,6*H*-dipyrrolo[1,2-*a*:1′,2′-*d*]pyrazine	1000190-75-5	5,10-二乙氧基-2,3,7,8-四氢-1*H*,6*H*-二吡咯[1,2-*a*:1′,2′-*d*]吡嗪	23.080
	14	Pyridine,2,6-diethyl-	935-28-4	2,6-二乙基吡啶	2.744
	15	3,5-Di(2-pyridyl)pyrazole	129485-83-2	3,5-二(2-吡啶基)吡唑	25.047
	16	1-Ethyl-4-methoxy-9*H*-pyrido[3,4-*b*]indole	26585-14-8	1-乙基-4-甲氧基-9*H*-吡啶并[3,4-*b*]吲哚	65.868
	17	[1,3]Dioxepino[5,6-*c*]pyridine,1,5-dihydro-8-methyl-3-(1-methylethyl)-9-(2-propynyloxy)-	69022-73-7	8-甲基-3-丙-2-基-9-丙-2-炔氧基-1,5-二氢-[1,3]二氧杂吡啶[5,6-*c*]吡啶	5.018
	18	2-(2-Ethoxyethyl)-3,4-dihydro-6-hydroxy-2,5,7,8-tetramethyl-2*H*-1-benzopyran	1000432-27-9	2-(2-乙氧基乙基)-3,4-二氢-6-羟基-2,5,7,8-四甲基-2*H*-1-苯并吡喃	802.677
杂环类	19	Ethanone,1-(2-furanyl)-	1192-62-7	2-乙酰基呋喃	10.745
	20	2-Acetyl-5-methylfuran	1193-79-9	5-甲基-2-乙酰基呋喃	10.339
	21	2-Acetyl-2-methyltetrahydrofuran	32318-87-9	2-乙酰基-2-甲基四氢呋喃	7.454
	22	1-Butanone,1-(2-furanyl)-	4208-57-5	2-丁酰呋喃	6.483
	23	2-Vinylfuran	1487-18-9	2-乙烯基呋喃	19.248
	24	1-Pentanone,1-(2-furanyl)-	3194-17-0	2-戊酰呋喃	1.150
	25	3-Acetyl-2,5-dimethyl furan	10599-70-9	3-乙酰基-2,5-二甲基呋喃	5.488
	26	Isoparvifuran	78134-83-5	6-甲氧基-2-甲基-3-苯基-5-苯并呋喃	35.678
	27	Furan,3-phenyl-	13679-41-9	3-苯基呋喃	17.090
	28	Naphtho[2,1-*b*]furan	232-95-1	萘并[2,1-*b*]呋喃	6.383
	29	6-Methoxy-3-methylbenzofuran	29040-52-6	6-甲氧基-3-甲基苯并呋喃	10.664
	30	2,2′-Isopropylidenebis(5-methylfuran)	59212-75-8	2-甲基-5-(2-(5-甲基呋喃-2-基)丙-2-基)呋喃	50.734
	31	1*H*-Indole,5-methyl-	614-96-0	5-甲基吲哚	25.744
	32	1*H*-Indole,2,3-dihydro-4-methyl-	62108-16-1	4-碘吲哚啉	11.310
	33	3-((Methylsulfonyl)methyl)-1*H*-indole	857775-86-1	3-[（甲磺酰基）甲基]-1*H*-吲哚	20.280
	34	Indolizine,2-methyl-6-ethyl-	1439-29-8	2-甲基-6-乙基吲哚嗪	5.366
	35	Indolizine,5-methyl-	1761-19-9	5-甲基吲哚嗪	8.915
	36	7-Methoxy-1,2,3-trimethylindole	53918-94-8	7-甲氧基-1,2,3-三甲基吲哚	13.610
	37	*N*-Benzyloxy-2,2-bis(trifluoromethyl)aziridine	55734-40-2	苯甲酸2,2-双-三氟甲基氮丙啶-1-酯	7.784
	38	1*H*-Benzotriazole,7-amino-1-methyl-	13183-01-2	3-甲基苯并三唑-4-胺	9.857
	39	5-Methylbenzimidazole	614-97-1	5-甲基苯并咪唑	7.070

类别	序号	英文名称	CAS	化合物名称	含量/(μg/支)
杂环类	40	Phenanthridine,5,6-dihydro-	27799-79-7	5,6-二氢菲啶	12.007
	41	3-Methylbenzothiophene	1455-18-1	3-甲基苯噻吩	7.004
	42	2-Acetyl-6-methylbenzo[b]thiophene	1467-89-6	2-乙酰基-6-甲基苯并[b]噻吩	10.480
	43	2-Methyl[1,3,4]oxadiazole	3451-51-2	2-甲基-1,3,4-噁二唑	3.040
	44	1H-Indene,1-ethyl-2,3-dihydro-	4830-99-3	1-乙基茚满	10.663
		小计			1505.605
烯烃	1	2-Butene,1-chloro-3-methyl-	503-60-6	1-氯-3-甲基-2-丁烯	1.496
	2	1,3-Cyclohexadiene,5,6-dimethyl-	5715-27-5	5,6-二甲基-1,3-环己二烯	1.536
	3	D-Limonene	5989-27-5	右旋萜二烯	20.536
	4	Cyclopentene,3-ethyl-	694-35-9	3-乙基环戊烯	4.886
	5	Benzene,4-ethenyl-1,2-dimethyl-	27831-13-6	3,4-二甲基苯乙烯	1.897
	6	1,3-Cyclohexadiene,1-methyl-4-(1-methylethyl)-	99-86-5	α-萜品烯	20.850
	7	2,6-Dimethyl-2-trans-6-octadiene	2609-23-6	2 6-二甲基-2-顺式-6-辛二烯	17.146
	8	Benzene,4-ethenyl-1,2-dimethoxy-	6380-23-0	3,4-二甲氧基苯乙烯	30.316
	9	1,3,6,10-Dodecatetraene,3,7,11-trimethyl-,(Z,E)-	26560-14-5	(3Z,6E)-3,7,11-三甲基十二碳-1,3,6,10-四烯	8.139
	10	syn-Tricyclo[5.1.0.0(2,4)]oct-5-ene,3,3,5,6,8,8-hexamethyl-	1000161-99-5	3,3,5,6,8,8-六甲基合成三环[5.1.0.0（2,4）]辛-5-烯	79.571
	11	4-Nonene,2,3,3-trimethyl-,(Z)-	63830-68-2	(Z)-2,3,3-三甲基-4-壬烯	18.776
	12	(E)-Stilbene	103-30-0	反式-1,2-二苯乙烯	14.850
	13	3'-Trimethylsilylbenzo[1',2'-b]-1,4-diazabicyclo[2.2.2]octene	138023-43-5	2,3-二氢-5-(三甲基甲硅烷基)-1,4-乙基桥喹喔啉	26.398
	14	Neophytadiene	504-96-1	7,11,15-三甲基-3-亚甲基-1-十六烯	1566.840
	15	1,5,9-Undecatriene,2,6,10-trimethyl-,(Z)-	62951-96-6	(Z)-2,6,10-三甲基-1,5,9-十一碳三烯	32.344
	16	Bicyclo[3.1.1]hept-2-ene,2,2'-(1,2-ethanediyl)bis[6,6-dimethyl-]	57988-82-6	2,2'-(1,2-乙二基)双[6,6-二甲基-双环[3.1.1]庚-2-烯]	284.953
	17	Bicyclo[2.2.1]hept-2-ene,2-methyl-	694-92-8	2-甲基-2-降冰片烯	4.796
	18	1-Bromo-3,7-dimethyl-6-octene	1000432-24-2	1-溴-3,7-二甲基-6-辛烯	23.315
	19	1,5,9-Undecatriene,2,6,10-trimethyl-,(Z)-	62951-96-6	(Z)-2,6,10-三甲基-1,5,9-十一碳三烯	58.696
	20	3,7-Dimethyl-1-phenylsulfonyl-2,6-octadiene	1000432-27-5	3,7-二甲基-1-苯磺酰基-2,6-辛二烯	130.024
	21	Supraene	7683-64-9	角鲨烯	79.931
	22	2,4,4-Trimethyl-3-hydroxymethyl-5a-(3-methylbut-2-enyl)-cyclohexene	1000144-10-5	2,4,4-三甲基-3-羟甲基-5a-(3-甲基丁-2-烯基)环己烯	6.029
		小计			2433.325
醚类	1	Benzene,1-methoxy-4-methyl-	104-93-8	对甲苯甲醚	13.173
	2	Bis[bicyclo[3.2.0]hept-2-en-4-yl]ether	1000153-89-5	双[双环[3.2.0]庚-2-烯-4-基]醚	47.299
	3	Ethanol,2-[2-(ethenyloxy)ethoxy]-	929-37-3	二乙二醇单乙烯基醚	21.956
	4	Furan,2-methoxy-	25414-22-6	2-呋甲醚	9.799
		小计			92.227

续表

类别	序号	英文名称	CAS	化合物名称	含量/(μg/支)
苯系物	1	1-Methyl-2-phenylcyclopropane	3145-76-4	(2-甲基环丙基)苯	2.298
	2	2-Methoxy-5-methylphenol	1195-09-1	3-羟基-4-甲氧基甲苯	13.812
	3	Benzene,1,3,5-trimethyl-2-(1,2-propadienyl)-	29555-07-5	1,3,5-三甲基-2-(1,2-丙二烯基)苯	12.591
	4	2,4,6-Trimethyliodobenzene	4028-63-1	2,4,6-三甲基碘苯	9.999
	5	Benzene,1-cyclohexyl-2-methoxy-	2206-48-6	1-环己基-2-甲氧基苯	33.841
	6	3,3'-Dimethylbiphenyl	612-75-9	3,3'-二甲基联苯	19.769
	7	1,2-Dimethyl-4-tertbutyl-6-cyclopentylbenzene	100325-69-7	5-叔丁基-1-环戊基-2,3-二甲苯	19.362
	8	1-Bromo-2,3,5,6-tetrafluorobenzene	1559-88-2	1-溴-2,3,5,6-四氟苯	23.254
	9	Naphthalene,1,2-dihydro-	447-53-0	1,2-二氢萘	5.192
	10	Naphthalene,2-methyl-	91-57-6	2-甲基萘	16.483
	11	1,1,5-Trimethyl-1,2-dihydronaphthalene	1000357-25-8	1,1,5-三甲基-1,2-二氢萘	15.620
	12	Naphthalene,1,6-dimethyl-	575-43-9	1,6-二甲基萘	6.318
	13	Naphthalene,1,2-dimethyl-	573-98-8	1,2-二甲基萘	25.308
	14	Naphthalene,1,2-dihydro-3,6,8-trimethyl-	53156-06-2	1,2-二氢-3,6,8-三甲基萘	20.733
	15	Naphthalene,1,6,7-trimethyl-	2245-38-7	2,3,5-三甲基萘	8.574
	16	Naphthalene,1,2-dihydro-2,5,7-trimethyl-	53156-03-9	1,2-二氢-2,5,7-三甲基萘	7.182
	17	1-Carbomethoxy-1,2,5,5-tetramethyl-cis-decalin(1R,2S,4aS,8aS)	1000298-97-3	1-羧甲氧基-1,2,5,5-四甲基-顺式十氢萘（1R,2S,4aS,8aS）	36.757
	18	Benzene,1-isocyano-3-methyl-	20600-54-8	1-异氰基-3-甲苯	26.566
	19	Naphthalene,decahydro-	91-17-8	十氢化萘	97.016
		小计			400.675
胺类	1	Dicyandiamide	461-58-5	双氰胺	0.800
	2	N-(1,1-Dimethyl-2-propynyl)-N,N-dimethylamine	19788-24-0	N,N-2-三甲基-3-丁炔-2-胺	4.197
	3	Acetamide,2,2'-thiobis-	14618-65-6	2,2'-硫代二乙酰胺	3.205
	4	Pentanamide	626-97-1	戊酰胺	4.050
	5	Phenethylamine,N-benzyl-p-chloro-	13622-43-0	N-苄基对氯苯乙胺	3.748
	6	N-Benzyl-N-methyl-2-oxo-2-phenylacetamide	95725-09-0	N-苄基-N-甲基-2-氧代-2-苯乙酰胺	4.734
	7	1,4-Benzenediamine,N,N-dimethyl-	99-98-9	对氨基二甲基苯胺	2.379
	8	1H-Pyrrole-2,5-dione,1-ethyl-	128-53-0	N-乙基马来酰亚胺	5.240
	9	Methoxyacetamide,N-(3,4-dimethoxyphenethyl)-	1000340-33-0	N-(3,4-二甲氧基苯乙酯)甲氧基乙酰胺	6.726
	10	5H-Tetrazol-5-amine	1000273-02-0	5H-四唑-5-胺	8.160
	11	N-(4-Fluorobenzyl)-N-methylhexadecan-1-amine	1000442-98-6	N-(4-氟苄基)-N-甲基十六烷-1-胺	10.111
	12	1,2-Bis(4-methoxyphenyl)-N,N,N',N'-tetramethylethane-1,2-diamine	1000192-85-9	1,2-双(4-甲氧基苯基)-N,N,N',N'-四甲基乙烷-1,2-二胺	8.703
	13	2-Methyltryptamine	2731-06-8	2-甲基吲哚-3-乙胺	7.686
	14	3-Cyclopentylpropionamide,N-(3,4-dimethoxyphenethyl)-	1000340-39-1	N-(3,4-二甲氧基苯乙基)-3-环戊基丙酰胺	12.646
	15	Acetamide,N-methyl-N-phenyl-	579-10-2	N-甲基乙酰苯胺	11.583

类别	序号	英文名称	CAS	化合物名称	含量/(μg/支)
胺类	16	1*H*-1,2,4-Triazol-5-amine,3-(4-methoxyphenyl)-	1000337-36-6	3-(4-甲氧基苯基)-1*H*-1,2,4-三唑-5-胺	13.615
	17	*N*-Benzyl-1-phenylethanamine	17480-69-2	(*S*)-(−)-*N*-苄基-*α*-甲基苄胺	1.493
	18	4,5-Dihydro-*N*-phenyl-3-furamide	65038-85-9	*N*-苯基-2,3-二氢呋喃-4-甲酰胺	2.564
	19	Nonanamide	1120-07-6	壬酰胺	16.876
	20	*N*-[4-(1*H*-Benzoimidazol-2-yl)-phenyl]-acetamide	1000317-43-6	*N*-[4-(1*H*-苯并咪唑-2-基)苯基]-乙酰胺	102.007
	21	Benzamide,*N*,*N*′-1,4-phenylenebis-	5467-04-9	*N*,*N*′-1,4-亚苯基双苯甲酰胺	0.955
	22	1,3,5-Triazine-2,4,6-triamine,*N*-(4-methylphenyl)-	46731-79-7	*N*-(4-甲基苯基)-1,3,5-三嗪-2,4,6-三胺	132.527
	23	Nonanamide	1120-07-6	壬酰胺	14.046
	24	4-(4-Methyl-piperidin-1-yl)-phenylamine	342013-25-6	4-(4-甲基-1-哌啶)苯胺	121.502
	25	2,4-Diamino-6-cyanamino-1,3,5-triazine	3496-98-8	三聚氰胺	4.906
	26	13-Docosenamide,(*Z*)-	112-84-5	芥酸酰胺	81.008
	27	Thiophen-2-methylamine,*N*,*N*-diundecyl-	1000310-36-3	*N*,*N*-二十一烷基噻吩-2-甲胺	0.848
	28	2,4-Difluoro-*N*-(6-nitro-2-phenyl-benzofuran-4-yl)-benzamide	1000296-28-7	2,4-二氟-*N*-(6-硝基-2-苯基-苯并呋喃-4-基)苯甲酰胺	4.307
	29	Benzeneethanamine,beta-hydroxy-alpha-methyl-*N*-octadecyl-	1000197-20-9	*β*-羟基-*α*-甲基正十八烷基苯乙胺	21.585
	30	Cyclobutylcarboxamide,*N*-methallyl-	1000340-37-0	*N*-甲丙烯基环丁基甲酰胺	91.231
		小计			703.438
未知物	1	—	—	未知物-1	1.258
	2	—	—	未知物-2	37.896
	3	—	—	未知物-3	42.771
	4	—	—	未知物-4	52.648
	5	—	—	未知物-5	0.460
	6	—	—	未知物-6	0.518
	7	—	—	未知物-7	0.513
	8	—	—	未知物-8	0.863
	9	—	—	未知物-9	1.761
	10	—	—	未知物-10	0.483
	11	—	—	未知物-11	1.343
	12	—	—	未知物-12	1.223
	13	—	—	未知物-13	1.765
	14	—	—	未知物-14	0.793
	15	—	—	未知物-15	1.844
	16	—	—	未知物-16	1.689
	17	—	—	未知物-17	4.038
	18	—	—	未知物-18	0.994
	19	—	—	未知物-19	7.565
	20	—	—	未知物-20	7.551
	21	—	—	未知物-21	1.615

续表

类别	序号	英文名称	CAS	化合物名称	含量/(μg/支)
未知物	22	—	—	未知物-22	1.864
	23	—	—	未知物-23	1.029
	24	—	—	未知物-24	5.377
	25	—	—	未知物-25	6.724
	26	—	—	未知物-26	3.701
	27	—	—	未知物-27	9.392
	28	—	—	未知物-28	1.842
	29	—	—	未知物-29	4.057
	30	—	—	未知物-30	7.414
	31	—	—	未知物-31	2.607
	32	—	—	未知物-32	5.124
	33	—	—	未知物-33	5.761
	34	—	—	未知物-34	3.679
	35	—	—	未知物-35	7.589
	36	—	—	未知物-36	3.290
	37	—	—	未知物-37	5.684
	38	—	—	未知物-38	9.885
	39	—	—	未知物-39	1.837
	40	—	—	未知物-40	2.349
	41	—	—	未知物-41	4.194
	42	—	—	未知物-42	4.995
	43	—	—	未知物-43	1.085
	44	—	—	未知物-44	6.356
	45	—	—	未知物-45	4.709
	46	—	—	未知物-46	0.832
	47	—	—	未知物-47	52.430
	48	—	—	未知物-48	2.900
	49	—	—	未知物-49	8.879
	50	—	—	未知物-50	7.920
	51	—	—	未知物-51	2.582
	52	—	—	未知物-52	7.392
	53	—	—	未知物-53	2.930
	54	—	—	未知物-54	9.909
	55	—	—	未知物-55	6.158
	56	—	—	未知物-56	12.003
	57	—	—	未知物-57	5.154
	58	—	—	未知物-58	4.890
	59	—	—	未知物-59	6.093
	60	—	—	未知物-60	3.944
	61	—	—	未知物-61	7.469
	62	—	—	未知物-62	8.429

类别	序号	英文名称	CAS	化合物名称	含量/(μg/支)
	63	—	—	未知物-63	22.236
	64	—	—	未知物-64	11.942
	65	—	—	未知物-65	15.070
	66	—	—	未知物-66	2.544
	67	—	—	未知物-67	5.115
	68	—	—	未知物-68	15.397
	69	—	—	未知物-69	8.760
	70	—	—	未知物-70	7.557
	71	—	—	未知物-71	5.636
	72	—	—	未知物-72	8.177
	73	—	—	未知物-73	8.423
	74	—	—	未知物-74	7.229
	75	—	—	未知物-75	11.358
	76	—	—	未知物-76	10.388
	77	—	—	未知物-77	5.290
	78	—	—	未知物-78	4.089
	79	—	—	未知物-79	7.747
	80	—	—	未知物-80	10.846
	81	—	—	未知物-81	13.193
	82	—	—	未知物-82	9.676
未知物	83	—	—	未知物-83	9.594
	84	—	—	未知物-84	8.846
	85	—	—	未知物-85	14.791
	86	—	—	未知物-86	12.451
	87	—	—	未知物-87	7.702
	88	—	—	未知物-88	9.596
	89	—	—	未知物-89	8.074
	90	—	—	未知物-90	20.995
	91	—	—	未知物-91	18.623
	92	—	—	未知物-92	7.869
	93	—	—	未知物-93	16.286
	94	—	—	未知物-94	14.432
	95	—	—	未知物-95	4.084
	96	—	—	未知物-96	13.091
	97	—	—	未知物-97	7.689
	98	—	—	未知物-98	11.210
	99	—	—	未知物-99	12.810
	100	—	—	未知物-100	16.210
	101	—	—	未知物-101	10.194
	102	—	—	未知物-102	15.483
	103	—	—	未知物-103	10.481

续表

类别	序号	英文名称	CAS	化合物名称	含量/(μg/支)
	104	—	—	未知物-104	15.564
	105	—	—	未知物-105	12.190
	106	—	—	未知物-106	8.113
	107	—	—	未知物-107	12.202
	108	—	—	未知物-108	5.560
	109	—	—	未知物-109	11.412
	110	—	—	未知物-110	4.426
	111	—	—	未知物-111	33.136
	112	—	—	未知物-112	3.350
	113	—	—	未知物-113	6.678
	114	—	—	未知物-114	6.963
	115	—	—	未知物-115	3.913
	116	—	—	未知物-116	8.022
	117	—	—	未知物-117	19.044
	118	—	—	未知物-118	11.078
	119	—	—	未知物-119	11.769
	120	—	—	未知物-120	10.109
	121	—	—	未知物-121	7.672
	122	—	—	未知物-122	13.062
	123	—	—	未知物-123	13.349
未知物	124	—	—	未知物-124	15.954
	125	—	—	未知物-125	16.864
	126	—	—	未知物-126	3.479
	127	—	—	未知物-127	9.335
	128	—	—	未知物-128	4.586
	129	—	—	未知物-129	23.315
	130	—	—	未知物-130	18.691
	131	—	—	未知物-131	2.181
	132	—	—	未知物-132	20.082
	133	—	—	未知物-133	20.014
	134	—	—	未知物-134	6.560
	135	—	—	未知物-135	23.171
	136	—	—	未知物-136	9.875
	137	—	—	未知物-137	8.488
	138	—	—	未知物-138	16.226
	139	—	—	未知物-139	16.725
	140	—	—	未知物-140	16.282
	141	—	—	未知物-141	35.387
	142	—	—	未知物-142	14.288
	143	—	—	未知物-143	25.731
	144	—	—	未知物-144	12.233

类别	序号	英文名称	CAS	化合物名称	含量/(μg/支)
	145	—	—	未知物-145	15.932
	146	—	—	未知物-146	3.057
	147	—	—	未知物-147	14.662
	148	—	—	未知物-148	23.631
	149	—	—	未知物-149	17.710
	150	—	—	未知物-150	26.345
	151	—	—	未知物-151	18.777
	152	—	—	未知物-152	14.082
	153	—	—	未知物-153	1.181
	154	—	—	未知物-154	7.619
	155	—	—	未知物-155	6.137
	156	—	—	未知物-156	6.433
	157	—	—	未知物-157	17.277
	158	—	—	未知物-158	9.050
	159	—	—	未知物-159	10.507
	160	—	—	未知物-160	55.482
	161	—	—	未知物-161	24.834
	162	—	—	未知物-162	3.344
	163	—	—	未知物-163	5.254
	164	—	—	未知物-164	20.975
未知物	165	—	—	未知物-165	12.728
	166	—	—	未知物-166	4.376
	167	—	—	未知物-167	14.400
	168	—	—	未知物-168	50.723
	169	—	—	未知物-169	16.231
	170	—	—	未知物-170	10.580
	171	—	—	未知物-171	23.176
	172	—	—	未知物-172	29.430
	173	—	—	未知物-173	16.909
	174	—	CAS	未知物-174	9.364
	175	—	—	未知物-175	6.668
	176	—	—	未知物-176	2.138
	177	—	—	未知物-177	2.020
	178	—	—	未知物-178	26.145
	179	—	—	未知物-179	11.421
	180	—	—	未知物-180	4.860
	181	—	—	未知物-181	36.050
	182	—	—	未知物-182	39.225
	183	—	—	未知物-183	24.037
	184	—	—	未知物-184	34.920
	185	—	—	未知物-185	11.538

类别	序号	英文名称	CAS	化合物名称	含量/(μg/支)
未知物	186	—	—	未知物-186	11.222
	187	—	—	未知物-187	18.342
	188	—	—	未知物-188	12.579
	189	—	—	未知物-189	8.706
	190	—	—	未知物-190	13.970
	191	—	—	未知物-191	40.767
	192	—	—	未知物-192	54.070
	193	—	—	未知物-193	14.776
	194	—	—	未知物-194	21.275
	195	—	—	未知物-195	5.457
	196	—	—	未知物-196	43.951
	197	—	—	未知物-197	21.492
	198	—	—	未知物-198	22.621
	199	—	—	未知物-199	40.903
	200	—	—	未知物-200	84.926
	201	—	—	未知物-201	14.953
	202	—	—	未知物-202	4.296
	203	—	—	未知物-203	8.277
	204	—	—	未知物-204	6.218
	205	—	—	未知物-205	13.732
	206	—	—	未知物-206	10.981
	207	—	—	未知物-207	10.992
	208	—	—	未知物-208	33.943
	209	—	—	未知物-209	8.731
	210	—	—	未知物-210	63.967
	211	—	—	未知物-211	33.839
	212	—	—	未知物-212	8.670
	213	—	—	未知物-213	37.450
	214	—	—	未知物-214	13.316
	215	—	—	未知物-215	162.104
	216	—	—	未知物-216	9.983
	217	—	—	未知物-217	4.793
	218	—	—	未知物-218	3.159
	219	—	—	未知物-219	38.299
	220	—	—	未知物-220	67.021
	221	—	—	未知物-221	36.666
	222	—	—	未知物-222	65.601
	223	—	—	未知物-223	19.178
	224	—	—	未知物-224	12.768
	225	—	—	未知物-225	15.199
	226	—	—	未知物-226	66.462

续表

类别	序号	英文名称	CAS	化合物名称	含量/(μg/支)
	227	—	—	未知物-227	13.319
	228	—	—	未知物-228	12.904
	229	—	—	未知物-229	49.073
	230	—	—	未知物-230	38.409
	231	—	—	未知物-231	5.137
	232	—	—	未知物-232	39.223
	233	—	—	未知物-233	26.245
	234	—	—	未知物-234	37.021
	235	—	—	未知物-235	2.696
	236	—	—	未知物-236	89.447
	237	—	—	未知物-237	12.146
	238	—	—	未知物-238	2.457
	239	—	—	未知物-239	4.930
	240	—	—	未知物-240	118.167
	241	—	—	未知物-241	29.905
	242	—	—	未知物-242	158.284
	243	—	—	未知物-243	41.282
	244	—	—	未知物-244	15.260
	245	—	—	未知物-245	133.085
	246	—	—	未知物-246	71.203
未知物	247	—	—	未知物-247	88.330
	248	—	—	未知物-248	2.061
	249	—	—	未知物-249	6.124
	250	—	—	未知物-250	0.995
	251	—	—	未知物-251	1.978
	252	—	—	未知物-252	163.088
	253	—	—	未知物-253	79.277
	254	—	—	未知物-254	2.501
	255	—	—	未知物-255	5.387
	256	—	—	未知物-256	0.374
	257	—	—	未知物-257	6.130
	258	—	—	未知物-258	5.827
	259	—	—	未知物-259	14.661
	260	—	—	未知物-260	133.516
	261	—	—	未知物-261	26.740
	262	—	—	未知物-262	22.322
	263	—	—	未知物-263	1.460
	264	—	—	未知物-264	11.067
	265	—	—	未知物-265	12.405
	266	—	—	未知物-266	3.198
	267	—	—	未知物-267	13.548

类别	序号	英文名称	CAS	化合物名称	含量/(μg/支)
	268	—	—	未知物-268	12.153
	269	—	—	未知物-269	14.719
	270	—	—	未知物-270	1.653
	271	—	—	未知物-271	81.495
	272	—	—	未知物-272	55.107
	273	—	—	未知物-273	7.635
	274	—	—	未知物-274	41.841
	275	—	—	未知物-275	105.325
	276	—	—	未知物-276	88.159
	277	—	—	未知物-277	0.458
	278	—	—	未知物-278	0.296
	279	—	—	未知物-279	67.119
	280	—	—	未知物-280	14.891
	281	—	—	未知物-281	2.862
	282	—	—	未知物-282	9.753
	283	—	—	未知物-283	1.573
	284	—	—	未知物-284	49.274
	285	—	—	未知物-285	11.364
	286	—	—	未知物-286	102.263
未知物	287	—	—	未知物-287	10.686
	288	—	—	未知物-288	39.141
	289	—	—	未知物-289	50.564
	290	—	—	未知物-290	57.087
	291	—	—	未知物-291	18.371
	292	—	—	未知物-292	5.353
	293	—	—	未知物-293	0.267
	294	—	—	未知物-294	37.499
	295	—	—	未知物-295	25.126
	296	—	—	未知物-296	37.591
	297	—	—	未知物-297	134.403
	298	—	—	未知物-298	46.269
	299	—	—	未知物-299	14.505
	300	—	—	未知物-300	16.229
	301	—	—	未知物-301	88.402
	302	—	—	未知物-302	0.363
	303	—	—	未知物-303	0.349
	304	—	—	未知物-304	24.974
	305	—	—	未知物-305	6.374
	306	—	—	未知物-306	127.045
	307	—	—	未知物-307	129.363

类别	序号	英文名称	CAS	化合物名称	含量/(μg/支)
未知物	308	—	—	未知物-308	5.103
	309	—	—	未知物-309	85.247
	310	—	—	未知物-310	59.394
	311	—	—	未知物-311	54.341
	312	—	—	未知物-312	0.362
	313	—	—	未知物-313	54.172
	314	—	—	未知物-314	171.136
	315	—	—	未知物-315	2.198
	316	—	—	未知物-316	0.602
	317	—	—	未知物-317	125.712
	318	—	—	未知物-318	18.468
	319	—	—	未知物-319	51.952
	320	—	—	未知物-320	52.368
	321	—	—	未知物-321	32.004
	322	—	—	未知物-322	1.460
	323	—	—	未知物-323	20.403
	324	—	—	未知物-324	70.662
	325	—	—	未知物-325	0.776
	326	—	—	未知物-326	34.723
	327	—	—	未知物-327	8.085
	328	—	—	未知物-328	11.519
	329	—	—	未知物-329	4.191
	330	—	—	未知物-330	99.282
	331	—	—	未知物-331	0.645
	332	—	—	未知物-332	4.878
	333	—	—	未知物-333	0.631
	334	—	—	未知物-334	64.730
	335	—	—	未知物-335	9.371
	336	—	—	未知物-336	3.547
	337	—	—	未知物-337	148.096
	338	—	—	未知物-338	240.447
	339	—	—	未知物-339	115.375
	340	—	—	未知物-340	3.568
	341	—	—	未知物-341	14.484
	342	—	—	未知物-342	5.225
	343	—	—	未知物-343	627.650
	344	—	—	未知物-344	97.712
	345	—	—	未知物-345	58.129
	346	—	—	未知物-346	92.842
	347	—	—	未知物-347	2.497

续表

类别	序号	英文名称	CAS	化合物名称	含量/(μg/支)
未知物	348	—	—	未知物-348	15.315
	349	—	—	未知物-349	4.725
	350	—	—	未知物-350	131.816
	351	—	—	未知物-351	138.011
	352	—	—	未知物-352	90.606
	353	—	—	未知物-353	49.574
	354	—	—	未知物-354	317.401
	355	—	—	未知物-355	72.803
	356	—	—	未知物-356	37.264
	357	—	—	未知物-357	64.854
	358	—	—	未知物-358	43.005
	359	—	—	未知物-359	109.844
	360	—	—	未知物-360	6.983
	361	—	—	未知物-361	0.284
	362	—	—	未知物-362	1.693
	363	—	—	未知物-363	18.251
	364	—	—	未知物-364	4.051
	365	—	—	未知物-365	72.120
	366	—	—	未知物-366	0.510
	367	—	—	未知物-367	11.453
	368	—	—	未知物-368	5.265
	369	—	—	未知物-369	6.392
	370	—	—	未知物-370	35.847
	371	—	—	未知物-371	55.173
	372	—	—	未知物-372	43.588
	373	—	—	未知物-373	29.447
	374	—	—	未知物-374	8.795
	375	—	—	未知物-375	2.692
	376	—	—	未知物-376	10.659
	377	—	—	未知物-377	4.341
	378	—	—	未知物-378	6.349
	379	—	—	未知物-379	27.852
	380	—	—	未知物-380	14.997
	381	—	—	未知物-381	5.189
小计					10223.410
其他类	1	Cyclohexane,methylene-	1192-37-6	亚甲基环己烷	5.395
	2	Bromine	7726-95-6	溴	10.104
	3	Neopentane	463-82-1	新戊烷	0.902
	4	Fluorene	86-73-7	芴	18.030
	5	Hydrazine,tripropyl-	67398-42-9	三丙肼	2.694

续表

类别	序号	英文名称	CAS	化合物名称	含量/(μg/支)
其他类	6	Benzene,1-isocyano-3-methyl-	20600-54-8	1-异氰基-3-甲苯	3.878
	7	Methyl 3,4-di-O-acetyl-2-O-methylfucofuranoside	1000031-16-4	甲基-3,4-二-O-乙酰基-2-O-甲基岩藻呋喃糖苷	6.539
	8	Guanidine	113-00-8	胍	0.923
	9	Dimethylphosphinic fluoride	753-70-8	二甲基氟化膦	1.843
	10	Difluoroisothiocyanatophosphine	1000306-12-2	二氟异硫氰酸膦	4.269
	11	Acenaphthylene	208-96-8	苊	16.738
	12	Benzonitrile	100-47-0	苯甲腈	3.966
	13	Triethylphenylammonium iodide	1010-19-1	苯基三乙基碘化铵	12.109
	14	Benzenepropanenitrile	645-59-0	苯代丙腈	10.142
	15	1(3H)-Isobenzofuranone,6-nitro-	610-93-5	6-硝基苯酞	11.130
	16	Benzene,1-ethynyl-4-methyl-	766-97-2	4-甲苯基乙炔	2.955
	17	Undecane,4,8-dimethyl-	17301-33-6	4,8-二甲基十一烷	8.148
	18	9H-Fluorene,3-methyl-	2523-39-9	3-甲基-9H-芴	10.788
	19	3,5-Dimethylpyrazole-1-carboxamide	934-48-5	3,5-二甲基吡唑-1-甲酰胺	3.387
	20	3-Hexyne,2-methyl-	36566-80-0	2-甲基-3-己炔	3.104
	21	1,3-Dioxolane,2-methyl-2-(4-methyl-3-methylenepentyl)-	66972-05-2	2-甲基-2-(4-甲基-3-亚甲基戊基)-1,3-二氧戊环	2.513
	22	Duroquinone	527-17-3	2,3,5,6-四甲基-1,4-苯醌	13.462
	23	2,2-Dimethylindene,2,3-dihydro-	20836-11-7	2,2-二甲基茚满	12.254
	24	Hexane,2,2,3,3-tetramethyl-	13475-81-5	2,2,3,3-四甲基己烷	7.348
	25	1H-Pyrrole-2-ethanamine,1-methyl-	83732-75-6	2-(2-氨基乙基)-1-甲基吡咯烷	3.362
	26	1-Methylene-2-benzyloxy-cyclopropane	119819-29-3	1-亚甲基-2-苄氧基环丙烷	20.558
	27	1H-Indene,1-methylene-	2471-84-3	1-亚甲基-1H-茚	15.449
	28	1H-Indene,1-methyl-3-propyl-	111400-83-0	1-甲基-3-丙基-1H-茚	12.358
	29	1H-2,3-Benzodiazepine,1-methyl-	29100-32-1	1-甲基-1H-2,3-苯二氮䓬	5.887
	30	Silane,trimethyl(phenylethynyl)-	2170-06-1	1-苯基-2-(三甲基硅烷基)乙炔	3.134
	31	1H,2H,3H-Cyclopenta[a]naphthalen-5-ylmethane	1624-22-2	1H,2H,3H-环戊烷[a]萘-5-基甲烷	14.643
	32	3-Pyridinecarbonitrile,1,4-dihydro-1-methyl-	19424-15-8	1,4-二氢-1-甲基 3-吡啶碳腈	54.934
	33	1,3-Diacetin	1000428-18-0	1,3-二醋精	2288.289
	34	Hydrazine,1,2-dibutyl-	1744-71-4	1,2-二丁基联氨	7.265
	35	1H-Indene,1,1-dimethyl-	18636-55-0	1,1-二甲基-1H-茚	0.752
	36	Pyrrolidine,1-(2-methyl-1-propenyl)-	2403-57-8	1-(2-甲基-1-丙烯-1-基)吡咯烷	9.112
	37	(2S,4R)-p-Mentha-[1(7),8]-diene 2-hydroperoxide	1000292-74-4	(2S,4R)-p-薄荷-[1(7),8]-二烯-2-过氧化氢	11.960
	38	Propanoic acid,2-methyl-,anhydride	97-72-3	异丁酸酐	0.718
	39	Maleic anhydride	108-31-6	顺丁烯二酸酐	0.595
小计					2621.637
总计					31420.470

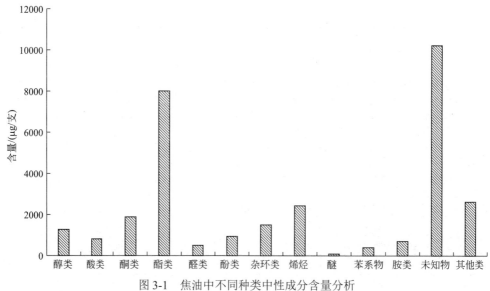

图 3-1　焦油中不同种类中性成分含量分析

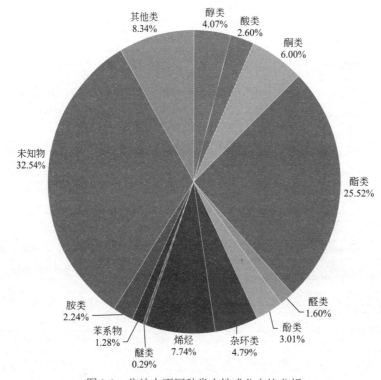

图 3-2　焦油中不同种类中性成分占比分析

3.2　烟气焦油中碱性成分的测定分析

3.2.1　实验材料、试剂及仪器

实验材料：卷烟样品 [(54mm 烟支+30mm 醋纤滤嘴)×圆周 24.3mm]，内蒙古昆明卷烟有限责任公司。

实验试剂：无水硫酸钠，分析纯，天津市德恩化学试剂有限公司；氢氧化钠（分析纯）、二氯甲烷（色谱纯），天津市凯通化学试剂有限公司；盐酸，分析纯，上海振金化学试剂有限公司；无水乙醇，色谱纯，天津市凯通化学试剂有限公司。

碱性标准样品：2-乙酰基吡啶（纯度99.00%，上海青浦合成试剂厂）；3-乙基吡啶、喹啉、吡啶、2-甲基吡啶、3-甲基吡啶、2,6-二甲基吡啶、2,6-二甲基吡嗪、2,3-二甲基吡啶、3-乙烯基吡啶、2,4,6-三甲基吡啶、3,5-二甲基吡啶、2,3,5-三甲基吡啶、2,3,5-三甲基吡嗪（纯度≥98.00%，北京百灵威科技有限公司）；乙酸苯乙酯，质量分数≥98%，北京百灵威科技有限公司。

实验仪器参见表3-1。

3.2.2 实验方法

3.2.2.1 萃取溶液及标准溶液的配制

准确称取乙酸苯乙酯0.025g（精确至0.1mg）于250mL容量瓶中，用二氯甲烷定容，得到内标溶液，浓度为0.1000mg/mL。

准确称取一定量的碱性成分于容量瓶中，用内标溶液定容至100mL，得到混合标准储备液；准确移取混合标准储备液0mL、0.1mL、0.2mL、0.3mL、0.6mL、1.2mL、2.5mL、5.0mL分别置于10mL容量瓶中，用内标溶液定容，即得到1~8级碱性混合标准溶液。

3.2.2.2 焦油中碱性成分的萃取

称取烟气湿焦油0.6g，置于150mL三角瓶中，加入60mL二氯甲烷萃取液，振荡萃取30min，结束后，将三角瓶内的溶液转移至分液漏斗中，用15mL 5%的HCl洗脱三次，合并上层酸液层，转移至烧杯中，在冰水浴环境中用20%NaOH溶液进行滴加，并用玻璃棒连续搅拌至pH=14，转移至分液漏斗中。用20mL二氯甲烷萃取3次，合并下层液，得到碱性成分萃取液。加入适量的无水硫酸钠，干燥过夜，转移至浓缩瓶中，加入1mL内标溶液，浓缩至1mL，过0.45μm有机膜后转移至色谱瓶中，等待进样。

3.2.2.3 气相色谱质谱条件

气相色谱条件如下。

色谱柱：HP-5MS（60m×0.25mm×0.25μm）；升温程序：初温40℃、保持2min，以3℃/min的速率升温至250℃、保持10min；载气：He；流速：1.0mL/min；进样口温度：280℃；进样量：1μL；分流比：5∶1。

质谱条件如下。

电子轰击（EI）离子源；电子能量70eV；传输线温度：280℃；离子源温度：230℃，四极杆温度：150℃；扫描方式：选择离子检测（SIM）。碱性成分的保留时间及定量、定性离子见表3-3。

表3-3 碱性成分保留时间、定量及定性离子

序号	化合物名称	保留时间/min	定量离子（m/z）	定性离子（m/z）
1	吡啶	9.65	79	52、86
2	2-甲基吡啶	12.63	93	66、78
3	3-甲基吡啶	14.65	93	66、84
4	2,6-二甲基吡啶	15.86	107.1	66、84

续表

序号	化合物名称	保留时间/min	定量离子（m/z）	定性离子（m/z）
5	2,6-二甲基吡嗪	17.12	108	42、95
6	2,3-二甲基吡啶	18.93	107	92、79
7	3-乙基吡啶	19.55	107	92、65
8	3-乙烯基吡啶	20.03	105	78、51
9	2,4,6-三甲基吡啶	21.42	121.1	79、106
10	2,3,5-三甲基吡嗪	21.92	122	81、42
11	3,5-二甲基吡啶	22.01	107	79、121
12	2-乙酰基吡啶	23.48	79	121、93
13	2,3,5-三甲基吡啶	25.35	121	106、79
14	喹啉	33.95	129	102、103
15	乙酸苯乙酯①	34.60	104	43、91

① 内标。

3.2.3　结果与分析

3.2.3.1　工作曲线、检出限和定量限

对配制的混合标准溶液进行分析，以各标样成分和内标色谱峰面积比（y）对相应的分析物浓度与内标浓度比（x）进行线性回归分析，得到特征成分回归方程及相关系数 R^2，结果见表 3-4。由表 3-4 可以看出，相关系数 R^2 均≥0.999，所建标准曲线可以满足主流烟气碱性成分测定的要求。

表 3-4　特征成分回归方程、R^2、线性范围

序号	成分	回归方程	R^2	线性范围/(μg/mL)
1	吡啶	$y=2.0453x-0.0241$	0.9993	6.20～620.00
2	2-甲基吡啶	$y=1.6098x-0.0066$	0.9996	3.01～301.00
3	3-甲基吡啶	$y=2.0580x-0.0870$	0.9991	8.77～877.00
4	2,6-二甲基吡啶	$y=1.4598x-0.0145$	0.9998	2.30～230.00
5	2,6-二甲基吡嗪	$y=1.655x+0.0004$	0.9994	2.10～210.00
6	2,3-二甲基吡啶	$y=1.6234x+0.0041$	0.9995	1.40～140.00
7	3-乙基吡啶	$y=1.3595x+0.032$	0.9993	4.61～461.00
8	3-乙烯基吡啶	$y=2.2827x+0.0172$	0.9999	1.27～127.00
9	2,4,6-三甲基吡啶	$y=1.1736x+0.0069$	0.999	1.48～148.00
10	2,3,5-三甲基吡嗪	$y=1.9816x-0.0114$	0.9992	1.58～158.00
11	3,5-二甲基吡啶	$y=1.9113x+0.0050$	0.9995	1.03～103.00
12	2-乙酰基吡啶	$y=1.9186x+0.0125$	0.9994	0.64～64.00
13	2,3,5-三甲基吡啶	$y=1.1859x+0.0059$	0.9998	0.58～58.00
14	喹啉	$y=1.2415x+0.0714$	0.9990	3.54～354.00

3.2.3.2　焦油中碱性成分测定分析结果

焦油中碱性成分测定分析结果如表 3-5 所示。该结果表明，主流烟气焦油中碱性成分总

含量为 3.78μg/支。其中主流烟气焦油中吡啶、吡嗪、喹啉类含量分别为 3.03μg/支、0.20μg/支、0.35μg/支，如图 3-3 所示。

表 3-5 主流烟气焦油中碱性成分分析结果

序号	化合物名称	焦油中碱性成分含量/(μg/支)
1	吡啶	0.51
2	2-甲基吡啶	0.26
3	3-甲基吡啶	0.97
4	2,6-二甲基吡啶	0.02
5	2,6-二甲基吡嗪	0.14
6	2,3-二甲基吡啶	0.07
7	3-乙基吡啶	0.25
8	3-乙烯基吡啶	0.72
9	2,4,6-三甲基吡啶	0.04
10	2,3,5-三甲基吡嗪	0.06
11	3,5-二甲基吡啶	0.06
12	2-乙酰基吡啶	0.09
13	2,3,5-三甲基吡啶	0.04
14	吡嗪	0.20
15	喹啉	0.35
总含量		3.78

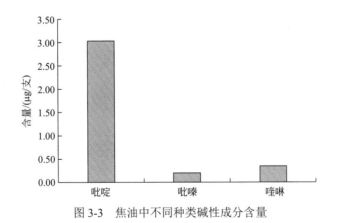

图 3-3 焦油中不同种类碱性成分含量

3.3 烟气焦油中有机酸的测定分析

3.3.1 实验材料、试剂及仪器

实验材料：卷烟样品［(54mm 烟支+30mm 醋纤滤嘴)×圆周 24.3mm］，内蒙古昆明卷烟有限责任公司。

实验试剂：反-2-己烯酸（内标）（>97%，比利时 ACROS 公司）；BSTFA［双(三甲基硅烷基)三氟乙酰胺，95%，东京化成工业株式会社］，其他同 3.2.1 的试剂。

有机酸标准样品：甲酸、乙酸、丙酸（纯度≥98.00%，比利时 ACROS 公司）；丁酸、2-

甲基丁酸、3-甲基丁酸、戊酸、3-甲基戊酸、4-甲基戊酸、乳酸、己酸、2-甲基呋喃酸、庚酸、苯甲酸、辛酸、壬酸、癸酸、肉豆蔻酸、棕榈酸（纯度≥98.00%，东京化成工业株式会社）。

实验仪器参见表 3-1。

3.3.2　实验方法

3.3.2.1　萃取溶液及标准溶液的配制

准确称取反-2-己烯酸 0.05g（精确至 0.1mg）于 500mL 容量瓶中，用二氯甲烷定容，得到萃取剂内标溶液浓度为 0.096mg/mL。

准确称取一定量的有机酸于容量瓶中，用内标溶液定容至 100mL，得到混合酸储备液Ⅰ；移取 1mL 混合酸储备液Ⅰ于容量瓶，用内标溶液定容至 10mL，得到混合酸储备液Ⅱ；

准确移取混合标准储备液Ⅱ 0μL、75μL、150μL、300μL、600μL、1200μL、2500μL、5000μL 分别置于 10mL 容量瓶中，用内标溶液定容，即得到 1～8 级有机酸混合标准溶液。

3.3.2.2　焦油中有机酸成分的萃取

称取烟气湿焦油 0.6g，置于 150mL 三角瓶中，加入 60mL 二氯甲烷萃取液，振荡萃取 30min，结束后，将三角瓶内的溶液转移至分液漏斗中，用 15mL 5%的 HCl 洗脱三次，合并下层液，用饱和食盐水冲洗一次，得到有机酸成分萃取液。加入适量的无水硫酸钠干燥过夜，取 1mL 萃取液过 0.45μm 有机膜后转移至色谱瓶中，加入 50μL BSTFA 衍生化试剂，置于 60℃ 水浴锅中，恒温加热 50min 后取出，等待进样。

3.3.2.3　气相色谱质谱条件

气相色谱条件如下。

色谱柱：HP-5MS（60m×0.25mm×0.25μm）；升温程序：初温 40℃，保持 3min，以 4℃/min 的速率升至 210℃，以 2℃/min 的速率升温至 230℃，以 4℃/min 的速率升温至 280℃；载气：He；流速：1.0mL/min；进样口温度：280℃；进样量：1μL；分流比：5:1。

质谱条件如下。

电子轰击（EI）离子源；电子能量 70eV；传输线温度：280℃；离子源温度：230℃；四极杆温度：150℃；扫描方式：选择离子检测（SIM）。有机酸成分的保留时间及定量、定性离子见表 3-6。

表 3-6　有机酸保留时间及定量、定性离子

序号	化合物名称	保留时间/min	定量离子（m/z）	定性离子（m/z）
1	甲酸	8.60	45	103、75
2	乙酸	10.60	45	117、75
3	丙酸	13.5	75	131、45
4	丁酸	17.1	45	75、145
5	3-甲基丁酸	18.6	73	159
6	2-甲基丁酸	19.1	75	87
7	戊酸	20.9	159	75.1
8	3-甲基戊酸	23.1	60	87
9	4-甲基戊酸	23.5	60	73

序号	化合物名称	保留时间/min	定量离子（m/z）	定性离子（m/z）
10	乳酸	24.4	147	73
11	己酸	24.8	73	87
12	反-2-己烯酸①	26.6	171	75
13	2-甲基呋喃酸	27.4	125	169
14	庚酸	28.5	117	187
15	苯甲酸	31.5	179	105
16	辛酸	32	63	73
17	壬酸	35.4	60	73、215.1
18	癸酸	38.5	129	73、229
19	肉豆蔻酸	50	73	117、85.1
20	棕榈酸	56	117	313

① 内标。

3.3.3　结果与分析

3.3.3.1　工作曲线、检出限和定量限

对配制的混合标准溶液进行分析，以各标样成分和内标色谱峰面积比（y）对相应的分析物浓度与内标浓度比（x）进行线性回归分析，得到特征成分回归方程及相关系数 R^2，结果见表 3-7。由表 3-7 可以看出，相关系数 R^2 均≥0.999，所建标准曲线可以满足焦油有机酸成分的测定要求。

表 3-7　特征成分回归方程、R^2、线性范围

序号	物质名称	回归方程	R^2	线性范围/(μg/mL)
1	甲酸	$y=0.0674x-0.1486$	0.9991	3.77～503.6
2	乙酸	$y=0.0565x-0.0037$	0.9992	3.78～504.2
3	丙酸	$y=0.0689x-0.0006$	0.9995	0.44～59.1
4	丁酸	$y=0.0824x-0.0007$	0.9997	0.72～95.6
5	3-甲基丁酸	$y=0.0746x-0.0010$	0.9994	0.6～79.5
6	2-甲基丁酸	$y=0.0639x-0.0005$	0.9996	0.65～86.3
7	戊酸	$y=0.0911x-0.0007$	0.9996	1.12～149.7
8	3-甲基戊酸	$y=0.0831x-0.0005$	0.9995	0.24～32.5
9	4-甲基戊酸	$y=0.0929x+0.000009$	0.9998	0.27～36.2
10	乳酸	$y=0.0766x+0.0019$	0.9995	0.56～75.2
11	己酸	$y=0.0652x-0.00007$	0.9998	0.39～52.3
12	2-甲基呋喃酸	$y=0.0841x+0.0026$	0.9995	1.07～143.3
13	庚酸	$y=0.0879x-0.0003$	0.9992	0.35～47.0
14	苯甲酸	$y=0.0791x+0.0014$	0.9998	1.56～208.4
15	辛酸	$y=0.0894x+0.0003$	0.9997	0.54～71.5
16	壬酸	$y=0.0919x+0.0007$	0.9997	0.7～92.8
17	癸酸	$y=0.1244x+0.0011$	0.9991	0.57～75.5
18	肉豆蔻酸	$y=0.1096x+0.0038$	0.9991	1.53～204.4
19	棕榈酸	$y=0.1443x-0.0008$	0.9999	0.92～122.6

3.3.3.2　焦油中有机酸成分测定结果

焦油中有机酸成分测定结果如表 3-8 所示。该结果表明，主流烟气焦油中有机酸成分总含量为 244.34μg/支。其中主流烟气焦油中挥发性酸、半挥发性酸含量分别为 166.91μg/支、77.43μg/支，如图 3-4 所示。

表 3-8　焦油中有机酸成分测定结果

序号	化合物名称	焦油中有机酸的含量/(μg/支)
1	甲酸	48.63
2	乙酸	59.36
3	丙酸	5.28
4	丁酸	0.83
5	3-甲基丁酸	0.96
6	2-甲基丁酸	1.00
7	戊酸	0.66
8	3-甲基戊酸	0.61
9	4-甲基戊酸	0.43
10	乳酸	32.25
11	己酸	0.62
12	2-甲基呋喃酸	7.15
13	庚酸	0.46
14	苯甲酸	2.89
15	辛酸	2.00
16	壬酸	1.42
17	癸酸	2.35
18	肉豆蔻酸	4.02
19	棕榈酸	73.41
总含量		244.34

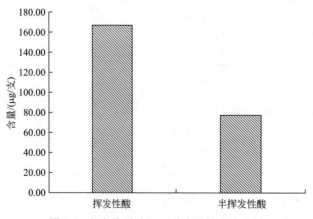

图 3-4　烟气焦油中不同种类酸性成分含量

3.4 烟气焦油中酚类化合物的测定分析（GC-MS）

3.4.1 实验材料、试剂及仪器

实验材料：卷烟样品 [(54mm 烟支+30mm 醋纤滤嘴)×圆周 24.3mm]，内蒙古昆明卷烟有限责任公司。

实验试剂：同 3.3.1 实验试剂。

酚类标准样品：苯酚、邻甲酚、对甲酚、愈创木酚、2,6-二甲基苯酚、2,5-二甲基苯酚、3,5-二甲基苯酚、2,3-二甲基苯酚、3,4-二甲基苯酚、2,4,6-三甲基苯酚、4-乙基愈创木酚、2,6-二甲氧基苯酚、异丁香酚（纯度≥98%，北京百灵威科技有限公司）。

实验仪器参见表 3-1。

3.4.2 实验方法

3.4.2.1 萃取溶液及标准溶液的配制

准确称取乙酸苯乙酯 0.15g（精确至 0.1mg）于 500mL 容量瓶中，用二氯甲烷定容，得到内标溶液，浓度为 0.308mg/mL。

准确称取酚类物质于容量瓶中，用内标溶液定容至 100mL，得到混合标准储备液；准确移取混合标准储备液 0mL、0.15mL、0.30mL、0.60mL、1.20mL、2.50mL、5.00mL 分别置于 10mL 容量瓶中，用内标溶液定容至刻度线，即得到不同浓度梯度的酚类混合标准溶液。

3.4.2.2 焦油中酚类成分的萃取

称取烟气湿焦油 0.6g，置于 150mL 三角瓶中，加入 60mL 二氯甲烷萃取液，振荡萃取 30min。结束后，将浓缩瓶内的溶液转移至分液漏斗中，用 15mL 5%的 HCl 水溶液洗脱三次，合并下层液，用饱和食盐水冲洗一次，得到酚类成分萃取液。加入适量的无水硫酸钠干燥过夜，转移至浓缩瓶中加入 1mL 内标溶液，浓缩至 1mL，过 0.45μm 有机膜后转移至色谱瓶中，等待进样。

3.4.2.3 气相色谱质谱条件

气相色谱条件如下。

色谱柱：HP-5MS（60m×0.25mm×0.25μm）；升温程序：初温 50℃，保持 2min，以 4℃/min 的速率升至 120℃、保持 10min，以 2℃/min 的速率升温至 140℃、保持 10min，以 4℃/min 的速率升温至 280℃、保持 20min；载气：He；流速：1.0mL/min；进样口温度：280℃；进样量：1μL；分流比：5∶1。

质谱条件如下。

电子轰击（EI）离子源；电子能量 70eV；传输线温度：280℃；离子源温度：230℃；四极杆温度：150℃；扫描方式：选择离子检测（SIM）；溶剂延迟：6min。酚类成分的保留时间及质谱参数见表 3-9。

表 3-9　酚类成分保留时间及质谱参数

序号	化合物名称	保留时间/min	定量离子（m/z）	定性离子（m/z）
1	苯酚	15.895	94	39.1
2	邻甲酚	18.764	108	77
3	对甲酚	19.537	107	77
4	愈创木酚	20.209	124	81
5	2,6-二甲基苯酚	20.927	122	77
6	2,5-二甲基苯酚	22.730	122	77
7	3,5-二甲基苯酚	23.730	122	77
8	2,3-二甲基苯酚	24.269	122	77
9	3,4-二甲基苯酚	25.147	122	77
10	2,4,6-三甲基苯酚	25.803	136.1	91
11	内标	29.294	104	91
12	4-乙基愈创木酚	31.060	152.1	122
13	2,6-二甲氧基苯酚	36.595	154	139
14	异丁香酚	44.306	164.1	91.1

3.4.3　结果与分析

3.4.3.1　工作曲线、检出限和定量限

对配制的混合标准溶液进行分析，以各标样成分和内标色谱峰面积比（y）对相应的分析物浓度与内标浓度比（x）进行线性回归分析，得到特征成分回归方程及相关系数 R^2，结果见表 3-10。由表 3-10 可以看出，相关系数 R^2 均≥0.99，所建标准曲线可以满足酚类成分的测定要求。

表 3-10　酚类中香味成分的线性方程

序号	酚类香味成分	标准曲线	R^2
1	苯酚	$y=1.4867x+0.0196$	0.9993
2	邻甲酚	$y=1.0963x-0.1240$	0.9985
3	对甲酚	$y=1.0128x-0.0339$	0.9990
4	愈创木酚	$y=1.3849x-0.6418$	0.9975
5	2,6-二甲基苯酚	$y=1.0880x-0.2136$	0.9984
6	2,5-二甲基苯酚	$y=0.9891x+0.9214$	0.9783
7	3,5-二甲基苯酚	$y=0.5463x-0.2116$	0.9901
8	2,3-二甲基苯酚	$y=0.6500x-0.0732$	0.9994
9	3,4-二甲基苯酚	$y=0.8957x-0.2137$	0.9973
10	2,4,6-三甲基苯酚	$y=0.8762x-0.0625$	0.9966
11	4-乙基愈创木酚	$y=1.1462x+0.0643$	0.9994
12	2,6-二甲氧基苯酚	$y=1.6841x+0.1397$	0.9966
13	异丁香酚	$y=5.5658x+0.4855$	0.9949

3.4.3.2　焦油中酚类成分测定结果

焦油中酚类化合物测定结果如表 3-11 所示。该结果表明，主流烟气焦油中酚类化合物总含量为 329.90μg/支。其中主流烟气焦油中苯酚、苯甲酚、二甲基苯酚、邻苯二酚衍生物（包括愈创木酚、4-乙基愈创木酚、2,6-二甲氧基苯酚、异丁香酚）的含量分别为 32.07μg/支、12.61μg/支、125.87μg/支、132.07μg/支，如图 3-5 所示。

表 3-11　焦油中酚类化合物测定结果

序号	保留时间/min	中文名称	焦油中酚类化合物含量/(μg/支)
1	15.895	苯酚	32.07
2	18.764	邻甲酚	4.78
3	19.537	对甲酚	7.83
4	20.209	愈创木酚	10.22
5	20.927	2,6-二甲基苯酚	24.78
6	22.730	2,5-二甲基苯酚	33.70
7	23.730	3,5-二甲基苯酚	26.52
8	24.269	2,3-二甲基苯酚	28.70
9	25.147	3,4-二甲基苯酚	12.17
10	25.803	2,4,6-三甲基苯酚	27.28
11	29.294	4-乙基愈创木酚	33.15
12	31.060	2,6-二甲氧基苯酚	42.61
13	36.595	异丁香酚	46.09
总含量			329.90

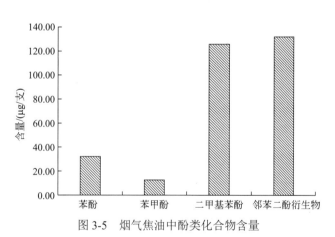

图 3-5　烟气焦油中酚类化合物含量

3.5　烟气焦油中酚类化合物的测定分析（HPLC）

3.5.1　实验材料、试剂及仪器

实验材料：卷烟样品［(54mm 烟支+30mm 醋纤滤嘴)×圆周 24.3mm］，内蒙古昆明卷烟有限责任公司。

实验试剂：无水乙醇（色谱纯，天津市凯通化学试剂有限公司）；对苯二酚，间苯二酚，邻苯二酚，苯酚，间甲酚、对甲酚、邻甲酚（标准物质，加拿大 Toronto Research Chemicals 公司）；乙酸、乙腈（色谱纯，美国 Sigma-Aldrich 公司）。

实验仪器见表 3-12。

表 3-12　主要实验仪器

实验仪器	生产厂商
SB-3200DT 超声波清洗机	宁波新芝生物科技股份有限公司
EL204 型电子天平	瑞士 Mettler Toledo 公司
RM20H 转盘式吸烟机	德国 Borgwaldt KC 公司
高效液相色谱仪	美国 Agilent 公司
荧光检测器	美国 Agilent 公司

3.5.2　实验方法

实验方法参考 YC/T 255—2008《卷烟　主流烟气中主要酚类化合物的测定　高效液相色谱法》的方法。

3.5.3　结果与分析

3.5.3.1　工作曲线、检出限和定量限

对配制的混合标准溶液进行分析，以各标样成分和内标色谱峰面积比（y）对相应的分析物浓度与内标浓度比（x）进行线性回归分析，得到特征成分回归方程及相关系数 R^2，结果见表 3-13。由表 3-13 可以看出，相关系数 R^2 均≥0.9900，所建标准曲线可以满足焦油对甲酚、二元酚测定的要求。

表 3-13　特征成分回归方程、R^2

序号	保留时间/min	成分	回归方程	R^2
1	5.29	对苯二酚	$y=0.00004x+0.00008$	0.9999
2	8.51	间苯二酚	$y=0.00002x+0.00001$	0.9998
3	11.26	邻苯二酚	$y=0.00003x+0.00005$	0.9999
4	20.31	苯酚	$y=0.00002x-0.00003$	0.9998
5	33.45	间甲酚、对甲酚	$y=0.00001x-0.0003$	0.9992
6	34.73	邻甲酚	$y=0.00001x+0.00004$	0.9970

3.5.3.2　焦油中酚类化合物测定结果

焦油中酚类化合物测定结果如表 3-14 和图 3-6 所示。结果表明，主流烟气焦油中二元酚总含量为 63.91μg/支；主流烟气焦油中苯酚，间甲酚、对甲酚，邻甲酚含量分别为 23.04μg/支，5.00μg/支，2.07μg/支。

表 3-14　焦油中酚类化合物测定结果（HPLC）

序号	保留时间/min	化合物名称	焦油中酚类化合物含量/(μg/支)
1	5.292	对苯二酚	28.26
2	8.510	间苯二酚	0.54

序号	保留时间/min	化合物名称	焦油中酚类化合物含量/(μg/支)
3	11.261	邻苯二酚	35.11
4	20.311	苯酚	23.04
5	33.451	间甲酚、对甲酚	5.00
6	34.733	邻甲酚	2.07
总含量			94.02

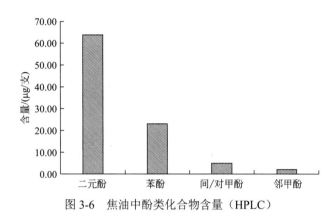

图 3-6 焦油中酚类化合物含量（HPLC）

4

烟气焦油中生物碱的测定分析

4.1 实验材料、试剂及仪器

实验材料：卷烟样品［(54mm 烟支+30mm 醋纤滤嘴)×圆周 24.3mm］，内蒙古昆明卷烟有限责任公司。

实验试剂：乙酸乙酯、甲醇（色谱纯，美国 Sigma-Aldrich 公司）；无水乙醇（色谱纯，天津市凯通化学试剂有限公司）；烟碱、降烟碱、麦斯明、2,3-联吡啶和可替宁（标准物质，加拿大 Toronto Research Chemicals 公司）；正十七烷（标准物质，日本 TCI 公司）；氢氧化钠、无水硫酸钠（AR，国药集团化学试剂有限公司）。

实验仪器见表 4-1。

表 4-1 主要实验仪器

实验仪器	生产厂商
SB-3200DT 超声波清洗机	宁波新芝生物科技股份有限公司
EL204 型电子天平	瑞士 Mettler Toledo 公司
RM20H 转盘式吸烟机	德国 Borgwaldt KC 公司
Agilent 7890B /5977A 气相色谱-质谱联用仪	美国 Agilent 公司
DLSB-1020 低温冷却液循环泵	郑州国瑞仪器有限公司
HZ-2 型电热恒温水浴锅	北京市医疗设备总厂

4.2 实验方法

4.2.1 萃取溶液及标准溶液的配制

内标溶液：准确称量 0.2g 正十七烷（精确至 0.0001g），于 100mL 容量瓶中用甲醇定容，混匀后得到内标溶液。

混合标准储备液：分别准确称量 0.3g 烟碱以及 10mg 降烟碱、麦斯明、2,3-联吡啶和可替宁，于 5 只不同的 50mL 容量瓶中用甲醇定容，混匀后得到各目标物的单标储备液。分别准确移取 5mL 烟碱单标储备液及其余 4 种单标储备液各 1mL，于 10mL 容量瓶中用甲醇定容，混匀后得到混合标准储备液。

系列标准工作溶液：分别准确移取 0.05mL、0.1mL、0.5mL、1mL、2.5mL 和 5mL 混合标准储备液，加入到 6 只 10mL 容量瓶中，再分别加入 25μL 内标溶液，用甲醇定容，混匀后得到 6 级系列标准工作溶液。

4.2.2 焦油中生物碱的萃取

称取烟气湿焦油 0.075g，置于 50mL 三角瓶中，再加入 2.5mL 8%氢氧化钠溶液，静置 10min 后加入 100μL 内标溶液和 10mL 乙酸乙酯，超声萃取 30min；3000 r/min 条件下离心 5min；取上清液，以适量的无水硫酸钠干燥过夜，取 1mL 萃取液过 0.45μm 有机膜后转移至色谱瓶中，用 GC-MS 仪器进行分析。

4.2.3 气相色谱质谱条件

气相色谱条件如下。

色谱柱：HP-5MS（60m×0.25mm×0.25μm）；升温程序：初温 100℃、保持 1min，以 5℃/min 的速率升温至 260℃、保持 5min；载气：He；流速 1.0mL/min；进样口温度：280℃；进样量：1μL；分流比：5∶1。

质谱条件如下。

电子轰击（EI）离子源；电子能量 70eV；传输线温度：280℃；离子源温度：230℃；四极杆温度：150℃。

4.3 结果与分析

4.3.1 工作曲线、检出限和定量限

对配制的混合标准溶液进行分析，以各标样成分和内标色谱峰面积比（y）对相应的分析物浓度与内标浓度比（x）进行线性回归分析，得到特征成分回归方程及相关系数 R，结果见表 4-2。由表 4-2 可以看出，相关系数 R 均≥0.9900，所建标准曲线可以满足焦油生物碱测定的要求。

表 4-2 特征成分回归方程、R、线性范围

序号	成分	回归方程	R
1	烟碱	$y=0.8064x+0.0647$	0.9973
2	降烟碱	$y=0.2736x+0.0100$	0.9981
3	麦斯明	$y=12.295x-0.0125$	0.9943
4	2,3-联吡啶	$y=0.8998x+0.0378$	0.9959
5	可替宁	$y=0.9483x+0.0288$	0.9979

4.3.2 焦油中生物碱测定结果

焦油中生物碱测定结果如表 4-3 和图 4-1 所示。结果表明，主流烟气焦油中生物碱总含量为 0.894mg/支，其中烟碱、降烟碱、麦斯明、2,3-联吡啶、可替宁含量分别为 0.732mg/支、0.005mg/支、0.120mg/支、0.020mg/支、0.016mg/支。

表 4-3　焦油中生物碱测定结果

序号	保留时间/min	化合物名称	焦油中生物碱含量/(mg/支)
1	14.406	烟碱	0.732
2	15.552	降烟碱	0.005
3	16.397	麦斯明	0.120
4	17.179	2,3-联吡啶	0.020
5	18.986	可替宁	0.016
	总含量		0.893

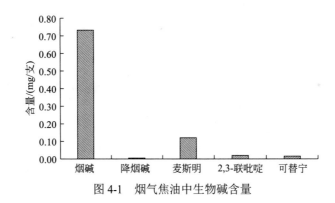

图 4-1　烟气焦油中生物碱含量

5

烟气焦油中挥发性醛酮类的测定分析

5.1 实验材料、试剂及仪器

实验材料：卷烟样品［(54mm 烟支+30mm 醋纤滤嘴)×圆周 24.3mm］，内蒙古昆明卷烟有限责任公司。

实验试剂：甲醛、乙醛、巴豆醛、丙酮、丙烯醛、丙醛、2-丁酮、巴豆醛的 2,4-二硝基苯腙衍生化物，纯度≥97%，百灵威科技有限公司；2,4-二硝基苯肼、吡啶，百灵威科技有限公司；乙腈、四氢呋喃、异丙醇、高氯酸，色谱级，天津市凯通化学试剂有限公司；去离子水。

实验仪器见表 5-1。

表 5-1　实验仪器

实验仪器	生产厂商
SB-3200DT 超声波清洗机	宁波新芝生物科技股份有限公司
EL204 型电子天平	瑞士 Mettler Toledo 公司
高效液相色谱仪	美国 Agilent 公司
二极管阵列检测器	美国 Agilent 公司

5.2 实验方法

实验方法参考 YC/T 254—2008《卷烟　主流烟气中主要羰基化合物的测定　高效液相色谱法》的方法。

5.3 结果与分析

5.3.1 工作曲线、检出限和定量限

对配制的混合标准溶液进行分析，以各标样成分和内标色谱峰面积比（y）对相应的分析物浓度与内标浓度比（x）进行线性回归分析，得到特征成分回归方程及相关系数 R^2，结果

见表 5-2。由表 5-2 可以看出，相关系数 R^2 均≥0.9900，所建标准曲线可以满足烟气焦油挥发性醛酮类测定的要求。

表 5-2　特征成分回归方程、R^2、线性范围

序号	物质名称	回归方程	R^2
1	甲醛	$y=0.00003x-0.0002$	1.0000
2	乙醛	$y=0.00003x-0.0001$	0.9999
3	丙酮	$y=0.00003x-0.0003$	1.0000
4	丙烯醛	$y=0.00003x-0.0002$	1.0000
5	丙醛	$y=0.00003x-0.0002$	1.0000
6	巴豆醛	$y=0.00002x-0.0001$	1.0000
7	2-丁酮	$y=0.00004x-0.0001$	1.0000
8	丁醛	$y=0.00003x-0.0002$	1.0000

5.3.2　焦油中挥发性醛酮类测定结果

焦油中挥发性醛酮类测定结果如表 5-3 和图 5-1 所示。结果表明，烟气焦油中挥发性醛酮类总含量为 393.70μg/支。挥发性醛类总含量为 143.00μg/支，其中甲醛、乙醛和巴豆醛分别为 28.40μg/支、66.10μg/支、4.70μg/支，丙烯醛为 37.30μg/支、丁醛为 3.00μg/支。挥发性酮类总含量为 250.7μg/支，丙酮为 195.80μg/支、2-丁酮为 54.90μg/支。

表 5-3　焦油中挥发性醛类测定结果

序号	物质名称	含量/(μg/支)
1	甲醛	28.40
2	乙醛	66.10
3	丙酮	195.80
4	丙烯醛	37.30
5	丙醛	3.50
6	巴豆醛	4.70
7	2-丁酮	54.90
8	丁醛	3.00
总含量		393.70

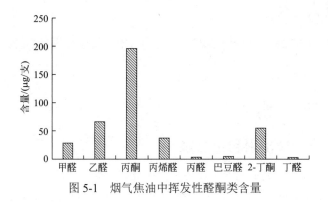

图 5-1　烟气焦油中挥发性醛酮类含量

6

烟气焦油中金属元素的测定分析

6.1 实验材料、仪器与试剂

实验材料：卷烟样品 [(54mm 烟支+30mm 醋纤滤嘴)×圆周 24.3mm]，内蒙古昆明卷烟有限责任公司。

实验试剂：硝酸（HNO_3 优级纯，烟台市双双化工有限公司）；氢氟酸（分析纯，天津市富宇精细化工有限公司）；30%双氧水（分析纯，天津市凯通化学试剂有限公司）；Pb（铅）、Ni（镍）、Cd（镉）、Cr（铬）4 种标准储备液（1000μg/mL，北京坛墨质检科技有限公司）；超纯水。

实验仪器：AA240FS 原子吸收光谱仪（美国 Agilent 公司）；微波消解仪 MARS 6（美国 CEM 公司）；QUINTIX22 4-1CN 电子天平（德国 SARTO RIUS 公司）。

6.2 实验方法

6.2.1 焦油的消解处理

6.2.1.1 焦油消解酸体系的选择

为明确最佳焦油消解体系，选择硝酸、盐酸、氢氟酸和双氧水作为消解酸，以消解后的样品状态作为衡量指标。

6.2.1.2 焦油中金属原子的测定

准确称取 0.1g（精确至 0.0001g）焦油置于消解罐中，依次加入 6mL HNO_3、2mL HCl 后，静置 30min 后，加盖密封，置于微波消解仪中进行消解。消解结束后，加入 5mL 的 1% 硝酸溶液，于 130℃赶酸 75min。赶酸完毕，待消解罐冷却至室温，将消解液转移至 50mL 容量瓶中，用 1%硝酸溶液洗涤消解罐 3~4 次，洗涤液并入容量瓶中。定容，摇匀，得待测液。待测原子吸收测定。微波消解程序如表 6-1 所示。

表 6-1 微波消解程序

步骤	爬升时间/min	温度/℃	保温时间/min	微波功率/W
1	5	120	5	1200
2	5	160	5	1200
3	5	210	25	1200

6.2.2　原子吸收的工作条件

利用空气乙炔-火焰原子吸收法测定4种金属元素含量。测定各元素的最佳工作条件见表6-2。

表6-2　火焰原子吸收光谱仪最佳工作条件

元素	波长/nm	光谱通带/nm	灯电流/mA	测定方式	空气流量/(L/min)	乙炔流量/(L/min)
Pb	217.0	0.2	10	背景校正原子吸收	13.5	2
Cr	357.9	0.5	10	背景校正原子吸收	13.5	2
Cd	228.8	0.5	3	背景校正原子吸收	13.5	2
Ni	232.0	0.2	10	背景校正原子吸收	13.5	2

6.2.3　标准工作曲线的配制

将标准储备液用1%硝酸按表6-3所示的浓度梯度进行逐级稀释,在仪器的最佳工作条件下测定各元素标准系列的吸光度并绘制标准曲线,相关系数应不小于0.99。

表6-3　标准工作溶液浓度

标准	质量浓度/(mg/L)			
	Pb	Cr	Cd	Ni
STD0	0.0	0.0	0.0	0.0
STD1	1.0	1.0	0.2	0.5
STD2	2.0	1.5	0.4	1.0
STD3	3.0	2.0	0.6	2.0
STD4	4.0	2.5	0.8	3.0
STD5	5.0	3.0	1.0	4.0
STD6	6.0	3.5	1.5	4.5
STD7	7.0	4.0	2.0	5.0

6.3　结果与分析

6.3.1　焦油中金属元素测定方法的优化

在焦油的前处理方法中,选择 HNO_3、HCl、HF、H_2O_2 作为消解酸。采用 HNO_3、HNO_3+HCl、$HNO_3+H_2O_2$、$HNO_3+HCl+HF$、$HNO_3+HCl+H_2O_2$、$HNO_3+HCl+HF+H_2O_2$ 6种消解体系进行了比对。结果表明,6mL HNO_3+2mL HCl 的消解体系消解最为完全。结果如表6-4所示。

表6-4　不同酸体系微波消解的现象

序号	试剂及用量	消解效果
1	HNO_3 8mL	溶液呈乳白色,明显白色粉末
2	HNO_3 7mL、HCl 1mL	溶液较为澄清,明显白色粉末
3	HNO_3 6mL、HCl 2mL	溶液为澄清,无白色粉末
4	HNO_3 7mL、H_2O_2 1mL	溶液较为澄清,明显白色粉末

序号	试剂及用量	消解效果
5	HNO_3 6mL、H_2O_2 2mL	溶液较为澄清，少量白色粉末
6	HNO_3 6mL、HCl 1mL、HF 1mL	溶液澄清透明，少量白色粉末
7	HNO_3 5mL、HCl 1.5mL、HF 1.5mL	溶液澄清透明，明显白色粉末
8	HNO_3 6mL、HCl 1mL、H_2O_2 1mL	溶液呈乳白色，少量白色粉末
9	HNO_3 5mL、HCl 1.5mL、H_2O_2 1.5mL	溶液澄清透明，明显白色粉末
10	HNO_3 5mL、HCl 1mL、HF 1mL、H_2O_2 1mL	溶液澄清透明，微量白色粉末

6.3.2　标准工作曲线的线性关系

在原子吸收光谱仪最佳的工作条件下测定各元素标准系列溶液的吸光度，以吸光度 Y 对浓度 X（mg/L）进行线性回归，计算回归方程。各元素的回归方程与相关系数见表6-5。

表6-5　各元素的回归方程及相关系数表

元素	回归方程	相关系数（R^2）
Pb	$Y=0.02666X+0.00587$	0.9973
Cd	$Y=0.12367X+0.01024$	0.9963
Cr	$Y=0.04140X+0.00900$	0.9935
Ni	$Y=0.04950X+0.00255$	0.9995

6.3.3　焦油中镍、铬、铅、镉含量的测定结果

采用6.2中的方法，对卷烟焦油中金属元素含量的测定结果见表6-6。结果表明，铬在焦油中的含量最高，镍含量其次，具体是卷烟样品烟气焦油中镍的含量为 0.20μg/支、铬的含量为 0.89μg/支、镉的含量为 0.13μg/支、铅的含量为 0.07μg/支。

表6-6　焦油中金属元素含量的测定结果

金属元素	Ni	Cr	Cd	Pb
含量/(μg/支)	0.20	0.89	0.13	0.07

7

烟气焦油中喹啉、吡啶的测定分析

7.1 实验材料、试剂及仪器

实验材料：卷烟样品［(54mm 烟支+30mm 醋纤滤嘴)×圆周 24.3mm］，内蒙古昆明卷烟有限责任公司。

实验试剂：二氯甲烷（色谱纯），天津市凯通化学试剂有限公司；无水乙醇，色谱纯，天津市凯通化学试剂有限公司。

标准样品：喹啉、吡啶（纯度≥98.00%，北京百灵威科技有限公司）。

实验仪器见表 7-1。

表 7-1 主要实验仪器

实验仪器	生产厂商
SB-3200DT 超声波清洗机	宁波新芝生物科技股份有限公司
EL204 型电子天平	瑞士 Mettler Toledo 公司
RM20H 转盘式吸烟机	德国 Borgwaldt KC 公司
Agilent 7890B /5977A 气相色谱-质谱联用仪	美国 Agilent 公司
DLSB-1020 低温冷却液循环泵	郑州国瑞仪器有限公司
HZ-2 型电热恒温水浴锅	北京市医疗设备总厂

7.2 实验方法

7.2.1 萃取溶液及标准溶液的配制

准确称取乙酸苯乙酯 0.025g（精确至 0.1mg）于 250mL 容量瓶中，用二氯甲烷溶液定容，得到内标溶液，浓度为 0.1000mg/mL。

准确称取一定量的喹啉、吡啶于容量瓶中，用内标溶液定容至 100mL，得到混合标准储备液；准确移取混合标准储备液 0.1mL、0.2mL、0.5mL、1.0mL、2.0mL、3.0mL、5.0mL 分别置于 10mL 容量瓶中，用内标溶液定容，即得到 1～8 级混合标准溶液。

7.2.2 焦油中喹啉、吡啶成分的萃取

称取焦油 0.6g，置于 150mL 三角瓶中，加入 60mL 乙酸苯乙酯-二氯甲烷萃取液，振荡

萃取 30min，结束后，过 0.45μm 有机膜后转移至色谱瓶中，待进样。

7.2.3　气相色谱-质谱条件

气相色谱条件如下。

色谱柱：HP-5MS（60m×0.25mm×0.25μm）；升温程序：初温 40℃、保持 2min，以 3℃/min 的速率升温至 250℃、保持 10min；载气：He；流速 1.0mL/min；进样口温度：280℃；进样量：1μL；分流比：5∶1。

质谱条件如下。

电子轰击（EI）离子源；电子能量 70eV；传输线温度：280℃；离子源温度：230℃；四极杆温度：150℃；扫描方式：选择离子检测（SIM）。吡啶、喹啉的保留时间、定量及定性离子见表 7-2。

表 7-2　吡啶、喹啉的保留时间、定量及定性离子

序号	化合物名称	保留时间/min	定量离子（m/z）	定性离子（m/z）
1	吡啶	9.75	79	52、86
2	喹啉	67.36	129	102、76
3	乙酸苯乙酯①	68.92	104	43、91

① 内标。

7.3　结果与分析

7.3.1　工作曲线

对配制的混合标准溶液进行分析，以各标样成分和内标色谱峰面积比（y）对相应的分析物浓度与内标浓度比（x）进行线性回归分析，特征成分回归方程及相关系数 R^2 见表 7-3。由表 7-3 可以看出，相关系数 R^2 均≥0.9990，所建标准曲线可以满足焦油中喹啉、吡啶的测定要求。

表 7-3　喹啉、吡啶的回归方程及相关系数

序号	成分	回归方程	R^2
1	吡啶	$y=2.0590x-0.021$	0.9997
2	喹啉	$y=1.1970x+0.0923$	0.9999

7.3.2　焦油中喹啉、吡啶测定分析结果

各焦油中喹啉、吡啶测定分析结果如表 7-4 所示。由表 7-4 可以看出，卷烟样品烟气焦油吡啶、喹啉含量分别为 0.51μg/支、0.38μg/支。

表 7-4　烟气焦油中喹啉、吡啶分析结果

样品	吡啶含量/(μg/支)	喹啉含量/(μg/支)
卷烟样品	0.51	0.38

8

焦油的分级组分分析

8.1 实验材料、试剂及仪器

实验材料：卷烟样品［(54mm 烟支+30mm 醋纤滤嘴)×圆周 24.3mm］，内蒙古昆明卷烟有限责任公司；硅胶，200～300 目，青岛海洋化工厂。

实验试剂：石油醚，分析纯，沸程 60～90℃，天津市富宇精细化工有限公司；乙酸乙酯，分析纯，天津市富宇精细化工有限公司；乙醇，分析纯，天津市富宇精细化工有限公司。

实验仪器：计算机数显定时恒流泵，DHL-N，上海沪西分析仪器有限公司；计算机全自动部分收集器，DBS-40，上海沪西分析仪器有限公司；循环水多用真空泵，SHB-3，郑州杜甫仪器厂；旋转蒸发器，RE-52AA，上海亚荣生化仪器厂；超声波清洗机，SB-3200DT，宁波新芝生物科技股份有限公司；气相色谱质谱联用仪，7890B/5977A，美国 Agilent 公司。

8.2 实验方法

8.2.1 流动相前处理

利用重蒸装置对石油醚（沸程 60～90℃）及乙酸乙酯进行重蒸。石油醚重蒸的温度为80℃，目的是为了除去其中的高沸点杂质；乙酸乙酯重蒸的温度为 90℃，目的是去除乙酸乙酯中的乙醇、水、乙酸等物质和其他高沸点杂质。

8.2.2 分级组分分离条件

（1）装柱　采用湿法装柱，称取硅胶 120g 于 500mL 烧杯中，加入适量的石油醚搅拌均匀，用超声波清洗机将气泡排除，均匀快速装入长度为 800mm、内径为 26mm 的玻璃色谱柱中，并用石油醚充分平衡。

（2）上样　称取焦油 0.6g 于 50mL 烧杯中，加入 3～5mL 无水乙醇溶解后，将其平铺在硅胶面上方。

（3）洗脱　流动相按照石油醚、石油醚：乙酸乙酯=15：1、石油醚：乙酸乙酯=10：1、石油醚：乙酸乙酯=5：1、石油醚：乙酸乙酯=1：1、石油醚：乙酸乙酯=1：5、石油醚：乙酸乙酯=1：10、石油醚：乙酸乙酯=1：15、乙酸乙酯、乙酸乙酯：乙醇=15：1、乙酸乙酯：乙醇=10：1、乙酸乙酯：乙醇=5：1、乙酸乙酯：乙醇=1：1、乙酸乙酯：乙醇=1：5、乙酸乙酯：乙醇=1：10、乙酸乙酯：乙醇=1：15、乙醇的顺序依次洗脱，流速为 3mL/min，每一梯度流动相用 400mL 进行洗脱。

（4）收集　按时间每 12min 收集一管，用自动馏分收集器收集至 50mL 试管中，每一极性梯度流动相约收集 400mL。

（5）浓缩　将每管所得馏分用 GC-MS 检测，将具有相同成分的馏分进行合并，用旋转蒸发器减压浓缩，然后再用 GC-MS 检测得到不同的组分，用旋转蒸发器减压浓缩将溶剂蒸去得到各组分的质量。

8.2.3　气相色谱质谱条件

气相色谱条件如下。

色谱柱：HP-5MS（60m×0.25mm×0.25μm）；升温程序：初温 50℃、保持 1min，以 10℃/min 的速率升温至 280℃、保持 5min；载气：He；流速：1.0mL/min；进样口温度：280℃；进样量：1μL；分流比：5：1。

质谱条件如下。

电子轰击（EI）离子源；电子能量 70eV；传输线温度：280℃；离子源温度：230℃；四极杆温度：150℃。

8.3　结果与分析

8.3.1　主流烟气焦油组分 10-1 成分结果分析

通过对卷烟主流烟气焦油的分离，得到主流烟气焦油组分一成分分析结果如表 8-1 和图 8-1、图 8-2 所示，结果表明，主流烟气焦油组分一共有 219 种物质，总含量为 47141.482μg/支，其中醇类 2 种，总含量为 449.399μg/支；酸类 3 种，总含量为 235.429μg/支；酮类 4 种，总含量为 225.487μg/支；酯类 27 种，总含量为 1551.781μg/支；酚类 1 种，总含量为 327.243μg/支；杂环类 2 种，总含量为 83.134μg/支；烯烃 6 种，总含量为 7961.551μg/支；苯系物 7 种，总含量为 635.910μg/支；胺类 2 种，总含量为 194.666μg/支；其他物质 8 种，总含量为 750.636μg/支。其中含量最多的是烯烃类。

表 8-1　烟气焦油组分 10-1 成分分析结果

类别	序号	英文名称	CAS	化合物名称	含量/(μg/支)
醇类	1	1-Dodecanol,3,7,11-trimethyl-	6750-34-1	3,7,11-三甲基-1-十二烷醇	268.323
	2	3,4-Dihydroxyphenylglycol,4TMS derivative	56114-62-6	3,4-二羟基苯二醇, 4TMS 衍生物	181.076
		小计			449.399
酸类	1	m-Toluic acid,TBDMS derivative	959296-29-8	间甲苯酸，TBDMS 衍生物	14.357
	2	Propanoic acid,2,2-dimethyl-, anhydride with diethylborinic acid	34574-27-1	三甲基乙酸酐二乙基硼酸	136.047
	3	Decanoic acid,2-methyl-	24323-23-7	2-甲基癸酸	85.025
		小计			235.429
酮类	1	2,5-Dihydroxy-4-methoxyacetophenone	1000422-88-0	2,5-二羟基-4-甲氧基苯乙酮	103.799
	2	2',4',5'-Trimethoxyacetophenone	1000433-06-4	2',4',5'-三甲氧基苯乙酮	1.016

类别	序号	英文名称	CAS	化合物名称	含量/(μg/支)
酮类	3	3,6-Heptanedione	1703-51-1	2,5-庚二酮	94.044
	4	4*H*-1-Benzopyran-4-one,6-hydroxy-2-methyl-	22105-12-0	6-羟基-2-甲基-4*H*-1-苯并吡喃-4-酮	26.628
小计					225.487
酯类	1	2,3-Butanediol,dinitrate	6423-45-6	硝酸丁酯	103.799
	2	2,3,4-Trifluorobenzoic acid,4-methylpentyl ester	1000282-29-8	4-甲基戊基-2,3,4-三氟苯甲酸酯	1.016
	3	2,2-Dimethyl-propyl 2,2-dimethyl-propane-thiosulfinate	78607-80-4	*S*-(2,2-二甲丙基)-2,2-二甲基丙硫代亚磺酸盐	94.044
	4	2,3,4-Trifluorobenzoic acid,4-nitrophenyl ester	1000308-03-6	4-硝基苯基-2,3,4-三氟苯甲酸酯	26.628
	5	l-Alanine,*N*-(2-fluorobenzoyl)-,nonyl ester	1000314-04-6	*N*-(2-氟苯甲酰基)-l-丙氨酸-壬基酯	103.799
	6	Nonaneperoxoic acid,1,1-dimethylethyl ester	22913-02-6	壬基过氧酸叔丁酯	1.016
	7	2,6-Difluorobenzoic acid,3-pentyl ester	1000325-73-9	3-戊基-2,6-二氟苯甲酸酯	94.044
	8	6-Bromohexanoic acid,4-isopropylphenyl ester	1000331-04-0	4-异丙基苯基-6-溴己酸酯	26.628
	9	Butanoic acid,1,1-dimethyl-2-phenylethyl ester	10094-34-5	α,α-二甲苯乙醇丁酸酯	103.799
	10	Heptyl trimethylsilyl methylphosphonate	1000383-81-0	甲基磷酸庚基三甲基硅酯	1.016
	11	Sulfurous acid,2-ethylhexyl hexyl ester	1000309-20-2	2-乙基己基亚硫酸己酯	94.044
	12	3,5-Dinitrobenzoic acid,tetrahydrofuran-2-onyl-5-methyl ester	1000196-41-3	四氢呋喃-2-壬基-5-甲基-3,5-二硝基苯甲酸酯	26.628
	13	DL-Alanine,*N*-methyl-*N*-(3-chloropropoxycarbonyl)-,decyl ester	1000392-78-2	*N*-甲基-*N*-(3-氯丙氧羰基)-DL-丙氨酸癸酯	103.799
	14	Phthalic acid,isobutyl 4-octyl ester	1000314-84-7	邻苯二甲酸异丁酯	1.016
	15	Benzenepropanoic acid,beta-[(4-bromophenyl)amino]-alpha-hydroxy-,ethyl ester	1000319-47-9	α-羟基-β-[(4-溴苯基)氨基]苯丙酸乙酯	94.044
	16	Phthalic acid,6-ethyl-3-octyl butyl ester	1000315-17-4	6-乙基-3-辛基邻苯二甲酸丁酯	26.628
	17	Sulfurous acid,isobutyl pentyl ester	1000309-13-8	亚硫酸异丁基戊酯	103.799
	18	Succinic acid,di(2-tert-butylphenyl) ester	1000325-84-2	丁二酸二(2-叔丁基苯基)酯	1.016
	19	l-Norvaline,*N*-allyloxycarbonyl-,ethyl ester	1000320-74-4	*N*-烯丙基氧羰基-l-去甲缬氨酸乙酯	94.044
	20	4-Methyl-2-(1-phenylethyl)phenyl benzoate	18062-71-0	4-甲基-2-(1-苯乙基)苯基苯甲酸酯	26.628
	21	Heptyl methyl ethylphosphonate	169662-35-5	乙基磷酸庚酯	103.799
	22	3-(4-Methylbenzoyl)-2-thioxo-4-thiazolyl 4-methylbenzoate	299929-13-8	3-(4-甲基苯甲酰基)-2-硫代-4-噻唑基-4-甲基苯甲酸酯	1.016
	23	Nonanoic acid,2-oxo-,methyl ester	56275-54-8	2-氧代壬酸甲酯	94.044
	24	Phosphoric acid,dihexyl ethyl ester	1000308-89-1	磷酸二己基乙酯	26.628
	25	Phthalic acid,di(6-methyl-2-heptyl) ester	1000377-97-3	二(6-甲基-2-庚基)邻苯二甲酸酯	103.799
	26	para-Isopropylbenzoic acid trimethylsilylester	1000424-24-8	对丙苯甲酸三甲硅酯	1.016
	27	Pipecolic acid,*N*-propargyloxycarbonyl-,propargyl ester	1000393-10-1	*N*-炔丙基氧羰基哌啶酸丙炔酯	94.044
小计					1551.781

续表

类别	序号	英文名称	CAS	化合物名称	含量/(μg/支)
酚类	1	2,4-Di-tert-butylphenol	96-76-4	2,4-二叔丁基酚	327.243
		小计			327.243
杂环类	1	2,5,6-Trimethylbenzimidazole	3363-56-2	2,5,6-三甲基苯并咪唑	51.522
	2	Quinoline,3-ethyl-	1873-54-7	3-乙基喹啉	31.612
		小计			83.134
烯烃	1	3,7-Dimethyl-1-phenylsulfonyl-2,6-octadiene	1000432-27-5	3,7-二甲基-1-苯磺酰基-2,6-辛二烯	50.840
	2	1,5-Heptadiene,3,3,6-trimethyl-	35387-63-4	3,3,6-三甲基-1,5-庚二烯	99.621
	3	Neophytadiene	504-96-1	新植二烯	5524.377
	4	(Z)-2,6,10-trimethyl-1,5,9-Undecatriene	62951-96-6	(Z)-2,6,10-三甲基-1,5,9-十一碳三烯	369.542
	5	Tricyclo[4.2.2.0(2,5)]dec-7-ene,7-(5-hexynyl)-	1000164-40-9	7-(5-己炔基)三环[4.2.2.0(2,5)]癸-7-烯	1333.038
	6	4-Methyl-1,5-Heptadiene	998-94-7	4-甲基-1,5-庚二烯	584.133
		小计			7961.551
苯系物	1	Benzene,1,3,5-trimethyl-2-(1,2-propadienyl)-	29555-07-5	1,3,5-三甲基-2-(1,2-丙二烯基)苯	105.680
	2	2,4,6-Trimethyliodobenzene	4028-63-1	2,4,6-三甲基碘苯	3.696
	3	Benzene,1-(1-buten-3-yl)-4-decyl-	1000163-38-2	1-(1-丁烯-3-基)-4-癸基苯	52.522
	4	Benzene,hexadecyl-	1459-09-2	十六烷基苯	47.746
	5	1H-Indene,1,1-dimethyl-	18636-55-0	1,1-二甲基-1H-茚	66.381
	6	Naphthalene,2-methyl-	91-57-6	2-甲基萘	166.278
	7	Naphthalene,1,6,7-trimethyl-	2245-38-7	2,3,5-三甲基萘	193.607
		小计			635.910
胺类	1	Methoxyacetamide,N-(3,4-dimethoxyphenethyl)-	1000340-33-0	N-(3,4-二甲氧基苯乙酯)甲氧基乙酰胺	12.363
	2	5H-Tetrazol-5-amine	1000273-02-0	5H-四唑-5-胺	182.303
		小计			194.666
未知物	1	—	—	未知物-1	46.411
	2	—	—	未知物-2	94.956
	3	—	—	未知物-3	46.376
	4	—	—	未知物-4	1.553
	5	—	—	未知物-5	6.535
	6	—	—	未知物-6	1.252
	7	—	—	未知物-7	0.784
	8	—	—	未知物-8	3.441
	9	—	—	未知物-9	0.659
	10	—	—	未知物-10	11.694
	11	—	—	未知物-11	8.337
	12	—	—	未知物-12	3.042
	13	—	—	未知物-13	2.410
	14	—	—	未知物-14	2.369

续表

类别	序号	英文名称	CAS	化合物名称	含量/(μg/支)
未知物	15	—	—	未知物-15	3.308
	16	—	—	未知物-16	0.813
	17	—	—	未知物-17	4.081
	18	—	—	未知物-18	7.819
	19	—	—	未知物-19	8.177
	20	—	—	未知物-20	21.223
	21	—	—	未知物-21	17.768
	22	—	—	未知物-22	3.374
	23	—	—	未知物-23	22.578
	24	—	—	未知物-24	10.746
	25	—	—	未知物-25	1.861
	26	—	—	未知物-26	59.700
	27	—	—	未知物-27	2.397
	28	—	—	未知物-28	1.587
	29	—	—	未知物-29	54.521
	30	—	—	未知物-30	79.789
	31	—	—	未知物-31	14.298
	32	—	—	未知物-32	14.505
	33	—	—	未知物-33	1.266
	34	—	—	未知物-34	23.746
	35	—	—	未知物-35	0.754
	36	—	—	未知物-36	9.969
	37	—	—	未知物-37	1.359
	38	—	—	未知物-38	0.940
	39	—	—	未知物-39	14.030
	40	—	—	未知物-40	54.999
	41	—	—	未知物-41	50.116
	42	—	—	未知物-42	39.211
	43	—	—	未知物-43	26.452
	44	—	—	未知物-44	14.579
	45	—	—	未知物-45	5.217
	46	—	—	未知物-46	7.064
	47	—	—	未知物-47	13.366
	48	—	—	未知物-48	25.524
	49	—	—	未知物-49	24.978
	50	—	—	未知物-50	24.401
	51	—	—	未知物-51	1.118
	52	—	—	未知物-52	34.068
	53	—	—	未知物-53	7.984

类别	序号	英文名称	CAS	化合物名称	含量/(μg/支)
	54	—	—	未知物-54	74.383
	55	—	—	未知物-55	7.396
	56	—	—	未知物-56	28.129
	57	—	—	未知物-57	340.906
	58	—	—	未知物-58	19.265
	59	—	—	未知物-59	80.570
	60	—	—	未知物-60	8.913
	61	—	—	未知物-61	35.168
	62	—	—	未知物-62	5.147
	63	—	—	未知物-63	37.992
	64	—	—	未知物-64	16.033
	65	—	—	未知物-65	21.012
	66	—	—	未知物-66	42.528
	67	—	—	未知物-67	2.812
	68	—	—	未知物-68	122.908
	69	—	—	未知物-69	34.727
	70	—	—	未知物-70	7.859
	71	—	—	未知物-71	3.522
	72	—	—	未知物-72	20.934
未知物	73	—	—	未知物-73	361.141
	74	—	—	未知物-74	135.055
	75	—	—	未知物-75	16.962
	76	—	—	未知物-76	69.330
	77	—	—	未知物-77	77.492
	78	—	—	未知物-78	118.555
	79	—	—	未知物-79	729.016
	80	—	—	未知物-80	260.949
	81	—	—	未知物-81	47.331
	82	—	—	未知物-82	223.751
	83	—	—	未知物-83	418.364
	84	—	—	未知物-84	604.510
	85	—	—	未知物-85	198.080
	86	—	—	未知物-86	495.368
	87	—	—	未知物-87	15.485
	88	—	—	未知物-88	31.421
	89	—	—	未知物-89	565.133
	90	—	—	未知物-90	17.973
	91	—	—	未知物-91	148.704
	92	—	—	未知物-92	279.927

类别	序号	英文名称	CAS	化合物名称	含量/(μg/支)
	93	—	—	未知物-93	150.926
	94	—	—	未知物-94	74.636
	95	—	—	未知物-95	72.838
	96	—	—	未知物-96	195.296
	97	—	—	未知物-97	34.567
	98	—	—	未知物-98	256.585
	99	—	—	未知物-99	323.572
	100	—	—	未知物-100	76.305
	101	—	—	未知物-101	414.289
	102	—	—	未知物-102	296.036
	103	—	—	未知物-103	306.498
	104	—	—	未知物-104	3939.184
	105	—	—	未知物-105	7474.170
	106	—	—	未知物-106	2794.528
	107	—	—	未知物-107	477.057
	108	—	—	未知物-108	214.116
	109	—	—	未知物-109	222.050
	110	—	—	未知物-110	239.832
未知物	111	—	—	未知物-111	0.402
	112	—	—	未知物-112	5.141
	113	—	—	未知物-113	0.773
	114	—	—	未知物-114	2.378
	115	—	—	未知物-115	2626.352
	116	—	—	未知物-116	110.946
	117	—	—	未知物-117	185.085
	118	—	—	未知物-118	199.929
	119	—	—	未知物-119	1930.435
	120	—	—	未知物-120	532.760
	121	—	—	未知物-121	939.779
	122	—	—	未知物-122	6.807
	123	—	—	未知物-123	74.568
	124	—	—	未知物-124	564.039
	125	—	—	未知物-125	3.987
	126	—	—	未知物-126	53.208
	127	—	—	未知物-127	0.795
	128	—	—	未知物-128	254.944
	129	—	—	未知物-129	1.570
	130	—	—	未知物-130	0.418
	131	—	—	未知物-131	2.578

续表

类别	序号	英文名称	CAS	化合物名称	含量/(μg/支)
未知物	132	—	—	未知物-132	6.411
	133	—	—	未知物-133	64.890
	134	—	—	未知物-134	355.878
	135	—	—	未知物-135	19.091
	136	—	—	未知物-136	0.527
	137	—	—	未知物-137	191.934
	138	—	—	未知物-138	2.415
	139	—	—	未知物-139	38.497
	140	—	—	未知物-140	582.402
	141	—	—	未知物-141	14.486
	142	—	—	未知物-142	25.968
	143	—	—	未知物-143	3.237
	144	—	—	未知物-144	1190.204
	145	—	—	未知物-145	4.051
	146	—	—	未知物-146	42.760
	147	—	—	未知物-147	22.197
	148	—	—	未知物-148	3.426
	149	—	—	未知物-149	1.071
	150	—	—	未知物-150	0.773
	151	—	—	未知物-151	32.393
	152	—	—	未知物-152	102.097
	153	—	—	未知物-153	6.028
	154	—	—	未知物-154	244.645
	155	—	—	未知物-155	2.426
	156	—	—	未知物-156	41.983
	157	—	—	未知物-157	2.823
小计					34726.246
其他类	1	Hydrogen azide	7782-79-8	叠氮化氢	128.053
	2	Decane,2,4-dimethyl-	2801-84-5	2,4-二甲基癸烷	19.168
	3	Phosphonous difluoride,1,2-ethanediylbis-	50966-32-0	1,2-乙烷二基双(二氟膦)	8.183
	4	Ethane,iodo-	75-03-6	碘乙烷	70.863
	5	Undecane,5,7-dimethyl-	17312-83-3	5,7-二甲基十一烷	74.650
	6	Phenol,2,6-bis(1,1-dimethylethyl)-4-methyl-, methylcarbamate	1918-11-2	特草灵	5.132
	7	Ketone,methyl 2,4,5-trimethylpyrrol-3-yl	19005-95-9	2,4,5-三甲基-3-乙酰基吡咯	1.251
	8	2,2,4-Trimethyl-1,3-pentanediol diisobutyrate	6846-50-0	2,2,4-三甲基-1,3-戊二醇二异丁酸酯	443.336
小计					750.636
总计					47141.482

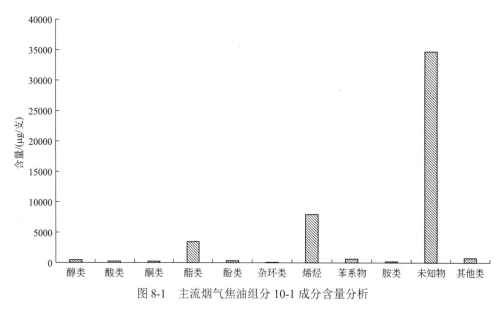

图 8-1　主流烟气焦油组分 10-1 成分含量分析

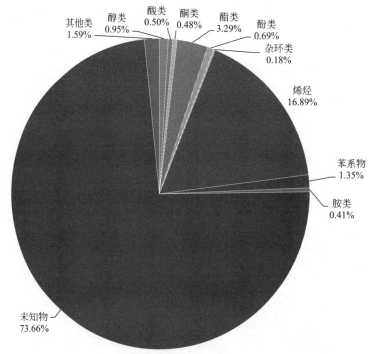

图 8-2　主流烟气焦油组分 10-1 成分占比分析

8.3.2　主流烟气焦油组分 10-2 成分结果分析

通过对卷烟主流烟气焦油的分离，得到主流烟气焦油组分二成分分析结果如表 8-2 和图 8-3、图 8-4 所示，结果表明，主流烟气焦油组分二中共含有 281 种物质，总含量为 4591.972μg/支，其中醇类 4 种，总含量为 8.986μg/支；酸类 4 种，总含量为 144.711μg/支；酮类 25 种，总含量为 258.101μg/支；酯类 36 种，总含量为 2602.244μg/支；醛类 2 种，总含量为 7.597μg/支；酚类 9 种，总含量为 265.521μg/支；杂环类 10 种，总含量为 60.284μg/支；烯烃 5 种，总含量为78.034μg/支；醚类8种，总含量为22.956μg/支；胺类3种，总含量为10.329μg/支；其他物质14种，总含量为93.060μg/支。其中含量最多的是酯类。

表8-2　烟气硅胶柱色谱组分二

类别	序号	英文名称	CAS	中文名称	含量/(μg/支)
醇类	1	7-Oxabicyclo[4.1.0]heptan-3-ol,6-(3-hydroxy-1-butenyl)-1,5,5-trimethyl-	72777-88-9	(3S,5R,8S,7Z,9ξ)-5,6-环氧-7-巨豆烯-3,9-二醇	2.709
	2	1,2-Benzenediol,O-(5-chlorovaleryl)-O'-(1-naphthoyl)-	1000325-94-8	O-(5-氯戊基)-O'-(1-萘基)-1,2-苯二醇	2.742
	3	1,5-Pentanediol,O,O'-di(3-methylbut-2-enoyl)-	1000331-15-6	O,O'-二(3-甲基-2-烯酰基)-1,5-戊二醇	0.142
	4	2R-Acetoxymethyl-1,3,5-trimethyl-4c-(3-methyl-2-buten-1-yl)-1c-cyclohexanol	1000144-12-6	2R-乙酰基甲基-1,3,5-三甲基-4c-(3-甲基-2-丁烯-1-基)-1c-环己醇	3.393
		小计			8.986
酸类	1	Methyltartronic acid	595-98-2	2-甲基酒石酸	103.642
	2	6-exo-Methylbicyclo[2.2.1]hept-2-ene-5-endo-carboxylic acid	4397-23-3	6-甲基双环[2.2.1]庚-5-烯-3-羧酸	29.468
	3	4-Vinylbenzoic acid	1075-49-6	4-乙烯基苯甲酸	4.142
	4	1H-Phenalene	203-80-5	1H-苯丙氨酸	7.459
		小计			144.711
酮类	1	(3S,3aR)-3-Butyl-3a,4,5,6-tetrahydroisobenzofuran-1(3H)-one	4567-33-3	(3S,3aR)-3-丁基-3a,4,5,6-四氢异苯并呋喃-1(3H)-酮	26.103
	2	1-Hexanone,5-methyl-1-phenyl-	25552-17-4	1-苯基-5-甲基-1-己酮	2.225
	3	1,2,4-Cyclopentanetrione,3-methyl-	4505-54-8	5-甲基环戊烷-1,2,4-三酮	1.682
	4	2,6,6-Trimethyl-2-cyclohexene-1,4-dione	1125-21-9	2,6,6-三甲基-2-环己烯-1,4-二酮	0.713
	5	Ethanone,1-(4-methylphenyl)-	122-00-9	对甲基苯乙酮	3.376
	6	5,7-Octadien-4-one,2,6-dimethyl-,(Z)-	3588-18-9	(5Z)-2,6-二甲基-5,7-辛二烯-4-酮	4.398
	7	2,5-Cyclohexadiene-1,4-dione,2-hydroxy-5-methyl-	615-91-8	2-羟基-5-甲基-2,5-环己二烯-1,4-二酮	3.113
	8	Ethanone,1-(3-hydroxyphenyl)-	121-71-1	3-羟基苯乙酮	12.660
	9	Resorcinol,2-acetyl-	699-83-2	2,6-二羟基苯乙酮	4.811
	10	6,8-Nonadien-2-one,8-methyl-5-(1-methylethyl)-,(E)-	54868-48-3	(E)-8-甲基-5-(1-甲基乙基)-,6,8-壬二烯-2-酮	16.872
	11	p-n-Butylacetophenone	37920-25-5	4'-丁基苯乙酮	2.059
	12	2-methyl-3-((trimethylsilyl)ethynyl)cyclopent-2-en-1-one	1000466-55-2	2-甲基-3-((三甲基硅基)乙炔基)环戊-2-烯-1-酮	2.231
	13	3-Ethyl-3-phenyl-1-methylazetidin-2,4-dione	1000305-99-8	3-乙基-3-苯基-1-甲基氮杂环丁烷-2,4-二酮	23.679
	14	S-Triazolo[4,3-c]pyrimidin-5(1H)-one	1000212-20-9	S-三唑并[4,3-c]嘧啶-5(1H)-酮	0.340
	15	Megastigmatrienone	38818-55-2	巨豆三烯酮	100.255
	16	1-(Hexahydropyrrolizin-3-ylidene)-3,3-dimethyl-butan-2-one	1000194-96-3	1-(六氢吡咯嗪-3-亚基)-3,3-二甲基丁酮	3.269
	17	2,5-Dihydroxy-4-methoxyacetophenone	1000422-88-0	2,5-二羟基-4-甲氧基苯乙酮	5.022

续表

类别	序号	英文名称	CAS	中文名称	含量/(μg/支)
酮类	18	2′,4′,5′-Trimethoxyacetophenone	1000433-06-4	2′,4′,5′-三甲氧基苯乙酮	0.115
	19	2′,3′,4′,5′,6′-Pentafluoroacetophenone	652-29-9	五氟苯乙酮	3.260
	20	1,4-Naphthalenedione,2,3,6-trimethyl-	20490-42-0	2,3,6-三甲基-1,4-萘二酮	15.104
	21	7H-Furo[3,2-g][1]benzopyran-7-one, 5-hydroxy-6-methoxy-	35779-46-5	5-羟基-6-甲氧基-7H-呋喃并[3,2-g][1]苯并吡喃-7-酮	19.301
	22	Acetone	67-64-1	丙酮	1.357
	23	2-Pyrrolidinone,1-(4-methylphenyl)-	3063-79-4	1-(4-甲基苯基)-2-吡咯烷酮	0.423
	24	Anisindione	117-37-3	茴茚二酮	4.905
	25	3,3,5-trimethyl-Heptane-2,5-dione	51513-40-7	3,3,5-三甲基庚烷-2,5-二酮	0.828
小计					258.101
酯类	1	Tetraethyl silicate	78-10-4	硅酸四乙酯	1.484
	2	Carbonic acid, butyl phenyl ester	4824-76-4	碳酸丁基苯酯	47.212
	3	Ethyl mandelate	774-40-3	扁桃酸乙酯	32.052
	4	2-Fluorobenzoic acid,4-nitrophenyl ester	1000307-69-1	2-氟苯甲酸-4-硝基苯酯	1.293
	5	3-Fluorobenzoic acid,4-nitrophenyl ester	1000307-73-0	3-氟苯甲酸-4-硝基苯酯	6.546
	6	Succinic acid,3-chlorophenyl 4-methoxybenzyl ester	1000389-69-3	3-氯苯基丁二酸-4-甲氧基苄基酯	15.771
	7	5-Bromovaleric acid,4-methoxyphenyl ester	1000307-64-4	5-溴丙烯酸-4-甲氧基苯基酯	3.407
	8	Benzoic acid,3-methyl-,methyl ester	99-36-5	3-甲基苯甲酸甲酯	4.531
	9	4-Chlorobutyric acid, 4-isopropylphenyl ester	1000357-38-8	4-氯丁酸,4-异丙基苯酯	3.254
	10	4-Methoxyphenylacetic acid,pentafluorobenzyl ester	1000071-68-1	对甲氧基苯乙酸五氟苄酯	6.888
	11	4-Ethylbenzoic acid,2,3-dichlorophenyl ester	1000331-31-5	4-乙基苯甲酸 2,3-二氯苯基酯	1.431
	12	Proline, 2-methyl-5-oxo-,methyl ester	56145-24-5	2-甲基-5-氧代脯氨酸甲酯	1.200
	13	2-Chlorobenzoic acid,2,3-dichlorophenyl ester	1000331-33-2	2-氯苯甲酸-2,3-二氯苯基酯	1.892
	14	Oxalic acid,allyl nonyl ester	1000309-23-7	草酸烯丙基壬酯	5.354
	15	Trimethylsilyl diethylphosphinate	42346-39-4	三甲基甲硅烷基二乙基亚膦酸酯	0.299
	16	Malonic acid,2-iodoethyl ester,methyl ester	131072-44-1	2-碘乙酯丙二酸甲酯	2.031
	17	6-Fluoro-2-trifluoromethylbenzoic acid,2-formyl-4,6-dichlorophenyl ester	1000343-74-4	6-氟-2-三氟甲基苯甲酸 2-甲酰基-4,6-二氯苯基酯	4.036
	18	Benzenecarbothioic acid,2,4,6-triethyl-,S-(2-phenylethyl) ester	64712-67-0	S-(2-苯乙基)- 2,4,6-三乙基苯硫代碳酸酯	4.915
	19	Benzenecarbothioic acid,S-propyl ester	39251-01-9	苯硫代甲酸异丙酯	2.388
	20	Carbonic acid,propyl 4-cyanophenyl ester	1000357-82-1	4-氰基苯甲酸丙酯	0.141
	21	Succinic acid,di(4-fluorobenzyl) ester	1000381-68-4	丁二酸二(4-氟苄基)酯	6.720
	22	2,3,4-Trifluorobenzoic acid,4-nitrophenyl ester	1000308-03-6	2,3,4-三氟苯甲酸 4-硝基苯酯	3.831
	23	1,2-Benzenedicarboxylic acid,bis(2-methylpropyl) ester	84-69-5	邻苯二甲酸二异丁酯	17.331
	24	Hexadecanoic acid,methyl ester	112-39-0	棕榈酸甲酯	3.023
	25	Dibutyl phthalate	84-74-2	邻苯二甲酸二丁酯	38.438
	26	3,7,11-Trimethyl-8,10- dodecedienylacetate	1000374-10-3	3,7,11,8,10-十二碳二烯基乙酸三甲酯	22.314
	27	1-Propene-1,2,3-tricarboxylic acid,tributyl ester	7568-58-3	1-丙烯-1,2,3-三羧酸三丁酯	31.873

类别	序号	英文名称	CAS	中文名称	含量/(μg/支)
酯类	28	Kessanyl acetate	17806-59-6	乙酸克萨尼酯	18.354
	29	Butyl citrate	77-94-1	柠檬酸三丁酯	26.271
	30	Tributyl acetylcitrate	77-90-7	乙酰柠檬酸三丁酯	2023.514
	31	Ethaneperoxoic acid,1-cyano-1-phenylbutyl ester	58422-71-2	1-氰基-1-苯基丁酸乙酯	0.046
	32	Isonipecotic acid,*N*-(bromoacetyl)-,nonyl ester	1000361-53-8	异戊二酸壬基酯	11.066
	33	Glycine,2-cyclohexyl-*N*-(3-butyn-1-ynyl)oxycarbonyl-,decyl ester	1000383-19-1	2-环己基-*N*-(3-丁炔-1-炔基)氧羰基甘氨酸癸酯	219.876
	34	Phthalic acid,6-methylhept-2-yl octyl ester	1000377-96-2	邻苯二甲酸-6-甲基庚-2-基辛酯	5.314
	35	para-Isopropylbenzoic acid trimethylsilylester	1000424-24-8	对异丙苯甲酸三甲硅酯	25.493
	36	*S*-Ethyl thiopropionate	2432-42-0	硫代丙酸-*S*-乙酯	2.655
	小计				2602.244
醛类	1	Benzaldehyde,3-ethyl-	34246-54-3	3-乙基苯甲醛	4.492
	2	Benzaldehyde,2,4-dihydroxy-6-methyl-	487-69-4	2,4-二羟基-6-甲基苯甲醛	3.105
	小计				7.597
酚类	1	*p*-Cresol	106-44-5	4-甲基苯酚	90.865
	2	Phenol,2-methoxy-	90-05-1	愈创木酚	20.030
	3	Phenol,3,4-dimethyl-	95-65-8	2,3-二甲基苯酚	49.908
	4	Phenol,4-ethyl-2-methyl-	2219-73-0	4-乙基-2-甲基苯酚	9.000
	5	Phenol,3,5-diethyl-	1197-34-8	3,5-二乙基苯酚	2.046
	6	Phenol,4-butyl-	1638-22-8	4-丁基苯酚	29.670
	7	2-(1,1-Dimethylethyl)-6-(1-methylethyl)phenol	22791-95-3	2-(1,1-二甲基乙基)-6-(1-甲基乙基)苯酚	6.042
	8	Phenol, 4-propyl-	645-56-7	4-丙基苯酚	13.915
	9	Phenol, 2,2′-methylenebis[6-(1,1-dimethylethyl)-4-methyl-	119-47-1	2,2′-亚甲基双-(4-甲基-6-叔丁基苯酚)	44.045
	小计				265.521
杂环类	1	2-Acetyl-5-methylfuran	1193-79-9	5-甲基-2-乙酰基呋喃	2.365
	2	3,4,5-Trimethylpyrazole	5519-42-6	3,4,5-三甲基吡唑	1.685
	3	2-Chloro-4,6-difluoro-pyrimidine	38953-30-9	2-氯-4,6-二氟嘧啶	2.383
	4	3-Methyl-4-nitropyrazole	5334-39-4	3-甲基-4-硝基吡唑	0.693
	5	1*H*-Benzimidazole,1-ethyl-	7035-68-9	1-乙基苯并咪唑	4.736
	6	1*H*-Imidazole,4,5-dihydro-2-phenyl-	936-49-2	2-苯基咪唑啉	7.536
	7	Indolizine,7-methyl-	1761-12-2	7-甲基吲哚嗪	35.818
	8	2,4-Dioxo-1*H*-pyrimidine-5-carboxamide	1074-97-1	2,4-二氧代-1*H*-嘧啶-5-甲酰胺	3.182
	9	1,2,3-Benzothiadiazole	273-77-8	1,2,3-苯并噻二唑	0.957
	10	2-ethenyl-3-ethylpyrazine	1000365-94-4	2-乙烯基-3-乙基吡嗪	0.929
	小计				60.284
烯烃	1	(2*S*,6*R*,7*S*,8*E*)-(+)-2,7-Epoxy-4,8-megastigmadiene	108342-25-2	(2*S*,6*R*,7*S*,8*E*)-(+)-2,7-环氧-4,8-巨豆二烯	11.646
	2	4-Acetoxy-3-methoxystyrene	46316-15-8	4-乙酰氧基-3-甲氧基苯乙烯	3.467

续表

类别	序号	英文名称	CAS	中文名称	含量/(μg/支)
烯烃	3	Cycloocta-1,3,6-triene, 2,3,5,5,8,8-hexamethyl-	1000161-97-9	2,3,5,5,8,8-六甲基-环八-1,3,6-三烯	23.161
	4	Neophytadiene	504-96-1	新植二烯	33.577
	5	(3S,6R)-3-Hydroperoxy-3-methyl-6-(prop-1-en-2-yl)cyclohex-1-ene	77026-87-0	(3S,6R)-3-氢过氧基-3-甲基-6-(丙-1-烯-2-基)环己-1-烯	6.183
		小计			78.034
醚类	1	2-Chloro-6-fluorobenzyl alcohol, 1-methylpropyl ether	1000378-14-7	2-氯-6-氟苄醇-1-甲基丙基醚	4.691
	3	Naphthalene, decahydro-	91-17-8	十氢化萘	4.398
	4	Benzene, 1-ethoxy-4-ethyl-	1585-06-4	4-乙基乙氧基苯	1.838
	5	Naphthalene, 2-methyl-	91-57-6	2-甲基萘	3.700
	6	Naphthalene, 2-chloro-	91-58-7	2-氯萘	0.781
	7	Naphthalene, 1,6-dimethyl-	575-43-9	1,6-二甲基萘	4.146
	8	Naphthalene, 1,2-dimethyl-	573-98-8	1,2-二甲基萘	3.402
		小计			22.956
胺类	1	1H-Pyrrole-2,5-dione, 1-ethyl-	128-53-0	N-乙基马来酰亚胺	2.377
	2	[1,2,4]-Triazolo[1,5-a]pyrimidine-2-carboxamide,n-butyl-	333761-02-7	正丁基-[1,2,4]-三唑并[1,5-a]嘧啶-2-甲酰胺	6.832
	3	2,4-Diamino-6-cyanamino-1,3,5-triazine	3496-98-8	三聚氰胺	1.120
		小计			10.329
未知物	1	—	—	未知物-1	30.608
	2	—	—	未知物-2	0.103
	3	—	—	未知物-3	0.634
	4	—	—	未知物-4	0.170
	5	—	—	未知物-5	0.073
	6	—	—	未知物-6	6.197
	7	—	—	未知物-7	1.466
	8	—	—	未知物-8	0.301
	9	—	—	未知物-9	0.161
	10	—	—	未知物-10	1.489
	11	—	—	未知物-11	2.830
	12	—	—	未知物-12	0.775
	13	—	—	未知物-13	0.378
	14	—	—	未知物-14	0.183
	15	—	—	未知物-15	2.020
	16	—	—	未知物-16	0.568
	17	—	—	未知物-17	0.965
	18	—	—	未知物-18	0.738
	19	—	—	未知物-19	1.152
	20	—	—	未知物-20	0.512
	21	—	—	未知物-21	0.933

类别	序号	英文名称	CAS	中文名称	含量/(µg/支)
	22	—	—	未知物-22	12.985
	23	—	—	未知物-23	3.226
	24	—	—	未知物-24	1.557
	25	—	—	未知物-25	1.310
	26	—	—	未知物-26	14.477
	27	—	—	未知物-27	1.263
	28	—	—	未知物-28	2.218
	29	—	—	未知物-29	9.249
	30	—	—	未知物-30	5.975
	31	—	—	未知物-31	0.690
	32	—	—	未知物-32	5.048
	33	—	—	未知物-33	0.582
	34	—	—	未知物-34	6.742
	35	—	—	未知物-35	1.530
	36	—	—	未知物-36	1.176
	37	—	—	未知物-37	4.154
	38	—	—	未知物-38	7.220
	39	—	—	未知物-39	0.132
	40	—	—	未知物-40	2.778
未知物	41	—	—	未知物-41	3.072
	42	—	—	未知物-42	1.967
	43	—	—	未知物-43	2.671
	44	—	—	未知物-44	0.836
	45	—	—	未知物-45	0.966
	46	—	—	未知物-46	1.932
	47	—	—	未知物-47	0.458
	48	—	—	未知物-48	0.565
	49	—	—	未知物-49	1.322
	50	—	—	未知物-50	0.138
	51	—	—	未知物-51	1.099
	52	—	—	未知物-52	1.221
	53	—	—	未知物-53	5.470
	54	—	—	未知物-54	2.319
	55	—	—	未知物-55	11.881
	56	—	—	未知物-56	2.251
	57	—	—	未知物-57	3.683
	58	—	—	未知物-58	2.001
	59	—	—	未知物-59	0.974
	60	—	—	未知物-60	0.156
	61	—	—	未知物-61	9.927

类别	序号	英文名称	CAS	中文名称	含量/(μg/支)
	62	—	—	未知物-62	3.973
	63	—	—	未知物-63	3.318
	64	—	—	未知物-64	3.336
	65	—	—	未知物-65	10.123
	66	—	—	未知物-66	0.414
	67	—	—	未知物-67	4.086
	68	—	—	未知物-68	1.494
	69	—	—	未知物-69	0.054
	70	—	—	未知物-70	1.071
	71	—	—	未知物-71	4.493
	72	—	—	未知物-72	0.102
	73	—	—	未知物-73	4.624
	74	—	—	未知物-74	1.199
	75	—	—	未知物-75	0.161
	76	—	—	未知物-76	0.435
	77	—	—	未知物-77	1.106
	78	—	—	未知物-78	1.016
	79	—	—	未知物-79	3.459
	80	—	—	未知物-80	3.885
未知物	81	—	—	未知物-81	0.226
	82	—	—	未知物-82	0.237
	83	—	—	未知物-83	29.288
	84	—	—	未知物-84	68.563
	85	—	—	未知物-85	2.589
	86	—	—	未知物-86	3.519
	87	—	—	未知物-87	4.197
	88	—	—	未知物-88	0.123
	89	—	—	未知物-89	0.873
	90	—	—	未知物-90	0.430
	91	—	—	未知物-91	0.745
	92	—	—	未知物-92	0.577
	93	—	—	未知物-93	0.403
	94	—	—	未知物-94	190.393
	95	—	—	未知物-95	13.869
	96	—	—	未知物-96	24.516
	97	—	—	未知物-97	7.310
	98	—	—	未知物-98	0.044
	99	—	—	未知物-99	1.018
	100	—	—	未知物-100	0.179
	101	—	—	未知物-101	1.506

类别	序号	英文名称	CAS	中文名称	含量/(μg/支)
未知物	102	—	—	未知物-102	0.563
	103	—	—	未知物-103	6.308
	104	—	—	未知物-104	7.192
	105	—	—	未知物-105	0.076
	106	—	—	未知物-106	0.050
	107	—	—	未知物-107	6.873
	108	—	—	未知物-108	5.259
	109	—	—	未知物-109	16.511
	110	—	—	未知物-110	4.740
	111	—	—	未知物-111	17.444
	112	—	—	未知物-112	8.689
	113	—	—	未知物-113	30.345
	114	—	—	未知物-114	2.997
	115	—	—	未知物-115	0.868
	116	—	—	未知物-116	8.548
	117	—	—	未知物-117	15.758
	118	—	—	未知物-118	0.248
	119	—	—	未知物-119	9.481
	120	—	—	未知物-120	0.543
	121	—	—	未知物-121	0.522
	122	—	—	未知物-122	10.685
	123	—	—	未知物-123	0.145
	124	—	—	未知物-124	0.183
	125	—	—	未知物-125	19.877
	126	—	—	未知物-126	0.485
	127	—	—	未知物-127	43.687
	128	—	—	未知物-128	2.124
	129	—	—	未知物-129	0.305
	130	—	—	未知物-130	140.209
	131	—	—	未知物-131	1.144
	132	—	—	未知物-132	0.422
	133	—	—	未知物-133	12.235
	134	—	—	未知物-134	0.602
	135	—	—	未知物-135	2.416
	136	—	—	未知物-136	2.889
	137	—	—	未知物-137	1.884
	138	—	—	未知物-138	23.343
	139	—	—	未知物-139	0.065
	140	—	—	未知物-140	1.335
	141	—	—	未知物-141	0.385

类别	序号	英文名称	CAS	中文名称	含量/(μg/支)
未知物	142	—	—	未知物-142	0.044
	143	—	—	未知物-143	6.835
	144	—	—	未知物-144	0.047
	145	—	—	未知物-145	1.012
	146	—	—	未知物-146	10.170
	147	—	—	未知物-147	2.713
	148	—	—	未知物-148	0.773
	149	—	—	未知物-149	3.229
	150	—	—	未知物-150	14.929
	151	—	—	未知物-151	0.071
	152	—	—	未知物-152	0.132
	153	—	—	未知物-153	0.274
	154	—	—	未知物-154	0.388
	155	—	—	未知物-155	0.253
	156	—	—	未知物-156	1.155
	157	—	—	未知物-157	0.081
	158	—	—	未知物-158	0.541
	159	—	—	未知物-159	0.677
	160	—	—	未知物-160	0.491
	161	—	—	未知物-161	0.468
小计					1040.149
其他类	1	Propanoic acid, anhydride	123-62-6	丙酸酐	0.514
	2	Acetic acid, cesium salt	3396-11-0	乙酸铯	0.447
	3	Benzene, 1-isocyano-3-methyl-	20600-54-8	1-异氰基-3-甲苯	9.815
	4	Bromoacetyl chloride	22118-09-8	溴乙酰氯	5.812
	5	Azulene	275-51-4	甘菊蓝	2.374
	6	Phosphorus pentafluoride	7647-19-0	五氟化磷	29.709
	7	N-Ethylbenzimidoyl chloride	1006-93-5	N-乙基苯亚氨基氯	6.648
	8	m-Aminophenylacetylene	54060-30-9	间氨基苯乙炔	18.084
	9	1H-Pyrazole-5-carboxylic acid, 4-amino-, hydrazide	1000327-48-2	4-氨基-1H-吡唑-5-羧酸酰肼	0.768
	10	Pentane, 2,2,3,4-tetramethyl-	1186-53-4	2,2,3,4-四甲基戊烷	1.860
	11	Trimethylindium	3385-78-2	高纯三甲基铟	3.216
	12	Acenaphthene	83-32-9	苊	3.317
	13	1H-Indene, 2,3-dihydro-1,5,7-trimethyl-	54340-88-4	2,3-二氢-1,5,7-三甲基-1H-茚	9.615
	14	Hexane, 3,3-dimethyl-	563-16-6	3,3-二甲基己烷	0.881
小计					93.060
总计					4591.972

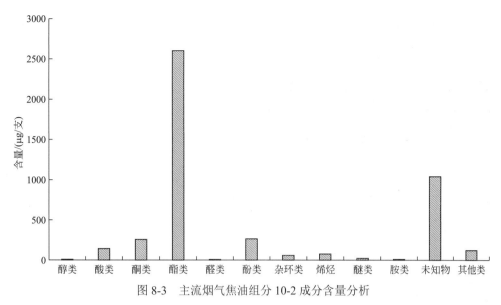

图 8-3　主流烟气焦油组分 10-2 成分含量分析

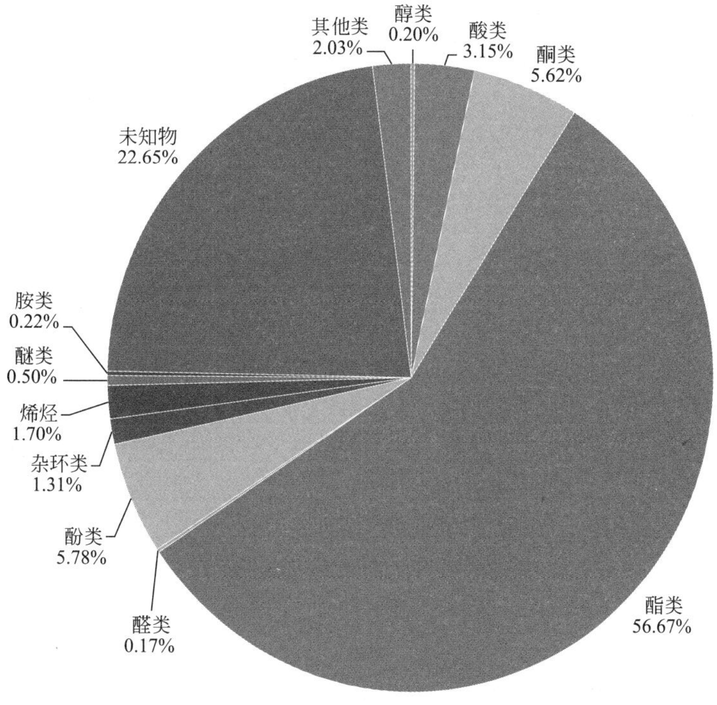

图 8-4　主流烟气焦油组分 10-2 成分占比分析

8.3.3　主流烟气焦油组分 10-3 成分结果分析

通过对卷烟主流烟气焦油的分离，得到主流烟气焦油组分三成分分析结果如表 8-3 和图 8-5、图 8-6 所示，结果表明，主流烟气焦油组分三共含有 348 种物质，总含量为 1252.736μg/支，其中醇类 12 种，总含量为 2.479μg/支；酸类 1 种，总含量为 0.127μg/支；酮类 23 种，总含量为 13.090 μg/支；酯类 34 种，总含量为 40.569μg/支；醛类 1 种，总含量为 0.113μg/支；酚类 4 种，总含量为 3.471μg/支；杂环类 12 种，总含量为 3.005μg/支；烯烃 1 种，总含量为

2.238μg/支；醚类 1 种，总含量为 0.185μg/支；胺类 9 种，总含量为 152.738μg/支；其他物质 27 种，总含量为 602.083μg/支。其中含量最多的是胺类。

表 8-3 主流烟气焦油组分三成分分析结果

类别	序号	英文名称	CAS	中文名称	含量/(μg/支)
醇类	1	2-Thiopheneethanol	5402-55-1	2-噻吩乙醇	0.126
	2	4,6-Diketo-1-heptanol	57245-94-0	4,6-二酮-1-庚醇	0.196
	3	1,3-Benzenediol, o-propionyl-	1000330-81-9	邻丙酰基-1,3-苯二醇	0.081
	4	Benzeneethanol, 4-hydroxy-	501-94-0	对羟基苯乙醇	0.110
	5	1-Propanol, dl-2-benzylamino-,	6940-81-4	DL-2-苄氨基-1-丙醇	0.116
	6	4-(3-Methyl-2-butenoxy)-2-methyl-2-butanol	1000432-13-3	4-(3-甲基-2-丁烯氧基)-2-甲基-2-丁醇	0.016
	7	1,2-Benzenediol, O-acryloyl-O'-(3-chloropropionyl)-	1000329-76-9	O-丙烯酰-O'-(3-氯丙酰基)-1,2-苯二醇	0.124
	8	1,5-Pentanediol, O,O'-di(3-methylbut-2-enoyl)-	1000331-15-6	O,O'-二(3-甲基丁-2-烯酰基)-1,5-戊二醇	0.009
	9	Ethanol, 2-(4-methylphenoxy)-	15149-10-7	2-(4-甲基苯氧基)乙醇	0.277
	10	1,2-Benzenediol, O-(4-butylbenzoyl)-O'-(2-methylbenzoyl)-	1000325-96-0	O-(4-丁基苯甲酰基)-O'-(2-甲基苯甲酰基)-1,2-苯二醇	0.199
	11	beta-Tocopherol	148-03-8	3,4-二氢-2,5,8-三甲-2-(4,8,12-三甲基十三烷基)-2H-1-苯并吡喃-6-醇	1.128
	12	2,7-Octadiene-1,6-diol, 2,6-dimethyl-, (Z)-	103619-06-3	(Z)-2,6-二甲基辛-2,7-二烯-1,6-二醇	0.097
		小计			2.479
酸类	1	1H-Imidazole-4-carboxylic acid	1072-84-0	1H-咪唑-4-甲酸	0.127
		小计			0.127
酮类	1	Acetoin	513-86-0	3-羟基-2-丁酮	2.706
	2	1-Propanone, 1-cyclopropyl-	6704-19-4	环丙基乙基甲酮	0.057
	3	1,2-Propadiene-1,3-dione	504-64-3	1,2-丙二烯-1,3-二酮	0.298
	4	2-Cyclopenten-1-one, 2-hydroxy-3-methyl-	80-71-7	甲基环戊烯醇酮	1.663
	5	1-[(Pyrazinylcarbonyl)oxy]-2,5-pyrrolidinedione	342612-63-9	1-[(吡嗪羰基)氧基]-2,5-吡咯烷二酮	0.048
	6	3H-1,2,4-Triazol-3-one, 1,2-dihydro-	930-33-6	1,2-二氢-3H-1,2,4-三氮唑-3-酮	0.078
	7	3-(Hydroxyimino)-6-methylindolin-2-one	107976-73-8	3-(羟基亚氨基)-6-甲基吲哚-2-酮	0.258
	8	Resorcinol, 2-acetyl-	699-83-2	2,6-二羟基苯乙酮	0.198
	9	Ethanone, 2-ethoxy-1,2-diphenyl-	574-09-4	2-乙氧基-1,2-二苯乙酮	0.428
	10	2-Propanone, 1,1,3,3-tetrabutoxy-	113358-61-5	1,1,3,3-四丁氧基-2-丙酮	1.844
	11	2,5-Dihydroxy-4-methoxyacetophenone	1000422-88-0	2,5-二羟基-4-甲氧基苯乙酮	0.508
	12	2H-1-benzopyran-2-one, 3,4-dihydro-4,4,6-trimethyl-	1000400-21-5	3,4-二氢-4,4,6-三甲基-2H-1-苯并吡喃-2-酮	0.472
	13	Di(2-furyl)ketone	1000358-23-9	二(2-呋喃)酮	0.156
	14	2',4',5'-Trimethoxyacetophenone	1000433-06-4	2',4',5'-三甲氧基苯乙酮	0.360
	15	Pyrolo[3,2-d]pyrimidin-2,4(1H,3H)-dione	65996-50-1	1H-吡咯并[3,2-d]嘧啶-2,4(3H,5H)-二酮	1.090

类别	序号	英文名称	CAS	中文名称	含量/(μg/支)
酮类	16	2,4(1*H*,3*H*)-Pyrimidinedione, 1-(2-chloroethyl)-5-methyl-	22441-52-7	1-(2-氯乙基)-5-甲基嘧啶-2,4-二酮	0.227
	17	Pyrrolidin-2-one, 1-(4-aminophenyl)-	1000303-70-5	1-(4-氨基苯基)-吡咯烷-2-酮	0.148
	18	7*H*-Furo[3,2-*g*][*1*]benzopyran-7-one, 5-hydroxy-6-methoxy-	35779-46-5	5-羟基-6-甲氧基-7*H*-呋喃并[3,2-*g*][*1*]苯并吡喃-7-酮	0.599
	19	Ethanone, 1-cyclobutyl-	3019-25-8	环丁基甲基酮	0.044
	20	1-(Hexahydropyrrolizin-3-ylidene)-3,3-dimethyl-butan-2-one	1000194-96-3	1-(六氢吡咯嗪-3-亚基)-3,3-二甲基丁酮	0.459
	21	Furaneol	3658-77-3	4-羟基-2,5-二甲基-3(2*H*)-呋喃酮	0.476
	22	Iopydone	5579-93-1	碘吡酮	0.581
	23	4-Heptanone, 2,2,3,3,5,5,6,6-octamethyl-	16424-66-1	2,2,3,3,5,5,6,6-八甲基-4-庚酮	0.392
		小计			13.090
酯类	1	Terephthalic acid, di(2-methoxyethyl) ester	1000323-88-7	对苯二甲酸二(2-甲氧基乙基)酯	0.136
	2	Tetraethyl silicate	78-10-4	硅酸四乙酯	0.112
	3	4-Imidazolacetic acid, butyl ester	99133-89-8	4-咪唑乙酸丁酯	0.047
	4	Methyl mandelate	4358-87-6	DL-扁桃酸甲酯	0.114
	5	Imidazole-2-hydrazide-1-carboxylic acid, methyl ester	1000126-42-2	咪唑-2-酰肼-1-羧酸甲酯	0.034
	6	2-Propenoic acid, ethenyl ester	2177-18-6	2-丙烯酸乙烯酯	0.222
	7	2-Pyrrolidinecarboxylic acid, 1,2-dimethyl-5-oxo-, methyl ester	56145-23-4	1,2-二甲基-5-氧代-2-吡咯烷甲酸甲酯	0.098
	8	2-Fluorobenzoic acid, 4-nitrophenyl ester	1000307-69-1	2-氟苯甲酸-4-硝基苯基酯	0.067
	9	*d*-Proline, *N*-methoxycarbonyl-, pentyl ester	1000320-78-8	*N*-甲氧羰基-*d*-脯氨酸戊酯	0.038
	10	Acetic acid benzo[1,2,5]thiadiazol-5-yl ester	3762-96-7	乙酸苯并[1,2,5]噻二唑-5-基酯	0.818
	11	Triacetin	102-76-1	三乙酸甘油酯	0.146
	12	Phthalic acid, di(2,3-dimethylphenyl) ester	1000357-09-2	邻苯二甲酸二(2,3-二甲基苯基)酯	0.119
	13	Acetic acid, methoxy-, 2-phenylethyl ester	84682-19-9	甲氧基乙酸-2-苯基乙酯	18.573
	14	Alanine, *N*-methyl-*N*-butoxycarbonyl-, hexadecyl ester	1000329-38-0	*N*-甲基-*N*-丁氧羰基丙氨酸十六烷基酯	6.975
	15	4-Butylbenzoic acid, 2,3-dichlorophenyl ester	1000331-30-1	4-丁基苯甲酸-2,3-二氯苯基酯	0.046
	16	Succinic acid, cyclobutyl ethyl ester	1000330-06-0	丁二酸环丁酯	0.093
	17	Propane-1,1-diol dipropanoate	5331-24-8	1,1-丙二醇二丙酸酯	0.253
	18	Propanoic acid, 2-methyl-, 3-phenylpropyl ester	103-58-2	异丁酸-3-苯丙酯	0.074
	19	Methyl 2-ethyl-4-(trimethylsilyloxy)hexylphthalate	1000099-06-1	2-乙基-4-(三甲基硅氧基)己基邻苯二甲酸甲酯	0.239
	20	Butanoic acid, 2-methyl-, 1,2-dimethylpropyl ester	84696-83-3	2-甲基-1,2-二甲基丙酯丁酸	0.089
	21	2-Thiophenecarboxylic acid, 2-ethylcyclohexyl ester	1000278-88-5	2-噻吩甲酸-2-乙基环己基酯	0.119
	22	Propanoic acid, 2,2-dimethyl-, 2,4-dinitrophenyl ester	57025-45-3	2,2-二甲基-2,4-二硝基苯丙酸酯	0.043
	23	L-Proline, *N*-(furoyl-2)-, isohexyl ester	1000346-10-9	*N*-(糠酰-2)-L-脯氨酸异己基酯	0.252

续表

类别	序号	英文名称	CAS	中文名称	含量/(μg/支)
酯类	24	Pentanoic acid, 1,1-dimethylpropyl ester	117421-32-6	戊酸-1,1-二甲基丙酯	0.077
	25	Butanoic acid, 3-methyl-, 3,7-dimethyl-6-octenyl ester	68922-10-1	3,7-二甲基-6-辛烯基-3-甲基丁酸酯	0.104
	26	Phthalic acid, 6-ethyl-3-octyl butyl ester	1000315-17-4	邻苯二甲酸-6-乙基-3-辛基丁酯	0.221
	27	Phthalic acid, cyclobutyl tridecyl ester	1000314-90-8	邻苯二甲酸环丁基十三酯	0.010
	28	2,3,4-Trifluorobenzoic acid, 4-nitrophenyl ester	1000308-03-6	2,3,4-三氟苯甲酸-4-硝基苯酯	1.001
	29	Phthalic acid, butyl hept-4-yl ester	1000356-78-4	邻苯二甲酸正丁酯	1.048
	30	Butyl citrate	77-94-1	柠檬酸三丁酯	0.551
	31	Tributyl acetylcitrate	77-90-7	乙酰柠檬酸三丁酯	6.681
	32	para-Isopropylbenzoic acid trimethylsilylester	1000424-24-8	对异丙苯甲酸三甲硅酯	1.803
	33	1,2-Benzenedicarboxylic acid, bis(2-ethylhexyl) ester	74746-55-7	1,2-苯二甲酸双(2-乙基己基)酯	0.293
	34	Fumaric acid, dicyclobutyl ester	1000345-04-6	富马酸二环丁酯	0.073
小计					40.569
醛类	1	5-Ethyl-2-furaldehyde	23074-10-4	5-乙基-2-糠醛	0.113
小计					0.113
酚类	1	Phenol	108-95-2	苯酚	2.124
	2	2,3-Dimethoxyphenol	5150-42-5	2,3-二甲氧基苯酚	0.178
	3	2,4-Di-tert-butylphenol	96-76-4	2,4-二叔丁基苯酚	0.614
	4	2,4,5-Trihydroxypyrimidine	496-76-4	2,4,5-三叔丁基苯酚	0.555
小计					3.471
杂环类	1	Ethanone, 1-(2-furanyl)-	1192-62-7	2-乙酰基呋喃	0.278
	2	4-Methyl-1-nitropyrazole	38858-82-1	4-甲基-1-硝基吡唑	0.319
	3	4H-1,2,4-Triazol-4-amine	584-13-4	4-氨基-1,2,4-三氮唑	0.013
	4	1,3,5-Triazine	290-87-9	1,3,5-三嗪	0.106
	5	Furan, 2-propyl-	4229-91-8	2-正丙基呋喃	0.060
	6	2-Acetyl-5-methylthiophene	13679-74-8	2-乙酰-5-甲基噻吩	0.092
	7	Pyrrole, 4-ethyl-2-methyl-	5690-96-0	4-乙基-2-甲基吡咯	0.119
	8	Diazirine	1000305-84-1	双吖丙啶	0.801
	9	5-(Pyrazol-1-yl)-2H-1,2,3,4-tetrazole	1000460-45-1	5-(吡唑-1-基)-2H-1,2,3,4-四唑	0.132
	10	Benzo[b]thiophene, 2-ethyl-	1196-81-2	2-乙基苯并噻吩	0.198
	11	O-(2,6-Dimethylpyrid-3-yl)-N-phenylbenzimidate	32953-48-3	O-(2,6-二甲基吡啶-3-基)-N-苯基苯并咪唑	0.572
	12	2,5,8-Triphenyl benzotristriazole	50617-19-1	2,5,8-三苯基苯三唑	0.315
小计					3.005
烯烃	1	4-Methyl-2,4-bis(p-hydroxyphenyl)pent-1-ene, 2TMS derivative	1000283-56-8	4-甲基-2,4-双(对羟基苯基)戊-1-烯,2TMS 衍生物	2.238
小计					2.238
醚类	1	Benzene, (2-propynyloxy)-	13610-02-1	苯基炔丙基醚	0.185
小计					0.185

类别	序号	英文名称	CAS	中文名称	含量/(μg/支)
胺类	1	Phenampromid	129-83-9	非那丙胺	0.034
	2	Diisopropylcyanamide	3085-76-5	二异丙基氰胺	0.486
	3	1H-Pyrrole-2,5-dione, 1-ethyl-	128-53-0	N-乙基马来酰亚胺	0.181
	4	1,4-Benzenediamine, N,N-dimethyl-	99-98-9	对氨基二甲基苯胺	0.475
	5	N-(4-hydroxy-3-methoxyphenethyl)-2-phenylacetamide	118822-53-0	N-(4-羟基-3-甲氧基苯乙基)-2-苯基乙酰胺	0.923
	6	Bis-(2-methoxy-propyl)-methyl-amine	1000185-84-3	双(2-甲氧基丙基)甲胺	148.432
	7	Benzenamine, 2,3,4,5-tetramethyl-	2217-45-0	2,3,4,5-四甲基苯胺	0.192
	8	1,2,4-Oxadiazole-3-carboximidamide, N'-(1-propionyloxy)-	1000277-36-2	N'-(1-丙酰氧基)-1,2,4-噁二唑-3-羧甲酰胺	0.420
	9	Nonanamide	1120-07-6	壬醯胺	1.595
	小计				152.738
未知物	1	—	—	未知物-1	1.093
	2	—	—	未知物-2	0.014
	3	—	—	未知物-3	0.020
	4	—	—	未知物-4	0.110
	5	—	—	未知物-5	0.010
	6	—	—	未知物-6	0.036
	7	—	—	未知物-7	0.020
	8	—	—	未知物-8	0.054
	9	—	—	未知物-9	0.029
	10	—	—	未知物-10	0.069
	11	—	—	未知物-11	0.149
	12	—	—	未知物-12	0.034
	13	—	—	未知物-13	0.029
	14	—	—	未知物-14	0.009
	15	—	—	未知物-15	0.006
	16	—	—	未知物-16	0.114
	17	—	—	未知物-17	0.265
	18	—	—	未知物-18	0.012
	19	—	—	未知物-19	0.005
	20	—	—	未知物-20	0.709
	21	—	—	未知物-21	0.303
	22	—	—	未知物-22	0.010
	23	—	—	未知物-23	0.060
	24	—	—	未知物-24	0.099
	25	—	—	未知物-25	0.082
	26	—	—	未知物-26	0.076
	27	—	—	未知物-27	0.015
	28	—	—	未知物-28	0.005
	29	—	—	未知物-29	0.029
	30	—	—	未知物-30	0.704

类别	序号	英文名称	CAS	中文名称	含量/(μg/支)
未知物	31	—	—	未知物-31	0.204
	32	—	—	未知物-32	0.091
	33	—	—	未知物-33	0.042
	34	—	—	未知物-34	0.014
	35	—	—	未知物-35	0.015
	36	—	—	未知物-36	0.186
	37	—	—	未知物-37	0.045
	38	—	—	未知物-38	0.006
	39	—	—	未知物-39	0.024
	40	—	—	未知物-40	0.191
	41	—	—	未知物-41	0.006
	42	—	—	未知物-42	0.139
	43	—	—	未知物-43	0.137
	44	—	—	未知物-44	0.064
	45	—	—	未知物-45	1.197
	46	—	—	未知物-46	9.597
	47	—	—	未知物-47	1.191
	48	—	—	未知物-48	3.998
	49	—	—	未知物-49	208.839
	50	—	—	未知物-50	0.192
	51	—	—	未知物-51	0.173
	52	—	—	未知物-52	0.039
	53	—	—	未知物-53	0.251
	54	—	—	未知物-54	0.103
	55	—	—	未知物-55	0.089
	56	—	—	未知物-56	0.077
	57	—	—	未知物-57	0.054
	58	—	—	未知物-58	0.005
	59	—	—	未知物-59	0.019
	60	—	—	未知物-60	0.161
	61	—	—	未知物-61	0.005
	62	—	—	未知物-62	1.234
	63	—	—	未知物-63	0.055
	64	—	—	未知物-64	0.058
	65	—	—	未知物-65	0.012
	66	—	—	未知物-66	0.469
	67	—	—	未知物-67	0.025
	68	—	—	未知物-68	0.183
	69	—	—	未知物-69	0.020
	70	—	—	未知物-70	0.072
	71	—	—	未知物-71	0.516

类别	序号	英文名称	CAS	中文名称	含量/(μg/支)
	72	—	—	未知物-72	0.651
	73	—	—	未知物-73	1.356
	74	—	—	未知物-74	0.307
	75	—	—	未知物-75	0.006
	76	—	—	未知物-76	0.011
	77	—	—	未知物-77	0.136
	78	—	—	未知物-78	0.105
	79	—	—	未知物-79	0.005
	80	—	—	未知物-80	0.093
	81	—	—	未知物-81	0.048
	82	—	—	未知物-82	0.131
	83	—	—	未知物-83	0.072
	84	—	—	未知物-84	0.026
	85	—	—	未知物-85	0.695
	86	—	—	未知物-86	0.186
	87	—	—	未知物-87	0.128
	88	—	—	未知物-88	1.458
	89	—	—	未知物-89	0.409
	90	—	—	未知物-90	0.012
未知物	91	—	—	未知物-91	0.115
	92	—	—	未知物-92	0.283
	93	—	—	未知物-93	0.192
	94	—	—	未知物-94	0.225
	95	—	—	未知物-95	0.726
	96	—	—	未知物-96	0.692
	97	—	—	未知物-97	0.271
	98	—	—	未知物-98	0.176
	99	—	—	未知物-99	0.009
	100	—	—	未知物-100	0.012
	101	—	—	未知物-101	0.235
	102	—	—	未知物-102	0.025
	103	—	—	未知物-103	0.075
	104	—	—	未知物-104	0.075
	105	—	—	未知物-105	0.015
	106	—	—	未知物-106	0.231
	107	—	—	未知物-107	0.097
	108	—	—	未知物-108	0.081
	109	—	—	未知物-109	0.022
	110	—	—	未知物-110	0.018

续表

类别	序号	英文名称	CAS	中文名称	含量/(μg/支)
未知物	111	—	—	未知物-111	0.071
	112	—	—	未知物-112	0.102
	113	—	—	未知物-113	0.275
	114	—	—	未知物-114	0.089
	115	—	—	未知物-115	0.010
	116	—	—	未知物-116	0.514
	117	—	—	未知物-117	0.113
	118	—	—	未知物-118	0.038
	119	—	—	未知物-119	0.030
	120	—	—	未知物-120	0.435
	121	—	—	未知物-121	0.271
	122	—	—	未知物-122	0.030
	123	—	—	未知物-123	0.311
	124	—	—	未知物-124	0.364
	125	—	—	未知物-125	0.003
	126	—	—	未知物-126	0.110
	127	—	—	未知物-127	0.016
	128	—	—	未知物-128	0.272
	129	—	—	未知物-129	0.034
	130	—	—	未知物-130	1.177
	131	—	—	未知物-131	0.009
	132	—	—	未知物-132	0.070
	133	—	—	未知物-133	0.803
	134	—	—	未知物-134	1.067
	135	—	—	未知物-135	0.141
	136	—	—	未知物-136	0.058
	137	—	—	未知物-137	7.197
	138	—	—	未知物-138	0.005
	139	—	—	未知物-139	1.125
	140	—	—	未知物-140	0.245
	141	—	—	未知物-141	0.083
	142	—	—	未知物-142	23.918
	143	—	—	未知物-143	0.210
	144	—	—	未知物-144	0.334
	145	—	—	未知物-145	0.957
	146	—	—	未知物-146	3.670
	147	—	—	未知物-147	10.041
	148	—	—	未知物-148	5.284
	149	—	—	未知物-149	4.438
	150	—	—	未知物-150	39.942

类别	序号	英文名称	CAS	中文名称	含量/(μg/支)
	151	—	—	未知物-151	0.836
	152	—	—	未知物-152	5.471
	153	—	—	未知物-153	3.276
	154	—	—	未知物-154	3.127
	155	—	—	未知物-155	0.597
	156	—	—	未知物-156	2.117
	157	—	—	未知物-157	5.185
	158	—	—	未知物-158	0.313
	159	—	—	未知物-159	0.164
	160	—	—	未知物-160	2.661
	161	—	—	未知物-161	0.248
	162	—	—	未知物-162	1.277
	163	—	—	未知物-163	0.244
	164	—	—	未知物-164	1.798
	165	—	—	未知物-165	16.943
	166	—	—	未知物-166	0.224
	167	—	—	未知物-167	0.015
	168	—	—	未知物-168	0.097
	169	—	—	未知物-169	0.026
未知物	170	—	—	未知物-170	0.043
	171	—	—	未知物-171	0.079
	172	—	—	未知物-172	0.062
	173	—	—	未知物-173	0.116
	174	—	—	未知物-174	0.239
	175	—	—	未知物-175	0.107
	176	—	—	未知物-176	0.318
	177	—	—	未知物-177	0.112
	178	—	—	未知物-178	0.081
	179	—	—	未知物-179	0.071
	180	—	—	未知物-180	0.156
	181	—	—	未知物-181	0.010
	182	—	—	未知物-182	2.222
	183	—	—	未知物-183	0.056
	184	—	—	未知物-184	15.602
	185	—	—	未知物-185	1.064
	186	—	—	未知物-186	0.251
	187	—	—	未知物-187	0.088
	188	—	—	未知物-188	0.587
	189	—	—	未知物-189	4.245
	190	—	—	未知物-190	0.067

续表

类别	序号	英文名称	CAS	中文名称	含量/(μg/支)
未知物	191	—	—	未知物-191	0.034
	192	—	—	未知物-192	0.010
	193	—	—	未知物-193	1.137
	194	—	—	未知物-194	2.564
	195	—	—	未知物-195	0.880
	196	—	—	未知物-196	0.047
	197	—	—	未知物-197	0.035
	198	—	—	未知物-198	0.917
	199	—	—	未知物-199	0.182
	200	—	—	未知物-200	0.035
	201	—	—	未知物-201	0.115
	202	—	—	未知物-202	1.886
	203	—	—	未知物-203	0.115
	204	—	—	未知物-204	2.319
	205	—	—	未知物-205	0.061
	206	—	—	未知物-206	2.442
	207	—	—	未知物-207	0.093
	208	—	—	未知物-208	0.049
	209	—	—	未知物-209	0.029
	210	—	—	未知物-210	0.034
	211	—	—	未知物-211	0.120
	212	—	—	未知物-212	0.022
	213	—	—	未知物-213	0.106
	214	—	—	未知物-214	0.013
	215	—	—	未知物-215	0.233
	216	—	—	未知物-216	0.338
	217	—	—	未知物-217	0.329
	218	—	—	未知物-218	0.260
	219	—	—	未知物-219	0.085
	220	—	—	未知物-220	0.171
	221	—	—	未知物-221	0.416
	222	—	—	未知物-222	0.051
	223	—	—	未知物-223	0.075
	小计				432.638
其他类	1	Ethane, 1,1,1-trinitro-	595-86-8	1,1,1-三硝基乙烷	0.084
	2	Cyclobutane, methylene-	1120-56-5	亚甲基环丁烷	0.771
	3	1,2,4-Oxadiazole-3-(1-amino-2-aza-3-oxa-pent-2-en-4-one)	1000270-20-8	1,2,4-噁二唑-3-(1-氨基-2-氮杂-3-氧杂-2-戊-2-烯-4-酮)	0.114
	4	Methanesulfonyl chloride	124-63-0	甲基磺酰氯	0.032
	5	Phosphorus pentafluoride	7647-19-0	五氟化磷	0.497

类别	序号	英文名称	CAS	中文名称	含量/(μg/支)
其他类	6	Dichlorine heptoxide	12015-53-1	七氧化二氯	0.056
	7	2-Fluoro-4-cyanotoluene	170572-49-3	3-氟-4-甲基苯腈	0.077
	8	Bis(dimethylamino)trifluorophosphorane	1000306-14-7	二(二甲氨基)三氟膦	0.046
	9	1,3-Dioxolane, 2-methyl-2-pentyl-	4352-95-8	2-甲基-2-戊基-1,3-二氧戊环	0.128
	10	Carbamic acid, monoammonium salt	1111-78-0	氨基甲酸铵盐	13.659
	11	2,3-Dimethyl-5,6-dihydro-1,4-oxathiine	107954-65-4	2,3-二氢-5,6-二甲基-1,4-噁噻英	0.654
	12	1*H*-Purine-6-carbonitrile	2036-13-7	6-嘌呤腈	138.629
	13	Hydrogen azide	7782-79-8	叠氮化氢	437.888
	14	Octane, 2,2,6-trimethyl-	62016-28-8	2,2,6-三甲基辛烷	0.135
	15	Daphnetin	486-35-1	瑞香素	0.174
	16	Hexane, 2,2,5,5-tetramethyl-	1071-81-4	2,2,5,5-四甲基己烷	0.055
	17	2,2-Dimethyl-propyl 2,2-dimethyl-propanesulfinyl sulfone	82360-14-3	2,2-二甲基丙基-2,2-二甲基丙亚砜	0.009
	18	Nonane, 1-iodo-	4282-42-2	1-碘壬烷	0.060
	19	Heptane, 4-ethyl-2,2,6,6-tetramethyl-	62108-31-0	4-乙基-2,2,6,6-四甲基庚烷	0.044
	20	1,2-Oxaphosphole, 3,5-bis(1,1-dimethylethyl)-2,5-dihydro-2-hydroxy-, 2-oxide	56248-43-2	2-羟基-3-叔丁基-5-叔丁基-2,5-二氢-1,2-氧杂膦-2-氧化物	0.417
	21	Propanoic acid, anhydride	123-62-6	丙酸酐	0.019
	22	Butane, 2,2-dimethyl-	75-83-2	2,2-二甲基丁烷	0.045
	23	Silane, (chloromethyl)trimethyl-	2344-80-1	氯甲基三甲基硅烷	0.051
	24	Pentane, 2-bromo-	107-81-3	2-溴戊烷	0.023
	25	*dl*-alpha-Tocopherol	10191-41-0	维生素 E	6.840
	26	1,3-Butadiyne, 1,4-difluoro-	64788-23-4	1,4-二氟丁烷-1,3-二炔	0.065
	27	Undecane, 5,5-dimethyl-	17312-73-1	5,5-二甲基十一烷	1.511
小计					602.083
总计					1252.736

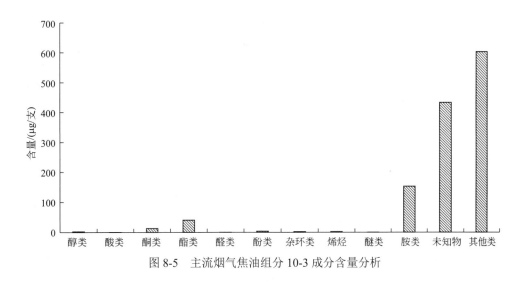

图 8-5　主流烟气焦油组分 10-3 成分含量分析

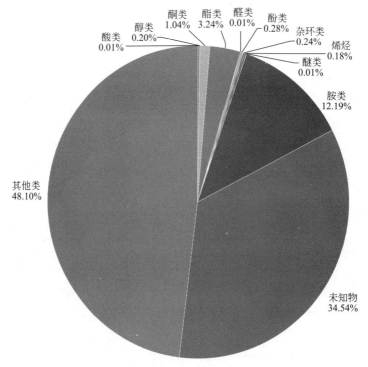

图 8-6　主流烟气焦油组分 10-3 成分占比分析

8.3.4　主流烟气焦油组分 10-4 成分结果分析

通过对卷烟主流烟气焦油的分离，得到主流烟气焦油组分四成分分析结果如表 8-4 和图 8-7、图 8-8 所示，结果表明，主流烟气焦油组分四中共有 151 种物质，总含量为 732.460μg/支，其中醇类 1 种，总含量为 10.507μg/支；酮类 2 种，总含量为 3.866μg/支；酯类 10 种，总含量为 15.136μg/支；醛类 1 种，总含量为 6.796μg/支；杂环类 7 种，总含量为 24.389μg/支；胺类 2 种，总含量为 9.396μg/支；其他物质 5 种，总含量为 13.408μg/支。其中含量较多的是杂环类物质。

表 8-4　主流烟气焦油组分四成分分析结果

类别	序号	英文名称	CAS	中文名称	含量/(μg/支)
醇类	1	1,2,3,4-Tetrahydro-1,2-dimethyl-4,7,8-isoquinolinetriol	102830-22-8	1,2,3,4-四氢-1,2-二甲基-4,7,8-异喹啉三醇	10.507
		小计			10.507
酮类	1	1-(1'-pyrrolidinyl)-2-butanone	1000366-03-8	1-(1'-吡咯烷基)-2-丁酮	0.244
	2	1,2,4-Triazolo[4,3-b]pyridazin-6(5H)-one	20552-63-0	1,2,4-三唑并[4,3-b]哒嗪-6(5H)-酮	3.622
		小计			3.866
酯类	1	Phthalic acid, 2-isopropylphenyl methyl ester	1000315-52-2	邻苯二甲酸-2-异丙基苯基甲酯	0.074
	2	2-Propyn-1-ol, propionate	1932-92-9	丙酸丙炔酯	0.158
	3	Pipecolic acid, N-propargyloxycarbonyl-, propargyl ester	1000393-10-1	N-炔丙基氧羰基哌啶酸丙炔酯	0.442
	4	Phthalic acid, di(2,3-dimethylphenyl) ester	1000357-09-2	邻苯二甲酸二(2,3-二甲基苯基)酯	0.018

类别	序号	英文名称	CAS	中文名称	含量/(μg/支)
酯类	5	Phthalic acid, cyclobutyl isobutyl ester	1000314-91-1	邻苯二甲酸环丁基异丁酯	0.157
	6	2,3,4-Trifluorobenzoic acid, 2-formyl-4,6-dichlorophenyl ester	1000331-20-0	2,3,4-三氟苯甲酸-2-甲酰基-4,6-二氯苯基酯	4.194
	7	2-Thiophenecarboxylic acid, 3-methylphenyl ester	1000308-06-1	2-噻吩甲酸-3-甲基苯基酯	0.277
	8	Phthalic acid, 6-ethyl-3-octyl butyl ester	1000315-17-4	邻苯二甲酸-6-乙基-3-辛基丁酯	2.129
	9	O-Methyl-DL-serine, N-dimethylaminomethylene-, butyl ester	1000375-99-5	N-二甲氨基亚甲基-O-甲基-DL-丝氨酸-丁酯	2.579
	10	2,3,4-Trifluorobenzoic acid, 2-biphenyl ester	1000331-20-1	2,3,4-三氟苯甲酸-2-联苯酯	5.135
		小计			15.163
醛类	1	1H-Pyrrole-2-carboxaldehyde, 1-methyl-	1192-58-1	N-甲基-2-吡咯甲醛	6.796
		小计			6.796
杂环类	1	Pyrazole, 5-methyl-3-(5-nitro-2-furyl)-	16239-90-0	5-甲基-3-(5-硝基-2-呋喃)吡唑	0.310
	2	Betazole	105-20-4	倍他唑	0.196
	3	1,2,4,5-Tetrazine	290-96-0	1,2,4,5-四嗪	6.343
	4	N-Fluoro-2,2-bis(trifluoromethyl)aziridine	26071-21-6	N-氟-2,2-双(三氟甲基)氮丙啶	6.176
	5	1H-1,2,3-Triazole, 4-methyl-5-(5-methyl-1H-pyrazol-3-yl)-	51719-86-9	4-甲基-5-(5-甲基-1H-吡唑-3-基)-1H-1,2,3-三唑	9.081
	6	Piperazine, 1,4-bis[(4-methylphenyl)sulfonyl]-	17046-84-3	1,4-双[(4-甲基苯基)磺酰基]哌嗪	2.142
	7	3,4-diamino-5-Methyl-1,2,4-triazole	21532-07-0	3,4-二氨基-5-甲基-1,2,4-三唑	0.141
		小计			24.390
胺类	1	Ethylamine, N,N-dioctyl-2-(2-thiophenyl)-	1000310-34-8	N,N-二辛基-2-(2-硫苯基)乙胺	6.140
	2	Benzamide, 2,3,4-trifluoro-N-(2-bromophenyl)-	1000340-22-0	2,3,4-三氟-N-(2-溴苯基)苯甲酰胺	3.256
		小计			9.396
未知物	1	—	—	未知物-1	1.521
	2	—	—	未知物-2	2.438
	3	—	—	未知物-3	0.088
	4	—	—	未知物-4	0.601
	5	—	—	未知物-5	0.195
	6	—	—	未知物-6	0.050
	7	—	—	未知物-7	0.980
	8	—	—	未知物-8	0.028
	9	—	—	未知物-9	0.055
	10	—	—	未知物-10	0.096
	11	—	—	未知物-11	0.268
	12	—	—	未知物-12	0.228
	13	—	—	未知物-13	0.471

续表

类别	序号	英文名称	CAS	中文名称	含量/(μg/支)
	14	—	—	未知物-14	0.296
	15	—	—	未知物-15	0.332
	16	—	—	未知物-16	0.648
	17	—	—	未知物-17	0.026
	18	—	—	未知物-18	0.771
	19	—	—	未知物-19	0.048
	20	—	—	未知物-20	0.079
	21	—	—	未知物-21	4.238
	22	—	—	未知物-22	0.190
	23	—	—	未知物-23	2.665
	24	—	—	未知物-24	8.799
	25	—	—	未知物-25	27.972
	26	—	—	未知物-26	3.741
	27	—	—	未知物-27	0.510
	28	—	—	未知物-28	0.523
	29	—	—	未知物-29	0.259
	30	—	—	未知物-30	2.777
	31	—	—	未知物-31	0.189
	32	—	—	未知物-32	0.706
未知物	33	—	—	未知物-33	0.063
	34	—	—	未知物-34	0.643
	35	—	—	未知物-35	0.206
	36	—	—	未知物-36	0.354
	37	—	—	未知物-37	3.587
	38	—	—	未知物-38	0.636
	39	—	—	未知物-39	0.479
	40	—	—	未知物-40	0.157
	41	—	—	未知物-41	0.012
	42	—	—	未知物-42	0.023
	43	—	—	未知物-43	0.023
	44	—	—	未知物-44	0.027
	45	—	—	未知物-45	0.021
	46	—	—	未知物-46	0.032
	47	—	—	未知物-47	0.782
	48	—	—	未知物-48	0.048
	49	—	—	未知物-49	0.018
	50	—	—	未知物-50	1.324
	51	—	—	未知物-51	5.267
	52	—	—	未知物-52	1.281
	53	—	—	未知物-53	0.274

类别	序号	英文名称	CAS	中文名称	含量/(μg/支)
未知物	54	—	—	未知物-54	0.029
	55	—	—	未知物-55	4.296
	56	—	—	未知物-56	7.327
	57	—	—	未知物-57	0.946
	58	—	—	未知物-58	0.107
	59	—	—	未知物-59	7.561
	60	—	—	未知物-60	7.818
	61	—	—	未知物-61	6.281
	62	—	—	未知物-62	15.279
	63	—	—	未知物-63	15.725
	64	—	—	未知物-64	0.151
	65	—	—	未知物-65	9.702
	66	—	—	未知物-66	5.436
	67	—	—	未知物-67	0.302
	68	—	—	未知物-68	24.549
	69	—	—	未知物-69	2.723
	70	—	—	未知物-70	5.912
	71	—	—	未知物-71	19.247
	72	—	—	未知物-72	2.532
	73	—	—	未知物-73	52.667
	74	—	—	未知物-74	0.961
	75	—	—	未知物-75	6.853
	76	—	—	未知物-76	0.104
	77	—	—	未知物-77	6.544
	78	—	—	未知物-78	81.747
	79	—	—	未知物-79	0.108
	80	—	—	未知物-80	7.848
	81	—	—	未知物-81	20.721
	82	—	CAS	未知物-82	28.606
	83	—	—	未知物-83	12.636
	84	—	—	未知物-84	3.192
	85	—	—	未知物-85	2.552
	86	—	—	未知物-86	10.069
	87	—	—	未知物-87	5.191
	88	—	—	未知物-88	19.335
	89	—	—	未知物-89	0.556
	90	—	—	未知物-90	7.740
	91	—	—	未知物-91	0.149
	92	—	—	未知物-92	0.033
	93	—	—	未知物-93	0.397

类别	序号	英文名称	CAS	中文名称	含量/(μg/支)
未知物	94	—	—	未知物-94	1.290
	95	—	—	未知物-95	5.503
	96	—	—	未知物-96	0.842
	97	—	—	未知物-97	0.050
	98	—	—	未知物-98	0.049
	99	—	—	未知物-99	0.046
	100	—	—	未知物-100	0.313
	101	—	—	未知物-101	0.024
	102	—	—	未知物-102	3.005
	103	—	—	未知物-103	0.347
	104	—	—	未知物-104	0.495
	105	—	—	未知物-105	6.476
	106	—	—	未知物-106	5.559
	107	—	—	未知物-107	0.160
	108	—	—	未知物-108	7.234
	109	—	—	未知物-109	3.383
	110	—	—	未知物-110	49.556
	111	—	—	未知物-111	0.038
	112	—	—	未知物-112	3.999
	113	—	—	未知物-113	0.102
	114	—	—	未知物-114	0.011
	115	—	—	未知物-115	57.416
	116	—	—	未知物-116	1.050
	117	—	—	未知物-117	0.024
	118	—	—	未知物-118	0.168
	119	—	—	未知物-119	1.201
	120	—	—	未知物-120	4.645
	121	—	—	未知物-121	7.636
	122	—	—	未知物-122	7.336
小计					648.935
其他类	1	Hydrogen azide	7782-79-8	叠氮化氢	0.334
	2	Propanoic acid, 2-methyl-, anhydride	97-72-3	异丁酸酐	0.502
	3	1,3-Diacetin	1000428-18-0	1,3-二醋精	10.602
	4	1*H*-Purine-6-carbonitrile	2036-13-7	6-氰基嘌呤	1.717
	5	Difluoroisocyanatophosphine	1000306-12-1	二氟异氰酸酯膦	0.253
小计					13.408
总计					732.460

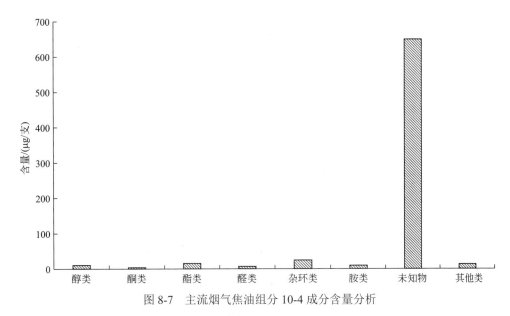

图 8-7 主流烟气焦油组分 10-4 成分含量分析

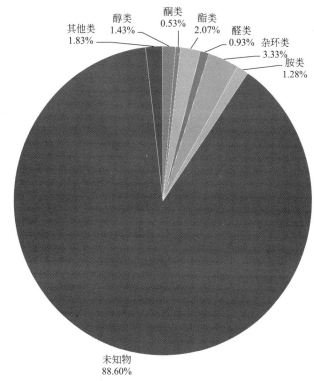

图 8-8 主流烟气焦油组分 10-4 成分占比分析

8.3.5 主流烟气焦油组分 10-5 成分结果分析

通过对卷烟主流烟气焦油的分离，得到主流烟气焦油组分五成分分析结果如表 8-5 和图 8-9、图 8-10 所示，结果表明，主流烟气焦油组分五共有 130 种物质，总含量为 828.834μg/支，其中醇类 1 种，总含量为 0.052μg/支；酸类 1 种，总含量为 0.367μg/支；酮类 1 种，总含量为 30.085μg/支；酯类 9 种，总含量为 28.486μg/支；醛类 1 种，总含量为 3.311μg/支；杂环类 2 种,总含量为 2.035μg/支;烯烃 1 种,总含量为 15.877μg/支;胺类 1 种,总含量为 1.218μg/支;其他物质 5 种,总含量为 1.526μg/支。其中含量较大的是酮类。

表 8-5　主流烟气焦油组分五成分分析结果

类别	序号	英文名称	CAS	中文名称	含量/(μg/支)
醇类	1	1,2-Benzenediol, O,O'-di(3-methylbenzoyl)-	1000325-97-2	O,O'-二(3-甲基苯甲酰基)-1,2-苯二醇	0.052
		小计			0.052
酸类	1	m-Toluic acid, TBDMS derivative	959296-29-8	间甲苯酸,TBDMS 衍生物	0.367
		小计			0.367
酮类	1	Ethanone, 1-(2-methyl-1,3-oxathiolan-2-yl)-	33266-06-7	1-(2-甲基-1,3-氧代硫醇-2-基)乙酮	30.085
		小计			30.085
酯类	1	2,4-Pentadienoic acid, 1-cyclopent3-en-1-onyl ester	1000150-80-4	2,4-戊二烯酸-1-环戊-3-烯-1-壬酯	0.297
	2	1,3-Dioxolane-2-acetic acid, 2,4-dimethyl-, ethyl ester	6290-17-1	2,4-二甲基-1,3-噁烷-2-乙酸乙酯	5.867
	3	Oxalic acid, cyclobutyl ethyl ester	1000309-69-3	草酸环丁基乙酯	3.347
	4	Vinyl crotonate	14861-06-4	巴豆酸乙烯酯	0.223
	5	Butanoic acid, 2-oxo-, methyl ester	3952-66-7	2-氧代丁酸甲酯	0.565
	6	Dibutyl phthalate	84-74-2	邻苯二甲酸二丁酯	2.397
	7	L-Leucine, N-methyl-N-(2-ethylhexyloxycarbonyl)-, tridecyl ester	1000392-40-0	N-甲基-N-(2-乙基己基氧羰基)-L-亮氨酸十三烷基酯	0.021
	8	Methyl 2-phenyl-prop-2-enoate	1865-29-8	2-苯基丙-2-烯酸甲酯	11.092
	9	l-Proline, n-heptafluorobutyryl-, isobutyl ester	1000321-09-8	n-七氟丁基-l-脯氨酸异丁酯	4.677
		小计			28.485
醛类	1	1H-Pyrrole-2-carboxaldehyde, 1-methyl-	1192-58-1	N-甲基-2-吡咯甲醛	3.311
		小计			3.311
杂环类	1	4H-1,2,4-Triazol-4-amine	584-13-4	4-氨基-1,2,4-三氮唑	1.921
	2	1,4-Dihydro-4-oxopyridazine	17417-57-1	1,4-二氢-4-氧代吡啶	0.114
		小计			2.035
烯烃	1	4-Methyl-2,4-bis(p-hydroxyphenyl)pent-1-ene, 2TMS derivative	1000283-56-8	4-甲基-2,4-双(对羟基苯基)戊-1-烯,2TMS 衍生物	15.877
		小计			15.877
胺类	1	Cyanamide, dimethyl-	1467-79-4	二甲基氰胺	1.218
		小计			1.218
未知物	1	—	—	未知物 1	3.406
	2	—	—	未知物 2	1.074
	3	—	—	未知物 3	0.021
	4	—	—	未知物 4	118.592
	5	—	—	未知物 5	0.060
	6	—	—	未知物 6	0.048
	7	—	—	未知物 7	0.136
	8	—	—	未知物 8	0.020
	9	—	—	未知物 9	0.173

类别	序号	英文名称	CAS	中文名称	含量/(μg/支)
	10	—	—	未知物 10	0.113
	11	—	—	未知物 11	0.053
	12	—	—	未知物 12	0.120
	13	—	—	未知物 13	0.044
	14	—	—	未知物 14	0.391
	15	—	—	未知物 15	0.347
	16	—	—	未知物 16	0.086
	17	—	—	未知物 17	0.036
	18	—	—	未知物 18	0.020
	19	—	—	未知物 19	1.909
	20	—	—	未知物 20	2.002
	21	—	—	未知物 21	0.101
	22	—	—	未知物 22	0.080
	23	—	—	未知物 23	3.450
	24	—	—	未知物 24	6.815
	25	—	—	未知物 25	4.079
	26	—	—	未知物 26	5.221
	27	—	—	未知物 27	1.488
	28	—	—	未知物 28	1.657
	29	—	—	未知物 29	0.906
未知物	30	—	—	未知物 30	2.609
	31	—	—	未知物 31	0.366
	32	—	—	未知物 32	0.194
	33	—	—	未知物 33	0.158
	34	—	—	未知物 34	0.014
	35	—	—	未知物 35	2.581
	36	—	—	未知物 36	0.119
	37	—	—	未知物 37	1.869
	38	—	—	未知物 38	0.013
	39	—	—	未知物 39	0.042
	40	—	—	未知物 40	0.356
	41	—	—	未知物 41	0.356
	42	—	—	未知物 42	0.037
	43	—	—	未知物 43	0.022
	44	—	—	未知物 44	0.034
	45	—	—	未知物 45	0.070
	46	—	—	未知物 46	0.417
	47	—	—	未知物 47	0.306
	48	—	—	未知物 48	0.061
	49	—	—	未知物 49	8.800
	50	—	—	未知物 50	4.433

类别	序号	英文名称	CAS	中文名称	含量/(μg/支)
	51	—	—	未知物 51	0.098
	52	—	—	未知物 52	1.985
	53	—	—	未知物 53	6.759
	54	—	—	未知物 54	0.039
	55	—	—	未知物 55	3.253
	56	—	—	未知物 56	37.537
	57	—	—	未知物 57	0.075
	58	—	—	未知物 58	1.434
	59	—	—	未知物 59	12.832
	60	—	—	未知物 60	32.585
	61	—	—	未知物 61	14.256
	62	—	—	未知物 62	3.957
	63	—	—	未知物 63	0.028
	64	—	—	未知物 64	10.267
	65	—	—	未知物 65	30.682
	66	—	—	未知物 66	0.498
	67	—	—	未知物 67	69.200
	68	—	—	未知物 68	2.329
	69	—	—	未知物 69	61.178
未知物	70	—	—	未知物 70	10.504
	71	—	—	未知物 71	8.694
	72	—	—	未知物 72	1.511
	73	—	—	未知物 73	6.363
	74	—	—	未知物 74	15.868
	75	—	—	未知物 75	12.523
	76	—	—	未知物 76	5.141
	77	—	—	未知物 77	9.940
	78	—	—	未知物 78	5.522
	79	—	—	未知物 79	9.435
	80	—	—	未知物 80	0.040
	81	—	—	未知物 81	11.552
	82	—	—	未知物 82	3.908
	83	—	—	未知物 83	3.175
	84	—	—	未知物 84	0.034
	85	—	—	未知物 85	4.918
	86	—	—	未知物 86	34.558
	87	—	—	未知物 87	0.605
	88	—	—	未知物 88	56.514
	89	—	—	未知物 89	12.066
	90	—	—	未知物 90	6.347
	91	—	—	未知物 91	0.123

类别	序号	英文名称	CAS	中文名称	含量/(μg/支)
未知物	92	—	—	未知物 92	0.504
	93	—	—	未知物 93	5.748
	94	—	—	未知物 94	8.341
	95	—	—	未知物 95	0.199
	96	—	—	未知物 96	0.125
	97	—	—	未知物 97	25.738
	98	—	—	未知物 98	8.523
	99	—	—	未知物 99	0.057
	100	—	—	未知物 100	0.032
	101	—	—	未知物 101	3.087
	102	—	—	未知物 102	0.167
	103	—	—	未知物 103	0.634
	104	—	—	未知物 104	0.525
	105	—	—	未知物 105	0.238
	106	—	—	未知物 106	7.897
	107	—	—	未知物 107	0.120
	108	—	—	未知物 108	0.304
小计					745.877
其他类	1	Pentanedinitrile	544-13-8	戊二腈	0.363
	2	Methoxyacetyl chloride	38870-89-2	甲氧基乙酰氯	0.062
	3	Propanoic acid, anhydride	123-62-6	丙酸酐	0.131
	4	2,2′-Bipyrrolidine	1000427-81-3	2,2′-联吡咯烷	0.020
	5	Ethane, iodo-	75-03-6	碘乙烷	0.950
小计					1.526
总计					828.834

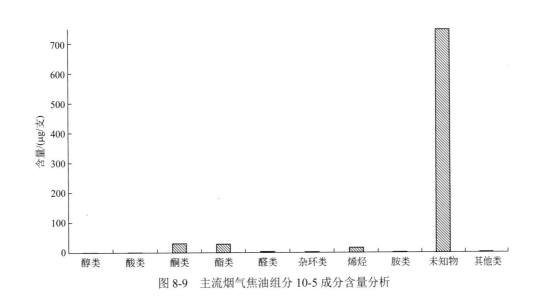

图 8-9 主流烟气焦油组分 10-5 成分含量分析

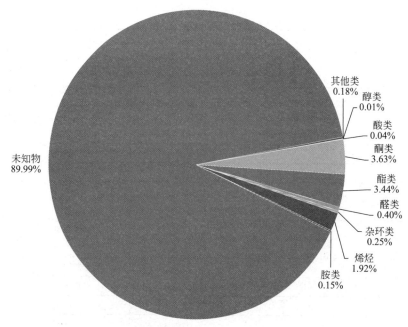

图 8-10　主流烟气焦油组分 10-5 成分占比分析

8.3.6　主流烟气焦油组分 10-6 成分结果分析

通过对卷烟主流烟气焦油的分离，得到主流烟气焦油组分六成分分析结果如表 8-6 和图 8-11、图 8-12 所示。结果表明，主流烟气焦油组分六中共含有 128 种物质，总含量为 231.308μg/支，其中醇类 1 种，总含量为 0.640μg/支；酸类 1 种，总含量为 0.018μg/支；酮类 2 种，总含量为 4.407μg/支；酯类 11 种，总含量为 12.055μg/支；醛类 2 种，总含量为 0.751μg/支；烯烃 1 种，总含量为 2.785μg/支；醚类 2 种，总含量为 1.337μg/支；苯系物 1 种，总含量为 0.168μg/支；胺类 1 种，总含量为 0.012μg/支；其他物质 6 种，总含量为 0.638μg/支。其中含量最高的是酯类。

表 8-6　主流烟气焦油组分六成分分析结果

类别	序号	英文名称	CAS	中文名称	含量/(μg/支)
醇类	1	3-Buten-1-ol, TBDMS derivative	1000333-02-9	3-丁烯-1-醇,TBDMS 衍生物	0.640
		小计			0.640
酸类	1	Oxalic acid, 2TMS derivative	18294-04-7	草酸,2TMS 衍生物	0.018
		小计			0.018
酮类	1	(3*aS*,6*aS*)-3,3-dimethyl-3,4,5,6-tetrahydro-3*a*,6*a*-methanopentalen-1(2*H*)-one	121402-83-3	(3*aS*,6*aS*)-3,3-二甲基-3,4,5,6-四氢-3*a*,6*a*-甲基戊烯-1(2*H*)-酮	0.089
	2	2-Hepten-4-one, 6-methyl-	49852-35-9	6-甲基-2-庚烯-4-酮	4.318
		小计			4.407
酯类	1	Propyl pyruvate	1000431-41-8	丙酮酸丙酯	2.522
	2	Tetraethyl silicate	78-10-4	硅酸四乙酯	0.168
	3	Propanoic acid, ethenyl ester	105-38-4	丙酸乙烯酯	0.153
	4	Acetic acid ethenyl ester	108-05-4	乙酸乙烯酯	1.996

类别	序号	英文名称	CAS	中文名称	含量/(μg/支)
酯类	5	Acetic acid, (dodecahydro-7-hydroxy-1,4b,8,8-tetramethyl-10-oxo-2(1H)-phenanthrenylidene)-, 2-(dimethylamino)ethyl ester	1000143-97-2	(十二氢-7-羟基-1,4b,8,8-四甲基-10-氧代-2(1H)-菲亚基)-乙酸-2-(二甲氨基)乙酯	1.437
	6	1,1-Ethanediol, diacetate	542-10-9	乙烯二乙酯	0.029
	7	Succinic acid, 1,1,1-trifluoroprop-2-yl 2-methylpent-3-yl ester	1000389-59-3	丁二酸-1,1,1-三氟-2-基-2-甲基戊-3-基酯	0.515
	8	Phthalic acid, cyclobutyl tridecyl ester	1000314-90-8	邻苯二甲酸环丁基十三酯	0.094
	9	Phthalic acid, butyl cyclobutyl ester	1000314-89-7	邻苯二甲酸丁基环丁酯	0.790
	10	Phthalic acid, cyclohexylmethyl 2-nitrophenyl ester	1000315-68-8	邻苯二甲酸环己基甲基-2-硝基苯酯	0.037
	11	Carbonic acid, allyl pentafluorobenzyl ester	1000357-37-9	碳酸烯丙基五氟苄酯	4.314
		小计			12.055
醛类	1	Benzaldehyde, 3-fluoro-4,5-dihydroxy-	71144-35-9	3-氟-4,5-二羟基苯甲醛	0.715
	2	1H-1,2,3-Triazole-4-carboxaldehyde	16681-68-8	1H-1,2,3-三唑-4-甲醛	0.036
		小计			0.751
烯烃	1	4-Methyl-2,4-bis(p-hydroxyphenyl)pent-1-ene, 2TMS derivative	1000283-56-8	4-甲基-2,4-双(对羟基苯基)戊-1-烯,2TMS 衍生物	2.785
		小计			2.785
醚类	1	Dimethyl ether	115-10-6	二甲醚	0.227
	2	Propane, 2-methoxy-2-methyl-	1634-04-4	甲基叔丁基醚	1.110
		小计			1.337
苯系物	1	2,3'-Bifuran, 2,2',3',5-tetrahydro-	98869-93-3	2,2',3',5-四氢-2,3'-联苯	0.168
		小计			0.168
胺类	1	2-Propenamide	79-06-1	丙烯酰胺	0.012
		小计			0.012
未知物	1	—	—	未知物-1	1.065
	2	—	—	未知物-2	0.207
	3	—	—	未知物-3	0.044
	4	—	—	未知物-4	0.130
	5	—	—	未知物-5	0.007
	6	—	—	未知物-6	0.012
	7	—	—	未知物-7	0.271
	8	—	—	未知物-8	0.157
	9	—	—	未知物-9	0.008
	10	—	—	未知物-10	0.012
	11	—	—	未知物-11	0.021
	12	—	—	未知物-12	0.017
	13	—	—	未知物-13	0.214
	14	—	—	未知物-14	0.031
	15	—	—	未知物-15	0.840
	16	—	—	未知物-16	0.079
	17	—	—	未知物-17	0.055
	18	—	—	未知物-18	0.030

类别	序号	英文名称	CAS	中文名称	含量/(μg/支)
未知物	19	—	—	未知物-19	0.100
	20	—	—	未知物-20	0.058
	21	—	—	未知物-21	0.445
	22	—	—	未知物-22	0.041
	23	—	—	未知物-23	0.984
	24	—	—	未知物-24	0.038
	25	—	—	未知物-25	0.005
	26	—	—	未知物-26	0.125
	27	—	—	未知物-27	3.055
	28	—	—	未知物-28	0.655
	29	—	—	未知物-29	0.072
	30	—	—	未知物-30	0.162
	31	—	—	未知物-31	0.844
	32	—	—	未知物-32	0.006
	33	—	—	未知物-33	0.014
	34	—	—	未知物-34	0.013
	35	—	—	未知物-35	0.033
	36	—	—	未知物-36	0.016
	37	—	—	未知物-37	0.043
	38	—	—	未知物-38	0.124
	39	—	—	未知物-39	0.146
	40	—	—	未知物-40	0.016
	41	—	—	未知物-41	0.006
	42	—	—	未知物-42	0.005
	43	—	—	未知物-43	0.004
	44	—	—	未知物-44	0.007
	45	—	—	未知物-45	0.070
	46	—	—	未知物-46	0.021
	47	—	—	未知物-47	0.528
	48	—	—	未知物-48	2.228
	49	—	—	未知物-49	1.578
	50	—	—	未知物-50	0.964
	51	—	—	未知物-51	0.824
	52	—	—	未知物-52	8.329
	53	—	—	未知物-53	0.006
	54	—	—	未知物-54	0.448
	55	—	—	未知物-55	0.006
	56	—	—	未知物-56	1.229
	57	—	—	未知物-57	8.333
	58	—	—	未知物-58	5.953
	59	—	—	未知物-59	0.076

续表

类别	序号	英文名称	CAS	中文名称	含量/(μg/支)
	60	—	—	未知物-60	1.776
	61	—	—	未知物-61	0.615
	62	—	—	未知物-62	1.489
	63	—	—	未知物-63	11.403
	64	—	—	未知物-64	1.875
	65	—	—	未知物-65	2.425
	66	—	—	未知物-66	2.004
	67	—	—	未知物-67	0.010
	68	—	—	未知物-68	26.991
	69	—	—	未知物-69	1.322
	70	—	—	未知物-70	1.949
	71	—	—	未知物-71	5.283
	72	—	—	未知物-72	18.555
	73	—	—	未知物-73	2.633
	74	—	—	未知物-74	0.997
	75	—	—	未知物-75	1.775
	76	—	—	未知物-76	4.331
	77	—	—	未知物-77	0.010
	78	—	—	未知物-78	10.077
	79	—	—	未知物-79	0.868
未知物	80	—	—	未知物-80	1.010
	81	—	—	未知物-81	2.575
	82	—	—	未知物-82	0.016
	83	—	—	未知物-83	0.091
	84	—	—	未知物-84	7.840
	85	—	—	未知物-85	0.241
	86	—	—	未知物-86	0.014
	87	—	—	未知物-87	0.356
	88	—	—	未知物-88	4.755
	89	—	—	未知物-89	4.776
	90	—	—	未知物-90	7.149
	91	—	—	未知物-91	2.017
	92	—	—	未知物-92	3.746
	93	—	—	未知物-93	6.441
	94	—	—	未知物-94	6.801
	95	—	—	未知物-95	4.214
	96	—	—	未知物-96	7.910
	97	—	—	未知物-97	3.772
	98	—	—	未知物-98	0.010
	99	—	—	未知物-99	7.544
	100	—	—	未知物-100	0.021
小计					208.497

续表

类别	序号	英文名称	CAS	中文名称	含量/(μg/支)
其他类	1	Carbamic acid, monoammonium salt	1111-78-0	氨基甲酸铵盐	0.050
	2	2-Aminosuccinonitrile	5615-94-1	2-氨基丁二腈	0.098
	3	1,3-Diacetin	1000428-18-0	1,3-二醋精	0.207
	4	1-Oxo-1-[(trifluoromethyl)sulfinyl]ethane	1000461-17-1	1-氧代-1-[(三氟甲基)亚砜基]乙烷	0.173
	5	1,3-Dioxepane, 5-methyl-2-pentadecyl-	56599-34-9	5-甲基-2-十五烷基-1,3-二氧庚烷	0.070
	6	2,2-Dimethyl-propyl,2,2-dimethyl-propanesulfinyl sulfone	82360-14-3	2,2-二甲基丙基-2,2-二甲基丙亚砜	0.040
小计					0.638
总计					231.308

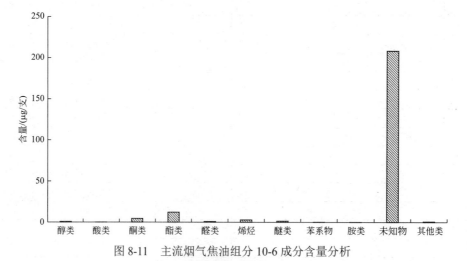

图 8-11　主流烟气焦油组分 10-6 成分含量分析

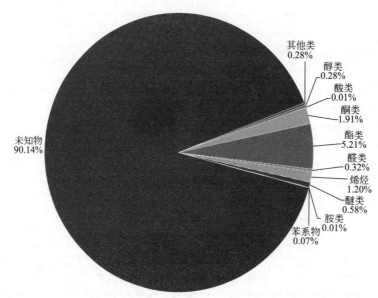

图 8-12　主流烟气焦油组分 10-6 成分占比分析

110

8.3.7 主流烟气焦油组分 10-7 成分结果分析

通过对卷烟主流烟气焦油的分离，得到主流烟气焦油组分七成分分析结果如表 8-7 和图 8-13、图 8-14 所示。结果表明，主流烟气焦油组分七中共含有 130 种物质，总含量为 847.856μg/支，其中醇类 2 种，总含量为 2.266μg/支；酮类 1 种，总含量为 0.711μg/支，酸类 3 种，总含量为 3.694μg/支；酯类 12 种，总含量为 154.336μg/支；杂环类 2 种，总含量为 2.523μg/支；烯烃 1 种，总含量为 150.557μg/支；胺类 3 种，总含量为 65.571μg/支；其他物质 2 种，总含量为 1.833μg/支。其中含量最多的是酯类。

表 8-7　主流烟气焦油组分七成分分析结果

类别	序号	英文名称	CAS	中文名称	含量/(μg/支)
醇类	1	1-Pentanol, 2-amino-4-methyl-, (+/−)-	16369-17-8	2-氨基-4-甲基-(+/−)-1-戊醇	2.120
	2	2-Amino-1,3-propanediol	534-03-2	2-氨基-1,3-丙二醇	0.146
		小计			2.266
酮类	1	1,3-Benzodioxol-2-one, hexahydro-	20192-66-9	六氢-1,3-苯并二氧杂环戊-2-酮	0.711
		小计			0.711
酸类	1	Methyltartronic acid	595-98-2	甲基酒石酸	2.979
	2	(S)-2,6-Dioxohexahydro-4-pyrimidinecarboxylic acid	5988-19-2	L-4,5-二氢乳清酸	0.141
	3	Pentanoic acid	109-52-4	正戊酸	0.574
		小计			3.694
酯类	1	n-Propyl acrylate	925-60-0	丙烯酸正丙酯	0.342
	2	Ethyl cyclopropanecarboxylate	4606-07-9	环丙基甲酸乙酯	1.729
	3	2-Propenoic acid, butyl ester	141-32-2	丙烯酸正丁酯	0.588
	4	Phthalic acid, cyclobutyl tridecyl ester	1000314-90-8	邻苯二甲酸环丁基十三酯	0.339
	5	1,2-Benzenedicarboxylic acid, bis(2-methylpropyl) ester	84-69-5	邻苯二甲酸二异丁酯	4.405
	6	L-Proline, N-valeryl-, decyl ester	1000345-50-5	N-戊酰基-L-脯氨酸癸酯	1.416
	7	Succinic acid, 2,2,3,3,4,4,4-heptafluorobutyl 2-methylhex-3-yl ester	1000382-35-2	丁二酸-2,2,3,3,4,4,4-七氟丁基-2-甲基十六烷基酯	28.612
	8	Benzenecarbothioic acid, 2,4,6-triethyl-, S-(2-phenylethyl) ester	64712-67-0	S-(2-苯乙基)-2,4,6-三乙基苯硫代碳酸酯	11.873
	9	1,2-Benzenedicarboxylic acid, 4-methyl-, dimethyl ester	20116-65-8	4-甲基-1,2-苯二甲酸二甲酯	68.858
	10	Succinic acid, 2-methylpent-3-yl 2,2,3,4,4,4-hexafluorobutyl ester	1000390-80-1	丁二酸-2-甲基戊-3-基-2,2,3,4,4,4-六氟丁酯	11.040
	11	Terephthalic acid, butyl 4-methylthiophenyl ester	1000416-12-1	对苯二甲酸丁基 4-甲硫基苯酯	15.604
	12	Hydroxymethyl 2-hydroxy-2-methylpropionate	1000289-09-5	2-羟基-2-甲基丙酸羟甲酯	9.530
		小计			154.336
杂环类	1	2-Acetylbenzofuran	1646-26-0	2-乙酰基苯并呋喃	0.167
	2	3-Methyl-pyrrolo(2,3-b)pyrazine	20321-99-7	3-甲基吡咯(2,3-b)吡嗪	2.356
		小计			2.523
烯烃	1	4-Methyl-2,4-bis(p-hydroxyphenyl)pent-1-ene, 2TMS derivative	1000283-56-8	4-甲基-2,4-双(对羟基苯基)戊-1-烯,2TMS 衍生物	150.557
		小计			150.557

类别	序号	英文名称	CAS	中文名称	含量/(μg/支)
胺类	1	1*H*-1,2,4-Triazol-3-amine, 1-methyl-	49607-51-4	1-甲基-1*H*-1,2,4-三唑-3-胺	0.537
	2	*N*-{5-Methyl-3-oxo-1*H*,2*H*,3*H*-cyclopenta[*a*]naphthalen-4-yl}benzamide	1000459-66-9	*N*-{5-甲基-3-氧代-1*H*,2*H*,3*H*-环戊[*a*]萘-4-基}苯甲酰胺	10.177
	3	4-Iodo-1*H*-pyrazol-5-amine	81542-51-0	4-碘-1*H*-吡唑-5-胺	54.857
		小计			65.571
未知物	1	—	—	未知物-1	3.036
	2	—	—	未知物-2	0.103
	3	—	—	未知物-3	0.026
	4	—	—	未知物-4	0.013
	5	—	—	未知物-5	0.175
	6	—	—	未知物-6	0.013
	7	—	—	未知物-7	0.052
	8	—	—	未知物-8	0.052
	9	—	—	未知物-9	0.131
	10	—	—	未知物-10	0.188
	11	—	—	未知物-11	0.163
	12	—	—	未知物-12	0.088
	13	—	—	未知物-13	0.088
	14	—	—	未知物-14	0.192
	15	—	—	未知物-15	0.192
	16	—	—	未知物-16	0.220
	17	—	—	未知物-17	1.342
	18	—	—	未知物-18	1.780
	19	—	—	未知物-19	0.026
	20	—	—	未知物-20	0.020
	21	—	—	未知物-21	0.461
	22	—	—	未知物-22	0.536
	23	—	—	未知物-23	0.406
	24	—	—	未知物-24	3.032
	25	—	—	未知物-25	0.379
	26	—	—	未知物-26	4.360
	27	—	—	未知物-27	0.024
	28	—	—	未知物-28	0.332
	29	—	—	未知物-29	0.066
	30	—	—	未知物-30	0.513
	31	—	—	未知物-31	0.305
	32	—	—	未知物-32	2.922
	33	—	—	未知物-33	0.021
	34	—	—	未知物-34	0.167

续表

类别	序号	英文名称	CAS	中文名称	含量/(μg/支)
	35	—	—	未知物-35	0.988
	36	—	—	未知物-36	0.258
	37	—	—	未知物-37	0.028
	38	—	—	未知物-38	0.976
	39	—	—	未知物-39	0.590
	40	—	—	未知物-40	0.056
	41	—	—	未知物-41	1.103
	42	—	—	未知物-42	1.535
	43	—	—	未知物-43	0.460
	44	—	—	未知物-44	0.108
	45	—	—	未知物-45	0.456
	46	—	—	未知物-46	0.050
	47	—	—	未知物-47	0.040
	48	—	—	未知物-48	0.040
	49	—	—	未知物-49	0.025
	50	—	—	未知物-50	0.032
	51	—	—	未知物-51	0.250
	52	—	—	未知物-52	0.050
	53	—	—	未知物-53	1.720
未知物	54	—	—	未知物-54	0.361
	55	—	—	未知物-55	7.393
	56	—	—	未知物-56	0.026
	57	—	—	未知物-57	0.102
	58	—	—	未知物-58	6.440
	59	—	—	未知物-59	0.026
	60	—	—	未知物-60	0.090
	61	—	—	未知物-61	8.318
	62	—	—	未知物-62	11.022
	63	—	—	未知物-63	56.724
	64	—	—	未知物-64	7.332
	65	—	—	未知物-65	5.821
	66	—	—	未知物-66	22.416
	67	—	—	未知物-67	8.088
	68	—	—	未知物-68	2.299
	69	—	—	未知物-69	5.595
	70	—	—	未知物-70	6.747
	71	—	—	未知物-71	1.917
	72	—	—	未知物-72	5.188
	73	—	—	未知物-73	2.960

类别	序号	英文名称	CAS	中文名称	含量/(μg/支)
未知物	74	—	—	未知物-74	5.979
	75	—	—	未知物-75	7.702
	76	—	—	未知物-76	12.091
	77	—	—	未知物-77	0.089
	78	—	—	未知物-78	7.951
	79	—	—	未知物-79	7.255
	80	—	—	未知物-80	0.454
	81	—	—	未知物-81	9.459
	82	—	—	未知物-82	0.053
	83	—	—	未知物-83	11.217
	84	—	—	未知物-84	2.649
	85	—	—	未知物-85	0.067
	86	—	—	未知物-86	3.888
	87	—	—	未知物-87	5.689
	88	—	—	未知物-88	47.232
	89	—	—	未知物-89	22.249
	90	—	—	未知物-90	10.551
	91	—	—	未知物-91	12.152
	92	—	—	未知物-92	8.478
	93	—	—	未知物-93	31.623
	94	—	—	未知物-94	6.883
	95	—	—	未知物-95	0.149
	96	—	—	未知物-96	4.277
	97	—	—	未知物-97	42.783
	98	—	—	未知物-98	1.145
	99	—	—	未知物-99	7.489
	100	—	—	未知物-100	5.882
	101	—	—	未知物-101	0.016
	102	—	—	未知物-102	0.805
	103	—	—	未知物-103	0.446
	104	—	—	未知物-104	0.608
	小计				466.365
其他类	1	Propanoic acid, anhydride	123-62-6	丙酸酐	1.471
	2	2-Propynenitrile, 3-fluoro-	32038-83-8	3-氟-2-丙炔腈	0.362
	小计				1.833
总计					847.856

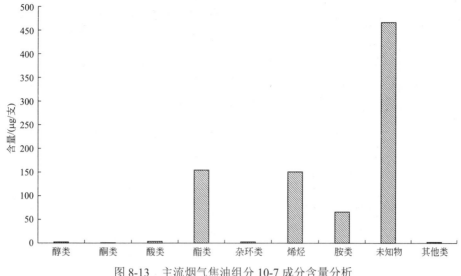

图 8-13 主流烟气焦油组分 10-7 成分含量分析

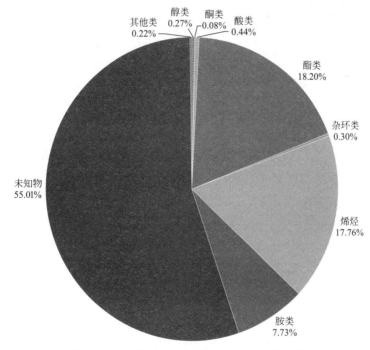

图 8-14 主流烟气焦油组分 10-7 成分占比分析

8.3.8 主流烟气焦油组分 10-8 成分结果分析

通过对卷烟主流烟气焦油的分离，得到主流烟气焦油组分八成分分析结果如表 8-8 和图 8-15、图 8-16 所示。结果表明，主流烟气焦油组分八中共有 129 种物质，总含量为 462.603μg/支，其中醇类 1 种，总含量为 4.217μg/支；酸类 1 种，总含量为 0.420μg/支；酮类 1 种，总含量为 0.062μg/支；酯类 5 种，总含量为 92.251μg/支；醛类 1 种，总含量为 1.380μg/支；杂环类 2 种，总含量为 10.774μg/支；胺类 2 种，总含量为 3.428μg/支；其他物质 3 种，总含量为 0.208μg/支。其中含量最多的是酯类。

表 8-8 主流烟气焦油组分八成分分析结果

类别	序号	英文名称	CAS	中文名称	含量/(μg/支)
醇类	1	2-Amino-1,3-propanediol	534-03-2	2-氨基-1,3-丙二醇	4.217
		小计			4.217
酸类	1	Methyltartronic acid	595-98-2	甲基酒石酸	0.420
		小计			0.420
酮类	1	(1R,3R,5R,7R)-4-Iodo-2,6-adamantanedione	19305-95-4	(1R,3R,5R,7R)-4-碘-2,6-金刚烷二酮	0.062
		小计			0.062
酯类	1	Phthalic acid, butyl cyclobutyl ester	1000314-89-9	邻苯二甲酸丁基环丁酯	1.645
	2	6-Fluoro-2-trifluoromethylbenzoic acid, ethyl ester	1000338-97-5	6-氟-2-三氟甲基苯甲酸乙酯	64.258
	3	Succinic acid, 2,2,3,3,4,4,4-heptafluorobutyl 2-methylhex-3-yl ester	1000382-35-2	丁二酸-2,2,3,3,4,4,4-七氟丁基-2-甲基十六烷基酯	13.004
	4	Succinic acid, 2-methylpent-3-yl pentafluorophenyl ester	1000390-34-8	丁二酸-2-甲基戊-3-基五氟苯基酯	12.700
	5	Vinyl crotonate	14861-06-4	巴豆酸乙烯酯	0.644
		小计			92.252
醛类	1	2-Ethylhexanal ethylene glycol acetal	1000431-01-2	2-乙基己醛乙二醇缩醛	1.380
		小计			1.380
杂环类	1	2-PhenylPyrrolo[2,1-b]benzothiazol	1000423-76-3	2-苯基吡咯[2,1-b]苯并噻唑	7.987
	2	Etonitazene	911-65-9	依托尼嗪	2.787
		小计			10.774
胺类	1	Ethylamine, N,N-dioctyl-2-(2-thiophenyl)-	1000310-34-8	N,N-二辛基-2-(2-硫苯基)乙胺	2.120
	2	Thiophen-2-methylamine, N,N-didecyl-	1000310-36-2	N,N-二癸基噻吩-2-甲胺	1.308
		小计			3.428
未知物	1	—	—	未知物-1	0.301
	2	—	—	未知物-2	0.021
	3	—	—	未知物-3	0.011
	4	—	—	未知物-4	0.023
	5	—	—	未知物-5	0.016
	6	—	—	未知物-6	0.435
	7	—	—	未知物-7	0.015
	8	—	—	未知物-8	0.006
	9	—	—	未知物-9	0.031
	10	—	—	未知物-10	0.010
	11	—	—	未知物-11	0.013
	12	—	—	未知物-12	0.018
	13	—	—	未知物-13	1.870
	14	—	—	未知物-14	0.773
	15	—	—	未知物-15	0.007
	16	—	—	未知物-16	1.334
	17	—	—	未知物-17	0.890

类别	序号	英文名称	CAS	中文名称	含量/(μg/支)
未知物	18	—	—	未知物-18	0.237
	19	—	—	未知物-19	0.077
	20	—	—	未知物-20	3.572
	21	—	—	未知物-21	0.152
	22	—	—	未知物-22	0.055
	23	—	—	未知物-23	0.216
	24	—	—	未知物-24	0.095
	25	—	—	未知物-25	0.077
	26	—	—	未知物-26	0.007
	27	—	—	未知物-27	0.023
	28	—	—	未知物-28	0.007
	29	—	—	未知物-29	0.016
	30	—	—	未知物-30	0.145
	31	—	—	未知物-31	0.115
	32	—	—	未知物-32	0.168
	33	—	—	未知物-33	0.318
	34	—	—	未知物-34	0.007
	35	—	—	未知物-35	0.008
	36	—	—	未知物-36	0.123
	37	—	—	未知物-37	6.408
	38	—	—	未知物-38	0.023
	39	—	—	未知物-39	0.008
	40	—	—	未知物-40	0.023
	41	—	—	未知物-41	2.786
	42	—	—	未知物-42	0.042
	43	—	—	未知物-43	0.023
	44	—	—	未知物-44	10.071
	45	—	—	未知物-45	0.017
	46	—	—	未知物-46	2.652
	47	—	—	未知物-47	4.909
	48	—	—	未知物-48	89.268
	49	—	—	未知物-49	13.700
	50	—	—	未知物-50	7.877
	51	—	—	未知物-51	5.759
	52	—	—	未知物-52	0.077
	53	—	—	未知物-53	0.479
	54	—	—	未知物-54	0.548
	55	—	—	未知物-55	5.421
	56	—	—	未知物-56	6.423
	57	—	—	未知物-57	1.344

续表

类别	序号	英文名称	CAS	中文名称	含量/(μg/支)
	58	—	—	未知物-58	8.176
	59	—	—	未知物-59	7.895
	60	—	—	未知物-60	0.850
	61	—	—	未知物-61	3.950
	62	—	—	未知物-62	0.021
	63	—	—	未知物-63	1.919
	64	—	—	未知物-64	2.766
	65	—	—	未知物-65	4.238
	66	—	—	未知物-66	4.252
	67	—	—	未知物-67	6.804
	68	—	—	未知物-68	5.000
	69	—	—	未知物-69	1.999
	70	—	—	未知物-70	24.150
	71	—	—	未知物-71	2.112
	72	—	—	未知物-72	3.578
	73	—	—	未知物-73	0.039
	74	—	—	未知物-74	0.015
	75	—	—	未知物-75	2.431
	76	—	—	未知物-76	5.358
未知物	77	—	—	未知物-77	2.451
	78	—	—	未知物-78	1.125
	79	—	—	未知物-79	0.025
	80	—	—	未知物-80	3.465
	81	—	—	未知物-81	4.237
	82	—	—	未知物-82	3.561
	83	—	—	未知物-83	1.922
	84	—	—	未知物-84	0.173
	85	—	—	未知物-85	2.490
	86	—	—	未知物-86	0.069
	87	—	—	未知物-87	2.707
	88	—	—	未知物-88	0.007
	89	—	—	未知物-89	3.998
	90	—	—	未知物-90	0.015
	91	—	—	未知物-91	2.583
	92	—	—	未知物-92	17.971
	93	—	—	未知物-93	0.006
	94	—	—	未知物-94	1.698
	95	—	—	未知物-95	3.464
	96	—	—	未知物-96	0.020
	97	—	—	未知物-97	0.017

类别	序号	英文名称	CAS	中文名称	含量/(μg/支)
未知物	98	—	—	未知物-98	0.382
	99	—	—	未知物-99	0.023
	100	—	—	未知物-100	0.603
	101	—	—	未知物-101	0.049
	102	—	—	未知物-102	0.038
	103	—	—	未知物-103	0.010
	104	—	—	未知物-104	0.015
	105	—	—	未知物-105	30.388
	106	—	—	未知物-106	0.011
	107	—	—	未知物-107	0.032
	108	—	—	未知物-108	0.434
	109	—	—	未知物-109	2.040
	110	—	—	未知物-110	3.790
	111	—	—	未知物-111	2.472
	112	—	—	未知物-112	0.666
	113	—	—	未知物-113	2.303
小计					349.863
其他类	1	1,3-Dioxolane	646-06-0	1,3-二氧戊环	0.064
	2	2,4-Diamino-5-butyl-8-hydroxy-5*H*-chromeno[2,3-*b*]pyridine-3-carbonitrile	1000459-07-3	2,4-二氨基-5-丁基-8-羟基-5*H*-色烯[2,3-*b*]吡啶-3-碳腈	0.035
	3	1*H*-Purine-6-carbonitrile	2036-13-7	6-氰基嘌呤	0.109
小计					0.208
总计					462.603

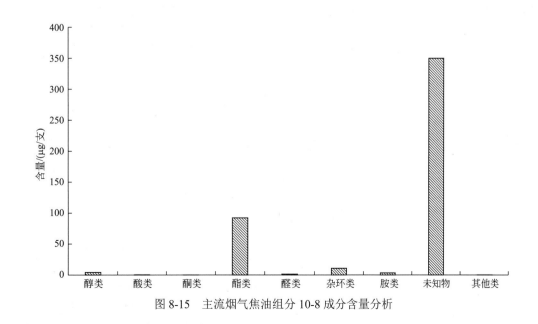

图 8-15　主流烟气焦油组分 10-8 成分含量分析

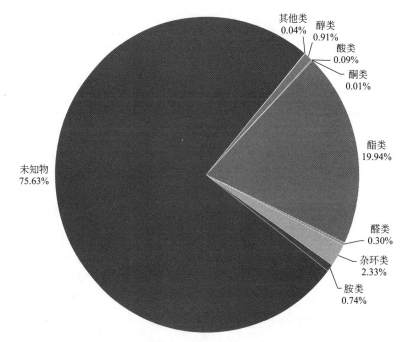

图 8-16　主流烟气焦油组分 10-8 成分占比分析

8.3.9　主流烟气焦油组分 10-9 成分结果分析

通过对卷烟主流烟气焦油的分离，得到主流烟气焦油组分九成分分析结果如表 8-9 和图 8-17、图 8-18 所示。结果表明，主流烟气焦油组分九中共含有 89 种物质，总含量为 481.882μg/支，其中醇类 1 种，总含量为 17.549μg/支；酸类 2 种，总含量为 3.671μg/支；酮类 2 种，总含量为 12.700μg/支；酯类 2 种，总含量为 29.173μg/支。其中含量最多的是酯类。

表 8-9　主流烟气焦油组分九成分分析结果

类别	序号	英文名称	CAS	中文名称	含量/(μg/支)
醇类	1	Cycloheptanemethanol,alpha,alpha-dimethyl-	16624-02-5	α,α-二甲基-环庚烷甲醇	17.549
	小计				17.549
酸类	1	Butanoic acid	107-92-6	丁酸	3.341
	2	*m*-Toluic acid, TBDMS derivative	959296-29-8	间甲苯酸,TBDMS 衍生物	0.330
	小计				3.671
酮类	1	2-Butanone, 1,1,1-trifluoro-	381-88-4	1,1,1-三氟-2-丁酮	0.955
	2	2-Butanone	78-93-3	2-丁酮	11.745
	小计				12.700
酯类	1	Phthalic acid, butyl 4-octyl ester	1000314-83-8	邻苯二甲酸-4-辛基丁酯	2.014
	2	2-Fluoro-6-trifluoromethylbenzoic acid, 4-nitrophenyl ester	1000357-70-1	2-氟-6-三氟甲基苯甲酸对硝基苯酯	27.159
	小计				29.173
未知物	1	—	—	未知物-1	2.304
	2	—	—	未知物-2	1.563
	3	—	—	未知物-3	3.106
	4	—	—	未知物-4	0.022

类别	序号	英文名称	CAS	中文名称	含量/(μg/支)
	5	—	—	未知物-5	0.018
	6	—	—	未知物-6	0.038
	7	—	—	未知物-7	0.012
	8	—	—	未知物-8	0.025
	9	—	—	未知物-9	0.012
	10	—	—	未知物-10	1.744
	11	—	—	未知物-11	2.299
	12	—	—	未知物-12	0.101
	13	—	—	未知物-13	0.677
	14	—	—	未知物-14	1.964
	15	—	—	未知物-15	3.202
	16	—	—	未知物-16	0.009
	17	—	—	未知物-17	0.104
	18	—	—	未知物-18	0.929
	19	—	—	未知物-19	1.179
	20	—	—	未知物-20	0.013
	21	—	—	未知物-21	0.009
	22	—	—	未知物-22	0.040
	23	—	—	未知物-23	0.395
	24	—	—	未知物-24	0.113
未知物	25	—	—	未知物-25	0.012
	26	—	—	未知物-26	0.035
	27	—	—	未知物-27	0.045
	28	—	—	未知物-28	1.201
	29	—	—	未知物-29	0.012
	30	—	—	未知物-30	2.431
	31	—	—	未知物-31	10.221
	32	—	—	未知物-32	0.015
	33	—	—	未知物-33	10.802
	34	—	—	未知物-34	3.453
	35	—	—	未知物-35	6.488
	36	—	—	未知物-36	6.628
	37	—	—	未知物-37	1.207
	38	—	—	未知物-38	10.246
	39	—	—	未知物-39	9.466
	40	—	—	未知物-40	29.225
	41	—	—	未知物-41	4.613
	42	—	—	未知物-42	0.027
	43	—	—	未知物-43	2.643
	44	—	—	未知物-44	1.900
	45	—	—	未知物-45	3.017

续表

类别	序号	英文名称	CAS	中文名称	含量/(μg/支)
	46	—	—	未知物-46	7.052
	47	—	—	未知物-47	2.784
	48	—	—	未知物-48	0.982
	49	—	—	未知物-49	0.036
	50	—	—	未知物-50	9.716
	51	—	—	未知物-51	2.927
	52	—	—	未知物-52	0.139
	53	—	—	未知物-53	53.175
	54	—	—	未知物-54	7.467
	55	—	—	未知物-55	6.102
	56	—	—	未知物-56	3.826
	57	—	—	未知物-57	4.622
	58	—	—	未知物-58	15.074
	59	—	—	未知物-59	0.036
	60	—	—	未知物-60	0.030
	61	—	—	未知物-61	5.685
	62	—	—	未知物-62	35.163
	63	—	—	未知物-63	2.524
未知物	64	—	—	未知物-64	4.624
	65	—	—	未知物-65	0.030
	66	—	—	未知物-66	0.013
	67	—	—	未知物-67	0.021
	68	—	—	未知物-68	0.258
	69	—	—	未知物-69	5.900
	70	—	—	未知物-70	32.549
	71	—	—	未知物-71	9.460
	72	—	—	未知物-72	8.344
	73	—	—	未知物-73	10.190
	74	—	—	未知物-74	5.163
	75	—	—	未知物-75	15.626
	76	—	—	未知物-76	11.370
	77	—	—	未知物-77	5.659
	78	—	—	未知物-78	10.717
	79	—	—	未知物-79	5.706
	80	—	—	未知物-80	12.114
	81	—	—	未知物-81	0.113
	82	—	—	未知物-82	0.027
小计					418.789
总计					481.882

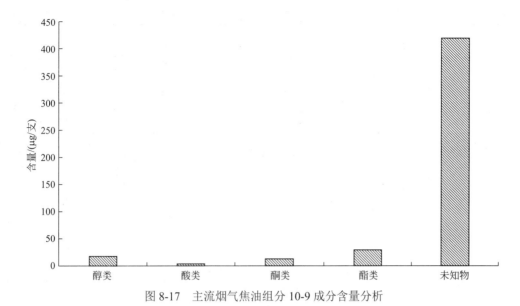

图 8-17　主流烟气焦油组分 10-9 成分含量分析

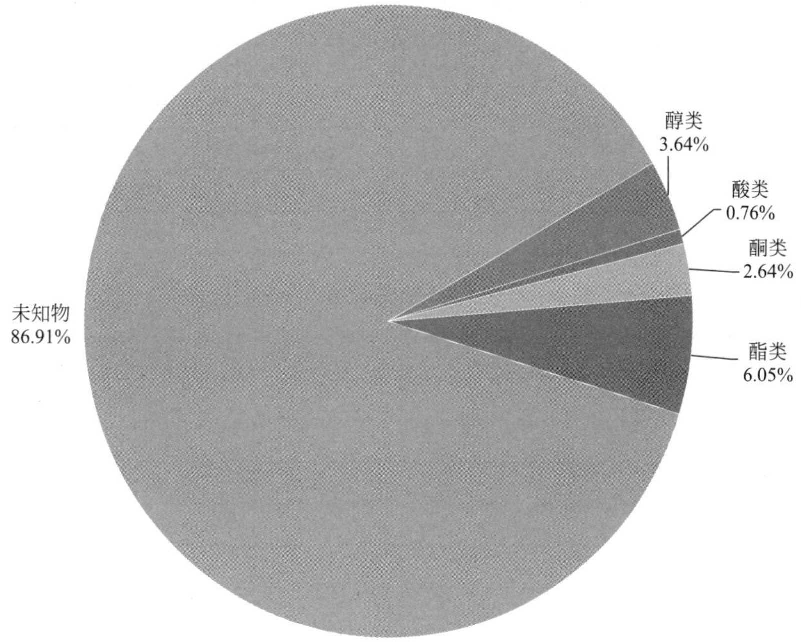

图 8-18　主流烟气焦油组分 10-9 成分占比分析

8.3.10　主流烟气焦油组分 10-10 成分结果分析

通过对卷烟主流烟气焦油的分离，得到主流烟气焦油组分十成分分析结果如表 8-10 和图 8-19、图 8-20 所示。结果表明，主流烟气焦油组分十中共含有 86 种物质，总含量为 520.437μg/支，其中酯类 6 种，总含量为 25.479μg/支；杂环类 1 种，总含量为 25.635μg/支；胺类 1 种，总含量为 2.437μg/支；其他物质 2 种，总含量为 39.012μg/支。其中含量最多的是杂环类。

表 8-10　主流烟气焦油组分十成分分析结果

类别	序号	英文名称	CAS	中文名称	含量/(μg/支)
酯类	1	DL-Alanine, *N*-methyl-*N*-(but-3-ynyloxy-1- carbonyl)-, pentadecyl ester	1000392-71-2	*N*-甲基-*N*-(丁-3-炔氧基-1-羰基)- DL-丙氨酸十五烷基酯	2.186
	2	Methyl nitrate	598-58-3	硝酸甲酯	1.909
	3	Tetraethyl silicate	78-10-4	硅酸四乙酯	0.392
	4	Ethyl 3-[3-amino-5-methoxyphenyl]propionate	1000213-27-3	3-[3-氨基-5-甲氧基苯基]丙酸乙酯	0.451
	5	Phthalic acid, cyclobutyl isobutyl ester	1000314-91-1	邻苯二甲酸环丁基异丁酯	2.801
	6	5-Methyl-4-hexene-1-yl acetate	1000426-93-8	5-甲基-4-己烯-1-乙酸酯	17.740
		小计			25.479
杂环类	1	Nicotine	1000432-05-7	尼古丁	25.635
		小计			25.635
胺类	1	*N*-(*m*-Chlorophenyl)-4,5-dihydro-3-furamide	95516-15-7	*N*-(间氯苯基)-4,5-二氢-3-呋喃酰胺	2.437
		小计			2.437
未知物	1	—	—	未知物-1	0.017
	2	—	—	未知物-2	0.014
	3	—	—	未知物-3	1.906
	4	—	—	未知物-4	2.322
	5	—	—	未知物-5	0.436
	6	—	—	未知物-6	1.864
	7	—	—	未知物-7	2.383
	8	—	—	未知物-8	0.029
	9	—	—	未知物-9	2.932
	10	—	—	未知物-10	2.244
	11	—	—	未知物-11	1.739
	12	—	—	未知物-12	0.522
	13	—	—	未知物-13	0.104
	14	—	—	未知物-14	0.638
	15	—	—	未知物-15	0.013
	16	—	—	未知物-16	0.357
	17	—	—	未知物-17	0.037
	18	—	—	未知物-18	0.180
	19	—	—	未知物-19	0.137
	20	—	—	未知物-20	0.020
	21	—	—	未知物-21	0.287
	22	—	—	未知物-22	4.009
	23	—	—	未知物-23	8.091
	24	—	—	未知物-24	2.278

续表

类别	序号	英文名称	CAS	中文名称	含量/(μg/支)
	25	—	—	未知物-25	3.222
	26	—	—	未知物-26	1.565
	27	—	—	未知物-27	3.341
	28	—	—	未知物-28	0.029
	29	—	—	未知物-29	0.031
	30	—	—	未知物-30	12.223
	31	—	—	未知物-31	2.572
	32	—	—	未知物-32	1.736
	33	—	—	未知物-33	27.051
	34	—	—	未知物-34	8.654
	35	—	—	未知物-35	3.100
	36	—	—	未知物-36	9.324
	37	—	—	未知物-37	0.050
	38	—	—	未知物-38	2.977
	39	—	—	未知物-39	2.793
	40	—	—	未知物-40	4.582
	41	—	—	未知物-41	2.849
	42	—	—	未知物-42	5.764
未知物	43	—	—	未知物-43	0.025
	44	—	—	未知物-44	0.042
	45	—	—	未知物-45	7.326
	46	—	—	未知物-46	44.706
	47	—	—	未知物-47	37.806
	48	—	—	未知物-48	0.042
	49	—	—	未知物-49	0.045
	50	—	—	未知物-50	9.941
	51	—	—	未知物-51	0.940
	52	—	—	未知物-52	6.653
	53	—	—	未知物-53	6.322
	54	—	—	未知物-54	0.126
	55	—	—	未知物-55	3.046
	56	—	—	未知物-56	1.838
	57	—	—	未知物-57	0.027
	58	—	—	未知物-58	7.123
	59	—	—	未知物-59	5.479
	60	—	—	未知物-60	1.299
	61	—	—	未知物-61	15.021
	62	—	—	未知物-62	3.331

续表

类别	序号	英文名称	CAS	中文名称	含量/(μg/支)
未知物	63	—	—	未知物-63	5.366
	64	—	—	未知物-64	72.347
	65	—	—	未知物-65	45.614
	66	—	—	未知物-66	0.020
	67	—	—	未知物-67	7.036
	68	—	—	未知物-68	4.680
	69	—	—	未知物-69	0.021
	70	—	—	未知物-70	6.916
	71	—	—	未知物-71	2.478
	72	—	—	未知物-72	7.379
	73	—	—	未知物-73	0.308
	74	—	—	未知物-74	0.039
	75	—	—	未知物-75	0.073
	76	—	—	未知物-76	0.037
		小计			427.874
其他类	1	Butane, 1,4-bis(9,10-dihydro-9-methylanthracen-10-yl)-	1000153-85-3	1,4-双(9,10-二氢-9-甲基蒽-10-基)丁烷	25.148
	2	Trimethylsilyl-noradrenalin	68595-65-3	三甲基甲硅烷基去甲肾上腺素	13.864
		小计			39.012
		总计			520.437

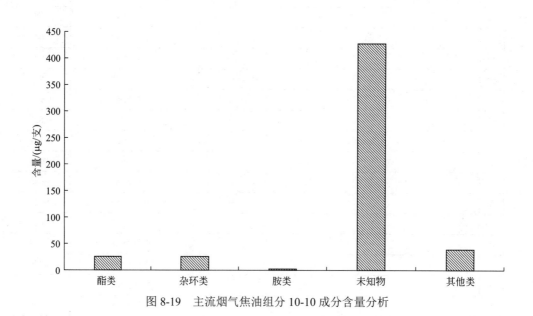

图 8-19　主流烟气焦油组分 10-10 成分含量分析

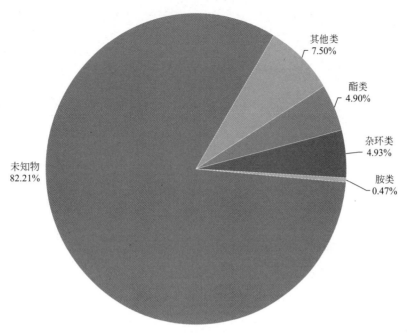

图 8-20　主流烟气焦油组分 10-10 成分占比分析

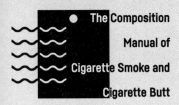

第 2 部分

烟蒂焦油

9　烟蒂焦油的分离制备工艺研究

10　烟蒂焦油中香味成分的测定分析

11　烟蒂焦油中挥发性香味成分的测定分析

12　烟蒂焦油中生物碱的测定分析

13　烟蒂焦油中金属元素的测定分析

14　烟蒂焦油中挥发性醛酮类的测定分析

15　烟蒂焦油中喹啉、吡啶的测定分析

16　烟蒂焦油减压蒸馏化学成分分析研究

17　烟蒂焦油的分级组分分析

9

烟蒂焦油的分离制备工艺研究

9.1 实验材料、试剂及仪器

实验材料：卷烟样品［（54mm 烟支+30mm 醋纤滤嘴）×圆周 24.3mm］，内蒙古昆明卷烟有限责任公司。

实验试剂：无水乙醇，分析级，天津市凯通化学试剂有限公司。

实验仪器见表 9-1。

表 9-1 主要实验仪器

实验仪器	生产厂商
SB-3200DT 超声波清洗机	宁波新芝生物科技股份有限公司
EL204 型电子天平	瑞士 Mettler Toledo 公司
RM20H 转盘式吸烟机	德国 Borgwaldt KC 公司
DLSB-1020 低温冷却液循环泵	郑州国瑞仪器有限公司
N-1300 旋转蒸发仪	东京理化器械株式会社
SHB-3 循环水多用真空泵	郑州杜甫仪器厂

9.2 焦油的提取

工艺流程图如图 9-1 所示。

9.2.1 溶剂的前处理

利用重蒸装置对无水乙醇进行重蒸，温度为 78～80℃，目的是为了除去其中的高沸点杂质。

9.2.2 卷烟的抽吸

将卷烟置于恒温恒湿箱（温度：22℃±1℃；相对湿度：60%±3%）中平衡 48h。根据 GB/T 16450—2004《常规分析用吸烟机 定义和标准条件》调整抽吸参数，在 RM20H 转盘型 20 孔道吸烟机上抽吸平衡后的卷烟，每轮抽吸 20 支卷烟，每个孔道抽吸 1 支烟，主流烟气总粒相物用 ϕ92mm 的剑桥滤片捕集，保留烟蒂。

9.2.3 烟蒂前处理方法

去除烟蒂中残余的烟丝、接装纸、成型纸，每 100 个烟蒂置于 500mL 三角瓶中，加入 300mL 无水乙醇，超声振荡萃取 30min。将萃取液进行常压过滤，滤去部分固体杂质；将萃取过的烟蒂置于减压条件下进行抽滤，挤压，直至无液体滴下。合并滤液，转移至茄形瓶中，40℃下减压蒸馏，去除无水乙醇，称重，得到烟蒂焦油。

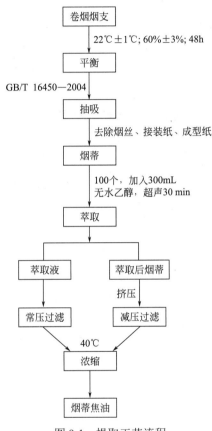

图 9-1　提取工艺流程

9.2.4 焦油含量的计算方法

$$Y = \frac{m_1 - m_0}{n} \times 1000$$

式中　Y——每支卷烟烟蒂焦油含量，mg/支；

　　　m_0——空烧瓶质量，g；

　　　m_1——旋蒸结束后盛有焦油的烧瓶质量，g；

　　　n——卷烟烟支数目，支。

9.3　气相色谱质谱分析条件

色谱条件如下。

色谱柱：HP-5MS（60m×0.25mm×0.25μm）；载气：He，流速 1.0mL/min；升温程序：初温 40℃、保持 2min，以 2℃/min 的速率升至 250℃，以 10℃/min 的速率升温至 280℃、保持 20min；进样口温度：250℃；进样量：1μL；分流比：5∶1。

质谱条件如下。

电子轰击（EI）离子源；电子能量 70eV；传输线温度：240℃；离子源温度：230℃，四极杆温度：150℃；质谱质量扫描范围：35～550amu。

9.4 结果与分析

按照 9.2 节的方法制备得到烟蒂焦油，含量见表 9-2。结果表明，烟蒂焦油含量高于其盒标焦油量。

表 9-2 烟蒂焦油含量

烟蒂焦油			盒标焦油/(mg/支)
总量/g	卷烟数目/支	含量/(mg/支)	
24.72	1210	20.43	8

10

烟蒂焦油中香味成分的测定分析

10.1 实验材料、试剂及仪器

实验材料：烟蒂焦油，实验室自制。

实验试剂：无水乙醇，色谱纯，天津市凯通化学试剂有限公司；苯甲酸苄酯，质量分数≥98%，百灵威科技有限公司。

实验仪器见表 10-1。

表 10-1 主要实验仪器

实验仪器	生产厂商
SB-3200DT 超声波清洗机	宁波新芝生物科技股份有限公司
EL204 型电子天平	瑞士 Mettler Toledo 公司
Agilent 7890B /5977A 气相色谱-质谱联用仪	美国 Agilent 公司

10.2 实验方法

准确称取烟蒂湿焦油 1g，置于 10mL 容量瓶中，以无水乙醇定容，超声萃取 15min，过 0.45μm 有机膜后转移至色谱瓶中，进行 GC/MS 分析。GC/MS 分析条件如下所述。

色谱柱：HP-5MS（60m×0.25mm×0.25μm）；载气：He，流速 1.0mL/min；升温程序：初温 40℃、保持 2min，以 2℃/min 的速率升至 250℃，再以 10℃/min 的速率升温至 280℃、保持 20min；进样口温度：250℃；进样量：1μL；分流比：5∶1。

质谱条件：电子轰击(EI)离子源；电子能量 70eV；传输线温度：240℃；离子源温度：230℃，四极杆温度：150℃；质谱质量扫描范围：35～550amu。

10.3 结果与分析

按照 10.2 节的方法对烟蒂焦油成分进行检测分析，其成分分析结果如表 10-2 和图 10-1、图 10-2 所示。结果表明，烟蒂焦油成分中共含有 1085 种物质，总含量为 536.024μg/支，其中酸类 17 种，总含量为 2.691μg/支；醇类 24 种，总含量为 18.342μg/支；酮类 74 种，总含量为 8.23μg/支；酯类 86 种，总含量为 335.779μg/支；醛类 24 种，总含量为 4.247μg/支；酚类 16 种，总含量为 4.071μg/支；杂环类 66 种，总含量为 45.035μg/支；烯烃 13 种，总含量为 3.793μg/支；苯系物 12 种，总含量为 1.076μg/支；醚类 9 种，总含量为 0.693μg/支；胺类 28 种，总含量为 3.001μg/支；其他物质 66 种，总含量为 11.069μg/支。其中含量最多的是酯类。

表 10-2　烟蒂焦油成分组成

类别	序号	英文名称	CAS	中文名称	含量/(μg/支)
酸类	1	2-Propenoic acid	79-10-7	丙烯酸	0.080
	2	Acetic acid, (acetyloxy)-	13831-30-6	乙酰氧基乙酸	0.374
	3	Pentanoic acid	109-52-4	缬草酸	0.088
	4	2-Butenoic acid, (E)-	107-93-7	巴豆酸	0.061
	5	Butanoic acid, 3-methyl-	503-74-2	异戊酸	0.064
	6	Methylenecyclopropanecarboxylic acid	62266-36-8	亚甲基环丙烷-2-羧酸	0.682
	7	Butanoic acid, 2-methyl-	116-53-0	2-甲基丁酸	0.074
	8	1H-Pyrazole-4-carboxylic acid	1000316-44-9	1H-吡唑-4-羧酸	0.239
	9	1H-Imidazole-1-propanoic acid, alpha-hydroxy-, (S)-	51103-59-4	(αS)-α-羟基-1H-咪唑-1-丙酸	0.010
	10	Ethylphosphonic dichloride	1066-50-8	二氯化乙基磷酸	0.004
	11	3-Methyl-2-furoic acid	4412-96-8	3-甲基-2-糠酸	0.080
	12	Butanoic acid	107-92-6	丁酸	0.513
	13	Undecanoic acid	112-37-8	十一酸	0.083
	14	n-Decanoic acid	334-48-5	癸酸	0.080
	15	Hippuric acid	495-69-2	马尿酸	0.036
	16	2-Methyl-2-hydroxy-decalin-4a-carboxyic acid, 2,4a-lactone	1000146-22-6	2,4a-内酯-2-甲基-2-羟基十氢萘-4a-羧酸	0.115
	17	Ethyl-hexyl-phosphit	1656-73-1	乙基己基亚磷酸	0.108
	小计				2.691
醇类	1	1,2-Ethanediol	107-21-1	乙二醇	0.210
	2	Propylene Glycol	57-55-6	1,2-丙二醇	16.848
	3	Isopropyl Alcohol	67-63-0	异丙醇	0.057
	4	2-Propen-1-ol	107-18-6	烯丙醇	0.020
	5	Cyclohexanol, 3,5-dimethyl-	5441-52-1	3,5-二甲基环己醇	0.014
	6	2-Furanmethanol, 5-methyl-	3857-25-8	5-甲基-2-呋喃甲醇	0.067
	7	Benzyl alcohol	100-51-6	苯甲醇	0.078
	8	4-Fluoroimidazole-5-methanol	33235-32-4	5-氟-1H-咪唑-4-甲醇	0.026
	9	3-Pentanol, 2,4-dimethyl-	600-36-2	2,4-二甲基-3-戊醇	0.117
	10	Isosorbide	652-67-5	异山梨醇	0.169
	11	3-Hexanol, 2,4-dimethyl-	13432-25-2	2,4-二甲基-3-己醇	0.111
	12	4-(Dimethylamino)phenethyl alcohol	50438-75-0	4-(二甲基氨基)苯乙醇	0.032
	13	(2S,3S)-3-Benzyloxy-4-pivaloyloxy-1,2-butanediol	1000429-63-6	(2S,3S)-3-苄基氧基-4-对丙氧基-1,2-丁二醇	0.018
	14	Benzeneethanol, 4-hydroxy-	501-94-0	对羟基苯乙醇	0.073
	15	2(1H)-Quinoxalinone, 3-methyl-	14003-34-0	3-甲基-3-喹诺醇	0.034
	16	Diethylene glycol, O,O-di(pivaloyl)-	1000308-76-7	O,O-二(新戊酰)二甘醇	0.071

类别	序号	英文名称	CAS	中文名称	含量/(μg/支)
醇类	17	2-Naphthalenemethanol, alpha-methyl-alpha-(1-methyl-2-propenyl)-	85312-69-2	α-甲基-α-(1-甲基-2-丙烯基)-2-萘甲醇	0.018
	18	Cyclohexanol, 2-methyl-, cis-	7443-70-1	顺-2-甲基环己醇	0.030
	19	(E)-4-(3-Hydroxyprop-1-en-1-yl)-2-methoxyphenol	32811-40-8	反式-3-(4-羟基-3-甲氧苯基)-2-丙烯-1-醇	0.101
	20	Benzenemethanol, 3-(dimethylamino)-	23501-93-1	3-(二甲氨基)苯甲醇	0.014
	21	1-Hexanol, 4-methyl-	818-49-5	4-甲基-1-己醇	0.006
	22	1,2,6-Hexanetriol	106-69-4	1,2,6-己三醇	0.006
	23	1-Methyl-4-(1-acetoxy-1-methylethyl)-cyclohex-2-enol	1000293-01-0	1-甲基-4-(1-乙酰氧基-1-甲基乙基)-环己-2-烯醇	0.043
	24	1,2-Benzenediol, O-(4-butylbenzoyl)-O'-(3-fluorobenzoyl)-	1000330-49-6	O-(4-丁基苯甲酰基)-O'-(3-氟苯甲酰基)-1,2-苯二醇	0.179
	小计				18.342
酮类	1	Acetoin	513-86-0	3-羟基-2-丁酮	0.022
	2	Ethanone, 1-(octahydro-1H-inden-1-yl)-, (1 alpha,3a beta,7a alpha)-	56362-33-5	(1α,3aβ,7aα)-1-(八氢-1H-茚-1-基)乙酮	0.158
	3	2(5H)-Furanone	497-23-4	2(5H)-呋喃酮	0.272
	4	2-Hydroxy-3-pentanone	5704-20-1	2-羟基-3-戊酮	0.018
	5	3(2H)-Pyridazinone	504-30-3	3-哒嗪酮	0.177
	6	2-Cyclopenten-1-one	930-30-3	2-环戊烯酮	0.159
	7	4-Cyclopentene-1,3-dione	930-60-9	4-环戊烯-1,3-二酮	0.161
	8	2-Butanone	78-93-3	2-丁酮	0.026
	9	2-Cyclopenten-1-one, 2-hydroxy-	10493-98-8	2-羟基-2-环戊烯-1-酮	0.089
	10	2,5-Hexanedione	110-13-4	2,5-己二酮	0.033
	11	4,4-Dimethyl-2-cyclopenten-1-one	22748-16-9	4,4-二甲基-2-环戊烯-1-酮	0.017
	12	3-Hepten-2-one	1119-44-4	3-庚烯-2-酮	0.036
	13	3-Pentanone, 2-methyl-	565-69-5	2-甲基-3-戊酮	0.071
	14	2-Propanone, 1-hydroxy-	116-09-6	羟基丙酮	0.068
	15	2H-Pyran-2-one	504-31-4	2H-吡喃-2-酮	0.013
	16	1-Penten-3-one, 2-methyl-	25044-01-3	2-甲基-1-戊烯-3-酮	0.061
	17	2-Cyclopenten-1-one, 3,4-dimethyl-	30434-64-1	3,4-二甲基-2-环戊烯酮	0.045
	18	2-Cyclopenten-1-one, 2,3-dimethyl-	1121-05-7	2,3-二甲基-2-环戊烯酮	0.385
	19	1,2-Cyclohexanedione	765-87-7	1,2-环己二酮	0.046
	20	2,3-Hexanedione	3848-24-6	2,3-己二酮	0.010
	21	2(1H)-Pyridinone, 1-ethenyl-	7379-71-7	1-乙烯基-1H-吡啶-2-酮	0.013
	22	1,4-Cyclohex-2-enedione	4505-38-8	环己烯-1,4-二酮	0.050
	23	4-Methyl-5H-furan-2-one	6124-79-4	4-甲基-2(H)-呋喃酮	0.074
	24	2-Cyclopenten-1-one, 2-hydroxy-3,4-dimethyl-	21835-00-7	2-羟基-3,4-二甲基-2-环戊烯-1-酮	0.231
	25	Furaneol	3658-77-3	4-羟基-2,5-二甲基-3(2H)-呋喃酮	0.163
	26	1-Hexanone, 5-methyl-1-phenyl-	25552-17-4	5-甲基-1-苯基-1-己酮	0.055
	27	2-Pyrrolidinone	616-45-5	2-吡咯烷酮	0.121

续表

类别	序号	英文名称	CAS	中文名称	含量/(μg/支)
酮类	28	2-Cyclopenten-1-one, 3-ethyl-	5682-69-9	3-乙基-2-环戊烯-1-酮	0.072
	29	4-(3,4-Dimethyl-5-isoxazolylazo)-3,4-dimethyl-5(4H)-isoxazolone	4100-38-3	4-(3,4-二甲基异噁唑-5-基偶氮)-3,4-二甲基-4H-异噁唑-5-酮	0.025
	30	1,3-Dioxolan-2-one, 4,5-bis(methylene)-	62458-20-2	4,5-亚二甲基-1,3-二氧戊环-2-酮	0.025
	31	1,2,4-Oxadiazole-3-(1-amino-2-aza-3-oxa-pent-2-en-4-one)	1000270-20-8	1,2,4-噁二唑-3-(1-氨基-2-氮杂-3-氧杂-2-戊-2-烯-4-酮)	0.160
	32	3-Penten-2-one, 4-amino-	1118-66-7	4-氨基-3-戊烯-2-酮	0.007
	33	Maltol	118-71-8	麦芽酚	0.142
	34	2(3H)-Furanone, 5-acetyldihydro-	29393-32-6	5-乙酰氧杂-2-酮	0.066
	35	Silane, 1,3-butadiynyltrimethyl-	4526-06-1	三甲基硅基-1,3-丁胺酮	0.309
	36	6-Ethyl-5,6-dihydro-2H-pyran-2-one	19895-35-3	6-乙基-5,6-二氢-2H-吡喃-2-酮	0.400
	37	1-Propanone, 1-phenyl-	93-55-0	苯丙酮	0.033
	38	Ethanone, 1-(4-methylphenyl)-	122-00-9	对甲基苯乙酮	0.053
	39	(S)-5-Hydroxymethyl-2(5H)-furanone	78508-96-0	(S)-(-)-5-羟甲基-2(5H)-呋喃酮	0.081
	40	Ethanone, 1-(2,5-dihydroxyphenyl)-	490-78-8	2,5-二羟基苯乙酮	0.062
	41	2-Propanone, 1-(acetyloxy)-	592-20-1	乙酸基丙酮	1.644
	42	Benzofuran-2,3-dione, 4,7-dimethyl-2,3-dihydro-	31297-30-0	4,7-二甲基-1-苯并呋喃-2,3-二酮	0.016
	43	Resorcinol, 2-acetyl-	699-83-2	2,6-二羟基苯乙酮	0.102
	44	1H-Inden-1-one, 2,3-dihydro-	83-33-0	1-茚酮	0.100
	45	p-Methoxyheptanophenone	69287-13-4	1-(4-甲氧苯基)庚烷-1-酮	0.144
	46	1-Phenyldodec-1-en-3-one	872268-56-9	1-苯基十二烷-1-烯-3-酮	0.036
	47	3-(Hydroxyimino)-6-methylindolin-2-one	107976-73-8	3-(羟基亚氨基)-6-甲基吲哚-2-酮	0.070
	48	2-methyl-1-(2,4,6-trimethylphenyl)propan-1-one	2040-22-4	2-甲基-1-(2,4,6-三甲苯基)丙烷-1-酮	0.402
	49	Dodecanophenone	1674-38-0	月桂基苯甲酮	0.015
	50	4H-Furo[3,2-c]pyran-4-one, 3,6-dimethyl-	36745-38-7	3,6-二甲基-4H-呋喃[3,2-c]吡喃-4-酮	0.017
	51	2,4-Azetidinedione, 3-ethyl-3-phenyl-	42282-82-6	3-乙基-3-苯基氮杂环丁烷-2,4-二酮	0.035
	52	1-Butanone, 4-(dimethylamino)-1-phenyl-	3760-63-2	4-二甲氨基-1-苯基-1-丁酮	0.133
	53	2-Hydroxy-1,8-naphthyridine	15936-09-1	1,8-萘啶-2(1H)-酮	0.028
	54	3′,5′-Dihydroxyacetophenone	51863-60-6	3,5-二羟基苯乙酮	0.112
	55	2,4,6,(1H,3H,5H)-Pyrimidinetrione, 5-acetyl-	58713-02-3	5-乙酰基-2,4,6(1H,3H,5H)-嘧啶三酮	0.029
	56	1-(2,3-Dimethylphenyl)ethanone	2142-71-4	1-(2,3-二甲基苯基)乙酮	0.136
	57	4H-1-Benzopyran-4-one, 2,3-dihydro-	491-37-2	2,3-二氢苯并吡喃-4-酮	0.011
	58	2H-1-benzopyran-2-one, 3,4-dihydro-4,4,6-trimethyl-	1000400-21-5	3,4-二氢-4,4,6-三甲基-2H-1-苯并吡喃-2-酮	0.066
	59	2-Cyclohexen-1-one, 4-(3-hydroxy-1-butenyl)-3,5,5-trimethyl-	34318-21-3	9-羟基-4,7-巨豆二烯-3-酮	0.115

类别	序号	英文名称	CAS	中文名称	含量/(μg/支)
酮类	60	Ketone, methyl 2,4,5-trimethylpyrrol-3-yl	19005-95-9	1-(2,4,5-三甲基-1H-吡咯-3-基)乙酮	0.089
	61	Paramethadione	115-67-3	甲乙双酮	0.030
	62	Cotinine	486-56-6	吡啶吡咯酮	0.059
	63	1-Decen-3-one	56606-79-2	1-癸-3-酮	0.124
	64	9H-Fluoren-9-one	486-25-9	9-芴酮	0.033
	65	Pyrrolo[1,2-a]pyrazine-1,4-dione, hexahydro-	19179-12-5	六氢吡咯并[1,2-a]吡嗪-1,4-二酮	0.029
	66	Methanone, (2,3-dihydro-5-benzofuryl)(4-morpholyl)-	1000268-71-6	(2,3-二氢-5-苯并呋喃)(4-吗啉基)甲酮	0.028
	67	3-Propan-2-yl-2,3,6,7,8,8a-hexahydropyrrolo[1,2-a]pyrazine-1,4-dione	2854-40-2	(3S,8aS)-3-丙烷-2-基-2,3,6,7,8,8a-六氢吡咯[1,2-a]吡嗪-1,4-二酮	0.014
	68	2H-1,3-Benzoxazine-2,4(3H)-dione, 3-methyl-	1672-01-1	3-甲基-1,3-苯并噁嗪-2,4-二酮	0.013
	69	1,5,6,7-Tetrahydro-4-indolone	13754-86-4	1,5,6,7-四氢-4H-吲哚-4-酮	0.186
	70	3-Phenyl-6-(4-nitrophenyl)-4H-(1,2,3)triazolo[1,5-d](1,3,4)oxadiazin-4-one	113631-81-5	3-苯基-6-(对硝基苯基)-4H-(1,2,3)-三唑[1,5-d](1,3,4)噁二嗪-4-酮	0.005
	71	3-Methoxyflavone	7245-02-5	3-甲氧基黄酮	0.029
	72	1-(1-amino-cyclohexyl)-ethanone	40701-27-7	1-(1-氨基环己基)乙酮	0.061
	73	3-[3,4-methylenedioxyphenyl]-3-buten-2-one	1000378-91-5	3-[3,4-亚甲二氧基苯基]-3-丁烯-2-酮	0.256
	74	6-Amino-1,3,5-triazine-2,4(1H,3H)-dione	645-93-2	6-氨基-1,3,5-三嗪-2,4(1H,3H)-二酮	0.054
		小计			8.230
酯类	1	Propanoic acid, 2-oxo-, methyl ester	600-22-6	丙酮酸甲酯	0.064
	2	Butyl lactate	138-22-7	乳酸丁酯	0.043
	3	Hydrogen isocyanate	75-13-8	异氰酸酯	0.226
	4	1,2-Ethanediol, monoacetate	542-59-6	1,2-乙二醇单乙酸酯	0.022
	5	Triacetin	102-76-1	三醋精	228.213
	6	Propargyl isothiocyanate	24309-48-6	异硫氰酸炔丙酯	0.323
	7	1,1-dimethylethyl methyl carbonate	32793-05-8	1,1-二甲基乙基碳酸甲酯	0.027
	8	α-angelica lactone	591-12-8	当归内酯	0.013
	9	1,2-Propanediol, 1-acetate	627-69-0	1,2-丙二醇-1-醋酸酯	1.457
	10	1,2-Ethanediol, monoformate	628-35-3	2-羟乙基甲酸酯	0.089
	11	1,2-Propanediol, 2-acetate	6214-01-3	乙酸-1-羟基-2-丙酯	0.692
	12	2-Hydroxy-gamma-butyrolactone	19444-84-9	(±)-α-羟基-γ-丁内酯	0.108
	13	Carbonic acid, butyl 2-fluorophenyl ester	1000325-64-8	碳酸-2-氟苯基丁酯	0.030
	14	2-Pyrrolidinecarboxylic acid, 1,2-dimethyl-5-oxo-, methyl ester	56145-23-4	1,2-二甲基-5-氧代-2-吡咯烷甲酸甲酯	0.028
	15	Tetrahydrofurfuryl propionate	637-65-0	四氢糠醇丙酸酯	0.071
	16	Valeric acid, 4-cyanophenyl ester	1000307-98-7	4-氰基苯戊酸酯	0.092
	17	Sarcosine, N-(2-furoyl)-, propyl ester	1000321-43-2	N-(2-糠酰基)肌氨酸丙酯	0.033
	18	2-Ethoxyethyl acetate	111-15-9	乙二醇乙醚醋酸酯	0.125

续表

类别	序号	英文名称	CAS	中文名称	含量/(μg/支)
	19	2-Pentynoic acid ethyl ester	55314-57-3	2-戊炔酸乙酯	0.064
	20	2-Methylbenzoic acid, 2-methoxyethyl ester	1000331-27-5	2-甲基苯甲酸-2-甲氧基乙酯	0.006
	21	3-Furancarboxylic acid, methyl ester	13129-23-2	3-呋喃甲酸甲酯	0.066
	22	Ethyl 4-(ethyloxy)-2-oxobut-3-enoate	1000305-38-2	4-(乙氧基)-2-氧代丁基-3-烯酸乙酯	0.019
	23	1,2,3-Propanetriol, 1-acetate	106-61-6	一乙酸甘油酯	6.542
	24	Cyclobutyl methylphosphonofluoridoate	1000298-36-0	甲基膦酸环丁酯	0.048
	25	Fumaric acid, monoamide, *N,N*-dimethyl-, 2-fluorophenyl ester	1000357-47-7	*N,N*-二甲基单酰胺富马酸-2-氟苯基酯	0.014
	26	2-Propyn-1-ol, acetate	627-09-8	乙酸炔丙酯	0.512
	27	2(3*H*)-Furanone, dihydro-4-hydroxy-	5469-16-9	(±)-3-羟基-γ-丁内酯	0.153
	28	Formic acid, neopentyl ester	1000367-90-3	甲酸新戊酯	0.152
	29	Succinic acid, monochloride pent-4-en-2-yl ester	1000353-45-9	丁二酸一氯戊-4-烯-2-基酯	0.045
	30	*o*-Toluic acid, 4-cyanophenyl ester	1000307-45-8	邻甲苯酸-4-氰基苯酯	0.031
	31	*d*-Proline, *N*-methoxycarbonyl-, pentyl ester	1000320-78-8	*N*-甲氧羰基-d-脯氨酸戊基酯	0.104
	32	Aminorex, *N,N*-dimethyl	1000447-11-0	*N,N*-二甲基氨基苯甲酯	0.067
	33	4-Chlorobutyric acid, 4-isopropylphenyl ester	1000357-38-8	4-氯丁酸-4-异丙基苯酯	0.173
	34	Succinic acid, ethyl 2-methylpent-3-yl ester	1000349-38-2	丁二酸-2-甲基戊-3-基乙酯	0.036
	35	l-Alanine, *N*-(2-furoyl)-, ethyl ester	1000314-28-0	*N*-(2-呋喃酰基)-l-丙氨酸乙酯	0.016
酯类	36	Ethyl mandelate	774-40-3	扁桃酸乙酯	0.058
	37	2-Methyl-beta-alanine, *N*-benzyl-*N*-methyl-, methyl ester	1000452-75-6	*N*-苄基-*N*-甲基-2-甲基-β-丙氨酸甲酯	0.038
	38	4-Terpinenyl acetate	4821-04-9	4-萜品乙酸酯	0.076
	39	Ethaneperoxoic acid, 1-cyano-1-phenylbutyl ester	58422-71-2	过氧乙酸-1-氰基-1-苯基丁酯	0.027
	40	Propanoic acid, 2-methyl-, 2-methylpropyl ester	97-85-8	异丁酸异丁酯	0.032
	41	Arsinecarbonitrile, diphenyl-	23525-22-6	2-甲基-1*H*-吲哚-1-羧酸甲基酯	0.024
	42	Benzene, 1-isocyanato-2-methyl-	614-68-6	邻甲苯异氰酸酯	0.025
	43	2-Fluoro-6-trifluoromethylbenzoic acid, 4-nitrophenyl ester	1000357-70-1	2-氟-6-三氟甲基苯甲酸对硝基苯酯	6.748
	44	Cyclohexanecarboxylic acid, 2-naphthyl ester	1000307-70-9	环己烷羧酸-2-萘酯	0.031
	45	2(4*H*)-Benzofuranone, 5,6,7,7a-tetrahydro-4,4,7a-trimethyl-, (*R*)-	17092-92-1	二氢猕猴桃内酯	0.106
	46	2,3,4-Trifluorobenzoic acid, 2-chloroethyl ester	1000331-18-9	2,3,4-三氟苯甲酸-2-氯乙酯	0.052
	47	2,2,4-Trimethyl-1,3-pentanediol diisobutyrate	6846-50-0	2,2,4-三甲基-1,3-戊二醇二异丁酸酯	4.894
	48	L-Proline, *N*-(furoyl-2)-, isohexyl ester	1000346-10-9	*N*-糠酰-L-脯氨酸异己基酯	0.009
	49	Benzenecarbothioic acid, 2,4,6-triethyl-, *S*-(2-phenylethyl) ester	64712-67-0	*S*-(2-苯乙基)-2,4,6-三乙苯硫代甲酸酯	0.089
	50	*O*-Methyl *S*-2-dimethylaminoethyl ethylphosphonothioate	1000226-15-4	*O*-甲基-*S*-2-二甲氨基乙基硫代磷酸酯	0.005
	51	1-Adamantanecarboxylic acid, nonyl ester	94763-09-4	1-金刚烷羧酸壬基酯	0.070
	52	Dimethyl 2,5-thiophenedicarboxylate	4282-34-2	2,5-噻吩二甲酸甲酯	0.135

类别	序号	英文名称	CAS	中文名称	含量/(μg/支)
	53	Benzyl Benzoate	120-51-4	苯甲酸苄酯	68.571
	54	Heptanoic acid, 4-methoxyphenyl ester	56052-15-4	庚酸-4-甲氧基苯基酯	0.037
	55	Phthalic acid, cyclobutyl hexyl ester	1000314-90-1	邻苯二甲酸环丁基己酯	0.061
	56	Acetic acid, [dodecahydro-7-hydroxy-1,4b,8,8-tetramethyl-10-oxo-2(1H)-phenanthrenylidene]-, 2-(dimethylamino)ethyl ester	1000143-97-2	[十二氢-7-羟基-1,4b,8,8-四甲基-10-氧代-2(1H)-菲亚基]乙酸-2-(二甲氨基)乙酯	0.020
	57	Methyl 8-methyl-nonanoate	1000336-43-6	8-甲基壬酸甲酯	0.081
	58	L-Proline, N-valeryl-, nonyl ester	1000345-50-3	N-戊基-L-脯氨酸壬基酯	0.012
	59	Ethaneperoxoic acid, 1-cyano-1-[2-(2-phenyl-1,3-dioxolan-2-yl)ethyl]pentyl ester	58422-92-7	过氧乙酸-1-氰基-1-[2-(2-苯基-1,3-二氧戊环-2-基)乙基]戊基酯	0.049
	60	Phthalic acid, ethyl 4-methylhept-3-yl ester	1000377-93-6	邻苯二甲酸乙基-4-甲基庚-3-酯	0.085
	61	Scopoletin	92-61-5	东莨菪内酯	0.207
	62	Thiophene-2-carboxylic acid, 2,2,2-trifluoroethyl ester	1000325-73-2	噻吩-2-羧酸-2,2,2-三氟乙酯	0.044
	63	Succinic acid, 3-methylbut-2-en-1-yl 2-chlorophenyl ester	1000389-79-8	丁二酸-3-甲基-2-烯-1-基-2-氯苯酯	0.055
	64	2,3,4-Trifluorobenzoic acid, 4-nitrophenyl ester	1000308-03-6	2,3,4-三氟苯甲酸对硝基苯酯	0.007
	65	1-Propene-1,2,3-tricarboxylic acid, tributyl ester	7568-58-3	丙-1-烯-1,2,3-三羧酸三丁酯	0.083
	66	Sulfurous acid, butyl nonyl ester	1000309-17-6	亚硫酸正丁酯	0.025
	67	1,4-Benzenedicarboxylic acid, bis(2-hydroxyethyl) ester	959-26-2	对苯二甲酸双(2-羟乙基)酯	0.189
酯类	68	Tributyl acetylcitrate	77-90-7	乙酰柠檬酸三丁酯	3.225
	69	Methyl (3,4-dimethoxyphenyl)(hydroxy)acetate, TMS derivative	2911-70-8	(3,4-二甲氧基苯基)(三甲基硅氧基)乙酸甲酯，TMS衍生物	0.060
	70	Sulfurous acid, 2-ethylhexyl hexyl ester	1000309-20-2	亚硫酸-2-乙基己基己基酯	0.174
	71	Cyclobutanecarboxylic acid, 4-nitrophenyl ester	1000307-44-2	环丁烷羧酸对硝基苯酯	0.003
	72	Benzoic acid, 2,3,5,6-tetrafluoro-, 2-propenyl ester	1000460-51-7	2,3,5,6-四氟苯甲酸-2-丙烯酯	0.197
	73	Fumaric acid, 3,3-dimethylbut-2-yl ethyl ester	1000348-69-9	富马酸-3,3-二甲基-2-基乙酯	0.076
	74	Phthalic acid, di(hept-4-yl) ester	1000356-80-0	邻苯二甲酸二(庚-4-基)酯	0.174
	75	Succinic acid, 3-chlorophenyl tetrahydrofurfuryl ester	1000390-72-2	丁二酸-3-氯苯基四氢呋喃酯	0.181
	76	2,3,4-Trifluorobenzoic acid, 4-methoxyphenyl ester	1000308-03-3	2,3,4-三氟苯甲酸-4-甲氧基苯基酯	2.447
	77	l-Phenylalanine, N-(p-anisoyl)-, methyl ester	1000299-67-3	N-(对茴香酰基)-l-苯丙氨酸甲酯	2.767
	78	2-Butenoic acid, 2-propenyl ester	20474-93-5	2-丁烯酸烯丙酯	0.029
	79	Sulfurous acid, hexyl nonyl ester	1000309-13-1	己基壬基亚磺酸酯	0.505
	80	Bis(1,3-dimethylbutyl) methylphosphonate	1000298-37-3	双(1,3-二甲基丁基)甲基膦酸酯	0.021
	81	Pentanoic acid, 2-isopropoxyphenyl ester	1000293-64-6	2-异丙氧基苯基戊酸酯	0.038
	82	Methane, isocyanato-	624-83-9	异氰酸甲酯	0.127
	83	Adipic acid, 2,4-dimethylpent-3-yl ethyl ester	1000349-77-5	己二酸-2,4-二甲基戊-3-基乙酯	0.033

续表

类别	序号	英文名称	CAS	中文名称	含量/(μg/支)
酯类	84	L-Proline, N-(furoyl-2)-, octyl ester	1000346-11-0	N-(糠酰-2)-L-脯氨酸辛酯	4.043
	85	2,6-Difluorobenzoic acid, 4-nitrophenyl ester	1000307-56-2	2,6-二氟苯甲酸对硝基苯酯	0.002
	86	2,6-Difluorobenzoic acid, pentyl ester	1000292-38-9	2,6-二氟苯甲酸戊酯	0.028
		小计			335.779
醛类	1	1,3-Dioxan-5-ol	4740-78-7	甘油缩甲醛	0.215
	2	3,3-Diethoxy-1-propyne	10160-87-9	丙醛二乙基乙缩醛	0.021
	3	Ethyl Vanillin	121-32-4	乙基香兰素	0.085
	4	2-Furancarboxaldehyde, 5-methyl-	620-02-0	5-甲基呋喃醛	0.423
	5	3-Pyridinecarboxaldehyde	500-22-1	3-吡啶甲醛	0.019
	6	1H-Pyrrole-2-carboxaldehyde	1003-29-8	2-吡咯甲醛	0.058
	7	1-Methylimidazole-4-carboxaldehyde	17289-26-8	1-甲基-1H-咪唑-4-甲醛	0.016
	8	Benzeneacetaldehyde	122-78-1	苯乙醛	0.046
	9	Cyclopentanecarboxaldehyde, 2-methyl-5-(1-methylethenyl)-, (1R,2R,5S)-	55253-28-6	(1R,2R,5S)-2-甲基-5-(1-甲基乙烯基)环戊烷甲醛	0.029
	10	N-Methylpyrrole-2-carboxaldehyde	1192-58-1	N-甲基-2-吡咯甲醛	0.030
	11	5-Ethyl-2-furaldehyde	23074-10-4	5-乙基-2-糠醛	0.058
	12	Benzaldehyde, 2-methyl-	529-20-4	2-甲基苯甲醛	0.024
	13	5-Methyl-2-thiophenecarboxaldehyde	13679-70-4	5-甲基-2-噻吩甲醛	0.044
	14	5-Hydroxymethylfurfural	67-47-0	5-羟甲基糠醛	2.086
	15	Piperonal	120-57-0	胡椒醛	0.050
	16	Benzaldehyde, 2,4-dihydroxy-6-methyl-	487-69-4	2,4-二羟基-6-甲基苯甲醛	0.279
	17	2-Propenal	107-02-8	丙烯醛	0.031
	18	Benzaldehyde, 2,4,6-trimethyl-	487-68-3	2,4,6-三甲基苯甲醛	0.070
	19	Benzaldehyde diethylacetal	774-48-1	苯甲醛二乙缩醛	0.158
	20	Benzaldehyde, 2,4-difluoro-3-hydroxy-	192927-69-8	2,4-二氟-3-羟基苯甲醛	0.080
	21	Benzaldehyde, 2-fluoro-3-hydroxy-4-methoxy-	79418-73-8	2-氟-3-羟基-4-甲氧基苯甲醛	0.080
	22	photocitral B	6040-45-5	4,5,5-三甲基双环[2.1.1]己烷-6-甲醛	0.085
	23	(1,1′-Biphenyl)-2,2′-dicarboxaldehyde	1210-05-5	二苯基-2,2-二甲醛	0.048
	24	Benzaldehyde, 3-[(2,4-dichlorophenyl)methoxy]-	1000338-23-5	3-[(2,4-二氯苯基)甲氧基]苯甲醛	0.212
		小计			4.247
酚类	1	Phenol	108-95-2	苯酚	1.504
	2	p-Cresol	106-44-5	对甲酚	0.410
	3	Phenol, 2-methoxy-	90-05-1	愈创木酚	0.248
	4	Phenol, 4-(2-phenylethyl)-	6335-83-7	4-(2-苯基乙基)苯酚	0.452
	5	2-Ethylphenol, o-acetyl-	1000374-84-9	邻乙酰基-2-乙基苯酚	0.078
	6	Phenol, 4-amino-	123-30-8	4-氨基苯酚	0.074
	7	Phenol, 3,5-dimethyl-	108-68-9	3,5-二甲苯酚	0.054
	8	2-Methoxy-5-methylphenol	1195-09-1	2-甲氧基-5-甲基苯酚	0.100
	9	Catechol	120-80-9	邻苯二酚	0.654
	10	Phenol, 2,3,5-trimethyl-	697-82-5	2,3,5-三甲基苯酚	0.086

类别	序号	英文名称	CAS	中文名称	含量/(μg/支)
酚类	11	Phenol, 4-butyl-	1638-22-8	4-丁基苯酚	0.017
	12	Phenol, 2-methoxy-3-methyl-	18102-31-3	2-甲氧基-3-甲基苯酚	0.070
	13	Phenol, 3,4-dimethoxy-	2033-89-8	3,4-二甲氧基苯酚	0.067
	14	1,3-Benzenediol, 4-ethyl-	2896-60-8	4-乙基间苯二酚	0.122
	15	*p*-Isopropenylphenol	4286-23-1	4-异丙基苯酚	0.075
	16	Phenol, 4-ethenyl-2,6-dimethoxy-	28343-22-8	4-乙烯基-2,6-二甲氧基苯酚	0.060
	小计				4.071
杂环类	1	2,4,5-Trihydroxypyrimidine	496-76-4	异巴比妥酸	0.105
	2	2*H*-pyran, 2,2′-[1,4-phenylenebis(oxy)]bis,[tetrahydro-]	1000401-88-0	2,2′-[1,4-亚苯基双(氧基)]双[四氢]-2*H*-吡喃	0.004
	3	1-Methanesulfonylpiperazine	1000303-61-8	1-甲基磺酰哌嗪	0.063
	4	Thymine	65-71-4	5-甲基脲嘧啶	0.046
	5	Pyridine, 3-(1-methyl-2-pyrrolidinyl)-, (S)-	54-11-5	尼古丁	34.360
	6	Pyridine, 2,5-dimethyl-	589-93-5	2,5-二甲基吡啶	0.066
	7	2(1*H*)-Pyridinone	142-08-5	2-羟基吡啶	0.157
	8	1*H*-Pyrazole, 1,5-dimethyl-	694-31-5	1,5-二甲基-1*H*-吡唑	0.132
	9	Pyridine, 3-methoxy-	7295-76-3	3-甲氧基吡啶	0.009
	10	3-Pyridinecarbonitrile	100-54-9	3-氰基吡啶	0.060
	11	Pyridine, 3-propyl-	4673-31-8	3-丙基吡啶	0.028
	12	2-acetylpyrrole	1072-83-9	2-乙酰基吡咯	0.111
	13	Pyridine	110-86-1	吡啶	0.282
	14	1*H*-Pyrazole, 4,5-dihydro-5-propyl-	75011-90-4	5-丙基-4,5-二氢-1*H*-吡唑	0.032
	15	4-Methyl-2*H*-pyran	1000432-32-7	4-甲基-2*H*-吡喃	0.023
	16	Ethanone, 1-(3-pyridinyl)-	350-03-8	3-乙酰基吡啶	0.025
	17	2(1*H*)-Pyridinone, 5-methyl-	1003-68-5	2-羟基-5-甲基吡啶	0.051
	18	Pyridine, 3-butyl-	539-32-2	3-丁基吡啶	0.024
	19	Cyanopyrazine	19847-12-2	2-氰基吡嗪	0.050
	20	1*H*-Pyrrole, 1-(2-furanylmethyl)-	1438-94-4	1-(2-呋喃基甲基)-1*H*-吡咯	0.022
	21	3-Methyl-pyrrolo[2,3-*b*]pyrazine	20321-99-7	7-甲基-5*H*-吡咯并[2,3-*b*]吡嗪	0.014
	22	Pyridine-*d5*-	7291-22-7	吡啶-*d5*	0.003
	23	Pyrazine, 2-methyl-6-propoxy-	67845-28-7	2-甲基-6-丙氧基吡嗪	0.017
	24	Fomepizole	7554-65-6	4-甲基吡唑	0.096
	25	2,2-Diallylpyrrolidine	40162-97-8	2,2-二烯丙基吡咯烷	0.187
	26	Acetamide, *N*-3-pyridinyl-	5867-45-8	3-乙酰氨基吡啶	0.010
	27	Pyridine, 3-phenyl-	1008-88-4	3-苯基吡啶	0.048
	28	4-Piperidinopyridine	2767-90-0	1-吡啶-4-基哌啶	0.039
	29	2,3′-Dipyridyl	581-50-0	2,3′-联吡啶	0.245
	30	Pyridine, 3-bromo-	626-55-1	3-溴吡啶	0.033
	31	Conhydrin	63401-12-7	*N*-1-萘甲基哌啶	0.017
	32	2-ethenylfuran	1487-18-9	2-乙烯基呋喃	0.004
	33	Furan, 2-ethyl-	3208-16-0	2-乙基呋喃	0.006

续表

类别	序号	英文名称	CAS	中文名称	含量/(μg/支)
杂环类	34	2,4-Dimethylfuran	3710-43-8	2,4-二甲基呋喃	0.082
	35	Ethanone, 1-(2-furanyl)-	1192-62-7	2-乙酰基呋喃	0.067
	36	Furan, tetrahydro-3-methyl-	13423-15-9	3-甲基四氢呋喃	0.068
	37	Furan	110-00-9	呋喃	0.083
	38	1-Pentanone, 1-(2-furanyl)-	3194-17-0	2-戊酰呋喃	0.010
	39	2-Furanone, 2,5-dihydro-3,5-dimethyl	1000196-88-1	2,5-二氢-3,5-二甲基-2-呋喃	0.040
	40	Furan, 2-ethyl-5-methyl-	1703-52-2	2-乙基-5-甲基呋喃	0.044
	41	2-Acetyl-5-methylfuran	1193-79-9	5-甲基-2-乙酰基呋喃	0.042
	42	1-Propanone, 1-(5-methyl-2-furanyl)-	10599-69-6	2-甲基-5-丙酰呋喃	0.021
	43	Benzofuran, 2,3-dihydro-	496-16-2	2,3-二氢苯并呋喃	0.425
	44	2-Acetyl-7-hydroxybenzofuran	40020-87-9	2-乙酰-7-羟基苯并呋喃	0.013
	45	2,5-Furandicarboxaldehyde	823-82-5	2,5-二甲酰基呋喃	0.135
	46	benzo[e][l]benzofuran	232-95-1	苯并[e][l]苯并呋喃	0.015
	47	2,5-Dibutoxy-2,5-dihydrofuran	20295-23-2	2,5-二丁氧基-2,5-二氢呋喃	0.006
	48	2-Amino-oxazole	4570-45-0	2-氨基噁唑	0.181
	49	3,5-Diamino-1,2,4-triazole	1455-77-2	3,5-二氨基-1,2,4-三氮唑	0.039
	50	2,5,6-Trimethylbenzimidazole	3363-56-2	2,5,6-三甲基苯并咪唑	0.021
	51	1H-Benzimidazole, 2-methyl-	615-15-6	2-甲基苯并咪唑	0.012
	52	1H-Benzimidazole, 2-(methylthio)-	7152-24-1	2-甲硫基苯并咪唑	0.068
	53	4,5-Dimethyl-2-isobutyloxazole	26131-91-9	4,5-二甲基-2-(2-甲基丙基)-1,3-噁唑	0.006
	54	Thiazole, 2-(2-thienyl)-	42140-95-4	2-(2-噻吩基)噻唑	0.010
	55	1H-Tetrazole, 5-(trifluoromethyl)-	2925-21-5	5-(三氟甲基)-1H-四唑	0.005
	56	4-Iodo-1H-pyrazol-5-amine	81542-51-0	3-氨基-4-碘-1H-吡唑	6.439
	57	2-Benzoxazolamine	4570-41-6	2-氨基苯并噁唑	0.060
	58	Indole	120-72-9	吲哚	0.191
	59	2,5,7-Trimethyl-1,2,3,4-tetrahydropyrimido[3,4-a]indole	61467-28-5	2,5,7-三甲基-1,2,3,4-四氢嘧啶并[1,6-a]吲哚	0.082
	60	1H-Indole, 2,3-dihydro-	496-15-1	吲哚啉	0.038
	61	Indolizine, 1-methyl-	767-61-3	1-甲基吲哚嗪	0.220
	62	Indolizine, 5-methyl-	1761-19-9	5-甲基吲哚嗪	0.021
	63	(3-Imino-1-isoindolinylidene)malononitrile	43002-19-3	1-(二氰亚甲基)-3-亚氨基异吲哚啉	0.032
	64	2-Cyclopropylthiophene	29481-22-9	2-环丙基噻吩	0.092
	65	Thiophene, 2,3-dihydro-	1120-59-8	2,3-二氢噻吩	0.049
	66	3-Methylbenzothiophene	1455-18-1	3-甲基苯并噻吩	0.049
		小计			45.035
烯烃	1	Diepoxybutane	1464-53-5	双环氧化丁二烯	0.013
	2	Bicyclo[3.2.1]oct-2-ene, exo-4-(phenylsulfonyl)-	1000142-99-0	4-(苯磺酰基)-双环[3.2.1]辛-2-烯	0.052
	3	1,5-Hexadiene, 3,3,4,4-tetrafluoro-	1763-21-9	3,3,4,4-四氟-1,5-己二烯	0.201
	4	4-(Methylthio)-1-butene	20582-83-6	4-甲基磺胺基丁基-1-烯	0.046

续表

类别	序号	英文名称	CAS	中文名称	含量/(μg/支)
烯烃	5	Styrene	100-42-5	苯乙烯	0.125
	6	Benzonitrile, 4-ethenyl-	3435-51-6	4-氰基苯乙烯	0.038
	7	1,3-Benzodioxole	274-09-9	1,3-苯并间二氧杂环戊烯	0.046
	8	9-Acetoxy-3-isobutyl-5-methylbicyclo(4.3.0)non-2-ene	1000427-20-9	9-乙酰氧基-3-异丁基-5-甲基双环(4.3.0)壬-2-烯	0.268
	9	Neophytadiene	504-96-1	新植二烯	2.580
	10	3,7-Dimethyl-1-phenylsulfonyl-2,6-octadiene	1000432-27-5	3,7-二甲基-1-苯基磺酰基-2,6-辛二烯	0.209
	11	1,6-Octadiene, 2,7-dimethyl-	40195-09-3	2,7-二甲基辛-1,6-二烯	0.087
	12	4-Phenyl-1-butene	768-56-9	4-苯基-1-丁烯	0.008
	13	1-Decene, 2,4-dimethyl-	55170-80-4	2,4-二甲基-1-癸烯	0.120
		小计			3.793
苯系物	1	4-(2-Ethylhexoxy)ethylbenzene	1000327-15-7	4-(2-乙基己氧基)乙苯	0.295
	2	3,4-(Methylenedioxy)toluene	7145-99-5	3,4-(亚甲二氧基)甲苯	0.063
	3	Fluorene	86-73-7	芴	0.065
	4	1,2-Benzenediol, 4-methyl-	452-86-8	3,4-二羟基甲苯	0.063
	5	Benzo[b]thiophene, 3,5-dimethyl-	1964-45-0	3,5-二甲基苯并[b]硫代苯	0.078
	6	4,4′-Dimethylbiphenyl	613-33-2	4,4′-二甲基联苯	0.038
	7	Naphthalene	91-20-3	萘	0.058
	8	Naphthalene, 2-methyl-	91-57-6	2-甲基萘	0.107
	9	1H-Indene, 1,3-dimethyl-	2177-48-2	1,3-二甲基-1H-茚	0.026
	10	1H-Indene, 1-methyl-	767-59-9	1-甲基茚	0.037
	11	Naphthalene, 1,6-dimethyl-	575-43-9	1,6-二甲基萘	0.137
	12	Naphthalene, 1,2-dimethyl-	573-98-8	1,2-二甲基萘	0.109
		小计			1.076
醚类	1	Ethane, 1,1′-oxybis-[2-methoxy-]	111-96-6	二乙二醇二甲醚	0.004
	2	Methyl propyl ether	557-17-5	甲基丙基醚	0.153
	3	Methyl propargyl ether	627-41-8	甲基炔丙基醚	0.027
	4	Furan, 2-methoxy-	25414-22-6	2-呋甲醚	0.057
	5	Benzyl methyl sulfide	766-92-7	苄基甲基硫醚	0.068
	6	Propane, 2-ethoxy-2-methyl-	637-92-3	叔丁基乙醚	0.044
	7	E-p-Nitrophenyldiazo t-butyl sulfide	29577-82-0	对硝基苯重氮叔丁基硫醚	0.106
	8	Benzene, 1,1′-[oxybis(methylene)]bis-	103-50-4	苄醚	0.157
	9	Heptane, 1,1′-oxybis-	629-64-1	正庚醚	0.077
		小计			0.693
胺类	1	Acetamide	60-35-5	乙酰胺	0.071
	2	Aniline	62-53-3	苯胺	0.123
	3	N-[(Dimethylamino)methyl]-N-methylformamide	1189-06-6	N-[(二甲氨基)甲基]-N-甲基甲酰胺	0.171
	4	5H-Tetrazol-5-amine	1000273-02-0	5H-四唑-5-胺	0.011
	5	p-Aminotoluene	106-49-0	对甲苯胺	0.028
	6	Pyrazinamide	98-96-4	吡嗪酰胺	0.030

类别	序号	英文名称	CAS	中文名称	含量/(μg/支)
胺类	7	Benzenamine, 2,4-dimethyl-	95-68-1	2,4-二甲基苯胺	0.013
	8	1,3-Phenylenediamine	108-45-2	间苯二胺	0.486
	9	3,4-Methylpropylsuccinimide	1000248-78-0	3,4-甲基丙基丁二酰亚胺	0.013
	10	Propargylamine, N-tert-butyldimethylsilyl-	1000417-50-1	正叔丁基二甲基硅丙炔胺	0.017
	11	N-(dimethylaminodiazenyl)-N-ethylethanamine	14866-81-0	N-(二甲氨基二氮基)-N-乙基乙胺	0.800
	12	Ethanamine, N-methylene-	43729-97-1	N-乙基甲胺	0.033
	13	p-Cresidine	120-71-8	2-甲氧基-5-甲基苯胺	0.023
	14	1H-Pyrazole-4-carboxamide, N-[2-(4-methoxyphenyl)ethyl]-1,5-dimethyl-	1000350-12-7	N-[2-(4-甲氧基苯基)乙基]-1,5-二甲基-1H-吡唑-4-甲酰胺	0.136
	15	2-Methylbenzylamine, N-decyl-N-methyl-	1000310-39-8	N-癸基-N-甲基-2-甲基苄胺	0.020
	16	1-(1,3-benzodioxol-5-yl)-N-(1,3-benzodioxol-5-ylmethyl)methanamine	6701-35-5	1-(1,3-苯并二噁英-5-基)-N-(1,3-苯并二噁英-5-基甲基)甲胺	0.019
	17	3,4-Dihydroxy-5-methyl-dihydrofuran-2-one	5803-57-6	N-[2-(4-氯苯基)-1,3-苯并噁唑-5-基]-2-苯氧基乙酰胺	0.064
	18	1-(Hydroxyamino)adamantane	31463-23-7	N-(1-金刚烷基)羟胺	0.022
	19	Acetamide, 2-bromo-N-(1,1-dimethylethyl)-	57120-58-8	2-溴-N-叔丁基乙酰胺	0.019
	20	1H-Indole-6-carboxamide	1670-88-8	吲哚甲酰胺	0.077
	21	N,2,4,6-Tetramethylbenzenamine	13021-14-2	2,4,6-三甲基-N-甲基苯胺	0.059
	22	Benzeneamine, 3-ethyl-4-hydroxy-	178698-88-9	3-乙基-4-羟基苯二胺	0.055
	23	4-(4-Methyl-piperidin-1-yl)-phenylamine	342013-25-6	4-(4-甲基哌啶-1-基)苯胺	0.018
	24	p-Isopropoxyaniline	7664-66-6	对异丙氧基苯胺	0.034
	25	Acetamide, N-(3-aminophenyl)-	102-28-3	间氨基乙酰苯胺	0.020
	26	Nonanamide	1120-07-6	壬酰胺	0.531
	27	2,4-Diamino-6-cyanamino-1,3,5-triazine	3496-98-8	氰胺	0.022
	28	Methylamine, N-(1-methylhexylidene)-	22058-71-5	(2E)-N-甲基-2-庚烷亚胺	0.086
		小计			3.001
其他类	1	m-Aminophenylacetylene	54060-30-9	3-氨基苯乙炔	0.120
	2	2,2,5,5-Tetramethylhex-3-enedinitrile	1000459-47-1	2,2,5,5-四甲基十六烷-3-烯二腈	0.013
	3	1,2-diacetylhydrazine	3148-73-0	1,2-二乙酰基肼	0.022
	4	4-Cyanoimidazole	57090-88-7	1H-咪唑-4-甲腈	0.022
	5	Crotonic anhydride	623-68-7	巴豆酸酐	0.042
	6	Methane, chlorofluoro-	593-70-4	氯氟甲烷	0.003
	7	4-Chloro-1-azabicyclo[2.2.2]octane	5960-95-2	4-氯-1-氮杂双环[2.2.2]辛烷	0.022
	8	Silane, triethylmethoxy-	2117-34-2	三乙基甲氧基硅烷	0.029
	9	Trichloromonofluoromethane	75-69-4	一氟三氯甲烷	0.049
	10	Benzonitrile	100-47-0	苯甲腈	0.032
	11	Maleic hydrazide	123-33-1	抑芽丹	0.015
	12	Oxazolidine, 2,2-diethyl-3-methyl-	161500-43-2	2,2-二乙基-3-甲基噁唑烷	0.062
	13	3a,4,7,7a-Tetrahydro-4,7-epoxyisobenzofuran-1,3-dione	5426-09-5	氧杂酸酐	0.046

类别	序号	英文名称	CAS	中文名称	含量/(μg/支)
	14	5-Azacytosine	931-86-2	5-氮杂胞嘧啶水合物	0.434
	15	Acetonitrile, (dimethylamino)-	926-64-7	(二甲氨基)乙腈	0.016
	16	3-Dibutylamino-1-propyne	6336-58-9	3-二丁氨基-1-丙炔	0.102
	17	Hydrazine, (phenylmethyl)-	555-96-4	苄基肼	0.076
	18	Benzyl nitrile	140-29-4	氰化苄	0.065
	19	2,2-Dimethyl-propyl 2,2-dimethyl-propanesulfinyl sulfone	82360-14-3	2,2-二甲基丙基-2,2-二甲基丙亚砜	0.191
	20	Phenol, 3,4-dimethyl-, methylcarbamate	2425-10-7	灭杀威	0.068
	21	Phenol, 3,4,5-trimethyl-, methylcarbamate	2686-99-9	3,4,5-混杀威	0.031
	22	Cyclohexane, 1-bromo-4-methyl-	6294-40-2	1-溴-4-甲基己烷	0.112
	23	alpha-(Aminomethylene)glutaconic anhydride	67598-07-6	α-(氨基亚甲基)戊二酸酐	0.025
	24	Duroquinone	527-17-3	杜醌	0.039
	25	Thiourea, N,N-dimethyl-	6972-05-0	N,N-二甲基硫脲	5.316
	26	Xylose	58-86-6	D-(+)-木糖	0.062
	27	[4-[2-(4-bromo-phenyl)-2-oxo-ethyl]-piperazin-1-yl]-acetonitrile	1000275-42-2	[4-[2-(4-溴苯基)-2-氧代乙基]-哌嗪-1-基]乙腈	0.016
	28	Benzofuroxan	480-96-6	苯并呋咱	0.048
	29	Probarbital	76-76-6	普罗巴比妥	0.036
	30	Propane-1,1-diol dipropanoate	5331-24-8	1,1-双甲基磺酰氧基庚烷	0.183
其他类	31	Benzene, 1-(bromomethyl)-3-nitro-	3958-57-4	3-硝基溴苄	0.196
	32	1,8-Naphthyridine, 2,7-dimethyl-	14903-78-7	2,7-二甲基-1,8-环烷啶	0.126
	33	3-Pyridinecarbonitrile, 1,4-dihydro-1-methyl-	19424-15-8	1,4-二氢-1-甲基-3-吡啶碳腈	0.040
	34	Propanoic acid, 2-methyl-, anhydride	97-72-3	异丁酸酐	0.061
	35	trans-p-Dimethylaminocinnamonitrile	4854-85-7	反式对二甲氨基肉桂腈	0.050
	36	Benzphetamine	156-08-1	苄非他明	0.031
	37	Triisobutyl(3-phenylpropoxy)silane	1000282-18-2	三异丁基(3-苯基丙氧基)硅烷	0.024
	38	Pyrrole-3-carbonitrile, 5-formyl-2,4-dimethyl-	32487-71-1	(8Cl)-5-甲酰基-2,4-二甲基吡咯-3-甲腈	0.111
	39	Thiazolo[3,2-a]pyridinium, 8-hydroxy-2,5-dimethyl-, hydroxide, inner salt	30276-97-2	8-羟基-2,5-二甲基[1,3]噻唑并[3,2-a]吡啶-4-鎓	0.294
	40	Octane, 1,1'-sulfonylbis-	7726-20-7	二正辛砜	0.017
	41	Dimethyl Sulfoxide	67-68-5	二甲基亚砜	0.032
	42	Manganocene	73138-26-8	双(环戊二烯)锰	0.035
	43	4-Formyl-3,5-dimethyl-1H-pyrrole-2-carbonitrile	1000296-05-3	4-甲酰基-3,5-二甲基-1H-吡咯-2-碳腈	0.076
	44	Acetic acid, trifluoro-, 3,7-dimethyloctyl ester	28745-07-5	2,2,2-三氟-3,7-二甲基辛酯乙酸	0.056
	45	Difluoroisocyanatophosphine	1000306-12-1	二氟异氰酸酯膦	0.073
	46	Methane, oxybis[iodo]-	60833-52-5	碘代甲烷	0.015
	47	9H-Pyrido[3,4-b]indole	244-63-3	去甲哈尔满	0.071
	48	Decane, 3,8-dimethyl-	17312-55-9	3,8-二甲基癸烷	0.014

类别	序号	英文名称	CAS	中文名称	含量/(μg/支)
其他类	49	Propane, 2,2-dichloro-1,1,1,3,3,3-hexafluoro-	1652-80-8	2,2-二氯-1,1,1,3,3,3-六氟丙烷	0.008
	50	Difluoroisothiocyanatophosphine	1000306-12-2	二氟异硫氰酸膦	0.046
	51	Sulfur tetrafluoride	7783-60-0	四氟化硫	0.027
	52	Pentane, 2,3,3,4-tetramethyl-	16747-38-9	2,3,3,4-四甲基戊烷	0.099
	53	Decane, 3,3,4-trimethyl-	49622-18-6	3,3,4-三甲基癸烷	0.020
	54	Heptanonitrile	629-08-3	正庚腈	0.044
	55	Ethane, 1,2-dibromo-1-chloro-	598-20-9	1,2-二溴-1-氯乙烷	0.022
	56	Decane, 2,3,8-trimethyl-	62238-14-6	2,3,8-三甲基癸烷	0.039
	57	Phosphorocyanidous difluoride	14118-40-2	二氟膦酰甲腈	0.014
	58	1H-Pyrazole-5-carboxylic acid, 4-amino-, hydrazide	1000327-48-2	4-氨基-1H-吡唑-5-羧酸酰肼	0.006
	59	N-Fluoroiminomalonic nitrile	13511-45-0	N-氟亚氨基丙二腈	0.009
	60	Ethane, iodo-	75-03-6	碘乙烷	1.168
	61	Benzaldehyde, 3-hydroxy-, oxime	22241-18-5	3-羟基苯甲醛肟	0.018
	62	1,3-Benzodioxole, 2-acetyl-4-methoxy-2-methyl-	91057-65-7	1-(2-甲基-1,3-苯二氧基-2-基)乙烷	0.620
	63	Sulfane, bis(2-trifluoroacetoxyethyl)-, oxide	97916-05-7	双(2-三氟乙酰氧基乙基)硫氧化物	0.004
	64	Cyclohexane, 1,1-dimethyl-	590-66-9	1,1-二甲基环己烷	0.078
	65	trans-(2-Chlorovinyl)dimethylethoxysilane	1000139-71-5	反式(2-氯乙烯基)二甲基乙氧基硅烷	0.161
	66	4-Methyl-2,4-bis(p-hydroxyphenyl)pent-1-ene, 2TMS derivative	1000283-56-8	4-甲基-2,4-双(对羟基苯基)戊-1-烯,2TMS 衍生物	0.067
	小计				11.069
未知物	1	—	—	未知物-1	1.061
	2	—	—	未知物-2	0.359
	3	—	—	未知物-3	0.200
	4	—	—	未知物-4	0.193
	5	—	—	未知物-5	0.001
	6	—	—	未知物-6	0.006
	7	—	—	未知物-7	0.017
	8	—	—	未知物-8	0.040
	9	—	—	未知物-9	0.009
	10	—	—	未知物-10	0.001
	11	—	—	未知物-11	0.005
	12	—	—	未知物-12	0.009
	13	—	—	未知物-13	0.010
	14	—	—	未知物-14	0.003
	15	—	—	未知物-15	0.006
	16	—	—	未知物-16	0.009
	17	—	—	未知物-17	0.009
	18	—	—	未知物-18	0.002
	19	—	—	未知物-19	0.028

类别	序号	英文名称	CAS	中文名称	含量/(μg/支)
	20	—	—	未知物-20	0.002
	21	—	—	未知物-21	0.013
	22	—	—	未知物-22	0.062
	23	—	—	未知物-23	0.003
	24	—	—	未知物-24	0.028
	25	—	—	未知物-25	0.002
	26	—	—	未知物-26	0.021
	27	—	—	未知物-27	0.010
	28	—	—	未知物-28	0.014
	29	—	—	未知物-29	0.012
	30	—	—	未知物-30	0.005
	31	—	—	未知物-31	0.001
	32	—	—	未知物-32	0.040
	33	—	—	未知物-33	0.029
	34	—	—	未知物-34	0.107
	35	—	—	未知物-35	0.112
	36	—	—	未知物-36	0.274
	37	—	—	未知物-37	0.037
	38	—	—	未知物-38	0.003
	39	—	—	未知物-39	0.018
未知物	40	—	—	未知物-40	0.003
	41	—	—	未知物-41	0.007
	42	—	—	未知物-42	0.002
	43	—	—	未知物-43	0.005
	44	—	—	未知物-44	0.010
	45	—	—	未知物-45	0.010
	46	—	—	未知物-46	0.008
	47	—	—	未知物-47	0.019
	48	—	—	未知物-48	0.011
	49	—	—	未知物-49	0.022
	50	—	—	未知物-50	0.016
	51	—	—	未知物-51	0.024
	52	—	—	未知物-52	0.099
	53	—	—	未知物-53	0.014
	54	—	—	未知物-54	0.014
	55	—	—	未知物-55	0.025
	56	—	—	未知物-56	0.009
	57	—	—	未知物-57	0.027
	58	—	—	未知物-58	0.017
	59	—	—	未知物-59	0.051
	60	—	—	未知物-60	0.006

类别	序号	英文名称	CAS	中文名称	含量/(μg/支)
	61	—	—	未知物-61	0.094
	62	—	—	未知物-62	0.090
	63	—	—	未知物-63	0.051
	64	—	—	未知物-64	0.005
	65	—	—	未知物-65	0.019
	66	—	—	未知物-66	0.037
	67	—	—	未知物-67	0.047
	68	—	—	未知物-68	0.009
	69	—	—	未知物-69	0.015
	70	—	—	未知物-70	0.033
	71	—	—	未知物-71	0.026
	72	—	—	未知物-72	0.071
	73	—	—	未知物-73	0.023
	74	—	—	未知物-74	0.021
	75	—	—	未知物-75	0.015
	76	—	—	未知物-76	0.012
	77	—	—	未知物-77	0.021
	78	—	—	未知物-78	0.073
	79	—	—	未知物-79	0.028
	80	—	—	未知物-80	0.133
未知物	81	—	—	未知物-81	0.019
	82	—	—	未知物-82	0.015
	83	—	—	未知物-83	0.017
	84	—	—	未知物-84	0.017
	85	—	—	未知物-85	0.026
	86	—	—	未知物-86	0.045
	87	—	—	未知物-87	0.078
	88	—	—	未知物-88	0.041
	89	—	—	未知物-89	0.015
	90	—	—	未知物-90	0.026
	91	—	—	未知物-91	0.019
	92	—	—	未知物-92	0.042
	93	—	—	未知物-93	0.037
	94	—	—	未知物-94	0.784
	95	—	—	未知物-95	0.176
	96	—	—	未知物-96	0.024
	97	—	—	未知物-97	0.002
	98	—	—	未知物-98	0.038
	99	—	—	未知物-99	0.053
	100	—	—	未知物-100	0.830
	101	—	—	未知物-101	0.098

类别	序号	英文名称	CAS	中文名称	含量/(μg/支)
	102	—	—	未知物-102	0.013
	103	—	—	未知物-103	0.020
	104	—	—	未知物-104	0.033
	105	—	—	未知物-105	0.003
	106	—	—	未知物-106	0.036
	107	—	—	未知物-107	0.024
	108	—	—	未知物-108	0.040
	109	—	—	未知物-109	0.026
	110	—	—	未知物-110	0.002
	111	—	—	未知物-111	0.020
	112	—	—	未知物-112	0.019
	113	—	—	未知物-113	0.016
	114	—	—	未知物-114	0.014
	115	—	—	未知物-115	0.033
	116	—	—	未知物-116	0.071
	117	—	—	未知物-117	0.044
	118	—	—	未知物-118	0.004
	119	—	—	未知物-119	0.013
	120	—	—	未知物-120	0.026
未知物	121	—	—	未知物-121	0.032
	122	—	—	未知物-122	0.070
	123	—	—	未知物-123	0.072
	124	—	—	未知物-124	0.063
	125	—	—	未知物-125	0.051
	126	—	—	未知物-126	0.085
	127	—	—	未知物-127	0.017
	128	—	—	未知物-128	0.012
	129	—	—	未知物-129	0.008
	130	—	—	未知物-130	0.061
	131	—	CAS	未知物-131	0.030
	132	—	—	未知物-132	0.036
	133	—	—	未知物-133	0.014
	134	—	—	未知物-134	0.013
	135	—	—	未知物-135	0.012
	136	—	—	未知物-136	0.002
	137	—	—	未知物-137	1.585
	138	—	—	未知物-138	2.431
	139	—	—	未知物-139	0.654
	140	—	—	未知物-140	1.476
	141	—	—	未知物-141	1.317
	142	—	—	未知物-142	0.010

类别	序号	英文名称	CAS	中文名称	含量/(μg/支)
	143	—	—	未知物-143	0.037
	144	—	—	未知物-144	0.022
	145	—	—	未知物-145	0.017
	146	—	—	未知物-146	0.018
	147	—	—	未知物-147	0.006
	148	—	—	未知物-148	0.005
	149	—	—	未知物-149	0.030
	150	—	—	未知物-150	0.018
	151	—	—	未知物-151	0.044
	152	—	—	未知物-152	0.076
	153	—	—	未知物-153	0.022
	154	—	—	未知物-154	0.015
	155	—	—	未知物-155	0.037
	156	—	—	未知物-156	0.088
	157	—	—	未知物-157	0.061
	158	—	—	未知物-158	0.020
	159	—	—	未知物-159	0.021
	160	—	—	未知物-160	0.010
	161	—	—	未知物-161	0.015
	162	—	—	未知物-162	0.094
未知物	163	—	—	未知物-163	0.063
	164	—	—	未知物-164	0.064
	165	—	—	未知物-165	0.060
	166	—	—	未知物-166	0.155
	167	—	—	未知物-167	0.025
	168	—	—	未知物-168	0.023
	169	—	—	未知物-169	0.199
	170	—	—	未知物-170	0.047
	171	—	—	未知物-171	0.028
	172	—	—	未知物-172	0.026
	173	—	—	未知物-173	0.020
	174	—	—	未知物-174	0.026
	175	—	—	未知物-175	0.034
	176	—	—	未知物-176	0.033
	177	—	—	未知物-177	0.072
	178	—	—	未知物-178	0.039
	179	—	—	未知物-179	0.087
	180	—	—	未知物-180	0.020
	181	—	—	未知物-181	0.013
	182	—	—	未知物-182	0.240
	183	—	—	未知物-183	0.099

类别	序号	英文名称	CAS	中文名称	含量/(μg/支)
	184	—	—	未知物-184	0.073
	185	—	—	未知物-185	0.016
	186	—	—	未知物-186	0.057
	187	—	—	未知物-187	0.029
	188	—	—	未知物-188	0.077
	189	—	—	未知物-189	0.011
	190	—	—	未知物-190	0.299
	191	—	—	未知物-191	0.006
	192	—	—	未知物-192	0.045
	193	—	—	未知物-193	0.017
	194	—	—	未知物-194	0.106
	195	—	—	未知物-195	0.062
	196	—	—	未知物-196	0.093
	197	—	—	未知物-197	0.065
	198	—	—	未知物-198	0.033
	199	—	—	未知物-199	0.011
	200	—	—	未知物-200	0.092
	201	—	—	未知物-201	0.002
	202	—	—	未知物-202	0.106
	203	—	—	未知物-203	0.041
未知物	204	—	—	未知物-204	0.071
	205	—	—	未知物-205	0.033
	206	—	—	未知物-206	0.094
	207	—	—	未知物-207	0.028
	208	—	—	未知物-208	0.021
	209	—	—	未知物-209	0.035
	210	—	—	未知物-210	0.013
	211	—	—	未知物-211	0.039
	212	—	—	未知物-212	0.009
	213	—	CAS	未知物-213	0.106
	214	—	—	未知物-214	0.004
	215	—	—	未知物-215	0.059
	216	—	—	未知物-216	0.052
	217	—	—	未知物-217	0.025
	218	—	—	未知物-218	0.024
	219	—	—	未知物-219	0.011
	220	—	—	未知物-220	0.006
	221	—	—	未知物-221	0.165
	222	—	—	未知物-222	1.306
	223	—	—	未知物-223	0.034
	224	—	—	未知物-224	0.062

第 2 部分 烟蒂焦油

续表

类别	序号	英文名称	CAS	中文名称	含量/(μg/支)
	225	—	—	未知物-225	0.018
	226	—	—	未知物-226	0.021
	227	—	—	未知物-227	0.009
	228	—	—	未知物-228	0.021
	229	—	—	未知物-229	0.008
	230	—	—	未知物-230	0.009
	231	—	—	未知物-231	0.014
	232	—	—	未知物-232	0.020
	233	—	—	未知物-233	0.155
	234	—	—	未知物-234	0.005
	235	—	—	未知物-235	0.013
	236	—	—	未知物-236	0.048
	237	—	—	未知物-237	0.109
	238	—	—	未知物-238	0.025
	239	—	—	未知物-239	0.016
	240	—	—	未知物-240	0.012
	241	—	—	未知物-241	0.136
	242	—	—	未知物-242	0.015
	243	—	—	未知物-243	0.020
	244	—	—	未知物-244	0.060
未知物	245	—	—	未知物-245	0.020
	246	—	—	未知物-246	0.034
	247	—	—	未知物-247	0.056
	248	—	—	未知物-248	0.031
	249	—	—	未知物-249	0.030
	250	—	—	未知物-250	0.009
	251	—	—	未知物-251	0.014
	252	—	—	未知物-252	0.017
	253	—	—	未知物-253	0.034
	254	—	—	未知物-254	0.029
	255	—	—	未知物-255	0.013
	256	—	—	未知物-256	0.027
	257	—	—	未知物-257	0.055
	258	—	—	未知物-258	0.058
	259	—	—	未知物-259	0.005
	260	—	—	未知物-260	0.053
	261	—	—	未知物-261	0.006
	262	—	—	未知物-262	0.002
	263	—	—	未知物-263	0.016
	264	—	—	未知物-264	0.033
	265	—	—	未知物-265	0.041

类别	序号	英文名称	CAS	中文名称	含量/(μg/支)
	266	—	—	未知物-266	0.008
	267	—	—	未知物-267	0.015
	268	—	—	未知物-268	0.020
	269	—	—	未知物-269	0.008
	270	—	—	未知物-270	0.003
	271	—	—	未知物-271	0.007
	272	—	—	未知物-272	0.036
	273	—	—	未知物-273	0.118
	274	—	—	未知物-274	0.509
	275	—	—	未知物-275	0.187
	276	—	—	未知物-276	0.012
	277	—	—	未知物-277	0.012
	278	—	—	未知物-278	0.008
	279	—	—	未知物-279	0.017
	280	—	—	未知物-280	0.028
	281	—	—	未知物-281	0.007
	282	—	—	未知物-282	0.016
	283	—	—	未知物-283	0.014
	284	—	—	未知物-284	0.073
	285	—	—	未知物-285	0.013
未知物	286	—	—	未知物-286	0.028
	287	—	—	未知物-287	0.046
	288	—	—	未知物-288	0.020
	289	—	—	未知物-289	0.015
	290	—	—	未知物-290	0.010
	291	—	—	未知物-291	0.005
	292	—	—	未知物-292	0.083
	293	—	—	未知物-293	0.138
	294	—	—	未知物-294	0.055
	295	—	—	未知物-295	0.012
	296	—	—	未知物-296	0.046
	297	—	—	未知物-297	0.004
	298	—	—	未知物-298	0.043
	299	—	—	未知物-299	0.030
	300	—	—	未知物-300	0.070
	301	—	—	未知物-301	0.012
	302	—	—	未知物-302	0.006
	303	—	—	未知物-303	0.022
	304	—	—	未知物-304	0.013
	305	—	—	未知物-305	0.006
	306	—	—	未知物-306	0.002

类别	序号	英文名称	CAS	中文名称	含量/(μg/支)
	307	—	—	未知物-307	0.021
	308	—	—	未知物-308	0.022
	309	—	—	未知物-309	0.042
	310	—	—	未知物-310	0.001
	311	—	—	未知物-311	0.058
	312	—	—	未知物-312	0.001
	313	—	—	未知物-313	0.003
	314	—	—	未知物-314	0.021
	315	—	—	未知物-315	0.064
	316	—	—	未知物-316	0.125
	317	—	—	未知物-317	0.077
	318	—	—	未知物-318	0.022
	319	—	—	未知物-319	0.030
	320	—	—	未知物-320	0.026
	321	—	—	未知物-321	0.003
	322	—	—	未知物-322	0.003
	323	—	—	未知物-323	0.008
	324	—	—	未知物-324	0.147
	325	—	—	未知物-325	0.268
未知物	326	—	—	未知物-326	0.003
	327	—	—	未知物-327	0.055
	328	—	—	未知物-328	0.037
	329	—	—	未知物-329	0.003
	330	—	—	未知物-330	0.041
	331	—	—	未知物-331	0.001
	332	—	—	未知物-332	0.001
	333	—	—	未知物-333	0.008
	334	—	—	未知物-334	0.007
	335	—	—	未知物-335	0.036
	336	—	—	未知物-336	0.001
	337	—	—	未知物-337	0.023
	338	—	—	未知物-338	0.005
	339	—	—	未知物-339	0.024
	340	—	—	未知物-340	0.020
	341	—	—	未知物-341	0.032
	342	—	—	未知物-342	0.035
	343	—	—	未知物-343	0.055
	344	—	—	未知物-344	0.019
	345	—	—	未知物-345	0.009
	346	—	—	未知物-346	0.004
	347	—	—	未知物-347	0.018

类别	序号	英文名称	CAS	中文名称	含量/(μg/支)
	348	—	—	未知物-348	0.004
	349	—	—	未知物-349	0.020
	350	—	—	未知物-350	0.013
	351	—	—	未知物-351	0.082
	352	—	—	未知物-352	0.138
	353	—	—	未知物-353	0.080
	354	—	—	未知物-354	0.012
	355	—	—	未知物-355	0.015
	356	—	—	未知物-356	0.009
	357	—	—	未知物-357	0.027
	358	—	—	未知物-358	0.100
	359	—	—	未知物-359	0.016
	360	—	—	未知物-360	0.002
	361	—	—	未知物-361	0.005
	362	—	—	未知物-362	0.003
	363	—	—	未知物-363	0.022
	364	—	—	未知物-364	0.153
	365	—	—	未知物-365	0.018
	366	—	—	未知物-366	0.027
未知物	367	—	—	未知物-367	0.022
	368	—	—	未知物-368	0.004
	369	—	—	未知物-369	0.001
	370	—	—	未知物-370	0.001
	371	—	—	未知物-371	0.034
	372	—	—	未知物-372	0.001
	373	—	—	未知物-373	0.030
	374	—	—	未知物-374	0.032
	375	—	—	未知物-375	0.007
	376	—	—	未知物-376	0.033
	377	—	—	未知物-377	0.052
	378	—	—	未知物-378	0.055
	379	—	—	未知物-379	0.055
	380	—	—	未知物-380	0.014
	381	—	—	未知物-381	0.044
	382	—	—	未知物-382	0.064
	383	—	—	未知物-383	0.045
	384	—	—	未知物-384	0.004
	385	—	—	未知物-385	0.065
	386	—	—	未知物-386	0.012
	387	—	—	未知物-387	0.072
	388	—	—	未知物-388	0.023

类别	序号	英文名称	CAS	中文名称	含量/(μg/支)
未知物	389	—	—	未知物-389	0.475
	390	—	—	未知物-390	0.002
	391	—	—	未知物-391	0.014
	392	—	—	未知物-392	0.022
	393	—	—	未知物-393	0.008
	394	—	—	未知物-394	0.001
	395	—	—	未知物-395	0.020
	396	—	—	未知物-396	0.008
	397	—	—	未知物-397	0.049
	398	—	—	未知物-398	0.004
	399	—	—	未知物-399	0.033
	400	—	—	未知物-400	0.004
	401	—	—	未知物-401	0.024
	402	—	—	未知物-402	0.017
	403	—	—	未知物-403	0.075
	404	—	—	未知物-404	0.001
	405	—	—	未知物-405	0.026
	406	—	—	未知物-406	0.004
	407	—	—	未知物-407	0.003
	408	—	—	未知物-408	0.012
	409	—	—	未知物-409	0.014
	410	—	—	未知物-410	0.020
	411	—	—	未知物-411	0.130
	412	—	—	未知物-412	0.207
	413	—	—	未知物-413	0.137
	414	—	—	未知物-414	0.338
	415	—	—	未知物-415	0.046
	416	—	—	未知物-416	0.033
	417	—	—	未知物-417	0.008
	418	—	—	未知物-418	0.002
	419	—	—	未知物-419	0.030
	420	—	—	未知物-420	0.190
	421	—	—	未知物-421	0.013
	422	—	—	未知物-422	0.001
	423	—	—	未知物-423	0.004
	424	—	—	未知物-424	0.005
	425	—	—	未知物-425	0.016
	426	—	—	未知物-426	0.011
	427	—	—	未知物-427	0.047
	428	—	—	未知物-428	0.001

类别	序号	英文名称	CAS	中文名称	含量/(μg/支)
	429	—	—	未知物-429	0.005
	430	—	—	未知物-430	0.001
	431	—	—	未知物-431	0.029
	432	—	—	未知物-432	0.002
	433	—	—	未知物-433	0.060
	434	—	—	未知物-434	0.024
	435	—	—	未知物-435	0.009
	436	—	—	未知物-436	0.005
	437	—	—	未知物-437	0.050
	438	—	—	未知物-438	0.048
	439	—	—	未知物-439	0.014
	440	—	—	未知物-440	0.047
	441	—	—	未知物-441	0.108
	442	—	—	未知物-442	0.009
	443	—	—	未知物-443	0.051
	444	—	—	未知物-444	0.128
	445	—	—	未知物-445	0.059
	446	—	—	未知物-446	0.093
	447	—	—	未知物-447	0.020
未知物	448	—	—	未知物-448	0.023
	449	—	—	未知物-449	0.070
	450	—	—	未知物-450	0.039
	451	—	—	未知物-451	0.010
	452	—	—	未知物-452	0.376
	453	—	—	未知物-453	0.105
	454	—	—	未知物-454	0.029
	455	—	—	未知物-455	0.025
	456	—	—	未知物-456	0.005
	457	—	—	未知物-457	0.337
	458	—	—	未知物-458	0.240
	459	—	—	未知物-459	0.159
	460	—	—	未知物-460	0.052
	461	—	—	未知物-461	0.010
	462	—	—	未知物-462	0.092
	463	—	—	未知物-463	0.042
	464	—	—	未知物-464	0.638
	465	—	—	未知物-465	0.827
	466	—	—	未知物-466	0.775
	467	—	—	未知物-467	0.514
	468	—	—	未知物-468	3.704

类别	序号	英文名称	CAS	中文名称	含量/(μg/支)
未知物	469	—	—	未知物-469	0.739
	470	—	—	未知物-470	1.730
	471	—	—	未知物-471	0.009
	472	—	—	未知物-472	0.111
	473	—	—	未知物-473	0.038
	474	—	—	未知物-474	1.186
	475	—	—	未知物-475	1.206
	476	—	—	未知物-476	0.227
	477	—	—	未知物-477	1.222
	478	—	—	未知物-478	0.862
	479	—	—	未知物-479	1.283
	480	—	—	未知物-480	0.049
	481	—	—	未知物-481	5.233
	482	—	—	未知物-482	0.074
	483	—	—	未知物-483	0.021
	484	—	—	未知物-484	0.160
	485	—	—	未知物-485	0.031
	486	—	—	未知物-486	0.603
	487	—	—	未知物-487	0.009
	488	—	—	未知物-488	0.084
	489	—	—	未知物-489	5.535
	490	—	—	未知物-490	2.528
	491	—	—	未知物-491	0.015
	492	—	—	未知物-492	1.689
	493	—	—	未知物-493	1.288
	494	—	—	未知物-494	0.040
	495	—	—	未知物-495	0.024
	496	—	—	未知物-496	0.010
	497	—	—	未知物-497	0.001
	498	—	—	未知物-498	0.014
	499	—	—	未知物-499	0.133
	500	—	—	未知物-500	0.768
	501	—	—	未知物-501	0.091
	502	—	—	未知物-502	0.035
	503	—	—	未知物-503	0.415
	504	—	—	未知物-504	0.026
	505	—	—	未知物-505	0.016
	506	—	—	未知物-506	0.300
	507	—	—	未知物-507	0.011
	508	—	—	未知物-508	0.887

类别	序号	英文名称	CAS	中文名称	含量/(μg/支)
	509	—	—	未知物-509	0.111
	510	—	—	未知物-510	0.004
	511	—	—	未知物-511	0.243
	512	—	—	未知物-512	0.460
	513	—	—	未知物-513	0.376
	514	—	—	未知物-514	0.073
	515	—	—	未知物-515	0.012
	516	—	—	未知物-516	0.047
	517	—	—	未知物-517	0.098
	518	—	—	未知物-518	0.005
	519	—	—	未知物-519	0.409
	520	—	—	未知物-520	10.491
	521	—	—	未知物-521	0.018
	522	—	—	未知物-522	0.025
	523	—	—	未知物-523	0.026
	524	—	—	未知物-524	0.052
	525	—	—	未知物-525	0.001
	526	—	—	未知物-526	0.045
	527	—	—	未知物-527	0.003
未知物	528	—	—	未知物-528	0.132
	529	—	—	未知物-529	0.465
	530	—	—	未知物-530	0.924
	531	—	—	未知物-531	0.009
	532	—	—	未知物-532	0.015
	533	—	—	未知物-533	0.872
	534	—	—	未知物-534	0.013
	535	—	—	未知物-535	0.157
	536	—	—	未知物-536	0.033
	537	—	—	未知物-537	0.015
	538	—	—	未知物-538	0.036
	539	—	—	未知物-539	1.392
	540	—	—	未知物-540	0.084
	541	—	—	未知物-541	0.010
	542	—	—	未知物-542	0.011
	543	—	—	未知物-543	0.003
	544	—	—	未知物-544	0.064
	545	—	—	未知物-545	0.006
	546	—	—	未知物-546	0.060
	547	—	—	未知物-547	1.362
	548	—	—	未知物-548	0.009

类别	序号	英文名称	CAS	中文名称	含量/(μg/支)
	549	—	—	未知物-549	0.014
	550	—	—	未知物-550	0.006
	551	—	—	未知物-551	0.387
	552	—	—	未知物-552	0.006
	553	—	—	未知物-553	0.002
	554	—	—	未知物-554	0.029
	555	—	—	未知物-555	0.061
	556	—	—	未知物-556	0.015
	557	—	—	未知物-557	0.027
	558	—	—	未知物-558	0.015
	559	—	—	未知物-559	0.012
	560	—	—	未知物-560	0.004
	561	—	—	未知物-561	0.003
	562	—	—	未知物-562	0.070
	563	—	—	未知物-563	0.038
	564	—	—	未知物-564	0.013
	565	—	—	未知物-565	0.007
	566	—	—	未知物-566	1.123
	567	—	—	未知物-567	0.032
未知物	568	—	—	未知物-568	0.021
	569	—	—	未知物-569	0.088
	570	—	—	未知物-570	0.009
	571	—	—	未知物-571	0.018
	572	—	—	未知物-572	0.020
	573	—	—	未知物-573	0.002
	574	—	—	未知物-574	0.005
	575	—	—	未知物-575	0.079
	576	—	—	未知物-576	0.038
	577	—	—	未知物-577	1.205
	578	—	—	未知物-578	0.121
	579	—	—	未知物-579	0.016
	580	—	—	未知物-580	0.013
	581	—	—	未知物-581	0.031
	582	—	—	未知物-582	0.005
	583	—	—	未知物-583	0.008
	584	—	—	未知物-584	0.011
	585	—	—	未知物-585	0.156
	586	—	—	未知物-586	0.034
	587	—	—	未知物-587	0.410
	588	—	—	未知物-588	0.002

类别	序号	英文名称	CAS	中文名称	含量/(μg/支)
	589	—	—	未知物-589	0.017
	590	—	—	未知物-590	0.011
	591	—	—	未知物-591	0.031
	592	—	—	未知物-592	0.003
	593	—	—	未知物-593	0.097
	594	—	—	未知物-594	0.020
	595	—	—	未知物-595	0.015
	596	—	—	未知物-596	1.155
	597	—	—	未知物-597	0.016
	598	—	—	未知物-598	0.025
	599	—	—	未知物-599	0.037
	600	—	—	未知物-600	0.003
	601	—	—	未知物-601	0.054
	602	—	—	未知物-602	0.003
	603	—	—	未知物-603	0.002
	604	—	—	未知物-604	0.938
	605	—	—	未知物-605	0.073
	606	—	—	未知物-606	0.052
	607	—	—	未知物-607	0.029
未知物	608	—	—	未知物-608	0.085
	609	—	—	未知物-609	0.384
	610	—	—	未知物-610	0.034
	611	—	—	未知物-611	0.025
	612	—	—	未知物-612	0.014
	613	—	—	未知物-613	0.008
	614	—	—	未知物-614	0.003
	615	—	—	未知物-615	0.460
	616	—	—	未知物-616	0.005
	617	—	—	未知物-617	0.004
	618	—	—	未知物-618	0.012
	619	—	—	未知物-619	0.014
	620	—	—	未知物-620	0.002
	621	—	—	未知物-621	0.018
	622	—	—	未知物-622	0.018
	623	—	—	未知物-623	0.126
	624	—	—	未知物-624	4.189
	625	—	—	未知物-625	0.499
	626	—	—	未知物-626	0.007
	627	—	—	未知物-627	0.387
	628	—	—	未知物-628	0.056

续表

类别	序号	英文名称	CAS	中文名称	含量/(μg/支)
未知物	629	—	—	未知物-629	0.022
	630	—	—	未知物-630	0.008
	631	—	—	未知物-631	0.010
	632	—	—	未知物-632	0.023
	633	—	—	未知物-633	0.010
	634	—	—	未知物-634	0.005
	635	—	—	未知物-635	0.043
	636	—	—	未知物-636	0.085
	637	—	—	未知物-637	0.014
	638	—	—	未知物-638	0.025
	639	—	—	未知物-639	0.073
	640	—	—	未知物-640	0.056
	641	—	—	未知物-641	0.006
	642	—	—	未知物-642	0.015
	643	—	—	未知物-643	0.003
	644	—	—	未知物-644	0.004
	645	—	—	未知物-645	0.002
	646	—	—	未知物-646	0.002
	647	—	—	未知物-647	0.018
	648	—	—	未知物-648	0.019
	649	—	—	未知物-649	0.014
	650	—	—	未知物-650	0.441
小计					97.997
总计					536.024

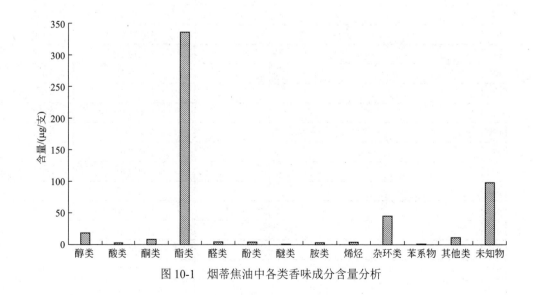

图 10-1 烟蒂焦油中各类香味成分含量分析

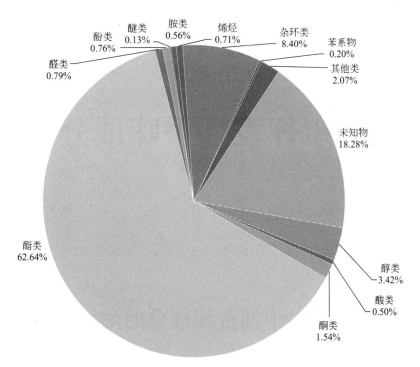

图 10-2 烟蒂焦油中各类香味成分占比分析

11

烟蒂焦油中挥发性香味成分的测定分析

11.1　烟蒂焦油中中性香味成分的测定分析

11.1.1　实验材料、试剂及仪器

实验材料：卷烟样品［（54mm 烟支+30mm 醋纤滤嘴）×圆周 24.3mm］，内蒙古昆明卷烟有限责任公司。

实验试剂：无水硫酸钠，分析纯，天津市德恩化学试剂有限公司；氢氧化钠（分析纯）、二氯甲烷（色谱纯），天津市凯通化学试剂有限公司；盐酸，分析纯，上海振金化学试剂有限公司；无水乙醇，色谱纯，天津市凯通化学试剂有限公司；苯甲酸苄酯，质量分数≥98%，北京百灵威科技有限公司。

实验仪器见表 11-1。

表 11-1　主要实验仪器

实验仪器	生产厂商
SB-3200DT 超声波清洗机	宁波新芝生物科技股份有限公司
EL204 型电子天平	瑞士 Mettler Toledo 公司
RM20H 转盘式吸烟机	德国 Borgwaldt KC 公司
Agilent 7890B /5977A 气相色谱-质谱联用仪	美国 Agilent 公司
DLSB-1020 低温冷却液循环泵	郑州国瑞仪器有限公司
HZ-2 型电热恒温水浴锅	北京市医疗设备总厂

11.1.2　实验方法

称取烟蒂湿焦油 0.6g，置于 150mL 三角瓶中，加入 60mL 二氯甲烷萃取液，振荡萃取 30min，结束后，将三角瓶内的溶液转移至分液漏斗中，用 15mL 5%的 HCl 洗脱三次，合并下液层，用饱和食盐水冲洗一次，得到中性成分萃取液。加入适量的无水硫酸钠干燥过夜，转移至浓缩瓶中，加入 1mL 的 0.1mg/mL 乙酸苯乙酯-二氯甲烷溶液，浓缩至 1mL，过 0.45μm 有机膜后转移至色谱瓶中，进行 GC/MS 分析。GC/MS 分析条件如下所述。

色谱柱：HP-5MS（60m×0.25mm×0.25μm）；载气：He，流速 1.0mL/min；升温程序：初温 40℃、保持 2min，以 2℃/min 的速率升至 250℃，再以 10℃/min 的速率升温至 280℃、保持 20min；进样口温度：250℃；进样量：1μL；分流比：5∶1。

质谱条件：电子轰击(EI)离子源；电子能量 70eV；传输线温度：240℃；离子源温度：230℃，四极杆温度：150℃；质谱质量扫描范围：35～550amu。

11.1.3　结果分析

烟蒂焦油中中性成分分析结果如表 11-2 和图 11-1、图 11-2 所示。结果表明，烟蒂焦油中中性成分中共有 951 种物质，总含量为 47302.914μg/支，其中醇类 22 种，总含量为 986.94μg/支；酮类 92 种，总含量为 3317.279μg/支；酯类 82 种，总含量为 8472.879μg/支；醛类 21 种，总含量为 985.369μg/支；酚类 30 种，总含量为 2422.998μg/支；杂环类 58 种，总含量为 1209.473μg/支；烯烃 15 种，总含量为 916.032μg/支；醚类 14 种，总含量为 199.135μg/支；苯系物 25 种，总含量为 666.979μg/支；酸类 20 种，总含量为 448.276μg/支；胺类 26 种，总含量为 1486.707μg/支；其他物质 70 种，总含量为 5115.699μg/支。其中含量最多的是酯类。

表 11-2　焦油中中性成分分析结果

类别	序号	英文名称	CAS	中文名称	含量/(μg/支)
醇类	1	2-(*E*)-Hexen-1-ol, (4*S*)-4-amino-5-methyl-	1000164-21-1	(4*S*)-4-氨基-5-甲基-2-(*E*)-己烯-1-醇	4.737
	2	2-Furanmethanol	98-00-0	糠醇	202.558
	3	2-Furanmethanol, 5-methyl-	3857-25-8	5-甲基-2-呋喃甲醇	16.712
	4	Benzyl alcohol	100-51-6	苯甲醇	54.606
	5	Phenylethyl Alcohol	60-12-8	苯乙醇	14.702
	6	2-Amino-4-methyl-3-pyridinol	20348-18-9	2-氨基-4-甲基吡啶-3-醇	16.945
	7	1,2-ethanedione, 1-[4-(dimethylamino)phenyl]-2-(2,4,6-trimethylphenyl)-	1000397-41-5	1-[4-(二甲基氨基)苯基]-2-(2,4,6-三甲苯基)-1,2-乙二醇	7.613
	8	3-Hexanol, 3-ethyl-	597-76-2	3-乙基-3-己醇	14.211
	9	Isoparvifuran	78134-83-5	6-甲氧基-2-甲基-3-苯基-5-苯并呋喃醇	12.938
	10	1-((*Z*)-5-methyl-[1,2]dithiol-3-ylidene)-propan-2-one	31199-80-1	1-((*Z*)-5-甲基[1,2]二硫醇-3-亚基)丙-2-酮	6.118
	11	1,1-Diphenyl-2-propanol	29338-49-6	1,1-二苯基-2-丙醇	18.416
	12	7-Oxabicyclo[4.1.0]heptan-3-ol, 6-(3-hydroxy-1-butenyl)-1,5,5-trimethyl-	72777-88-9	(3*S*,5*R*,8*S*,7*Z*,9*ζ*)-5,6-环氧-7-巨豆烯-3,9-二醇	18.348
	13	2(1*H*)-Quinoxalinone, 3-methyl-	14003-34-0	3-甲基-3-喹诺醇	10.521
	14	*Z*-4-Dodecenol	40642-37-3	(4*Z*)-4-十二烯-1-醇	21.406
	15	1,4-benzenediol, 2-methyl-, 4-acetate	1000404-50-8	2-甲基-4-乙酸-1,4-苯二醇	16.167
	16	1-Propanone, 1-(4-hydroxy-3,5-dimethoxyphenyl)-	5650-43-1	(一)-4-氨基-α-[(叔丁基氨基)甲基]-3,5-二氯苯甲醇	2.669
	17	1-Undecanol	112-42-5	十一醇	21.372
	18	9-(3,3-Dimethyloxiran-2-yl)-2,7-dimethylnona-2,6-dien-1-ol	1000192-15-6	9-(3,3-二甲基肟-2-基)-2,7-二甲基壬-2,6-二烯-1-醇	228.883
	19	Phytol	150-86-7	植物醇	11.444

类别	序号	英文名称	CAS	中文名称	含量/(μg/支)
醇类	20	1,2-Benzenediol, *O*-octanoyl-*O*'-pivaloyl-	1000325-86-8	邻辛酰基-*O*'-新戊酰-1,2-苯二醇	6.082
	21	beta-Tocopherol	148-03-8	3,4-二氢-2,5,8-三甲-2-(4,8,12-三甲基十三烷基)-2*H*-1-苯并吡喃-6-醇	17.246
	22	Clionasterol acetate	4651-54-1	醋酸氯甾醇	263.246
小计					986.94
酮类	1	2(5*H*)-Furanone	497-23-4	2(5*H*)-呋喃酮	83.566
	2	2-Butanone	78-93-3	2-丁酮	3.811
	3	2-Propanone, 1-(acetyloxy)-	592-20-1	乙酸基丙酮	111.637
	4	2-Cyclopenten-1-one, 2-hydroxy-	10493-98-8	2-羟基-2-环戊烯-1-酮	6.631
	5	8-Azabicyclo[5,2,0]nonan-9-one	1000144-52-5	8-氮杂双环[5,2,0]壬-9-酮	3.862
	6	4-Cyclopentene-1,3-dione	930-60-9	4-环戊烯-1,3-二酮	82.653
	7	2-Cyclopenten-1-one, 2-methyl-	1120-73-6	甲基环戊烯醇酮	70.477
	8	2,5-Hexanedione	110-13-4	2,5-己二酮	18.791
	9	2-Cyclohexen-1-one	930-68-7	2-环己烯-1-酮	10.076
	10	2-Cyclopenten-1-one, 2,3-dimethyl-	1121-05-7	2,3-二甲基-2-环戊烯酮	154.15
	11	2(5*H*)-Furanone, 5-methyl-	591-11-7	5-甲基-2(5*H*)-呋喃酮	29.561
	12	3-Pentanone, 2-methyl-	565-69-5	2-甲基-3-戊酮	46.009
	13	2-Butanone, 1-(acetyloxy)-	1575-57-1	1-乙酰氧基-2-丁酮	94.097
	14	2-Cyclopenten-1-one, 3-methyl-	2758-18-1	3-甲基-2-环戊烯-1-酮	167.645
	15	2,4-Dihydroxy-2,5-dimethyl-3(2*H*)-furan-3-one	10230-62-3	2,4-二羟基-2,5-二甲-3(2*H*)-呋喃-3-酮	6.005
	16	2(5*H*)-Furanone, 3-methyl-	22122-36-7	3-甲基-2(5*H*)-呋喃酮	40.968
	17	2-Cyclopenten-1-one, 3,4-dimethyl-	30434-64-1	3,4-二甲基-2-环戊酮	61.687
	18	Benzocyclobuten-1(2*H*)-one	3469-06-5	苯并环丁烯酮	3.34
	19	2-Furanone, 2,5-dihydro-3,5-dimethyl	1000196-88-1	2,5-二氢-3,5-二甲-2-呋喃酮	22.617
	20	2-Propanone, 1,1-dimethoxy-	6342-56-9	1,1-二甲氧基丙酮	4.597
	21	4(*H*)-Pyridine, *N*-acetyl-	67402-83-9	1-(4*H*-吡啶-1-基)乙酮	5.609
	22	3,4-Dimethylidenecyclopentan-1-one	27646-73-7	3,4-亚二甲基环戊烷-1-酮	13.875
	23	3,6-Heptanedione	1703-51-1	2,5-庚二酮	4.564
	24	1,4-Cyclohex-2-enedione	4505-38-8	环己烯-1,4-二酮	16.438
	25	1,2-Cyclopentanedione, 3-methyl-	765-70-8	3-甲基环戊烷-1,2-二酮	277.677
	26	2-Cyclopenten-1-one	930-30-3	2-环戊烯酮	48.544
	27	4-Methyl-5*H*-furan-2-one	6124-79-4	4-甲基-2(*H*)-呋喃酮	24.973
	28	3-Hexanone, 2-methyl-	7379-12-6	2-甲基-3-己酮	2.49
	29	2-Cyclopenten-1-one, 2-hydroxy-3,4-dimethyl-	21835-00-7	2-羟基-3,4-二甲基-2-环戊烯-1-酮	39.142
	30	Furaneol	3658-77-3	4-羟基-2,5-二甲基-3(2*H*)呋喃酮	92.422
	31	Acetophenone	98-86-2	苯乙酮	36.237
	32	3-Hepten-2-one, 3-methyl-	39899-08-6	3-甲基-3-庚-2-酮	24.936

类别	序号	英文名称	CAS	中文名称	含量/(μg/支)
	33	2-Azetidinone, 1-tert-butyl-3,3-dimethyl-4-phenyl-	29668-87-9	1-(1,1-二甲基乙基)-3,3-二甲基-4-苯基-2-氮杂环丁酮	3.298
	34	2-Cyclopenten-1-one, 3-ethyl-2-hydroxy-	21835-01-8	乙基环戊烯醇酮	104.336
	35	4-Hexen-3-one, 4,5-dimethyl-	17325-90-5	4,5-二甲基-4-己烯-3-酮	11.541
	36	2H-Pyran-2-one	504-31-4	2H-吡喃-2-酮	27.274
	37	2(5H)-Furanone, 5-(2-methyl-2-propenyl)-	1000155-86-2	5-(2-甲基-2-丙烯基)-2(5H)-呋喃酮	14.681
	38	Maltol	118-71-8	2-甲基-3-羟基-4-吡喃酮	52.388
	39	Isophorone	78-59-1	异佛尔酮	2.386
	40	2-Cyclohexen-1-one, 3,4-dimethyl-	1000197-00-4	3,4-二甲基-2-环己烯-1-酮	9.353
	41	Benzyl methyl ketone	103-79-7	苯基丙酮	10.757
	42	Ethanone, 1-(4-methylphenyl)-	122-00-9	对甲基苯乙酮	41.636
	43	Bicyclo[3.1.0]hexan-2-one	4160-49-0	双环[3.1.0]-2-己酮	24.784
	44	Ethanone, 1-(2-hydroxyphenyl)-	118-93-4	2′-羟基苯乙酮	8.867
	45	1-Propanone, 1-phenyl-	93-55-0	苯丙酮	13.316
	46	2-Cyclohexen-1-one, 4-ethynyl-4-hydroxy-3,5,5-trimethyl-	129461-33-2	4-乙炔基-4-羟基-3,5,5-三甲基-2-环己烯-1-酮	38.001
	47	2-Hydroxy-3-propyl-2-cyclopenten-1-one	25684-04-2	2-羟基-3-丙基环戊-2-烯-1-酮	9.675
	48	Cyclopenten-4-one, 1,2,3,3-tetramethyl-	1000163-38-6	1,2,3,3-四甲基环戊烯-4-酮	19.638
	49	2(3H)-Benzofuranone, 3-methyl-	32267-71-3	3-甲基-2(3H)-苯并呋喃酮	15.678
酮类	50	1H-Inden-1-one, 2,3-dihydro-	83-33-0	1-茚酮	69.373
	51	4-Hydroxy-2-methylacetophenone	875-59-2	4-羟基-2′-甲基苯乙酮	10.565
	52	1,2,4-Cyclopentanetrione, 3-butyl-	46005-09-8	3-丁基环戊烷-1,2,4-三酮	9.076
	53	2,5-pyrrolidinedione, 1-[(4-propylbenzoyl)oxy]-	1000396-80-6	1-[(4-丙基苯甲酰基)氧]-2,5-吡咯烷二酮	76.203
	54	2-Hydroxy-1,8-naphthyridine	15936-09-1	1,8-萘啶-2(8H)-酮	19.54
	55	2,4-Azetidinedione, 3-ethyl-3-phenyl-	42282-82-6	3-乙基-3-苯基氮杂环丁烷-2,4-二酮	31.499
	56	(S)-2-[N′-(N-Benzylprolyl)amino]benzophenone	96293-17-3	(R)-2-[N-(N-苄基脯氨酰)氨基]二苯甲酮	7.073
	57	Geranyl acetone	3796-70-1	香叶基丙酮	17.872
	58	2H-Indol-2-one, 1,3-dihydro-	59-48-3	2-吲哚酮	8.208
	59	5-Hydroxy-5-isopropyl-6-methyl-hepta-3,6-dien-2-one	1000187-15-9	5-羟基-5-异丙基-6-甲基庚-3,6-二烯-2-酮	41.321
	60	Ethanone, 1-(3-hydroxy-4-methoxyphenyl)-	6100-74-9	4-甲氧基-3-羟基苯乙酮	21.742
	61	2-Indolinone, 1-methyl-	61-70-1	N-甲基吲哚酮	13.669
	62	2,4,6-Tris(1,1-dimethylethyl)-4-methylcyclohexa-2,5-dien-1-one	19687-22-0	2,4,6-三(1,1-二甲基乙基)-4-甲基环己-2,5-二烯-1-酮	11.414
	63	3′,5′-Dihydroxyacetophenone	51863-60-6	3,5-二羟基苯乙酮	25.451
	64	2,5-Dihydroxy-4-methoxyacetophenone	1000422-88-0	2,5-二羟基-4-甲氧基苯乙酮	7.202
	65	2-Propanone, 1-(4-hydroxy-3-methoxyphenyl)-	2503-46-0	4-羟基-3-甲氧基苯丙酮	13.083
	66	2H-1-benzopyran-2-one, 3,4-dihydro-4,4,6-trimethyl-	1000400-21-5	3,4-二氢-4,4,6-三甲基-2H-1-苯并吡喃-2-酮	33.141

续表

类别	序号	英文名称	CAS	中文名称	含量/(μg/支)
酮类	67	Megastigmatrienone	38818-55-2	4,7,9-巨豆三烯-3-酮	80.047
	68	Anthrone	90-44-8	蒽酮	20.061
	69	Ethanone, 1-(2,5-dihydroxyphenyl)-	490-78-8	2,5-二羟基苯乙酮	5.795
	70	3-Hydroxy-beta-damascone	102488-09-5	4-羟基-β-二氢大马酮	38.447
	71	2-Cyclohexen-1-one, 4-(3-hydroxy-1-butenyl)-3,5,5-trimethyl-	34318-21-3	9-羟基-4,7-巨豆二烯-3-酮	70.171
	72	4-Amino-N-ethylphthalimide	55080-55-2	5-氨基-2-乙基异吲哚啉-1,3-二酮	171.802
	73	2-Cyclohexen-1-one, 4-(3-hydroxybutyl)-3,5,5-trimethyl-	36151-02-7	4-(3-羟基丁基)-3,5,5-三甲基-2-环己烯-1-酮	58.164
	74	5-Hepten-3-yn-2-one, 6-methyl-5-(1-methylethyl)-	63922-42-9	6-甲基-5-(1-甲基乙基)-5-庚烯-3-炔-2-酮	13.452
	75	Ethanone, 1-(4-hydroxy-3,5-dimethoxyphenyl)-	2478-38-8	乙酰丁香酮	23.75
	76	4,5-Dimethoxy-2-hydroxyacetophenone	20628-06-2	2′-羟基-4′,5′-二甲氧基苯乙酮	11.251
	77	3-[4-Hydroxyisopent-2(Z)-enyl]-4-hydroxyacetophenone	24672-83-1	1-[2-羟基-4-(3-甲基-2-丁烯氧基)苯]乙酮	14.171
	78	2-Cyclopropen-1-one, 2,3-diphenyl-	886-38-4	二苯基环丙烯酮	5.293
	79	Longiverbenone	64180-68-3	长马鞭草酮	44.315
	80	2-Dodecanone	6175-49-1	2-十二烷酮	14.413
	81	Ethanone, 1,1′-(6-hydroxy-2,5-benzofurandiyl)bis-	53947-86-7	1,1′-(6-羟基-2,5-苯并呋喃二酰)双乙酮	11.494
	82	2,2-Dimethyl-7-methoxy-chromanone	20321-73-7	7-甲氧基-2,2-二甲基苯并二氢吡喃-4-酮	28.324
	83	2-Tridecanone	593-08-8	2-十三烷酮	10.924
	84	5,9,13-Pentadecatrien-2-one, 6,10,14-trimethyl-, (E,E)-	1117-52-8	法尼基丙酮	14.962
	85	3′,4′-(Methylenedioxy)acetophenone	3162-29-6	3,4-亚甲二氧苯乙酮	97.572
	86	Ethanone, 1-(1,3a,4,5,6,7-hexahydro-4-hydroxy-3,8-dimethyl-5-azulenyl)-	55683-15-3	1-(1,3a,4,5,6,7-六氢-4-羟基-3,8-二甲基-5-偶烯基)乙酮	13.188
	87	2-Hexanone, 3-methyl-4-methylene-	20690-71-5	3-甲基-4-亚甲基-2-己酮	9.032
	88	2,3,8-Trimethyl-1H,9H-pyrrolo[3,2-h]quinolin-6-one	1000296-77-8	2,3,8-三甲基-1H,9H-吡咯并[3,2-h]喹啉-6-酮	14.462
	89	1,3-Diphenyl-4H-1,2,4-triazoline-5-thione	5055-73-2	2,5-二苯基-1H-1,2,4-三唑-3-硫酮	33.273
	90	1,4-Naphthoquinone, 6-acetyl-2,5,8-trihydroxy-	13379-24-3	6-乙酰基-4,5,8-三羟基萘-1,2-二酮	67.074
	91	9H-Pyrrolo[1,2-a]indol-9-one, 2-methyl-	1000319-19-7	2-甲基-9H-吡咯并[1,2-a]吲哚-9-酮	2.754
	92	4H-Furo[2,3-h]-1-benzopyran-4-one, 2-(1,3-benzodioxol-5-yl)-5-hydroxy-3,6-dimethoxy-	77970-16-2	2-(1,3-苯并二噁英-5-基)-5-羟基-3,6-二甲氧基-4H-糠醛[2,3-h]-1-苯并吡喃-4-酮	9.96
		小计			3317.279
酯类	1	Methane, isocyanato-	624-83-9	异氰酸甲酯	10.693
	2	Propanoic acid, 2-oxo-, methyl ester	600-22-6	丙酮酸甲酯	47.05
	3	Propanoic acid, 2-methyl-, 2-propenyl ester	15727-77-2	异丁酸烯丙酯	2.085
	4	Butanoic acid, 4-phenoxy-, methyl ester	21273-27-8	4-苯氧基丁酸甲酯	1.304

类别	序号	英文名称	CAS	中文名称	含量/(μg/支)
	5	1,2-Propanediol, 1-acetate	627-69-0	1,2-丙二醇-1-醋酸酯	79.15
	6	Carbamic acid, phenyl ester	622-46-8	氨基甲酸苯酯	5.908
	7	1,2-Propanediol, 2-acetate	6214-01-3	乙酸-1-羟基-2-丙酯	26.628
	8	Isopropyl 3,3-methyl-acrylate	25859-51-2	3,3-二甲基丙烯酸异丙酯	3.789
	9	Furfuryl formate	13493-97-5	甲酸糠酯	3.796
	10	Vinyl crotonate	14861-06-4	巴豆酸乙烯酯	29.344
	11	Propanoic acid, 2-methylpropyl ester	540-42-1	丙酸异丁酯	13.195
	12	Butanoic acid, 4-hydroxy-	591-81-1	4-羟基丁酸乙酰酯	61.317
	13	Propane-1,1-diol diacetate	33931-80-5	丙二醇二乙酸酯	1.82
	14	Cyclopentanecarboxylic acid, 2-fluorophenyl ester	1000325-76-5	环戊烷羧酸-2-氟苯基酯	8.141
	15	3-Furancarboxylic acid, methyl ester	13129-23-2	3-呋喃甲酸甲酯	6.317
	16	2-Furanmethanol, acetate	623-17-6	乙酸糠酯	4.131
	17	Dihydro-3-methylene-5-methyl-2-furanone	62873-16-9	α-亚甲基-γ-戊内酯	22.746
	18	3-Methyl-2-enoic acid, 4-nitrophenyl ester	1000307-59-8	3-甲基-2-烯酸-4-硝基苯酯	7.27
	19	3-Formylphenyl pivalate	134518-89-1	3-甲酰基苯新戊酸	5.212
	20	Pentanoic acid, 4-oxo-, ethyl ester	539-88-8	乙酰丙酸乙酯	10.209
	21	Methyl 2-furoate	611-13-2	2-糠酸甲酯	25.745
	22	Carbonic acid, pentadecyl phenyl ester	1000314-57-9	碳酸十五烷基苯基酯	17.223
	23	3-Methylbut-2-enoic acid, tetrahydropyran-2-yl ester	1000187-32-6	3-甲基-2-烯酸四氢吡喃-2-基酯	18.578
酯类	24	3,3,5-Trimethylcyclohexyl acrylate	87954-40-3	3,3,5-三甲基丙烯酸环己酯	11.482
	25	Benzenemethanol, alpha-methoxy-, benzoate	51835-46-2	苯甲酸-α-甲氧基苄基酯	9.293
	26	2,4-Pentadienoic acid, 3,4-dimethyl-, isopropyl ester	1000149-45-3	2,4-戊二烯酸-3,4-二甲基异丙酯	16.886
	27	l-Alanine, N-(2-furoyl)-, heptyl ester	1000314-28-5	N-(糠酰)-l-丙氨酸庚酯	15.801
	28	Cyclohexanol, 2-methyl-, acetate, cis-	54714-33-9	2-甲基环己醇乙酸酯	21.891
	29	4-Chlorobutyric acid, 4-isopropylphenyl ester	1000357-38-8	4-氯丁酸-4-异丙基苯酯	21.466
	30	1,2,3-Propanetriol, 1-acetate	106-61-6	一乙酸甘油酯	3064.152
	31	Glycerol 1,2-diacetate	102-62-5	(2-乙酰-3-羟基丙基)酯	89.866
	32	Propanoic acid, 2-methyl-, 2-phenylethyl ester	103-48-0	异丁酸苯乙酯	259.733
	33	Succinic acid, butyl ethyl ester	1000324-85-1	丁二酸丁乙酯	21.226
	34	Succinic acid, ethyl 3-pentyl ester	1000324-94-8	丁二酸-3-戊基乙酯	6.919
	35	3-Ethylphenyl isocyanate	23138-58-1	3-乙基苯基异氰酸酯	12.803
	36	Ethyl (4-amino-6-oxo-1,6-dihydro-5-pyrimidinylimino)acetate	108989-66-8	(4-氨基-6-氧代-1,6-二氢嘧啶-5-亚氨基)乙酸乙酯	10.568
	37	Propane-1,1-diol dipropanoate	5331-24-8	丙烷-1,1-二醇二丙酸酯	22.27
	38	Phenol, 2-methoxy-4-(2-propenyl)-, acetate	93-28-7	乙酸丁香酚酯	39.374
	39	Alanine, N-methyl-N-ethoxycarbonyl-, dodecyl ester	1000329-28-9	N-甲基-N-乙氧基羰基丙氨酸十二烷基酯	24.161
	40	2(4H)-Benzofuranone, 5,6,7,7a-tetrahydro-4,4,7a-trimethyl-, (R)-	17092-92-1	二氢猕猴桃内酯	21.505
	41	Phthalic acid, cyclobutyl ethyl ester	1000315-41-1	邻苯二甲酸环丁基乙酯	15.806

续表

类别	序号	英文名称	CAS	中文名称	含量/(μg/支)
	42	L-Alanine, 2-methyl-*N*-isopropyl-*N*-(4-methylphenyl)-, isopropyl ester	1000452-86-3	2-甲基-*N*-异丙基-*N*-(4-甲基苯基)-L-丙氨酸异丙酯	18.097
	43	Sebacic acid, di(2,4-dichlorophenethyl) ester	1000416-82-5	癸二酸二(2,4-二氯苯乙)酯	10.749
	44	Acetoxyacetic acid, 4-nitrophenyl ester	1000307-54-5	对硝基苯乙酰乙酸酯	8.74
	45	5-Methyl-1*H*-indole-2-carboxylic acid, ethyl ester	1000318-48-3	5-甲基-1*H*-吲哚-2-羧酸乙酯	4.037
	46	Valine, *N*-methyl-*N*-butoxycarbonyl-, hexyl ester	1000328-95-8	*N*-甲基-*N*-丁氧羰基缬氨酸己基酯	14.211
	47	Benzyl Benzoate	120-51-4	苯甲酸苄酯	1008
	48	Phthalic acid, butyl hept-4-yl ester	1000356-78-4	邻苯二甲酸正丁酯	13.267
	49	Methyl 2,5-dichlorothiophene-3-carboxylate	145129-54-0	2,5-二氯噻吩-3-羧酸甲酯	27.728
	50	l-Leucine, *N*-cyclopropylcarbonyl-, undecyl ester	1000327-78-1	*N*-环丙基羰基-1-亮氨酸十一烷基酯	14.66
	51	Methyl (4*S*,5*R*)-2,2,5-trimethyl-1,3-dioxolane-4-carboxylate	38410-80-9	(4*S*,5*R*)-2,2,5-三甲基-1,3-二氧戊环-4-羧酸甲酯	91.429
	52	Dibutyl phthalate	84-74-2	邻苯二甲酸二正丁酯	114.54
	53	(−)-1,2,3,4-Tetrahydroisoquinolin-6-ol-1-carboxylic acid, 7-methoxy-1-methyl-, methyl ester	1000127-91-1	7-甲氧基-1-甲基-(−)-1,2,3,4-四氢异喹啉-6-醇-1-羧酸甲酯	145.989
	54	Pentadecanoic acid, ethyl ester	41114-00-5	十五酸乙酯	28.16
	55	Octanoic acid, 3-en-2-yl ester	1000299-34-4	辛酸-3-烯-2-基酯	23.177
	56	Methyl 11,12-octadecadienoate	1000336-45-8	11,12-十八二烯酸甲酯	18.675
	57	9,12,15-Octadecatrienoic acid, methyl ester, (*Z,Z,Z*)-	301-00-8	亚麻酸甲酯	38.348
酯类	58	2,3,4-Trifluorobenzoic acid, 3-fluorophenyl ester	1000331-19-3	2,3,4-三氟苯甲酸-3-氟苯基酯	22.894
	59	L-Leucine, *N*-methyl-*N*-(hexyloxycarbonyl)-, octadecyl ester	1000392-35-6	*N*-甲基-*N*-(己氧羰基)-L-亮氨酸十八烷基酯	7.761
	60	1-Propene-1,2,3-tricarboxylic acid, tributyl ester	7568-58-3	1-丙烯-1,2,3-三羧酸三丁酯	168.348
	61	Butyl citrate	77-94-1	柠檬酸三丁酯	173.074
	62	Tributyl acetylcitrate	77-90-7	乙酰柠檬酸三丁酯	1592.969
	63	Sulfurous acid, 2-ethylhexyl undecyl ester	1000309-19-4	亚硫酸-2-乙基己基十一酯	8.156
	64	l-Leucine, *N*-methyl-*N*-propoxycarbonyl-, heptadecyl ester	1000321-86-6	*N*-甲基-*N*-丙氧羰基-l-亮氨酸十七烷基酯	70.001
	65	Phthalic acid, di(3-methylphenyl) ester	1000315-37-3	邻苯二甲酸二(3-甲基苯基)酯	41.962
	66	Sulfurous acid, 2-ethylhexyl isohexyl ester	1000309-19-0	亚硫酸-2-乙基己基异己基酯	10.917
	67	Hexanedioic acid, dioctyl ester	123-79-5	己二酸二辛酯	28.706
	68	11,14,17-Eicosatrienoic acid, methyl ester	55682-88-7	11,14,17-二十碳三烯酸甲酯	7.912
	69	Ethanol, 2,2′-oxybis-, diacetate	628-68-2	二乙二醇二乙酸酯	5.955
	70	1,2-Benzenedicarboxylic acid, bis(2-ethylhexyl) ester	74746-55-7	邻苯二甲酸二(2-乙基己基)酯	127.645
	71	Benzoic acid, 4-(4-pentylcyclohexyl)-, 4′-cyano[1,1′-biphenyl]-4-yl ester	82406-82-4	4-(反-4-戊基环己基)苯甲酸-4-氰基-4′-联二苯基酯	93.288
	72	Valeric acid, 4-nitrophenyl ester	1000307-98-9	4-硝基苯基戊酸酯	0.332
	73	*t*-Butyl cyclohexaneperoxycarboxylate	20396-49-0	过氧化环己烷叔丁酯	1.537
	74	Sulfurous acid, dodecyl 2-ethylhexyl ester	1000309-19-5	亚硫酸十二烷基-2-乙基己基酯	266.338
	75	Sulfurous acid, hexyl pentadecyl ester	1000309-13-7	亚硫酸己基十五烷基酯	32.678

类别	序号	英文名称	CAS	中文名称	含量/(μg/支)
酯类	76	Acetic acid, (dodecahydro-7-hydroxy-1,4b,8,8-tetramethyl-10-oxo-2(1H)-phenanthrenylidene)-, 2-(dimethylamino)ethyl ester	1000143-97-2	(十二氢-7-羟基-1,4b,8,8-四甲基-10-氧代-2(1H)-菲亚基)乙酸-2-(二甲氨基)乙酯	1.789
	77	D-Alanine, N-allyloxycarbonyl-, tetradecyl ester	1000347-73-7	N-烯丙基氧羰基-D-丙氨酸十四酯	34.107
	78	Cholesteryl laurate	1908-11-8	胆固醇月桂酸酯	43.08
	79	Sulfurous acid, 2-ethylhexyl hexyl ester	1000309-20-2	亚硫酸-2-乙基己基己基酯	2.974
	80	Benzenecarbothioic acid, 2,4,6-triethyl-, S-(2-phenylethyl) ester	64712-67-0	S-(2-苯乙基)-2,4,6-三乙基苯硫代甲酸酯	49.967
	81	DL-Alanine, N-methyl-N-octyloxycarbonyl-, undecyl ester	1000392-65-3	N-甲基-N-辛氧羰基-DL-丙氨酸十一酯	2.2
	82	Oxalic acid, cyclobutyl isohexyl ester	1000309-69-6	草酸环丁基异己基酯	1.629
	小计				8472.879
醛类	1	Ethyl Vanillin	121-32-4	乙基香兰素	38.609
	2	Methylal	109-87-5	甲缩醛	6.692
	3	3-Furaldehyde	498-60-2	3-糠醛	23.762
	4	Furfural	98-01-1	糠醛	150.947
	5	2-Furancarboxaldehyde, 5-methyl-	620-02-0	5-甲基呋喃醛	263.61
	6	Benzaldehyde	100-52-7	苯甲醛	15.411
	7	1H-Pyrrole-2-carboxaldehyde, 1-methyl-	1192-58-1	N-甲基-2-吡咯甲醛	6.523
	8	1H-Pyrrole-2-carboxaldehyde	1003-29-8	2-吡咯甲醛	30.136
	9	1H-Pyrazole-4-carboxaldehyde, 1-ethyl-	1000319-71-9	1-乙基-1H-吡唑-4-甲醛	23.441
	10	Benzaldehyde, 2-methyl-	529-20-4	2-甲基苯甲醛	10.45
	11	2-Formyl-4,5-dimethyl-pyrrole	53700-95-1	4,5-二甲基-1H-吡咯-2-甲醛	2.662
	12	2-(1H-Pyrazol-3-yl)acetaldehyde	1000443-66-9	2-(1H-吡唑-3-基)乙醛	55.5
	13	5-Ethyl-2-furaldehyde	23074-10-4	5-乙基-2-糠醛	45.263
	14	photocitral A	55253-28-6	(1R,2R,5S)-2-甲基-5-(1-甲基乙烯基)环戊烷甲醛	7.676
	15	Benzaldehyde, 3-methoxy-	591-31-1	3-甲氧基苯甲醛	19.756
	16	5-Hydroxymethylfurfural	67-47-0	5-羟甲基糠醛	88.115
	17	Piperonal	120-57-0	胡椒醛	26.937
	18	Benzaldehyde, 4-hydroxy-	123-08-0	对羟基苯甲醛	25.701
	19	Benzaldehyde, 3-hydroxy-4-methoxy-	621-59-0	3-羟基-4-甲氧基苯甲醛	111.219
	20	Benzaldehyde, 3-ethyl-	34246-54-3	3-乙基苯甲醛	22.539
	21	4-Oxohex-2-enal	20697-55-6	4-氧代-2-己烯醛	10.42
	小计				985.369
酚类	1	Phenol	108-95-2	苯酚	622.453
	2	Mequinol	150-76-5	4-甲氧基苯酚	5.38
	3	Phenol, 2-methyl-	95-48-7	2-甲酚	206.171
	4	p-Cresol	106-44-5	对甲酚	476.363
	5	Phenol, 2-methoxy-	90-05-1	愈创木酚	137.652
	6	2-Methoxyresorcinol	29267-67-2	2-甲氧基间苯二酚	2.933
	7	Phenol, 2,4-dimethyl-	105-67-9	2,4-二甲基苯酚	25.203

类别	序号	英文名称	CAS	中文名称	含量/(μg/支)
酚类	8	Phenol, 2-ethyl-	90-00-6	2-乙基苯酚	31.478
	9	2,4-Diaminophenol	95-86-3	2,4-二氨基苯酚	10.057
	10	1,4-Benzenediol, 2-methoxy-	824-46-4	2-甲氧基对苯二酚	17.351
	11	Phenol, 3,4-dimethyl-	95-65-8	3,4-二甲基苯酚	94.273
	12	Phenol, 4-ethoxy-	622-62-8	4-乙氧基苯酚	6.864
	13	Phenol, 4-ethyl-	123-07-9	4-乙基苯酚	94.718
	14	Phenol, 3,5-dimethyl-	108-68-9	3,5-二甲基苯酚	57.519
	15	Phenol, 4-ethyl-2-methyl-	2219-73-0	4-乙基-2-甲基苯酚	22.069
	16	Creosol	93-51-6	2-甲氧基-4-甲基苯酚	51.662
	17	Ethyl maltol	4940-11-8	乙基麦芽酚	23.198
	18	Phenol, 2,3,5-trimethyl-	697-82-5	2,3,5-三甲基苯酚	26.556
	19	Phenol, 4-propyl-	645-56-7	4-丙基苯酚	7.547
	20	Phenol, 3,4,5-trimethyl-	527-54-8	3,4,5-三甲基苯酚	12.682
	21	Phenol, 3-ethyl-5-methyl-	698-71-5	3-甲基-5-乙基苯酚	35.448
	22	Phenol, 4-ethyl-2-methoxy-	2785-89-9	4-乙基愈创木酚	50.354
	23	Thymol	89-83-8	百里酚	4.884
	24	2-Methoxy-4-vinylphenol	7786-61-0	2-甲氧基-4-乙烯苯酚	115.672
	25	Resorcinol	108-46-3	间苯二酚	16.919
	26	1,3-Benzenediol, 4-ethyl-	2896-60-8	4-乙基间苯二酚	15.517
	27	Phenol, 4-ethenyl-2,6-dimethoxy-	28343-22-8	菜籽多酚	49.299
	28	phenol, 2-[(ethylamino)methyl]-4-nitro-	1000400-09-7	2-[(乙氨基)甲基]-4-硝基苯酚	13.746
	29	2-Naphthalenol, 1,2,3,4,4a,5,6,7-octahydro-2,5,5-trimethyl-	41199-19-3	1,2,3,4,4a,5,6,7-八氢-2,5,5-三甲基-2-萘酚	52.677
	30	2,2'-Methylenebis(6-tert-butyl-4-methylphenol)	119-47-1	2,2'-亚甲基双(6-叔丁基对甲酚)	136.353
小计					2422.998
杂环类	1	Ethanone, 1-(1H-pyrrol-2-yl)-	1072-83-9	2-乙酰基吡咯	56.073
	2	2H-Pyran-2-carboxaldehyde, 3,4-dihydro-	100-73-2	2-甲酰基-3,4-二氢吡喃	8.356
	3	1H-Pyrrole, 1-(2-furanylmethyl)-	1438-94-4	1-(2-呋喃基甲基)-1H-吡咯	3.88
	4	2,3-diethenyl-5-methylpyrazine	1000365-94-5	2,3-二苯基-5-甲基吡嗪	4.317
	5	2,3-Dimethyl-pyrrolo[2,3-b]pyrazine	56015-24-8	6,7-二甲基-5H-吡咯并[2,3-b]吡嗪	3.927
	6	Benzoxazole, 2-methyl-	95-21-6	2-甲基苯并噁唑	3.619
	7	2H-1-Benzopyran, 2,2-dimethyl-	2513-25-9	2,2-二甲基-2H-苯并吡喃	5.167
	8	5-Diazouracil	2435-76-9	5-重氮尿嘧啶	4.857
	9	Pyridine, 2-ethyl-4,6-dimethyl-	1124-35-2	6-乙基-2,4-二甲基吡啶	7.76
	10	1H-Pyrrolo[2,3-b]pyridine, 2-phenyl-	10586-52-4	2-苯基-1H-吡咯并[2,3-b]吡啶	17.47
	11	1H-Benzimidazole, 5,6-dimethyl-	582-60-5	5,6-二甲基苯并咪唑	20.582
	12	5H-Indeno[1,2-b]pyridine	244-99-5	5H-茚并[1,2-b]吡啶	13.741
	13	5,10-Diethoxy-2,3,7,8-tetrahydro-1H,6H-dipyrrolo[1,2-a:1',2'-d]pyrazine	1000190-75-5	5,10-二乙氧基-2,3,7,8-四氢-1H,6H-二吡咯[1,2-a:1',2'-d]吡嗪	22.12

类别	序号	英文名称	CAS	中文名称	含量/(μg/支)
	14	4-(2-Phenyl-2H-tetrazol-5-ylsulfanyl)-pyridine	345989-04-0	4-(2-苯基-2H-四唑-5-基磺酰基)吡啶	37.627
	15	Aminothiazole	96-50-4	2-氨基噻唑	15.655
	16	Thiazolo[5,4-f]quinoline, 9-methyl-	3119-45-7	9-甲基[1,3]噻唑并[5,4-f]喹啉	27.027
	17	Thiazole, 5-ethyl-2-phenyl-	10045-49-5	5-乙基-2-苯基噻唑	11.252
	18	Thiazole, 2,4,5-trimethyl-	13623-11-5	2,4,5-三甲基噻唑	11.833
	19	Thiophene, 2-methoxy-5-methyl-	31053-55-1	2-甲氧基-5-甲基噻吩	32.69
	20	3-Methylbenzothiophene	1455-18-1	3-甲基苯噻吩	33.053
	21	2,5,6-Trimethylbenzimidazole	3363-56-2	2,5,6-三甲基苯并咪唑	11.093
	22	1H-Isoindole, 3-methoxy-4,7-dimethyl-	100813-60-3	3-甲氧基-4,7-二甲基-1H-异吲哚	10.483
	23	2,2′-Methylenedithiophene	4341-34-8	2-(2-噻吩甲基)噻吩	18.052
	24	Furan, 3-methyl-	930-27-8	3-甲基呋喃	50.686
	25	Furan, 2-ethyl-	3208-16-0	2-乙基呋喃	17.17
	26	Ethanone, 1-(2-furanyl)-	1192-62-7	2-乙酰基呋喃	55.678
	27	Indolizine, 1-methyl-	767-61-3	1-甲基吲哚嗪	23.267
	28	1H-Imidazole, 1-methyl-4-nitro-	3034-41-1	1-甲基-4-硝基咪唑	12.583
	29	Benzopyrimidine, 3,4-dihydro-	1904-64-9	3,4-二氢喹唑啉	17.809
	30	1H-Benzimidazole, 1-ethyl-2-methyl-	5805-76-5	N-乙基-2-甲基苯并咪唑	13.886
杂环类	31	3′-Trimethylsilylbenzo[1′,2′-b]-1,4-diazabicyclo[2.2.2]octene	138023-43-5	2,3-二氢-5-(三甲基甲硅烷基)-1,4-乙基桥喹噁啉	15.868
	32	4,6-Bis(4-ethoxybenzylthio)-5-nitropyrimidine	325957-76-4	4,6-双(4-乙氧基苄基硫基)-5-硝基嘧啶	0.807
	33	1H-Benzimidazole, 1-ethyl-	7035-68-9	1-乙基苯并咪唑	48.144
	34	5-Acetylpyrimidine	10325-70-9	5-乙酰基嘧啶	14.686
	35	Furan	110-00-9	呋喃	15.064
	36	1-Propanone, 1-(2-furanyl)-	3194-15-8	2-丙酰呋喃	3.806
	37	2-Acetyl-5-methylfuran	1193-79-9	5-甲基-2-乙酰基呋喃	22.319
	38	2,3-dimethylfuran	1000458-49-9	2,3-二甲基呋喃	5.665
	39	1-Pentanone, 1-(2-furanyl)-	3194-17-0	2-戊酰呋喃	2.741
	40	Benzofuran, 2-methyl-	4265-25-2	2-甲基苯并呋喃	5.692
	41	1-Propanone, 1-(5-methyl-2-furanyl)-	10599-69-6	2-甲基-5-丙酰呋喃	11.219
	42	2-Methoxy-6-methyl-4-pyrimidinamine	51870-75-8	4-氨基-2-甲氧基-6-甲基嘧啶	13.829
	43	Quinoline	91-22-5	喹啉	10.04
	44	Oxazole, 4,5-dimethyl-	20662-83-3	4,5-二甲基噁唑	17.451
	45	Benzimidazole, 6-methyl-2-[4-(1,1-dimethylethyl)phenoxy]ethylthio-	329061-92-9	6-甲基-2-[4-(1,1-二甲基乙基)苯氧基]乙基硫代苯并咪唑	13.314
	46	Furan, 3-phenyl-	13679-41-9	3-苯基呋喃	26.709
	47	1H-Indole, 5,6,7-trimethyl-	54340-99-7	5,6,7-三甲基-1H-吲哚	11.017
	48	5-Methylpyrimido[3,4-a]indole	30689-02-2	5-甲基嘧啶[1,6-a]吲哚	77.109
	49	5-Methylbenzimidazole	614-97-1	5-甲基苯并咪唑	22.315
	50	1H-Indole, 2-methyl-	95-20-5	2-甲基吲哚	72.351

类别	序号	英文名称	CAS	中文名称	含量/(μg/支)
杂环类	51	Naphtho[2,1-*b*]furan	232-95-1	苯并[*e*][*l*]苯并呋喃	8.565
	52	2,3-Dihydro-1*H*-2-methylcyclopenta[*b*]quinoxaline	109682-72-6	2,3-二氢-1*H*-2-甲基环戊烷[*b*]喹喔啉	9.857
	53	2,4,5-Trihydroxypyrimidine	496-76-4	异巴比妥酸	107.062
	54	6-Methoxy-3-methylbenzofuran	29040-52-6	6-甲氧基-3-甲基苯并呋喃	24.947
	55	3,5-Diamino-1,2,4-triazole	1455-77-2	3,5-二氨基-1,2,4-三氮唑	2.009
	56	5,7-Dimethylpyrimido-[3,4-*a*]-indole	38349-21-2	5,7-二甲基嘧啶[1,6-*a*]吲哚	22.888
	57	(5*R*,8*R*,8*aS*)-8-Butyl-5-pentyloctahydroindolizine	934186-48-8	(5*R*,8*R*,8*aS*)-8-丁基-5-戊基八氢吲哚嗪	9.71
	58	2-Methyl-5-(2-(5-methylfuran-2-yl)propan-2-yl)furan	59212-75-8	2-甲基-5-(2-(5-甲基呋喃-2-基)丙烷-2-基)呋喃	42.576
	小计				1209.473
烯烃	1	1-Methylcycloheptene	55308-20-8	甲基环庚烯	5.327
	2	1-Pentene, 4,4-dimethyl-	762-62-9	4,4-二甲基-1-戊烯	6.454
	3	2-Pentene, 5-(pentyloxy)-, (*E*)-	56052-85-8	(*E*)-5-戊氧基-2-戊烯	4.21
	4	3,6-Octadienal, 3,7-dimethyl-	55722-59-3	3,7-二甲基-3,6-十八二烯	11.79
	5	Acenaphthylene	208-96-8	苊烯	13.815
	6	(*Z*,*Z*)-alpha-Farnesene	1000293-03-1	(*Z*,*Z*)-α-法尼烯	9.876
	7	(*E*)-Stilbene	103-30-0	反式-1,2-二苯乙烯	10.826
	8	4*H*-Chromene, 4*a*,5,6,7,8,8*a*-hexahydro-2,3,5,5,8*a*-pentamethyl-	1000196-77-4	4*a*,5,6,7,8,8*a*-六氢-2,3,5,5,8*a*-五甲基-4*H*-铬烯	7.341
	9	Neophytadiene	504-96-1	新植二烯	670.013
	10	Cetene	629-73-2	1-十六烯	21.644
	11	Supraene	7683-64-9	角鲨烯	63.203
	12	Bicyclo[4.1.0]-3-heptene, 2-isopropenyl-5-isopropyl-7,7-dimethyl-	1000160-93-2	2-异丙烯基-5-异丙基-7,7-二甲基双环[4.1.0]-3-庚烯	37
	13	6,11-Undecadiene, 1-acetoxy-3,7-dimethyl-	1000150-66-0	1-乙酰氧基-3,7-二甲基-6,11-十一二烯	17.676
	14	9-Oxabicyclo[6.1.0]non-4-ene	637-90-1	9-氧杂二环[6.1.0]壬-4-烯	2.204
	15	3,7-Dimethyl-1-phenylsulfonyl-2,6-octadiene	1000432-27-5	3,7-二甲基-1-苯基磺酰基-2,6-辛二烯	34.653
	小计				916.032
醚类	1	Ether, 2-chloro-1-propyl isopropyl	1000150-65-2	2-氯-1-丙基异丙基乙醚	4.415
	2	Methyl propyl ether	557-17-5	甲基丙基醚	1.635
	3	Benzene, 1,4-dimethoxy-	150-78-7	对苯二甲醚	3.805
	4	Benzenamine, 4-methoxy-	104-94-9	对氨基苯甲醚	14.337
	5	Benzene, 1-methoxy-2-methyl-	578-58-5	2-甲基苯甲醚	27.591
	6	3,4-Methylenedioxyanisole	7228-35-5	胡椒酚甲醚	5.374
	7	Benzene, 1-ethyl-4-methoxy-	1515-95-3	4-乙基苯甲醚	24.022
	8	3,5-Dimethylanisole	874-63-5	3,5-二甲基苯甲醚	19.321
	9	Ether, 2-chloro-1-methylethyl isopropyl	98277-76-0	2-氯-1-甲基乙基异丙醚	11.288
	10	Benzene, 2-methoxy-1,3,5-trimethyl-	4028-66-4	2,4,6-三甲基苯甲醚	11.968
	11	Dodecyl octyl ether	1000406-38-4	十二辛基醚	27.27

类别	序号	英文名称	CAS	中文名称	含量/(μg/支)
醚类	12	1-Hydroxypyrene, methyl ether	1000453-43-7	1-羟基芘甲醚	33.7
	13	3-Dimethylaminoanisole	15799-79-8	3-二甲基氨基苯甲醚	13.431
	14	*d*-Ribo-tetrofuranose, 4-*C*-cyclopropyl-1,2-*O*-isopropylidene-, alpha	30571-50-7	4-*C*-环丙基-1,2-*O*-异亚丙基-*α*-D-木糖四氟醚	0.978
		小计			199.135
苯系物	1	Benzene, 1-isocyano-3-methyl-	20600-54-8	1-异氰基-3-甲苯	30.216
	2	Toluene	108-88-3	甲苯	24.828
	3	3,4-(Methylenedioxy)toluene	7145-99-5	3,4-(亚甲二氧基)甲苯	6.174
	4	1,2-Benzenediol, 4-methyl-	452-86-8	3,4-二羟基甲苯	118.759
	5	Benzene, (2,4-cyclopentadien-1-ylidenemethyl)-	7338-50-3	(环戊二烯亚甲基)苯	6.766
	6	Indene	95-13-6	茚	11.454
	7	1*H*-Indene, 1,1-dimethyl-	18636-55-0	1,1-二甲基-1*H*-茚	16.173
	8	1*H*-Indene, 1,3-dimethyl-	2177-48-2	1,3-二甲基-1*H*-茚	19.337
	9	3,5-Dimethoxy-4-hydroxytoluene	6638-05-7	3,5-二甲氧基-4-羟基甲苯	8.847
	10	Fluorene	86-73-7	芴	20.838
	11	9*H*-Fluorene, 9-methyl-	2523-37-7	9-甲基芴	18.098
	12	4*a*,9*a*-Methano-9*H*-fluorene	19540-84-2	4*a*,9*a*-甲烷-9*H*-芴	18.905
	13	Acenaphthene	83-32-9	苊	18.277
	14	Naphthalene, 1,2-dihydro-	447-53-0	1,2-二羟基萘	48.516
	15	2-Hydroxy-3-(thiophen-2-yl)methyl-5-methoxy-1,4-benzoquinone	115686-04-9	2-羟基-3-(噻吩-2-基)甲基-5-甲氧基-1,4-苯醌	54.651
	16	Naphthalene	91-20-3	萘	50.044
	17	2-Fluorenamine	153-78-6	2-氨基芴	8.812
	18	Naphthalene, 1-methyl-	90-12-0	1-甲基萘	26.966
	19	Naphthalene, 2-methyl-	91-57-6	2-甲基萘	22.907
	20	Naphthalene, 2-ethyl-	939-27-5	2-乙基萘	13.387
	21	Naphthalene, 1,6-dimethyl-	575-43-9	1,6-二甲基萘	36.096
	22	Anthracene, 9,10-dihydro-9-(1-methylpropyl)-	10394-54-4	9-丁烷-2-基-9,10-二氢蒽	7.497
	23	Naphthalene, 1,2-dimethyl-	573-98-8	1,2-二甲基萘	16.563
	24	Naphthalene, 1,6,7-trimethyl-	2245-38-7	2,3,5-三甲基萘	48.923
	25	Naphthalene, 1-methyl-7-(1-methylethyl)-	490-65-3	7-异丙-1-甲萘	13.945
		小计			666.979
酸类	1	Pentanoic acid	109-52-4	缬草酸	30.853
	2	2-Propenoic acid, 2-methyl-	79-41-4	2-甲基丙烯酸	3.205
	3	(*E*)-But-2-en-1-yl 2-methylbutanoate	1000372-81-0	(*E*)-2-丁烯-1-基-2-甲基丁酸	11.648
	4	Tiglic acid	80-59-1	惕格酸	1.31
	5	1,2-Cyclopentanedione	3008-40-0	3-[[[(1,1-二甲基乙氧基)羰基]氨基]甲基]-*N*-[(9*H*-芴-9-基甲氧基)羰基]-L-苯丙氨酸	31.651
	6	Butanoic acid, 2-methyl-	116-53-0	2-甲基丁酸	6.094
	7	Butanoic acid, 2-hydroxy-3,3-dimethyl-	4026-20-4	2-羟基-3,3-二甲基丁酸	3.344
	8	1,2-Pyrrolidinedicarboxylic acid, 1-(1,1-dimethylethyl) ester	91716-96-0	1-[(2-甲基丙-2-基)氧羰基]吡咯烷-2-羧酸	1.96

类别	序号	英文名称	CAS	中文名称	含量/(μg/支)
酸类	9	Ethylphosphonic acid	6779-09-5	乙基磷酸	5.129
	10	Heptanoic acid	111-14-8	庚酸	8.814
	11	Octanoic acid	124-07-2	正辛酸	25.082
	12	Benzeneacetic acid	103-82-2	苯乙酸	34.289
	13	*n*-Decanoic acid	334-48-5	正癸酸	24.863
	14	2-Phenylpiperidine-2-carboxylic acid	72518-42-4	2-苯基哌啶-2-羧酸	6.912
	15	Dodecanoic acid	143-07-7	月桂酸	62.079
	16	1,3-Dimethyl 2-(4*b*,5,6,7,8,8*a*,9,10-octahydro-phenanthren-9-yl)propanedioate (isomer 1)	1000445-06-9	1,3-二甲基-2-(4*b*,5,6,7,8,8*a*,9,10-八氢菲-9-基)丙二酸(异构体 1)	17.99
	17	2-Methyl-3-nitrophenyl beta-phenylpropionate	40300-01-4	2-甲基-3-硝基苯基-*β*-苯丙酸	46.219
	18	Acetic acid, (acetyloxy)-	13831-30-6	乙酰氧基乙酸	27.38
	19	Tetradecanoic acid	544-63-8	肉豆蔻酸	29.414
	20	Benzoic acid, 2-(acetyloxy)-5-iodo-	1503-54-4	2-乙酰氧基-5-碘苯甲酸	70.04
	小计				448.276
胺类	1	Benzamide, 4-methoxy-*N*-[4-(1-methylcyclopropyl)phenyl]-	1000351-11-2	4-甲氧基-*N*-[4-(1-甲基环丙基)苯基]苯甲酰胺	13.583
	2	1*H*-1,2,4-Triazol-5-amine, 1-methyl-	15795-39-8	1-甲基-1*H*-1,2,4-噻唑-5-胺	4.849
	3	*N*-tert-Octylacrylamide	4223-03-4	*N*-叔辛基丙烯酰胺	20.651
	4	2-Furancarboxamide, *N*-methyl-*N*-isobutyl-	1000421-31-9	*N*-甲基-*N*-异丁基-2-呋喃甲酰胺	8.064
	5	Hexyl(2-heptyn-1-yl)amine	70490-75-4	己基(2-庚-1-基)胺	46.476
	6	Hexanamide	628-02-4	己酰胺	6.099
	7	4-Methoxy-*o*-phenylenediamine	102-51-2	4-甲氧基邻苯二胺	2.881
	8	2-Methylbenzylamine, *N*-decyl-*N*-methyl-	1000310-39-8	*N*-癸基-*N*-甲基-2-甲基苄胺	10.2
	9	*N*-Methyl-*p*-toluamide	18370-11-1	*N*,4-二甲基苯甲酰胺	7.23
	10	4-Fluorobenzylamine, *N*-decyl-*N*-methyl-	1000310-48-1	*N*-癸基-*N*-甲基-4-氟苄胺	5.203
	11	1,2-Bis(4-methoxyphenyl)-*N*,*N*,*N*′,*N*′-tetra-methylethane-1,2-diamine	1000192-85-9	1,2-双(4-甲氧基苯基)-*N*,*N*,*N*′,*N*′-四甲基乙烷-1,2-二胺	8.486
	12	Acetamide, *N*-(5-methoxy-2-pyrimidinyl)-	1000319-28-1	*N*-(5-甲氧基-2-嘧啶基)乙酰胺	4.5
	13	(+/−)-4-Methoxymethamphetamine, *N*-(trifluoroacetyl)	1000445-43-6	(+/−)-*N*-(三氟乙酰基)-4-甲氧基甲基苯丙胺	21.746
	14	*N*,*N*-Diethylaniline	91-66-7	*N*,*N*-二乙基苯胺	25.601
	15	Phthalimide	85-41-6	邻苯二甲酰亚胺	16.971
	16	Diethyl 3,3′-(methylimino)dipropionate	6315-60-2	*N*,*N*-二(*β*-羧基乙氧基乙基)甲胺	11.335
	17	5-Methyl-2*H*-isoindole-1,3-dione	40314-06-5	4-甲基邻苯二甲酰亚胺	13.194
	18	(−)-*R*-Phenethanamine, 1-methyl-*N*-vanillyl-	1000127-90-4	(−)-*R*-1-甲基-*N*-香草基苯乙胺	46.111
	19	3-Trifluoromethylbenzylamine, *N*-decyl-*N*-methyl-	1000310-29-2	*N*-癸基-*N*-甲基-3-三氟甲基苄胺	10.827
	20	6-Amino-1,3,5-triazine-2,4(1*H*,3*H*)-dione	645-93-2	三聚氰胺一酰胺	729.506
	21	Benzenamine, 3-(2-oxazolo[4,5-*b*]pyridyl)-	1000266-12-8	3-(2-噁唑[4,5-*b*]吡啶基)苯胺	33.689

续表

类别	序号	英文名称	CAS	中文名称	含量/(μg/支)
胺类	22	Nonanamide	1120-07-6	壬酰胺	12.393
	23	1,3,5-Triazine-2,4,6-triamine, N-(4-methylphenyl)-	46731-79-7	N-(4-甲基苯基)-1,3,5-三嗪-2,4,6-三胺	13.901
	24	Ergotaman-3',6',18-trione, 9,10-dihydro-12'-hydroxy-2'-methyl-5'-(phenylmethyl)-, (5' alpha,10 alpha)-	511-12-6	双氢麦角胺	52.1
	25	Cyclohexanecarboxamide	1122-56-1	环己甲酰胺	42.151
	26	13-Docosenamide, (Z)-	112-84-5	芥酸酰胺	318.96
		小计			1486.707
其他类	1	Hydrazine, 1-methyl-1-(2-propenyl)-	20240-70-4	1-甲基-1-丙-2-苯肼	9.751
	2	Acetic anhydride	108-24-7	乙酸酐	26.36
	3	2-furfuryl 2-oxo-3-butyl disulfide	1000365-96-0	2-糠醛-2-氧基-3-丁基二硫化物	16.139
	4	1,3-Oxathiolane, 2,2-dimethyl-	5684-31-1	2,2-二甲基-1,3-噁唑烷	16.743
	5	Propanoic acid, 2-methyl-, anhydride	97-72-3	异丁酸酐	9.056
	6	3,4,5,6-Tetrahydrophthalic anhydride	2426-02-0	3,4,5,6-四氢苯酐	12.814
	7	Benzonitrile	100-47-0	苯甲腈	17.476
	8	Guanidine carbonate	593-85-1	碳酸胍	2.662
	9	3-(Hydroxyimino)-6-methylindolin-2-oxime	107976-73-8	6-甲基板蓝碱-3-肟	4.877
	10	Benzonitrile, 2-methyl-	529-19-1	邻甲基苯腈	46.202
	11	3-Pyridinecarboxaldehyde, oxime, (E)-	51892-16-1	(E)-吡啶-3-甲醛肟	28.202
	12	1-Bromo-2-(4-hydroxyphenyl)ethane	1000327-12-0	1-溴-2-(4-羟基苯基)乙烷	24.335
	13	1-(3-Hydroxyphenyl)urea	701-82-6	3-羟基苯基脲	12.464
	14	2,4-Dioxaspiro[5.5]undecane, 7,9,11-trimethyl-	69745-75-1	7,9,11-三甲基-2,4-二氧西罗[5.5]十一烷	15.41
	15	Catecholborane	274-07-7	儿茶酚硼烷	91.396
	16	Benzenepropanenitrile	645-59-0	苯代丙腈	40.261
	17	Ethane, 1,2-dibromo-1-chloro-	598-20-9	1,2-二溴-1-氯乙烷	8.554
	18	Duroquinone	527-17-3	杜醌	18.287
	19	Pyrrolidine, 1-benzyl-2-(1-hydroxyethyl)-	1000164-55-5	1-苄基-2-(1-羟乙基)吡咯烷	17.48
	20	1,4-Oxathiin, 2,3-dihydro-6-methyl-	3643-97-8	6-甲基-2,3-二氢-1,4-氧硫辛	1941.236
	21	Catechol, 2TMS derivative	5075-52-5	三甲基(2-三甲基硅氧基苯氧基)硅烷	39.174
	22	3-(1-Hydroxy-1-methylethyl)benzonitrile	1000191-77-2	3-(1-羟基-1-甲基乙基)苯甲腈	369.422
	23	Semioxamazide	515-96-8	奥肼	414.313
	24	Benzphetamine	156-08-1	苄非他明	10.998
	25	Geranyl bromide	6138-90-5	香叶基溴	8.947
	26	Probarbital	76-76-6	普罗巴比妥	3.537
	27	3,7,11-Trimethyl-2,6,10-dodecatrienenitrile	29789-67-1	3,7,11-三甲基十二烷基-2,6,10-三乙腈	49.718
	28	Benzene, 1-(bromomethyl)-3-nitro-	3958-57-4	3-硝基溴苄	12.67
	29	1H-2-Benzopyran-1-one, 3,4-dihydro-	4702-34-5	1-异色满酮	9.509
	30	2,2,4-Trimethyl-1,3-pentanediol diisobutyrate	6846-50-0	2,2,4-三甲基-1,3-二(2-甲基丙酰氧基)戊烷	102.134

续表

类别	序号	英文名称	CAS	中文名称	含量/(μg/支)
	31	Carbamic acid, methylphenyl-, ethyl ester	2621-79-6	N-甲基-N-苯基乌拉坦	12.918
	32	1,3-Dioxolo[4,5-g]isoquinolin-5-ol, 5,6,7,8-tetrahydro-6-methyl-	6592-85-4	乙种北美黄连碱	68.178
	33	Thiazolo[3,2-a]pyridinium, 8-hydroxy-2,5-dimethyl-, hydroxide, inner salt	30276-97-2	8-羟基-2,5-二甲基[1,3]噻唑并[3,2-a]吡啶-4-鎓	15.926
	34	Silane, trimethyl(2-methylphenyl)-	7450-03-5	三甲基(2-甲基苯基)硅烷	17.298
	35	Diphenylacetylene	501-65-5	二苯基乙炔	47.109
	36	4.5-Methylen-9,10-dihydrophenanthrene	27410-55-5	4,5-亚甲基-9,10-二氢菲	35.873
	37	Pirimiphos methyl	29232-93-7	甲基嘧啶磷	165.853
	38	Gabapentin, N-TFA	1000461-51-0	加巴喷丁	16.183
	39	3-Benzylsulfonyl-2,6,6-trimethylbicyclo heptane	1000242-12-7	3-苄基磺酰基-2,6,6-三甲基双环庚烷	32.681
	40	Pyrene	129-00-0	芘	11.161
	41	1,11-Dodecadiyne	20521-44-2	1,11-十二二炔	10.672
	42	Benzonitrile, 2-benzylthio-4-methoxy-	1000277-13-1	2-苄基硫基-4-甲氧基苯甲腈	88.563
	43	Cyanogen bromide	506-68-3	溴化氰	10.555
	44	Octanoic acid, TBDMS derivative	104255-72-3	辛酸,TBDMS 衍生物	34.354
	45	Butane, 2,2-dimethyl-	75-83-2	2,2-二甲基丁烷	4.357
	46	Bicyclo[2.2.1]heptane, 1,3,3-trimethyl-	6248-88-0	1,3,3-三甲基降冰片烷	11.98
	47	Cyclohexane, 1,2-dimethyl-, cis-	2207-01-4	顺-1,2-二甲基环己烷	4.141
	48	Cyclohexane, 1,1'-(1-methyl-1,3-propanediyl)bis-	41851-35-8	4-环己基丁烷-2-基环己烷	132.081
其他类	49	3,7,11-Trimethyl-2,6,10-dodecatrienyl phenyl sulfone	1000432-39-0	3,7,11-三甲基-2,6,10-十二三烯基苯基砜	99.655
	50	(+)-4-[[(R)-5,6,7,8-Tetrahydro-1,3-dioxolo[4,5-g]isoquinoline-5-yl]methyl]phenol	34168-00-8	(+)-去甲肉桂酰脲	63.325
	51	2,2-Dimethyl-propyl 2,2-dimethyl-propanesulfinyl sulfone	82360-14-3	2,2-二甲基丙基-2,2-二甲基丙亚砜	1.646
	52	Dodecane, 2,6,10-trimethyl-	3891-98-3	2,6,10-三甲基十二烷	59.902
	53	Undecane, 2,3-dimethyl-	17312-77-5	2,3-二甲基癸烷	11.156
	54	Ferrocene, [(pentafluorophenyl)methyl]-	55334-24-2	[(五氟苯基)甲基]二茂铁	0.347
	55	1-Ethyl-1-nonyloxy-1-silacyclopentane	1000283-14-6	1-乙基-1-壬氧基-1-硅烷	57.712
	56	Phenanthrene, 9-ethyl-3,6-dimethoxy-10-methyl-	5025-37-6	9-乙基-3,6-二甲氧基-10-甲基菲	98.56
	57	1-Tripropylsilyloxyundecane	1000283-11-6	1-三丙基硅氧基十一烷	62.424
	58	2-Cyano-2-O-fluorosulfatofluoropropane	1000306-51-7	2-氰基-2-O-氟磺酸盐氟丙烷	2.092
	59	2-Methyl-3-(3-methyl-but-2-enyl)-2-(4-methyl-pent-3-enyl)-oxetane	1000144-10-2	2-甲基-3-(3-甲基-丁-2-烯基)-2-(4-甲基-戊-3-烯基)氧杂环丁烷	51.137
	60	Octacosane, 2-methyl-	1560-98-1	2-甲基二十八(碳)烷	21.491
	61	Tetracosane	646-31-1	正二十四烷	88.566
	62	Nonacosane, 3-methyl-	14167-67-0	3-甲基二十九(碳)烷	52.173
	63	1-(Trihexylsilyloxy)pentane	1000308-32-2	1-(三己基硅氧基)戊烷	19.037
	64	2-Amino-4-(2-cyclohexyl-ethyl)-7-methyl-5-oxo-4H,5H-pyrano[4,3-b]pyran-3-carbonitrile	1000317-56-7	2-氨基-4-(2-环己基乙基)-7-甲基-5-氧代-4H,5H-吡喃并[4,3-b]吡喃-3-碳腈	20.956

续表

类别	序号	英文名称	CAS	中文名称	含量/(μg/支)
其他类	65	3-Methyltriacontane	72227-01-1	3-甲基三十(碳)烷	41.287
	66	Tetradecane, 4-methyl-	25117-24-2	4-甲基十四烷	118.801
	67	N,N-Bis(hydroxyethyl)-2-aminoethanesulfonic acid, 3TBDMS derivative	1000366-68-8	N,N-双(羟乙基)-2-氨基乙烷磺酸，3TBDMS 衍生物	39.686
	68	Hexadecane	544-76-3	正十六烷	59.267
	69	1,1,1-Trifluoro-3-hydroxy-5,9-dimethyldecan-2-one	28745-07-5	4-乙酰氧基乙酰苯胺-6-乙酰氧基-2-萘酸-对苯二甲酸共聚物	8.343
	70	Undecane, 4,7-dimethyl-	17301-32-5	4,7-二甲基十一烷	38.126
		小计			5115.699
未知物	1	—	—	未知物-1	70.667
	2	—	—	未知物-2	31.482
	3	—	—	未知物-3	25.059
	4	—	—	未知物-4	9.617
	5	—	—	未知物-5	3.901
	6	—	—	未知物-6	1.514
	7	—	—	未知物-7	3.841
	8	—	—	未知物-8	2.689
	9	—	—	未知物-9	8.7
	10	—	—	未知物-10	8.514
	11	—	—	未知物-11	7.888
	12	—	—	未知物-12	2.46
	13	—	—	未知物-13	1.311
	14	—	—	未知物-14	3.652
	15	—	—	未知物-15	0.757
	16	—	—	未知物-16	2.242
	17	—	—	未知物-17	3.427
	18	—	—	未知物-18	2.196
	19	—	—	未知物-19	4.826
	20	—	—	未知物-20	0.586
	21	—	—	未知物-21	43.467
	22	—	—	未知物-22	4.402
	23	—	—	未知物-23	0.775
	24	—	—	未知物-24	8.803
	25	—	—	未知物-25	6.612
	26	—	—	未知物-26	3.06
	27	—	—	未知物-27	5.165
	28	—	—	未知物-28	3.627
	29	—	—	未知物-29	5.33
	30	—	—	未知物-30	4.957
	31	—	—	未知物-31	2.945
	32	—	—	未知物-32	13.733

续表

类别	序号	英文名称	CAS	中文名称	含量/(μg/支)
未知物	33	—	—	未知物-33	3.292
	34	—	—	未知物-34	4.841
	35	—	—	未知物-35	13.574
	36	—	—	未知物-36	17.073
	37	—	—	未知物-37	32.174
	38	—	—	未知物-38	4.431
	39	—	—	未知物-39	19.823
	40	—	—	未知物-40	11.852
	41	—	—	未知物-41	1.977
	42	—	—	未知物-42	4.759
	43	—	—	未知物-43	7.128
	44	—	—	未知物-44	7.897
	45	—	—	未知物-45	3.405
	46	—	—	未知物-46	2.421
	47	—	—	未知物-47	6.945
	48	—	—	未知物-48	4.538
	49	—	—	未知物-49	44.125
	50	—	—	未知物-50	7.043
	51	—	—	未知物-51	3.894
	52	—	—	未知物-52	4.567
	53	—	—	未知物-53	5.96
	54	—	—	未知物-54	8.727
	55	—	—	未知物-55	17.357
	56	—	—	未知物-56	4.374
	57	—	—	未知物-57	13.701
	58	—	—	未知物-58	6.454
	59	—	—	未知物-59	5.218
	60	—	—	未知物-60	40.297
	61	—	—	未知物-61	8.319
	62	—	CAS	未知物-62	11.632
	63	—	—	未知物-63	7.133
	64	—	—	未知物-64	1.033
	65	—	—	未知物-65	6.064
	66	—	—	未知物-66	11.078
	67	—	—	未知物-67	8.917
	68	—	—	未知物-68	6.175
	69	—	—	未知物-69	6.361
	70	—	—	未知物-70	6.725
	71	—	—	未知物-71	9.947
	72	—	—	未知物-72	12.76
	73	—	—	未知物-73	6.165

续表

类别	序号	英文名称	CAS	中文名称	含量/(μg/支)
	74	—	—	未知物-74	22.24
	75	—	—	未知物-75	2.466
	76	—	—	未知物-76	0.317
	77	—	—	未知物-77	17.548
	78	—	—	未知物-78	9.46
	79	—	—	未知物-79	18.053
	80	—	—	未知物-80	953.719
	81	—	—	未知物-81	2.637
	82	—	—	未知物-82	1.658
	83	—	—	未知物-83	5.81
	84	—	—	未知物-84	89.665
	85	—	—	未知物-85	4919.311
	86	—	—	未知物-86	97.645
	87	—	—	未知物-87	2078.266
	88	—	—	未知物-88	49.925
	89	—	—	未知物-89	107.325
	90	—	—	未知物-90	45.873
	91	—	—	未知物-91	9.889
	92	—	—	未知物-92	3.923
	93	—	—	未知物-93	5.265
未知物	94	—	—	未知物-94	6.051
	95	—	—	未知物-95	9.986
	96	—	—	未知物-96	8.39
	97	—	—	未知物-97	11.319
	98	—	—	未知物-98	9.385
	99	—	—	未知物-99	12.497
	100	—	—	未知物-100	7.311
	101	—	—	未知物-101	20.906
	102	—	—	未知物-102	9.86
	103	—	—	未知物-103	4.73
	104	—	—	未知物-104	16.944
	105	—	—	未知物-105	10.634
	106	—	—	未知物-106	10.501
	107	—	—	未知物-107	3.902
	108	—	—	未知物-108	25.109
	109	—	—	未知物-109	11.285
	110	—	—	未知物-110	5.481
	111	—	—	未知物-112	10.411
	112	—	—	未知物-111	8.881
	113	—	—	未知物-113	9.13
	114	—	—	未知物-114	11.369

续表

类别	序号	英文名称	CAS	中文名称	含量/(μg/支)
未知物	115	—	—	未知物-115	10.702
	116	—	—	未知物-116	9.952
	117	—	—	未知物-117	17.294
	118	—	—	未知物-118	21.45
	119	—	—	未知物-119	13.7
	120	—	—	未知物-120	11.67
	121	—	—	未知物-121	10.241
	122	—	—	未知物-122	10.062
	123	—	—	未知物-123	9.454
	124	—	—	未知物-124	11.214
	125	—	—	未知物-125	10.263
	126	—	—	未知物-126	7.598
	127	—	—	未知物-127	3.315
	128	—	—	未知物-128	8.04
	129	—	—	未知物-129	19.65
	130	—	—	未知物-130	23.034
	131	—	—	未知物-131	5.637
	132	—	—	未知物-132	14.188
	133	—	—	未知物-133	14.901
	134	—	—	未知物-134	4.82
	135	—	—	未知物-135	11.295
	136	—	—	未知物-136	3.305
	137	—	—	未知物-137	12.144
	138	—	—	未知物-138	12.747
	139	—	—	未知物-139	6.996
	140	—	—	未知物-140	7.407
	141	—	—	未知物-141	10.414
	142	—	—	未知物-142	12.664
	143	—	—	未知物-143	19.515
	144	—	—	未知物-144	8.136
	145	—	—	未知物-145	14.271
	146	—	—	未知物-146	27.318
	147	—	—	未知物-147	13.73
	148	—	—	未知物-148	14.34
	149	—	—	未知物-149	17.271
	150	—	—	未知物-150	4.927
	151	—	—	未知物-151	11.092
	152	—	—	未知物-152	7.09
	153	—	—	未知物-153	8.517
	154	—	—	未知物-154	4.723
	155	—	—	未知物-155	11.608

续表

类别	序号	英文名称	CAS	中文名称	含量/(μg/支)
未知物	156	—	—	未知物-156	24.111
	157	—	—	未知物-157	6.856
	158	—	—	未知物-158	6.292
	159	—	—	未知物-159	7.027
	160	—	—	未知物-160	3.809
	161	—	—	未知物-161	7.579
	162	—	—	未知物-162	12.18
	163	—	—	未知物-163	13.091
	164	—	—	未知物-164	3.25
	165	—	—	未知物-165	25.349
	166	—	—	未知物-166	4.763
	167	—	—	未知物-167	20.852
	168	—	—	未知物-168	6.561
	169	—	—	未知物-169	11.89
	170	—	—	未知物-170	16.265
	171	—	—	未知物-171	5.687
	172	—	—	未知物-172	12.848
	173	—	—	未知物-173	8.468
	174	—	—	未知物-174	9.519
	175	—	—	未知物-175	9.363
	176	—	—	未知物-176	13.832
	177	—	—	未知物-177	19.617
	178	—	—	未知物-178	14.201
	179	—	—	未知物-179	5.344
	180	—	—	未知物-180	16.783
	181	—	—	未知物-181	9.413
	182	—	—	未知物-182	17.642
	183	—	—	未知物-183	14.083
	184	—	—	未知物-184	8.967
	185	—	—	未知物-185	8.879
	186	—	—	未知物-186	9.641
	187	—	—	未知物-187	12.123
	188	—	—	未知物-188	6.078
	189	—	—	未知物-189	7.684
	190	—	—	未知物-190	8.832
	191	—	—	未知物-191	9.893
	192	—	—	未知物-192	7.405
	193	—	—	未知物-193	7.807
	194	—	—	未知物-194	14.121
	195	—	—	未知物-195	6.036
	196	—	—	未知物-196	6.959

类别	序号	英文名称	CAS	中文名称	含量/(μg/支)
	197	—	—	未知物-197	9.222
	198	—	—	未知物-198	10.476
	199	—	—	未知物-199	13.856
	200	—	—	未知物-200	7.983
	201	—	—	未知物-201	6.521
	202	—	—	未知物-202	15.488
	203	—	—	未知物-203	12.201
	204	—	—	未知物-204	11.014
	205	—	—	未知物-205	32.69
	206	—	—	未知物-206	15.377
	207	—	—	未知物-207	26.508
	208	—	—	未知物-208	6.346
	209	—	—	未知物-209	15.528
	210	—	—	未知物-210	2.766
	211	—	—	未知物-211	54.221
	212	—	—	未知物-212	14.685
	213	—	—	未知物-213	18.065
	214	—	—	未知物-214	7.019
	215	—	—	未知物-215	8.006
	216	—	—	未知物-216	12.943
未知物	217	—	—	未知物-217	5.167
	218	—	—	未知物-218	0.647
	219	—	—	未知物-219	8.322
	220	—	—	未知物-220	7.349
	221	—	—	未知物-221	13.02
	222	—	—	未知物-222	15.598
	223	—	—	未知物-223	5.083
	224	—	—	未知物-224	11.648
	225	—	—	未知物-225	7.728
	226	—	—	未知物-226	6.231
	227	—	—	未知物-227	76.351
	228	—	—	未知物-228	12.294
	229	—	—	未知物-229	4.208
	230	—	—	未知物-230	6.965
	231	—	—	未知物-231	6.512
	232	—	—	未知物-232	22.181
	233	—	—	未知物-233	8.667
	234	—	—	未知物-234	24.22
	235	—	—	未知物-235	3.162
	236	—	—	未知物-236	15.074
	237	—	—	未知物-237	2.707

续表

类别	序号	英文名称	CAS	中文名称	含量/(μg/支)
未知物	238	—	—	未知物-238	17.922
	239	—	—	未知物-239	9.79
	240	—	—	未知物-240	3.703
	241	—	—	未知物-241	38.735
	242	—	—	未知物-242	3.217
	243	—	—	未知物-243	21.148
	244	—	—	未知物-244	3.172
	245	—	—	未知物-245	49.289
	246	—	—	未知物-246	14.969
	247	—	—	未知物-247	7.057
	248	—	—	未知物-248	4.631
	249	—	—	未知物-249	6.942
	250	—	—	未知物-250	7.844
	251	—	—	未知物-251	40.164
	252	—	—	未知物-252	4.724
	253	—	—	未知物-253	3.7
	254	—	—	未知物-254	13.312
	255	—	—	未知物-255	5.933
	256	—	—	未知物-256	1.473
	257	—	—	未知物-257	11.635
	258	—	—	未知物-258	108.678
	259	—	—	未知物-259	53.662
	260	—	—	未知物-260	0.417
	261	—	—	未知物-261	6.181
	262	—	—	未知物-262	102.775
	263	—	—	未知物-263	4.885
	264	—	—	未知物-264	7.572
	265	—	—	未知物-265	7.694
	266	—	—	未知物-266	11.062
	267	—	CAS	未知物-267	27.066
	268	—	—	未知物-268	15.287
	269	—	—	未知物-269	5.712
	270	—	—	未知物-270	13.98
	271	—	—	未知物-271	14.865
	272	—	—	未知物-272	13.798
	273	—	—	未知物-273	9.225
	274	—	—	未知物-274	11.681
	275	—	—	未知物-275	23.999
	276	—	—	未知物-276	17.277
	277	—	—	未知物-277	7.231
	278	—	—	未知物-278	14.141

类别	序号	英文名称	CAS	中文名称	含量/(μg/支)
	279	—	—	未知物-279	1.381
	280	—	—	未知物-280	41.275
	281	—	—	未知物-281	56.18
	282	—	—	未知物-282	15.551
	283	—	—	未知物-283	4.526
	284	—	—	未知物-284	54.585
	285	—	—	未知物-285	0.483
	286	—	—	未知物-286	6.053
	287	—	—	未知物-287	6.536
	288	—	—	未知物-288	94.433
	289	—	—	未知物-289	29.382
	290	—	—	未知物-290	4.572
	291	—	—	未知物-291	24.159
	292	—	—	未知物-292	49.26
	293	—	—	未知物-293	65.332
	294	—	—	未知物-294	0.815
	295	—	—	未知物-295	15.922
	296	—	—	未知物-296	51.713
	297	—	—	未知物-297	72.108
未知物	298	—	—	未知物-298	12.895
	299	—	—	未知物-299	5.915
	300	—	—	未知物-300	9.499
	301	—	—	未知物-301	2.934
	302	—	—	未知物-302	2.391
	303	—	—	未知物-303	29.81
	304	—	—	未知物-304	11.967
	305	—	—	未知物-305	39.685
	306	—	—	未知物-306	15.855
	307	—	—	未知物-307	1.031
	308	—	—	未知物-308	38.625
	309	—	—	未知物-309	3.062
	310	—	—	未知物-310	3.162
	311	—	—	未知物-311	31.077
	312	—	—	未知物-312	58.966
	313	—	—	未知物-313	34.074
	314	—	—	未知物-314	30.219
	315	—	—	未知物-315	5.384
	316	—	—	未知物-316	42.192
	317	—	—	未知物-317	21.023
	318	—	—	未知物-318	24.688

类别	序号	英文名称	CAS	中文名称	含量/(μg/支)
	319	—	—	未知物-319	39.125
	320	—	—	未知物-320	2.091
	321	—	—	未知物-321	11.033
	322	—	—	未知物-322	3.18
	323	—	—	未知物-323	2.831
	324	—	—	未知物-324	22.396
	325	—	—	未知物-325	5.397
	326	—	—	未知物-326	1.702
	327	—	—	未知物-327	20.524
	328	—	—	未知物-328	9.701
	329	—	—	未知物-329	2.619
	330	—	—	未知物-330	65.181
	331	—	—	未知物-331	27.534
	332	—	—	未知物-332	111.251
	333	—	—	未知物-333	1448.386
	334	—	—	未知物-334	2.955
	335	—	—	未知物-335	4.475
	336	—	—	未知物-336	10.396
	337	—	—	未知物-337	2.497
未知物	338	—	—	未知物-338	3.162
	339	—	—	未知物-339	11.18
	340	—	—	未知物-340	11.026
	341	—	—	未知物-341	13.919
	342	—	—	未知物-342	3.302
	343	—	—	未知物-343	3.302
	344	—	—	未知物-344	4.313
	345	—	—	未知物-345	0.254
	346	—	—	未知物-346	1.337
	347	—	—	未知物-347	72.56
	348	—	—	未知物-348	5.233
	349	—	—	未知物-349	20.975
	350	—	—	未知物-350	3.491
	351	—	—	未知物-351	0.204
	352	—	—	未知物-352	0.204
	353	—	—	未知物-353	16.616
	354	—	—	未知物-354	92.772
	355	—	—	未知物-355	40.1
	356	—	—	未知物-356	17.553
	357	—	—	未知物-357	1.717
	358	—	—	未知物-358	1.78

续表

类别	序号	英文名称	CAS	中文名称	含量/(μg/支)
未知物	359	—	—	未知物-359	18.013
	360	—	—	未知物-360	2.208
	361	—	—	未知物-361	18.093
	362	—	—	未知物-362	31.15
	363	—	—	未知物-363	7.108
	364	—	—	未知物-364	6.952
	365	—	—	未知物-365	40.275
	366	—	—	未知物-366	3.07
	367	—	—	未知物-367	53.761
	368	—	—	未知物-368	11.393
	369	—	—	未知物-369	5.094
	370	—	—	未知物-370	17.61
	371	—	—	未知物-371	9.778
	372	—	—	未知物-372	74.517
	373	—	—	未知物-373	1.495
	374	—	—	未知物-374	4.245
	375	—	—	未知物-375	2.277
	376	—	—	未知物-376	8.158
	377	—	—	未知物-377	7.262
	378	—	—	未知物-378	1.86
	379	—	—	未知物-379	14.429
	380	—	—	未知物-380	5.328
	381	—	—	未知物-381	33.644
	382	—	—	未知物-382	6.984
	383	—	—	未知物-383	0.219
	384	—	—	未知物-384	1.15
	385	—	—	未知物-385	1.726
	386	—	—	未知物-386	1.653
	387	—	—	未知物-387	2.876
	388	—	—	未知物-388	28.959
	389	—	—	未知物-389	0.321
	390	—	—	未知物-390	3.673
	391	—	—	未知物-391	31.967
	392	—	—	未知物-392	0.844
	393	—	—	未知物-393	51.922
	394	—	—	未知物-394	463.193
	395	—	—	未知物-395	27.712
	396	—	—	未知物-396	31.786
	397	—	—	未知物-397	4.506
	398	—	—	未知物-398	43.559

类别	序号	英文名称	CAS	中文名称	含量/(μg/支)
	399	—	—	未知物-399	0.46
	400	—	—	未知物-400	0.79
	401	—	—	未知物-401	3.139
	402	—	—	未知物-402	105.7
	403	—	—	未知物-403	95.317
	404	—	—	未知物-404	35.335
	405	—	—	未知物-405	202.249
	406	—	—	未知物-406	29.792
	407	—	—	未知物-407	121.617
	408	—	—	未知物-408	11.302
	409	—	—	未知物-409	0.314
	410	—	—	未知物-410	26.045
	411	—	—	未知物-411	273.257
	412	—	—	未知物-412	0.352
	413	—	—	未知物-413	1.877
	414	—	—	未知物-414	1.908
	415	—	—	未知物-415	78.033
	416	—	—	未知物-416	276.048
	417	—	—	未知物-417	0.214
未知物	418	—	—	未知物-418	1.406
	419	—	—	未知物-419	351.15
	420	—	—	未知物-420	12.669
	421	—	—	未知物-421	72.571
	422	—	—	未知物-422	971.915
	423	—	—	未知物-423	2.463
	424	—	—	未知物-424	0.209
	425	—	—	未知物-425	45.063
	426	—	—	未知物-426	2.84
	427	—	—	未知物-427	86.374
	428	—	—	未知物-428	12.247
	429	—	—	未知物-429	91.342
	430	—	—	未知物-430	11.363
	431	—	—	未知物-431	8.806
	432	—	—	未知物-432	4.968
	433	—	—	未知物-433	28.449
	434	—	—	未知物-434	20.018
	435	—	—	未知物-435	2.151
	436	—	—	未知物-436	0.544
	437	—	—	未知物-437	0.24
	438	—	—	未知物-438	33.185

类别	序号	英文名称	CAS	中文名称	含量/(μg/支)
未知物	439	—	—	未知物-439	57.567
	440	—	—	未知物-440	0.956
	441	—	—	未知物-441	1.287
	442	—	—	未知物-442	116.466
	443	—	—	未知物-443	3.692
	444	—	—	未知物-444	0.872
	445	—	—	未知物-445	12.932
	446	—	—	未知物-446	4.308
	447	—	—	未知物-447	1.662
	448	—	—	未知物-448	2.236
	449	—	—	未知物-449	780.018
	450	—	—	未知物-450	2.451
	451	—	—	未知物-451	2.397
	452	—	—	未知物-452	19.54
	453	—	—	未知物-453	319.871
	454	—	—	未知物-454	474.554
	455	—	—	未知物-455	149.408
	456	—	—	未知物-456	4.396
	457	—	—	未知物-457	113.177
	458	—	—	未知物-458	17.705
	459	—	—	未知物-459	4.104
	460	—	—	未知物-460	37.636
	461	—	—	未知物-461	13.105
	462	—	—	未知物-462	17.571
	463	—	—	未知物-463	15.319
	464	—	—	未知物-464	6.003
	465	—	—	未知物-465	3.718
	466	—	—	未知物-466	11.397
	467	—	—	未知物-467	10.098
	468	—	—	未知物-468	3.824
	469	—	—	未知物-469	2.72
	470	—	—	未知物-470	1.333
	471	—	—	未知物-471	3.87
	472	—	—	未知物-472	1.025
	473	—	—	未知物-473	1.025
	474	—	—	未知物-474	3.721
	475	—	—	未知物-475	3.538
	476	—	—	未知物-476	6.33
小计					21075.148
总计					47302.914

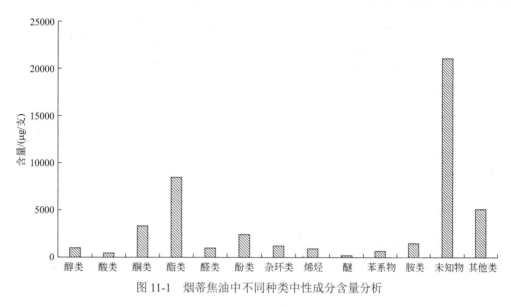

图 11-1　烟蒂焦油中不同种类中性成分含量分析

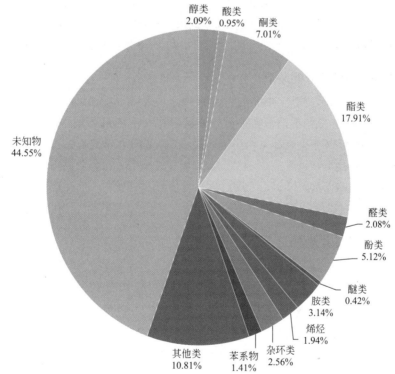

图 11-2　烟蒂焦油中不同种类中性成分占比分析

11.2　烟蒂焦油中碱性成分的测定分析

11.2.1　实验材料、试剂及仪器

实验材料：卷烟样品［(54mm 烟支+30mm 醋纤滤嘴)×圆周 24.3mm］，内蒙古昆明卷烟有限责任公司。

实验试剂：无水硫酸钠，分析纯，天津市德恩化学试剂有限公司；氢氧化钠（分析纯）、二氯甲烷（色谱纯），天津市凯通化学试剂有限公司；盐酸，分析纯，上海振金化学试剂有限公司；无水乙醇，色谱纯，天津市凯通化学试剂有限公司。

碱性标准样品：2-乙酰基吡啶（纯度 99.00%，上海青浦合成试剂厂）；3-乙基吡啶、喹啉、吡啶、2-甲基吡啶、3-甲基吡啶、2,6-二甲基吡啶、2,6-二甲基吡嗪、2,3-二甲基吡啶、3-乙烯基吡啶、2,4,6-三甲基吡啶、3,5-二甲基吡啶、2,3,5-三甲基吡啶、2,3,5-三甲基吡嗪（纯度≥98.00%，北京百灵威科技有限公司）；乙酸苯乙酯，质量分数≥98%，北京百灵威科技有限公司。

实验仪器参见表 11-1。

11.2.2　实验方法

11.2.2.1　萃取溶液及标准溶液的配制

准确称取乙酸苯乙酯 0.025g（精确至 0.1mg）于 250mL 容量瓶中，用二氯甲烷定容，得到内标溶液，浓度为 0.1000mg/mL。

准确称取一定量的碱性成分于容量瓶中，用内标溶液定容至 100mL，得到混合标准储备液；准确移取混合标准储备液 0mL、0.1mL、0.2mL、0.3mL、0.6mL、1.2mL、2.5mL、5.0mL 分别置于 10mL 容量瓶中，用内标溶液定容，即得到 1~8 级碱性混合标准溶液。

11.2.2.2　焦油中碱性成分的萃取

称取烟蒂湿焦油 0.6g，置于 150mL 三角瓶中，加入 60mL 二氯甲烷萃取液，振荡萃取 30min，结束后，将三角瓶内的溶液转移至分液漏斗中，用 15mL 5%的 HCl 洗脱三次，合并上层酸液层，转移至烧杯中，在冰水浴环境用 20%NaOH 溶液进行滴加，并用玻璃棒连续搅拌至 pH=14，转移至分液漏斗中。用 20mL 二氯甲烷萃取 3 次，合并下层液，得到碱性成分萃取液。加入适量的无水硫酸钠，干燥过夜，转移至浓缩瓶中，加入 1mL 内标溶液，浓缩至 1mL，过 0.45μm 有机膜后转移至色谱瓶中，待进样。

11.2.2.3　气相色谱质谱条件

气相色谱条件如下。

色谱柱：HP-5MS（60m × 0.25mm× 0.25μm）；升温程序：初温 40℃、保持 2min，以 3℃/min 的速率升温至 250℃、保持 10min；载气：He，流速 1.0mL/min；进样口温度：280℃；进样量：1μL；分流比：5∶1。

质谱条件如下。

电子轰击（EI）离子源；电子能量 70eV；传输线温度：280℃；离子源温度：230℃，四极杆温度：150℃；扫描方式：选择离子检测（SIM）。碱性成分的保留时间及定量和定性离子见表 11-3。

表 11-3　碱性成分保留时间及定量和定性离子

序号	化合物名称	保留时间/min	定量离子（m/z）	定性离子（m/z）
1	吡啶	9.65	79	52、86
2	2-甲基吡啶	12.63	93	66、78
3	3-甲基吡啶	14.65	93	66、84

续表

序号	化合物名称	保留时间/min	定量离子（m/z）	定性离子（m/z）
4	2,6-二甲基吡啶	15.86	107.1	66、84
5	2,6-二甲基吡嗪	17.12	108	42、95
6	2,3-二甲基吡啶	18.93	107	92、79
7	3-乙基吡啶	19.55	107	92、65
8	3-乙烯基吡啶	20.03	105	78、51
9	2,4,6-三甲基吡啶	21.42	121.1	79、106
10	2,3,5-三甲基吡嗪	21.92	122	81、42
11	3,5-二甲基吡啶	22.01	107	79、121
12	2-乙酰基吡啶	23.48	79	121、93
13	2,3,5-三甲基吡啶	25.35	121	106、79
14	喹啉	33.95	129	102、103
15	乙酸苯乙酯①	34.60	104	43、91

① 内标。

11.2.3 结果与分析

11.2.3.1 工作曲线、检出限和定量限

对配制的混合标准溶液进行分析，以各标样成分和内标色谱峰面积比（y）对相应的分析物浓度与内标浓度比（x）进行线性回归分析，得到特征成分回归方程及相关系数 R^2，结果见表11-4。由表11-4可以看出，相关系数 R^2 均≥0.99，所建标准曲线可以满足烟蒂碱性成分测定的要求。

表11-4 特征成分回归方程、R^2、线性范围

序号	成分	回归方程	R^2	线性范围/(μg/mL)
1	吡啶	$y=2.0453x-0.0241$	0.9993	6.2～620.00
2	2-甲基吡啶	$y=1.6098x-0.0066$	0.9996	3.01～301.00
3	3-甲基吡啶	$y=2.058x-0.087$	0.9991	8.77～877.00
4	2,6-二甲基吡啶	$y=1.4598x-0.0145$	0.9998	2.3～230.00
5	2,6-二甲基吡嗪	$y=1.655x+0.0004$	0.9994	2.1～210.00
6	2,3-二甲基吡啶	$y=1.6234x+0.0041$	0.9995	1.4～140.00
7	3-乙基吡啶	$y=1.3595x+0.032$	0.9993	4.61～461.00
8	3-乙烯基吡啶	$y=2.2827x+0.0172$	0.9999	1.27～127.00
9	2,4,6-三甲基吡啶	$y=1.1736x+0.0069$	0.999	1.48～148.00
10	2,3,5-三甲基吡嗪	$y=1.9816x-0.0114$	0.9992	1.58～158.00
11	3,5-二甲基吡啶	$y=1.9113x+0.005$	0.9995	1.03～103.00
12	2-乙酰基吡啶	$y=1.9186x+0.0125$	0.9994	0.64～64.00
13	2,3,5-三甲基吡啶	$y=1.1859x+0.0059$	0.9998	0.58～58.00
14	喹啉	$y=1.2415x+0.0714$	0.9990	3.54～354.00

11.2.3.2　焦油中碱性成分测定分析结果

焦油中碱性成分测定分析结果如表 11-5 所示。结果表明，烟蒂焦油中碱性成分总含量为 12.38μg/支，其中吡啶、吡嗪、喹啉类含量分别为 10.68μg/支、0.85μg/支、0.85μg/支，如图 11-3 所示。

表 11-5　烟蒂焦油中碱性成分分析结果

序号	化合物名称	含量/(μg/支)
1	吡啶	2.79
2	2-甲基吡啶	0.71
3	3-甲基吡啶	2.86
4	2,6-二甲基吡啶	0.13
5	2,6-二甲基吡嗪	0.43
6	2,3-二甲基吡啶	0.27
7	3-乙基吡啶	0.88
8	3-乙烯基吡啶	2.37
9	2,4,6-三甲基吡啶	0.12
10	2,3,5-三甲基吡嗪	0.42
11	3,5-二甲基吡啶	0.10
12	2-乙酰基吡啶	0.33
13	2,3,5-三甲基吡啶	0.12
14	喹啉	0.85
总含量		12.38

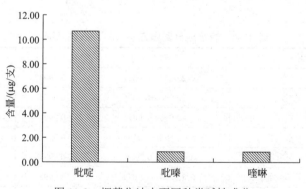

图 11-3　烟蒂焦油中不同种类碱性成分

11.3　烟蒂焦油中有机酸的测定分析

11.3.1　实验材料、试剂及仪器

实验材料：卷烟样品［(54mm 烟支+30mm 醋纤滤嘴)×圆周 24.3mm］，内蒙古昆明卷烟有限责任公司。

实验试剂：反-2-己烯酸（内标）(>97%，比利时 ACROS 公司)；BSTFA（95%，东京化成工业株式会社），其他同 11.2.1 相关内容。

有机酸标准样品：甲酸、乙酸、丙酸（纯度≥98.00%，比利时 ACROS 公司）；丁酸、2-甲基丁酸、3-甲基丁酸、戊酸、3-甲基戊酸、4-甲基戊酸、乳酸、己酸、2-甲基呋喃酸、庚酸、苯甲酸、辛酸、壬酸、癸酸、肉豆蔻酸、棕榈酸（纯度≥98.00%，东京化成工业株式会社）。

实验仪器参见表 11-1。

11.3.2 实验方法

11.3.2.1 萃取溶液及标准溶液的配制

准确称取反-2-己烯酸 0.05g（精确至 0.1mg）于 500mL 容量瓶中，用二氯甲烷定容，得到萃取剂内标溶液，浓度为 0.096mg/mL。

准确称取一定量的有机酸于容量瓶中，用内标溶液定容至 100mL，得到混合酸储备液 I；移取 1mL 混合酸储备液 I 于容量瓶，用内标溶液定容至 10mL，得到混合酸储备液 II；

准确移取混合标准储备液 0μL、75μL、150μL、300μL、600μL、1200μL、2500μL、5000μL 分别置于 10mL 容量瓶中，用内标溶液定容，即得到 1～8 级有机酸混合标准溶液。

11.3.2.2 焦油中有机酸成分的萃取

称取烟蒂湿焦油 0.6g，置于 150mL 三角瓶中，加入 60mL 二氯甲烷萃取液，振荡萃取 30min，结束后，将三角瓶内的溶液转移至分液漏斗中，用 15mL 5%的 HCl 洗脱三次，合并下液层，用饱和食盐水冲洗一次，得到有机酸成分萃取液。加入适量的无水硫酸钠干燥过夜，取 1mL 萃取液过 0.45μm 有机膜后转移至色谱瓶中，加入 50μL BSTFA 衍生化试剂，置于 60℃水浴锅中，恒温加热 50min 后取出，等待进样。

11.3.2.3 气相色谱质谱条件

气相色谱条件如下。

色谱柱：HP-5MS（60m × 0.25mm× 0.25μm）；升温程序：初温 40℃、保持 3min，以 4℃/min 的速率升温至 210℃，再以 2℃/min 的速率升温至 230℃，然后以 4℃/min 的速率升温至 280℃；载气：He；流速 1.0mL/min；进样口温度：280℃；进样量：1μL；分流比：5∶1。

质谱条件如下。

电子轰击（EI）离子源；电子能量 70eV；传输线温度：280℃；离子源温度：230℃；四极杆温度：150℃；扫描方式：选择离子检测（SIM）。有机酸成分的保留时间及定量和定性离子见表 11-6。

表 11-6　有机酸成分保留时间及定量和定性离子

序号	化合物名称	保留时间/min	定量离子（m/z）	定性离子（m/z）
1	甲酸	8.60	45	103、75
2	乙酸	10.60	45	117、75
3	丙酸	13.5	75	131、45
4	丁酸	17.1	45	75、145
5	3-甲基丁酸	18.6	73	159
6	2-甲基丁酸	19.1	75	87
7	戊酸	20.9	159	75.1
8	3-甲基戊酸	23.1	60	87
9	4-甲基戊酸	23.5	60	73

序号	化合物名称	保留时间/min	定量离子（m/z）	定性离子（m/z）
10	乳酸	24.4	147	73
11	己酸	24.8	73	87
12	反-2-己烯酸[①]	26.6	171	75
13	2-甲基呋喃酸	27.4	125	169
14	庚酸	28.5	117	187
15	苯甲酸	31.5	179	105
16	辛酸	32	63	73
17	壬酸	35.4	60	73、215.1
18	癸酸	38.5	129	73、229
19	肉豆蔻酸	50	73	117、85.1
20	棕榈酸	56	117	313

① 内标。

11.3.3　结果与分析

11.3.3.1　工作曲线、检出限和定量限

对配制的混合标准溶液进行分析，以各标样成分和内标色谱峰面积比（y）对相应的分析物浓度与内标浓度比（x）进行线性回归分析，得到特征成分回归方程及相关系数 R^2，结果见表 11-7。由表 11-7 可以看出，相关系数 R^2 均≥0.999，所建标准曲线可以满足焦油有机酸成分的测定要求。

表 11-7　特征成分回归方程、R^2、线性范围

序号	物质名称	回归方程	R^2	线性范围/(μg/mL)
1	甲酸	$y=0.0674x-0.1486$	0.9991	3.77～503.6
2	乙酸	$y=0.0565x-0.0037$	0.9992	3.78～504.2
3	丙酸	$y=0.0689x-0.0006$	0.9995	0.44～59.1
4	丁酸	$y=0.0824x-0.0007$	0.9997	0.72～95.6
5	3-甲基丁酸	$y=0.0746x-0.001$	0.9994	0.6～79.5
6	2-甲基丁酸	$y=0.0639x-0.0005$	0.9996	0.65～86.3
7	戊酸	$y=0.0911x-0.0007$	0.9996	1.12～149.7
8	3-甲基戊酸	$y=0.0831x-0.0005$	0.9995	0.24～32.5
9	4-甲基戊酸	$y=0.0929x+0.000009$	0.9998	0.27～36.2
10	乳酸	$y=0.0766x+0.0019$	0.9995	0.56～75.2
11	己酸	$y=0.0652x-0.00007$	0.9998	0.39～52.3
12	2-甲基呋喃酸	$y=0.0841x+0.0026$	0.9995	1.07～143.3
13	庚酸	$y=0.0879x-0.0003$	0.9992	0.35～47.0
14	苯甲酸	$y=0.0791x+0.0014$	0.9998	1.56～208.4
15	辛酸	$y=0.0894x+0.0003$	0.9997	0.54～71.5
16	壬酸	$y=0.0919x+0.0007$	0.9997	0.7～92.8
17	癸酸	$y=0.1244x+0.0011$	0.9991	0.57～75.5
18	肉豆蔻酸	$y=0.1096x+0.0038$	0.9991	1.53～204.4
19	棕榈酸	$y=0.1443x-0.0008$	0.9999	0.92～122.6

11.3.3.2　焦油中有机酸成分测定结果

　　焦油中有机酸成分测定结果如表 11-8 所示。结果表明，烟蒂焦油中有机酸成分总含量为 170.39μg/支，其中烟蒂焦油中挥发性酸、半挥发性酸(肉豆蔻酸、棕榈酸)含量分别为 144.13μg/支、26.27μg/支，如图 11-4 所示。

表 11-8　烟蒂焦油中有机酸成分测定结果

序号	化合物名称	含量/(μg/支)
1	甲酸	71.06
2	乙酸	32.10
3	丙酸	2.62
4	丁酸	0.35
5	3-甲基丁酸	0.31
6	2-甲基丁酸	0.57
7	戊酸	0.06
8	3-甲基戊酸	0.04
9	4-甲基戊酸	0.39
10	乳酸	8.46
11	己酸	2.29
12	2-甲基呋喃酸	3.33
13	庚酸	1.10
14	苯甲酸	1.41
15	辛酸	1.84
16	壬酸	4.13
17	癸酸	14.06
18	肉豆蔻酸	4.88
19	棕榈酸	21.39
总含量		170.39

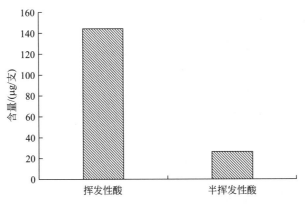

图 11-4　烟蒂焦油中不同种类酸性成分含量

11.4　烟蒂焦油中酚类化合物的测定分析（GC-MS）

11.4.1　实验材料、试剂及仪器

实验材料：卷烟样品［（54mm 烟支+30mm 醋纤滤嘴）×圆周 24.3mm］，内蒙古昆明卷烟有限责任公司。

实验试剂：同 11.2.1 相关内容。

酚类标准样品：苯酚、邻甲酚、对甲酚、愈创木酚、2,6-二甲基苯酚、2,5-二甲基苯酚、3,5-二甲基苯酚、2,3-二甲基苯酚、3,4-二甲基苯酚、2,4,6-三甲基苯酚、4-乙基愈创木酚、2,6-二甲氧基苯酚、异丁香酚（纯度≥98%，北京百灵威科技有限公司）。

实验仪器参见表 11-1。

11.4.2　实验方法

11.4.2.1　萃取溶液及标准溶液的配制

准确称取乙酸苯乙酯 0.15g（精确至 0.1mg）于 500mL 容量瓶中，用二氯甲烷定容，得到内标溶液，浓度为 0.308mg/mL。

准确称取酚类物质于容量瓶中，用内标溶液定容至 100mL，得到混合标准储备液；准确移取混合标准储备液 0.15mL、0.30mL、0.60mL、1.20mL、2.50mL、5.00mL 分别置于 10mL 容量瓶中，用内标溶液定容至刻度线，即得到不同浓度梯度的酚类混合标准溶液。

11.4.2.2　焦油中酚类成分的萃取

称取烟蒂湿焦油 0.6g，置于 150mL 三角瓶中，加入 60mL 二氯甲烷萃取液，振荡萃取 30min，结束后，将浓缩瓶内的溶液转移至分液漏斗中，用 15mL 5%的 HCl 水溶液洗脱三次，合并下液层，用饱和食盐水冲洗一次，得到酚类成分萃取液。加入适量的无水硫酸钠干燥过夜，转移至浓缩瓶中加入 1mL 内标溶液，浓缩至 1mL，过 0.45μm 有机膜后转移至色谱瓶中，等待进样。

11.4.2.3　气相色谱质谱条件

气相色谱条件如下。

色谱柱：HP-5MS（60m×0.25mm×0.25μm）；升温程序：初温 50℃、保持 2min，以 4℃/min 的速率升温至 120℃、保持 10min，再以 2℃/min 的速率升温至 140℃、保持 10min，然后以 4℃/min 的速率升温至 280℃、保持 20min；载气：He，流速 1.0mL/min；进样口温度：280℃；进样量：1μL；分流比：5:1。

质谱条件如下。

电子轰击(EI)离子源；电子能量 70eV；传输线温度：280℃；离子源温度：230℃，四极杆温度：150℃；扫描方式：选择离子检测（SIM）；溶剂延迟：6min。酚类成分的保留时间及质谱参数见表 11-9。

表 11-9 酚类成分保留时间及质谱参数

序号	化合物名称	保留时间/min	定量离子（m/z）	定性离子（m/z）
1	苯酚	15.895	94	39.1
2	邻甲酚	18.764	108	77
3	对甲酚	19.537	107	77
4	愈创木酚	20.209	124	81
5	2,6-二甲基苯酚	20.927	122	77
6	2,5-二甲基苯酚	22.730	122	77
7	3,5-二甲基苯酚	23.730	122	77
8	2,3-二甲基苯酚	24.269	122	77
9	3,4-二甲基苯酚	25.147	122	77
10	2,4,6-三甲基苯酚	25.803	136.1	91
11	内标	29.294	104	91
12	4-乙基愈创木酚	31.060	152.1	122
13	2,6-二甲氧基苯酚	36.595	154	139
14	异丁香酚	44.306	164.1	91.1

11.4.3 结果与分析

11.4.3.1 工作曲线、检出限和定量限

对配制的混合标准溶液进行分析，以各标样成分和内标色谱峰面积比（y）对相应的分析物浓度与内标浓度比（x）进行线性回归分析，得到特征成分回归方程及相关系数 R^2，结果见表 11-10。由表 11-10 可以看出，相关系数 R^2 基本≥0.99，所建标准曲线可以满足酚类成分的测定要求。

表 11-10 酚类中香味成分的线性方程

序号	酚类香味成分	标准曲线	R^2
1	苯酚	$y=1.4867x+0.0196$	0.9993
2	邻甲酚	$y=1.0963x-0.124$	0.9985
3	对甲酚	$y=1.0128x-0.0339$	0.9990
4	愈创木酚	$y=1.3849x-0.6418$	0.9975
5	2,6-二甲基苯酚	$y=1.088x-0.2136$	0.9984
6	2,5-二甲基苯酚	$y=0.9891x+0.9214$	0.9783
7	3,5-二甲基苯酚	$y=0.5463x-0.2116$	0.9901
8	2,3-二甲基苯酚	$y=0.65x-0.0732$	0.9994
9	3,4-二甲基苯酚	$y=0.8957x-0.2137$	0.9973
10	2,4,6-三甲基苯酚	$y=0.8762x-0.0625$	0.9966
11	4-乙基愈创木酚	$y=1.1462x+0.0643$	0.9994
12	2,6-二甲氧基苯酚	$y=1.6841x+0.1397$	0.9966
13	异丁香酚	$y=5.5658x+0.4855$	0.9949

11.4.3.2 焦油中酚类成分测定结果

烟蒂焦油中酚类化合物测定结果如表 11-11、图 11-5 所示。结果表明，烟蒂焦油中酚类

化合物总含量为 788.80μg/支。其中苯酚、苯甲酚、二甲基苯酚(2,6-二甲基苯酚、2,5-二甲基苯酚、3,5-二甲基苯酚、2,3-二甲基苯酚、3,4-二甲基苯酚)、邻苯二酚衍生物（愈创木酚、4-乙基愈创木酚、2,6-二甲氧基苯酚、异丁香酚)、三甲基苯酚的含量分别为 108.48μg/支、35.55μg/支、323.81μg/支、245.98μg/支、74.98μg/支。

表 11-11　烟蒂焦油中酚类化合物测定结果

序号	保留时间/min	中文名称	含量/(μg/支)
1	15.895	苯酚	108.48
2	18.764	邻甲酚	16.55
3	19.537	对甲酚	19.00
4	20.209	愈创木酚	30.03
5	20.927	2,6-二甲基苯酚	88.87
6	22.730	2,5-二甲基苯酚	46.78
7	23.730	3,5-二甲基苯酚	51.28
8	24.269	2,3-二甲基苯酚	57.61
9	25.147	3,4-二甲基苯酚	79.27
10	25.803	2,4,6-三甲基苯酚	74.98
11	29.294	4-乙基愈创木酚	76.00
12	31.060	2,6-二甲氧基苯酚	83.15
13	36.595	异丁香酚	56.80
总含量			788.80

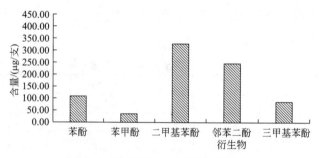

图 11-5　烟蒂焦油中酚类化合物含量

11.5　烟蒂焦油中酚类化合物的测定分析（HPLC）

11.5.1　实验材料、试剂及仪器

实验材料：卷烟样品［（54mm 烟支+30mm 醋纤滤嘴）×圆周 24.3mm］，内蒙古昆明卷烟有限责任公司。

实验试剂：无水乙醇（色谱纯，天津市凯通化学试剂有限公司）；对苯二酚，间苯二酚，邻苯二酚，苯酚，间甲酚、对甲酚、邻甲酚（标准物质，加拿大 Toronto Research Chemicals 公司）；乙酸、乙腈（色谱纯，美国 Sigma-Aldrich 公司）。

实验仪器见表 11-12。

表 11-12　主要实验仪器

实验仪器	生产厂商
SB-3200DT 超声波清洗机	宁波新芝生物科技股份有限公司
EL204 型电子天平	瑞士 Mettler Toledo 公司
RM20H 转盘式吸烟机	德国 Borgwaldt KC 公司
高效液相色谱仪	美国 Agilent 公司
荧光检测器	美国 Agilent 公司

11.5.2　实验方法

实验方法参考 YCT 255—2008《卷烟　主流烟气中主要酚类化合物的测定　高效液相色谱法》的方法。

11.5.3　结果与分析

11.5.3.1　工作曲线、检出限和定量限

对配制的混合标准溶液进行分析，以各标样成分和内标色谱峰面积比（y）对相应的分析物浓度与内标浓度比（x）进行线性回归分析，得到特征成分回归方程及相关系数 R^2，结果见表 11-13。由表 11-13 可以看出，相关系数 R^2 均 ≥ 0.99，所建标准曲线可以满足焦油对甲酚、二元酚测定的要求。

表 11-13　特征成分回归方程、R^2、线性范围

序号	保留时间/min	成分	回归方程	R^2
1	5.29	对苯二酚	$y=0.00004x+0.00008$	0.9999
2	8.51	间苯二酚	$y=0.00002x+0.00001$	0.9998
3	11.26	邻苯二酚	$y=0.00003x+0.00005$	0.9999
4	20.31	苯酚	$y=0.00002x-0.00003$	0.9998
5	33.45	间甲酚、对甲酚	$y=0.00001x-0.0003$	0.9992
6	34.73	邻甲酚	$y=0.00001x+0.00004$	0.9970

11.5.3.2　焦油中酚类化合物测定结果

焦油中酚类化合物测定结果如表 11-14 和图 11-6 所示。结果表明，烟蒂焦油中二元酚总含量为 93.16μg/支；苯酚，间甲酚、对甲酚，邻甲酚含量分别为 87.64μg/支、24.52μg/支、9.19μg/支。

表 11-14　焦油中酚类化合物测定结果（HPLC）

序号	保留时间/min	化合物名称	含量/(μg/支)
1	5.292	对苯二酚	32.48
2	8.51	间苯二酚	0.82
3	11.261	邻苯二酚	59.86
4	20.311	苯酚	87.64
5	33.451	间甲酚、对甲酚	24.52
6	34.733	邻甲酚	9.19
总含量			214.51

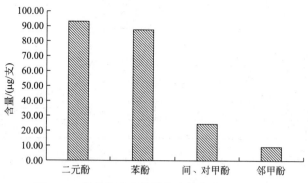

图 11-6　烟蒂焦油中酚类化合物含量（HPLC）

12

烟蒂焦油中生物碱的测定分析

12.1 实验材料、试剂及仪器

实验材料：卷烟样品［（54mm 烟支+30mm 醋纤滤嘴）×圆周 24.3mm］，内蒙古昆明卷烟有限责任公司。

实验试剂：乙酸乙酯、甲醇（色谱纯，美国 Sigma-Aldrich 公司）；无水乙醇（色谱纯，天津市凯通化学试剂有限公司）；烟碱、降烟碱、麦斯明、2,3-联吡啶和可替宁（标准物质，加拿大 Toronto Research Chemicals 公司）；正十七烷（标准物质，日本 TCI 公司）；氢氧化钠、无水硫酸钠（AR，国药集团化学试剂有限公司）。

实验仪器见表 12-1。

表 12-1　主要实验仪器

实验仪器	生产厂商
SB-3200DT 超声波清洗机	宁波新芝生物科技股份有限公司
EL204 型电子天平	瑞士 Mettler Toledo 公司
RM20H 转盘式吸烟机	德国 Borgwaldt KC 公司
Agilent 7890B /5977A 气相色谱-质谱联用仪	美国 Agilent 公司
DLSB-1020 低温冷却液循环泵	郑州国瑞仪器有限公司
HZ-2 型电热恒温水浴锅	北京市医疗设备总厂

12.2 实验方法

12.2.1 萃取溶液及标准溶液的配制

内标溶液：准确称量 0.2g 正十七烷（精确至 0.0001g），于 100mL 容量瓶中用甲醇定容，混匀后得到内标溶液。混合标准储备液：分别准确称量 0.3g 烟碱以及 10mg 降烟碱、麦斯明、2,3-联吡啶和可替宁，于 5 个不同的 50mL 容量瓶中用甲醇定容，混匀后得到各目标物的单标储备液。分别准确移取 5mL 烟碱单标储备液及其余 4 种单标储备液各 1mL，于 10mL 容量瓶中用甲醇定容，混匀后得到混合标准储备液。系列标准工作溶液：分别准确移取 0.05mL、0.1mL、0.5mL、1mL、2.5mL 和 5mL 混合标准储备液，加入到 6 个 10mL 容量瓶中，再分别加入 25μL 内标溶液，用甲醇定容，混匀后得到 6 级系列标准工作溶液。

12.2.2　焦油中生物碱的萃取

称取烟蒂湿焦油 0.075g，置于 50mL 三角瓶中，加入 2.5mL 8%的氢氧化钠溶液，静置 10min 后加入 100μL 内标溶液和 10mL 乙酸乙酯，超声萃取 30min；在 3000 r/min 条件下离心 5min；取上清液，以适量的无水硫酸钠干燥过夜，取 1mL 萃取液过 0.45μm 有机膜后转移至色谱瓶中，用 GC-MS 仪器进行分析。

12.2.3　气相色谱质谱条件

气相色谱条件如下。

色谱柱：HP-5MS（60m×0.25mm×0.25μm）；升温程序：初温 100℃、保持 1min，以 5℃/min 的速率升温至 260℃、保持 5min；载气：He；流速 1.0mL/min；进样口温度：280℃；进样量：1μL；分流比：5∶1。

质谱条件如下。

电子轰击（EI）离子源；电子能量 70eV；传输线温度：280℃；离子源温度：230℃，四极杆温度：150℃。

12.3　结果与分析

12.3.1　工作曲线、检出限和定量限

对配制的混合标准溶液进行分析，以各标样成分和内标色谱峰面积比（y）对相应的分析物浓度与内标浓度比（x）进行线性回归分析，得到特征成分回归方程及相关系数 R^2，结果见表 12-2。由表 12-2 可以看出，相关系数 R^2 均≥0.99，所建标准曲线可以满足焦油生物碱测定的要求。

表 12-2　特征成分回归方程、R^2、线性范围

序号	成分	回归方程	R^2
1	烟碱	$y=0.8064x+0.0647$	0.9973
2	降烟碱	$y=0.2736x+0.01$	0.9981
3	麦斯明	$y=12.295x-0.0125$	0.9943
4	2,3-联吡啶	$y=0.8998x+0.0378$	0.9959
5	可替宁	$y=0.9483x+0.0288$	0.9979

12.3.2　焦油中生物碱测定结果

焦油中生物碱测定结果如表 12-3 和图 12-1 所示。结果表明，烟蒂焦油中烟碱含量为 0.58mg/支，其他生物碱未检测到。

表 12-3　焦油中生物碱测定结果

序号	保留时间/min	化合物名称	含量/(mg/支)
1	14.406	烟碱	0.58
2	15.552	降烟碱	—

续表

序号	保留时间/min	化合物名称	含量/(mg/支)
3	16.397	麦斯明	—
4	17.179	2,3-联吡啶	—
5	18.986	可替宁	—
总含量			0.58

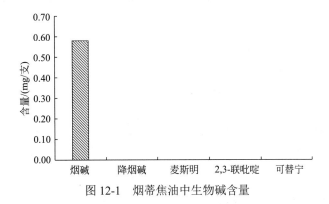

图 12-1　烟蒂焦油中生物碱含量

13

烟蒂焦油中金属元素的测定分析

13.1 实验材料、仪器与试剂

实验材料：卷烟样品［（54mm 烟支+30mm 醋纤滤嘴）×圆周 24.3mm］，内蒙古昆明卷烟有限责任公司。

实验试剂：硝酸（优级纯，烟台市双双化工有限公司）；氢氟酸（分析纯，天津市富宇精细化工有限公司）；30%双氧水（分析纯，天津市凯通化学试剂有限公司）；Pb（铅）、Ni（镍）、Cd（镉）、Cr（铬）4 种标准储备液（1000μg/mL，北京坛墨质检科技有限公司）；超纯水。

实验仪器：AA240FS 原子吸收光谱仪（美国 Agilent 公司）；微波消解仪 MARS 6（美国 CEM 公司）；QUINTIX22 4-1CN 电子天平（德国 SARTO RIUS 公司）。

13.2 实验方法

13.2.1 焦油的消解处理

13.2.1.1 焦油消解酸体系的选择

为明确最佳焦油消解体系，选择硝酸（HNO_3）、盐酸（HCl）、氢氟酸（HF）和双氧水（H_2O_2）作为消解酸，以消解后的样品状态作为衡量指标。

13.2.1.2 焦油中金属原子的测定

准确称取 0.1g（精确至 0.0001g）焦油置于消解罐中，依次加入 6mL HNO_3、2mL HCl 后，静置 30min，加盖密封，置于微波消解仪中进行消解。消解结束后，加入 5mL 的 1%硝酸溶液，130℃赶酸75min。赶酸完毕，待消解罐冷却至室温，将消解液转移至 50mL 容量瓶中，用 1%硝酸溶液洗涤消解罐 3～4 次，洗涤液并入容量瓶中。定容，摇匀，得待测液。待测原子吸收测定。微波消解程序如表 13-1 所示。

表 13-1　微波消解程序

步骤	爬升时间/min	温度/℃	保温时间/min	微波功率/W
1	5	120	5	1200
2	5	160	5	1200
3	5	210	25	1200

13.2.2　原子吸收的工作条件

利用空气乙炔-火焰原子吸收法测定 4 种金属元素含量。测定各元素的最佳工作条件见表 13-2。

表 13-2　火焰原子吸收光谱仪最佳工作条件

元素	波长/nm	光谱通带/nm	灯电流/mA	测定方式	空气流量/(L/min)	乙炔流量/(L/min)
Pb	217.0	0.2	10	背景校正原子吸收	13.5	2
Cr	357.9	0.5	10	背景校正原子吸收	13.5	2
Cd	228.8	0.5	3	背景校正原子吸收	13.5	2
Ni	232.0	0.2	10	背景校正原子吸收	13.5	2

13.2.3　标准工作曲线的配制

将标准储备液用 1%硝酸按表 13-3 所示的浓度梯度进行逐级稀释，在仪器的最佳工作条件下测定各元素标准系列的吸光度并绘制标准曲线，相关系数应不小于 0.99。

表 13-3　标准工作溶液浓度

标准	质量浓度/(mg/L)			
	Pb	Cr	Cd	Ni
STD0	0.0	0.0	0.0	0.0
STD1	1.0	1.0	0.2	0.5
STD2	2.0	1.5	0.4	1.0
STD3	3.0	2.0	0.6	2.0
STD4	4.0	2.5	0.8	3.0
STD5	5.0	3.0	1.0	4.0
STD6	6.0	3.5	1.5	4.5
STD7	7.0	4.0	2.0	5.0

13.3　结果与分析

13.3.1　焦油中金属元素测定方法的优化

消解酸体系的选择：在焦油的前处理方法中，选择 HNO_3、HCl、HF、H_2O_2 作为消解酸。采用 HNO_3、HNO_3+HCl、$HNO_3+H_2O_2$、$HNO_3+HCl+HF$、$HNO_3+HCl+H_2O_2$、$HNO_3+HCl+HF+H_2O_2$ 6 种消解体系进行了比对。结果表明，6mL HNO_3+2mL HCl 的消解体系消解最为完全。结果如表 13-4 所示。

表 13-4　不同酸体系微波消解的现象

序号	试剂及用量	消解效果
1	HNO_3 8mL	溶液呈乳白色，明显白色粉末
2	HNO_3 7mL、HCl 1mL	溶液较为澄清，明显白色粉末
3	HNO_3 6mL、HCl 2mL	溶液为澄清，无白色粉末

序号	试剂及用量	消解效果
4	HNO₃ 7mL、H₂O₂ 1mL	溶液较为澄清，明显白色粉末
5	HNO₃ 6mL、H₂O₂ 2mL	溶液较为澄清，少量白色粉末
6	HNO₃ 6mL、HCl 1mL、HF 1mL	溶液澄清透明，少量白色粉末
7	HNO₃ 5mL、HCl 1.5mL、HF 1.5mL	溶液澄清透明，明显白色粉末
8	HNO₃ 6mL、HCl 1mL、H₂O₂ 1mL	溶液呈乳白色，少量白色粉末
9	HNO₃ 5mL、HCl 1.5mL、H₂O₂ 1.5mL	溶液澄清透明，明显白色粉末
10	HNO₃ 5mL、HCl 1mL、HF 1mL、H₂O₂ 1mL	溶液澄清透明，微量白色粉末

13.3.2　标准工作曲线的线性关系

在原子吸收光谱仪最佳的工作条件下测定各元素标准系列溶液的吸光度，以吸光度 Y 对浓度 X（mg/L）进行线性回归，计算回归方程。各元素的回归方程与相关系数见表 13-5。

表 13-5　各元素的回归方程及相关系数

元素	回归方程	相关系数（R^2）
Pb	$Y=0.02666X+0.00587$	0.9973
Cd	$Y=0.12367X+0.01024$	0.9963
Cr	$Y=0.04140X+0.00900$	0.9935
Ni	$Y=0.04950X+0.00255$	0.9995

13.3.3　焦油中镍、铬、铅、镉含量的测定结果

采用 13.2 的方法，对烟蒂焦油中镍、铬、铅、镉的含量测定结果见表 13-6。结果表明，其中铬的含量最高、镍含量其次、铅的含量最低，具体是烟蒂焦油中镍的含量为 0.36μg/支、铬的含量为 1.68μg/支、镉的含量为 0.20μg/支、铅的含量为 0.17μg/支。

表 13-6　烟蒂焦油中金属元素含量的测定结果

金属元素	Ni	Cr	Cd	Pb
含量/(μg/支)	0.36	1.68	0.20	0.17

14

烟蒂焦油中挥发性醛酮类的测定分析

14.1　实验材料、试剂及仪器

实验材料：卷烟样品［（54mm 烟支+30mm 醋纤滤嘴）×圆周 24.3mm］，内蒙古昆明卷烟有限责任公司。

实验试剂：甲醛、乙醛、丙酮、丙烯醛、丙醛、巴豆醛、2-丁酮、丁醛的 2,4-二硝基苯腙衍生化物，纯度≥97%，北京百灵威科技有限公司；2,4-二硝基苯肼、吡啶，北京百灵威科技有限公司；乙腈、四氢呋喃、异丙醇、高氯酸，色谱级，天津市凯通化学试剂有限公司；去离子水。

实验仪器见表 14-1。

表 14-1　主要实验仪器

实验仪器	生产厂商
SB-3200DT 超声波清洗机	宁波新芝生物科技股份有限公司
EL204 型电子天平	瑞士 Mettler Toledo 公司
高效液相色谱仪	美国 Agilent 公司
二极管阵列检测器	美国 Agilent 公司

14.2　实验方法

实验方法参考 YCT 254—2008《卷烟　主流烟气中主要羰基化合物的测定　高效液相色谱法》的方法。

14.3　结果与分析

14.3.1　工作曲线、检出限和定量限

对配制的混合标准溶液进行分析，以各标样成分和内标色谱峰面积比（y）对相应的分析物浓度与内标浓度比（x）进行线性回归分析，得到特征成分回归方程及相关系数 R^2，结果

见表 14-2。由表 14-2 可以看出，相关系数 R^2 均≥0.99，所建标准曲线可以满足烟蒂焦油挥发性醛酮类测定的要求。

表 14-2　特征成分回归方程、R^2、线性范围

序号	物质名称	回归方程	R^2
1	甲醛	$y=0.00003x-0.0002$	1.0000
2	乙醛	$y=0.00003x-0.0001$	0.9999
3	丙酮	$y=0.00003x-0.0003$	1.0000
4	丙烯醛	$y=0.00003x-0.0002$	1.0000
5	丙醛	$y=0.00003x-0.0002$	1.0000
6	巴豆醛	$y=0.00002x-0.0001$	1.0000
7	2-丁酮	$y=0.00004x-0.0001$	1.0000
8	丁醛	$y=0.00003x-0.0002$	1.0000

14.3.2　焦油中挥发性醛酮类测定结果

焦油中挥发性醛酮类测定结果如表 14-3 和图 14-1 所示。结果表明，烟蒂焦油中挥发性醛酮类总含量为 175.13μg/支，其中挥发性醛类总含量为 172.83μg/支，甲醛、乙醛和巴豆醛分别为 124.79μg/支、17.88μg/支和 0.00μg/支，丙烯醛为 7.61μg/支，丁醛为 22.54μg/支。挥发性酮类总含量为 2.31μg/支。

表 14-3　焦油中挥发性醛酮类测定结果

序号	物质名称	含量/(μg/支)
1	甲醛	124.79
2	乙醛	17.88
3	丙酮	2.31
4	丙烯醛	7.61
5	丙醛	0.00
6	巴豆醛	0.00
7	2-丁酮	0.00
8	丁醛	22.54
总计		175.13

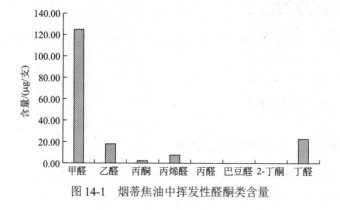

图 14-1　烟蒂焦油中挥发性醛酮类含量

15

烟蒂焦油中喹啉、吡啶的测定分析

15.1 实验材料、试剂及仪器

实验材料：卷烟样品［（54mm 烟支+30mm 醋纤滤嘴）×圆周 24.3mm］，内蒙古昆明卷烟有限责任公司。

实验试剂：二氯甲烷（色谱纯），天津市凯通化学试剂有限公司；无水乙醇，色谱纯，天津市凯通化学试剂有限公司。

标准样品：喹啉、吡啶（纯度≥98.00%，北京百灵威科技有限公司）。

实验仪器见表 15-1。

表 15-1　主要实验仪器

实验仪器	生产厂商
SB-3200DT 超声波清洗机	宁波新芝生物科技股份有限公司
EL204 型电子天平	瑞士 Mettler Toledo 公司
RM20H 转盘式吸烟机	德国 Borgwaldt KC 公司
Agilent 7890B /5977A 气相色谱-质谱联用仪	美国 Agilent 公司
DLSB-1020 低温冷却液循环泵	郑州国瑞仪器有限公司
HZ-2 型电热恒温水浴锅	北京市医疗设备总厂

15.2 实验方法

15.2.1 萃取溶液及标准溶液的配制

准确称取乙酸苯乙酯 0.025g（精确至 0.1mg）于 250mL 容量瓶中，用二氯甲烷溶液定容，得到内标溶液，浓度为 0.1000mg/mL。

准确称取一定量的喹啉、吡啶于容量瓶中，用内标溶液定容至 100mL，得到混合标准储备液；准确移取混合标准储备液 0.0mL、0.1mL、0.2mL、0.5mL、1.0mL、2.0mL、3.0mL、5.0mL 分别置于 10mL 容量瓶中，用内标溶液定容，即得到 1～8 级混合标准溶液。

15.2.2 焦油中喹啉、吡啶成分的萃取

称取烟蒂焦油 0.6g，置于 150mL 三角瓶中，加入 60mL 乙酸苯乙酯-二氯甲烷萃取液，

振荡萃取 30min，结束后，过 0.45μm 有机膜后转移至色谱瓶中，等待进样。

15.2.3　气相色谱质谱条件

气相色谱条件如下。

色谱柱：HP-5MS（60m×0.25mm×0.25μm）；升温程序：初温 40℃、保持 2min，以 3℃/min 的速率升温至 250℃，保持 10min；载气：He；流速 1.0mL/min；进样口温度：280℃；进样量：1μL；分流比：5∶1。

质谱条件如下。

电子轰击（EI）离子源；电子能量 70eV；传输线温度：280℃；离子源温度：230℃，四极杆温度：150℃；扫描方式：选择离子检测（SIM）。吡啶、喹啉的保留时间及定量和定性离子见表 15-2。

表 15-2　吡啶、喹啉保留时间及定量和定性离子

序号	化合物名称	保留时间/min	定量离子（m/z）	定性离子（m/z）
1	吡啶	9.75	79	52、86
2	喹啉	67.36	129	102、76
3	乙酸苯乙酯①	68.92	104	43、91

① 内标。

15.3　结果与分析

15.3.1　工作曲线

对配制的混合标准溶液进行分析，以各标样成分和内标色谱峰面积比（y）对相应的分析物浓度与内标浓度比（x）进行线性回归分析，其特征成分回归方程及相关系数 R^2 见表 15-3。由表 15-3 可以看出，相关系数 R^2 均≥0.999，所建标准曲线可以满足焦油中喹啉、吡啶的测定要求。

表 15-3　喹啉、吡啶的回归方程及相关系数

序号	成分	回归方程	R^2
1	吡啶	$y=2.0590x-0.021$	0.9997
2	喹啉	$y=1.1970x+0.0923$	0.9999

15.3.2　焦油中喹啉、吡啶测定分析结果

焦油中喹啉、吡啶测定分析结果如表 15-4 所示。由表 15-4 可以看出，烟蒂焦油吡啶、喹啉含量分别为 2.77μg/支和 0.91μg/支。

表 15-4　焦油中喹啉、吡啶分析结果

种类	吡啶	喹啉
含量/(μg/支)	2.77	0.91

16

烟蒂焦油减压蒸馏化学成分分析研究

16.1　实验材料、试剂及仪器

实验材料：卷烟样品［（54mm 烟支+30mm 醋纤滤嘴）×圆周 24.3mm］，内蒙古昆明卷烟有限责任公司。

实验试剂：无水乙醇，分析级，天津市凯通化学试剂有限公司。

实验仪器见表 16-1。

表 16-1　主要实验仪器

实验仪器	生产厂商
SB-3200DT 超声波清洗机	宁波新芝生物科技股份有限公司
EL204 型电子天平	瑞士 Mettler Toledo 公司
RM20H 转盘式吸烟机	德国 Borgwaldt KC 公司
DLSB-1020 低温冷却液循环泵	郑州国瑞仪器有限公司
N-1300 旋转蒸发仪	东京理化器械株式会社
SHB-3 循环水多用真空泵	郑州杜甫仪器厂

16.2　实验方法

16.2.1　烟蒂焦油的分离

称取 10g 烟蒂焦油，利用减压蒸馏装置，分别收集 80℃/160 Pa 条件下的馏分 1、100℃/140 Pa 条件下的馏分 2、116℃/180 Pa 条件下的馏分 3 及残留液。减压蒸馏工艺流程如图 16-1 所示。

16.2.2　样品前处理

准确称取烟蒂湿焦油 1g，置于 10mL 容量瓶中，以无水乙醇定容，超声萃取 15min，过 0.45μm 有机膜后转移至色谱瓶中，进行 GC/MS 分析。

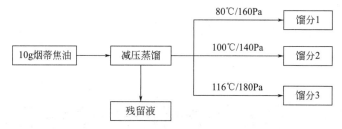

图 16-1　减压蒸馏工艺流程

16.2.3　GC/MS 分析条件

色谱条件如下。

色谱柱：HP-5MS（60m×0.25mm×0.25μm）；载气：He，流速 1.0mL/min；升温程序：初温 40℃、保持 2min，以 2℃/min 的速率升温至 250℃，再以 10℃/min 的速率升温至 280℃、保持 20min；进样口温度：250℃；进样量：1μL；分流比：5∶1。

质谱条件如下。

电子轰击（EI）离子源；电子能量 70eV；传输线温度：240℃；离子源温度：230℃，四极杆温度：150℃；质谱质量扫描范围：35～550amu。

16.3　结果与分析

按照 16.2.1 节的方法分离得到烟蒂焦油减压蒸馏残留液，按照 16.2.3 节方法进行其化学成分的检测分析，得到烟蒂焦油减压蒸馏残留液化学成分组成见表 16-2、图 16-2、图 16-3 所示。结果表明，烟蒂焦油减压蒸馏残留液共有 58 种物质，其中酮类 8 种，总含量为 26.14μg/支；酯类 9 种，总含量为 305.23μg/支；醇类 5 种，总含量为 15.93μg/支；酸类 3 种，总含量为 8.57μg/支；醛类 5 种，总含量为 17.97μg/支；酚类 5 种，总含量为 70.28μg/支；醚类 1 种，总含量为 1.84μg/支；杂环类 9 种，总含量为 219.82μg/支；其他物质 13 种，总含量为 306.24μg/支。其中含量最多的是酯类。

表 16-2　烟蒂焦油减压蒸馏残留液化学成分组成

类别	序号	英文名称	CAS	中文名称	烟蒂焦油减压蒸馏残留液/(μg/支)
酮类	1	2-Propanone, 1-hydroxy-	116-09-6	羟基丙酮	3.27
	2	4-Cyclopentene-1,3-dione	930-60-9	4-环戊烯-1,3-二酮	6.13
	3	2(5H)-Furanone	497-23-4	2(5H)-呋喃酮	1.63
	4	1,2-Cyclopentanedione	140210-44-2	1,2-环戊二酮	2.45
	5	Furaneol	3658-77-3	4-羟基-2,5-二甲基-3(2H)-呋喃酮	1.63
	6	4H-Pyran-4-one, 2,3-dihydro-3,5-dihydroxy-6-methyl-	28564-83-2	2,3-二氢-3,5-二羟基-6-甲基-4(H)-吡喃-4-酮	2.66
	7	1-(3,5-Dimethylfuran-2-yl)ethanone	22940-86-9	1-(3,5-二甲基呋喃-2-基)乙酮	5.92
	8	3-Oxo-α-ionol,4-(3-hydroxy-1-butenyl)-3,5,5-trimethyl-2-cyclohexen-1-one	34318-21-3	9-羟基-4,7-巨豆二烯-3-酮	2.45
		小计			26.14

类别	序号	英文名称	CAS	中文名称	烟蒂焦油减压蒸馏残留液/(μg/支)
酯类	1	2-Propenoic acid, 2-hydroxyethyl ester	818-61-1	丙烯酸羟乙酯	2.66
	2	Ethyl orthoformate	122-51-0	原甲酸三乙酯	6.13
	3	Diethyl nitromalonate	603-67-8	硝基丙二酸二乙酯	1.02
	4	2(3H)-Furanone, dihydro-4-hydroxy-	5469-16-9	(±)-3-羟基-γ-丁内酯	5.11
	5	1,2,3-Propanetriol, 1-acetate	106-61-6	一乙酸甘油酯	17.77
	6	Glycerol 1,2-diacetate	102-62-5	(2-乙酰-3-羟基丙基)酯	7.76
	7	Triacetin	102-76-1	三醋酸甘油酯	217.17
	8	D-Galactonic acid, gamma-lactone	2782-07-2	D-半乳糖酸-1,4-内酯	12.67
	9	Tributyl acetylcitrate	77-90-7	乙酰柠檬酸三丁酯	34.94
	小计				305.23
醇类	1	2-Furanmethanol	98-00-0	糠醇	1.23
	2	1,3-Butanediol, (S)-	24621-61-2	(S)-(+)-1,3-丁二醇	1.02
	3	1,2,3,4-Butanetetrol, [S-(R*,R*)]-	2319-57-5	L-苏糖醇	1.63
	4	Isosorbide	652-67-5	异山梨醇	4.90
	5	Benzeneethanol, 4-hydroxy-	501-94-0	对羟基苯乙醇	7.15
	小计				15.93
酸类	1	2-Thiophenecarboxylic acid, 5-methyl-	1918-79-2	5-甲基-2-噻吩甲酸	3.06
	2	Dodecanoic acid	143-07-7	月桂酸	1.02
	3	n-Hexadecanoic acid	57-10-3	棕榈酸	4.49
	小计				8.57
醛类	1	Butanal, 3-hydroxy-	107-89-1	3-羟基丁醛	1.63
	2	Propane, 1,1-diethoxy-2-methyl-	1741-41-9	异丁醛二乙基乙缩醛	3.88
	3	1,3-Dioxolane-4-methanol	5464-28-8	甘油缩甲醛	2.45
	4	5-Hydroxymethylfurfural	67-47-0	5-羟甲基糠醛	7.56
	5	Vanillin	121-33-5	香草醛	2.45
	小计				17.97
酚类	1	Catechol	120-80-9	邻苯二酚	19.00
	2	2,4-Diaminophenol	95-86-3	2,4-二氨基苯酚	2.04
	3	Hydroquinone	123-31-9	1,4-苯二酚	44.54
	4	Phenol, 2,6-bis(1,1-dimethylethyl)-	94534-27-7	2,6-二叔丁基苯酚	1.84
	5	Phenol, 2,2′-methylenebis-[6-(1,1-dimethylethyl)-4-methyl]-	113505-75-2	2,2′-亚甲基双(6-叔丁基-4-甲基苯酚)	2.86
	小计				70.28
醚类	1	Dibenzyl ether	103-50-4	苄醚	1.84
	小计				1.84
其他类	1	Citraconic anhydride	616-02-4	柠康酸酐	3.68
	2	3-Methylsuccinic anhydride	4100-80-5	甲基琥珀酸酐	1.02
	3	1,3-Propanediol, 2-ethyl-2-(hydroxymethyl)-	77-99-6	1,1,1-三羟甲基丙烷	8.99
	4	Melibiose	5340-95-4	蜜二糖	6.54
	5	1,2-Benzenediol, 4-methyl-	452-86-8	3,4-二羟基甲苯	4.29

续表

类别	序号	英文名称	CAS	中文名称	烟蒂焦油减压蒸馏残留液/(μg/支)
其他类	6	1,4-Benzenediol, 2-methyl-	95-71-6	甲基氢醌	5.72
	7	1,6-Anhydro-β-D-glucose	498-07-7	1,6-脱水-β-D-葡萄糖	4.90
	8	D-Allose	2595-97-3	D-阿洛糖	227.79
	9	1,6-Anhydro-beta-D-glucofuranose	7425-74-3	1,6-脱水-β-D-呋喃葡萄糖	1.84
	10	1,7-Anhydro-beta-D-glucofuranose	7425-74-3	1,7-脱水-β-D-呋喃葡萄糖	12.05
	11	1,8-Anhydro-beta-D-glucofuranose	7425-74-3	1,8-脱水-β-D-呋喃葡萄糖	25.54
	12	Trehalose	99-20-7	海藻糖	2.25
	13	Lactose	10039-26-6	乳糖	1.63
小计					306.24
杂环类	1	3-Pyridinol	109-00-2	3-羟基吡啶	6.74
	2	Pyridine-$d5$-	7291-22-7	吡啶-$d5$	7.97
	3	Benzofuran, 2,3-dihydro-	96-16-2	2,3-二氢苯并呋喃	4.49
	4	Pyridine, 3-(1-methyl-2-pyrrolidinyl)-, (S)-	75202-10-7	烟碱	89.69
	5	4(1H)-Pyrimidinone, 6-hydroxy-	1193-24-4	4,6-二羟基嘧啶	30.24
	6	4(1H)-Pyrimidinone, 7-hydroxy-	1193-24-4	4,7-二羟基嘧啶	66.60
	7	9H-Pyrido[3,4-b]indole, 1-methyl-	486-84-0	1-甲基-9H-吡啶并[3,4-b]吲哚	2.04
	8	9H-Pyrido[3,4-b]indole	244-63-3	9H-吡啶[3,4-b]吲哚	6.13
	9	Scopoletin	492-61-5	莨菪亭	5.92
小计					219.82
合计					972.02

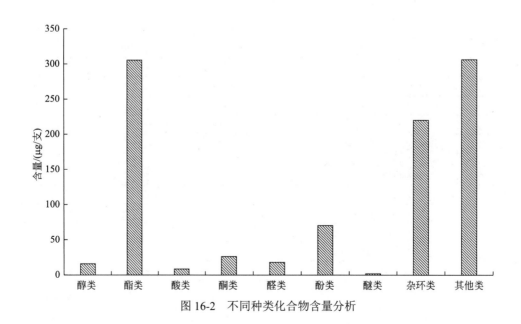

图 16-2　不同种类化合物含量分析

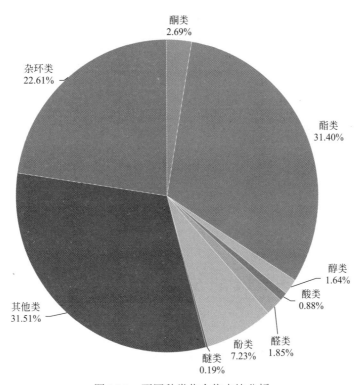

图 16-3　不同种类化合物占比分析

17

烟蒂焦油的分级组分分析

17.1　实验材料、试剂及仪器

实验材料：卷烟样品［（54mm 烟支+30mm 醋纤滤嘴）×圆周 24.3mm］，内蒙古昆明卷烟有限责任公司；硅胶，200～300 目，青岛海洋化工厂。

实验试剂：石油醚，分析纯，沸程 60～90℃，天津市富宇精细化工有限公司；乙酸乙酯，分析纯，天津市富宇精细化工有限公司；乙醇，分析纯，天津市富宇精细化工有限公司。

实验仪器：计算机脑数显定时恒流泵，DHL-N，上海沪西分析仪器有限公司；计算机全自动部分收集器，DBS-40，上海沪西分析仪器有限公司；循环水多用真空泵，SHB-3，郑州杜甫仪器厂；旋转蒸发器，RE-52AA，上海亚荣生化仪器厂；超声波清洗机，SB-3200DT，宁波新芝生物科技股份有限公司；气相色谱质谱联用仪，7890B/5977A，美国 Agilent 公司。

17.2　实验方法

17.2.1　流动相前处理

利用重蒸装置对石油醚（沸程 60～90℃）及乙酸乙酯进行重蒸，石油醚重蒸的温度为 80℃，目的是为了除去其中的高沸点杂质；乙酸乙酯重蒸的温度为 90℃，目的是去除乙酸乙酯中的乙醇、水、乙酸等物质和其他高沸点杂质。

17.2.2　分级组分分离条件

17.2.2.1　17 组分分离条件

（1）装柱　采用湿法装柱，称取硅胶 120g 于 500mL 烧杯中，加入适量的石油醚搅拌均匀，用超声波清洗机将气泡排除，均匀快速地装入长度 800mm、内径 26mm 的玻璃色谱柱中，并用石油醚充分平衡。

（2）上样　称取烟蒂焦油 0.6g 于 50mL 烧杯中，加入 3～5mL 无水乙醇溶解后，将其平铺在硅胶面上方。

（3）洗脱　流动相按照石油醚、石油醚：乙酸乙酯=15：1、石油醚：乙酸乙酯=10：1、石油醚：乙酸乙酯=5：1、石油醚：乙酸乙酯=1：1、石油醚：乙酸乙酯=1：5、石油醚：乙

酸乙酯=1∶10、石油醚∶乙酸乙酯=1∶15、乙酸乙酯、乙酸乙酯∶乙醇=15∶1、乙酸乙酯∶
乙醇=10∶1、乙酸乙酯∶乙醇=5∶1、乙酸乙酯∶乙醇=1∶1、乙酸乙酯∶乙醇=1∶5、乙酸
乙酯∶乙醇=1∶10、乙酸乙酯∶乙醇=1∶15、乙醇的顺序依次洗脱，流速为3mL/min，每一
梯度流动相用400mL进行洗脱。

（4）收集　按时间每12min收集一管，用自动馏分收集器收集至50mL试管中，每一极
性梯度流动相约收集400mL。

（5）浓缩　将每管所得馏分用GC/MS检测，将具有相同成分的馏分进行合并，用旋转
蒸发器减压浓缩，然后再用GC/MS检测得到不同的组分，用旋转蒸发器减压浓缩将溶剂蒸
去得到各组分的质量。

17.2.2.2　4组分分离条件

（1）装柱　采用湿法装柱，称取硅胶100g于500mL烧杯中，加入适量的石油醚搅拌均
匀，用超声波清洗机将气泡排除，均匀快速地装入长度为600mm、内径为26mm的玻璃色谱
柱中，并用石油醚充分平衡。

（2）上样　称取焦油0.6g于50mL烧杯中，加入3～5mL无水乙醇溶解后，将其平铺在
硅胶面上方。

（3）洗脱　利用石油醚连续洗脱样品1次，合并洗脱液，得到组分1；利用石油醚∶乙
酸乙酯=5∶1连续洗脱样品4次，合并洗脱液，得到组分2；利用乙酸乙酯∶乙醇=1∶15连
续洗脱样品2次，合并洗脱液，得到组分3；利用乙醇连续洗脱样品3次，合并洗脱液，得
到组分4。

（4）浓缩　将每一洗脱液用旋转蒸发器减压浓缩，利用GC/MS检测不同的组分成分组
成和含量。

17.2.3　气相色谱质谱条件

气相色谱条件如下。

色谱柱：HP-5MS（60m×0.25mm×0.25μm）；升温程序：初温50℃、保持1min，以10℃/min
的速率升温至280℃、保持5min；载气：He；流速1.0mL/min；进样口温度：280℃；进样量：
1μL；分流比：5∶1。

质谱条件如下。

电子轰击（EI）离子源；电子能量70eV；传输线温度：280℃；离子源温度：230℃，四
极杆温度：150℃。

17.3　结果与分析

17.3.1　烟蒂焦油17组分成分分析

17.3.1.1　烟蒂焦油组分17-1成分结果分析

通过对卷烟烟蒂焦油的分离，得到烟蒂焦油组分17-1成分分析结果如表17-1和图17-1、
图17-2所示。结果表明，烟蒂焦油组分17-1共有229种物质，总含量为6684.400μg/支，其
中醇类3种，总含量为77.7μg/支；酮类2种，总含量为1.822μg/支；酯类6种，总含量为

112.429μg/支；醚类 1 种，总含量为 0.448μg/支；杂环类 1 种，总含量为 0.165μg/支；烯烃 1 种，总含量为 7.032μg/支；胺类 1 种，总含量为 246.177μg/支；其他物质 11 种，总含量为 488.799μg/支。其中含量最多的是其他类。

表 17-1　烟蒂焦油组分 17-1 成分分析结果

类别	序号	英文名称	CAS	中文名称	含量/(μg/支)
醇类	1	4-Methyl-1-hexanol	818-49-5	4-甲基-1-己醇	0.409
	2	4-Methyl-1,6-heptadien-4-ol	25201-40-5	1,1-二烯丙基乙醇	73.844
	3	3-Methyl-4-hexyn-3-ol	6320-68-9	3-甲基-4-己烯-3-醇	3.447
		小计			77.700
酮类	1	5-Iodopyrid-2(1H)-thione	1000251-67-5	5-碘吡啶-2(1H)-硫酮	0.191
	2	3,6-Heptanedione	1703-51-1	2,5-庚二酮	1.631
		小计			1.822
酯类	1	Sulfurous acid, 2-ethylhexyl hexyl ester	1000309-20-2	亚硫酸-2-乙基己基己基酯	8.169
	2	Succinic acid, 2,2,3,3,4,4,5,5-octafluoropentyl 2-methylpent-3-yl ester	1000389-59-5	丁二酸-2,2,3,3,4,4,5,5-八氟戊基-2-甲基戊基-3-酯	46.609
	3	l-Proline, n-heptafluorobutyryl-, isobutyl ester	1000321-09-8	n-七氟丁基-l-脯氨酸异丁酯	0.885
	4	1,2-Cyclohexanedicarboxylic acid, di(3,5-dimethylphenyl) ester	1000339-62-3	二(3,5-二甲基苯基)-1,2-环己烷二甲酸酯	12.291
	5	Oxalic acid, butyl propyl ester	1000309-25-6	草酸正丁酯	25.720
	6	Sulfurous acid, 2-ethylhexyl isohexyl ester	1000309-19-0	亚硫酸-2-乙基己基异己基酯	18.755
		小计			112.429
醚类	1	4-Methoxyphenyl undecyl ether	1000323-10-6	4-甲氧基苯基十一烷基醚	0.448
		小计			0.448
胺类	1	Ethylamine, N,N-dinonyl-2-(2-thiophenyl)-	1000310-34-9	N,N-二酰基-2-(2-硫苯基)乙胺	246.177
		小计			246.177
烯烃	1	2,6-Dimethyl-2-trans-6-octadiene	2609-23-6	顺式-2,6-二甲基-2,6-辛二烯	7.032
		小计			7.032
杂环类	1	Pyridine, 3-bromo-	626-55-1	3-溴吡啶	0.165
		小计			0.165
其他类	1	Silane, diethoxydimethyl-	78-62-6	二乙氧基二甲基硅烷	1.605
	2	N-Trifluoroacetyl-O,O,O-tris(trimethylsilyl) derivative	325836-92-8	N-三氟乙酰基-O,O,O-三(三甲基硅)衍生物	0.647
	3	Decane, 2,3,8-trimethyl-	62238-14-6	2,3,8-三甲基癸烷	48.290
	4	2,2-Dimethyl-propyl 2,2-dimethyl-propanesulfinyl sulfone	82360-14-3	2,2-二甲基丙基-2,2-二甲基丙亚砜	0.524
	5	1,3-Dioxolane	646-06-0	1,3-二氧戊环	0.054
	6	Nonane, 5-methyl-5-propyl-	17312-75-3	5-甲基-5-丙基壬烷	37.933
	7	Decane, 3,3,5-trimethyl-	62338-13-0	3,3,5-三甲基癸烷	38.966
	8	Acetic acid, cesium salt	3396-11-0	乙酸铯	156.947
	9	Nonane, 3,7-dimethyl-	17302-32-8	3,7-二甲基壬烷	70.057
	10	3,5-Dimethyl-4-octanone	7335-17-3	3,5-二甲基-4-辛酮	64.562
	11	Ethane, 1,2-dibromo-	106-93-4	二溴乙烷	69.214
		小计			488.799

类别	序号	英文名称	CAS	中文名称	含量/(μg/支)
	1	—	—	未知物-1	239.700
	2	—	—	未知物-2	1.545
	3	—	—	未知物-3	3.262
	4	—	—	未知物-4	0.069
	5	—	—	未知物-5	1.191
	6	—	—	未知物-6	0.101
	7	—	—	未知物-7	0.202
	8	—	—	未知物-8	2.112
	9	—	—	未知物-9	0.670
	10	—	—	未知物-10	22.128
	11	—	—	未知物-11	0.406
	12	—	—	未知物-12	0.250
	13	—	—	未知物-13	0.701
	14	—	—	未知物-14	1.172
	15	—	—	未知物-15	0.040
	16	—	—	未知物-16	1.617
	17	—	—	未知物-17	1.917
	18	—	—	未知物-18	0.170
	19	—	—	未知物-19	38.666
	20	—	—	未知物-20	0.352
未知物	21	—	—	未知物-21	7.972
	22	—	—	未知物-22	0.097
	23	—	—	未知物-23	0.036
	24	—	—	未知物-24	0.126
	25	—	—	未知物-25	0.097
	26	—	—	未知物-26	0.340
	27	—	—	未知物-27	0.124
	28	—	—	未知物-28	0.371
	29	—	—	未知物-29	0.094
	30	—	CAS	未知物-30	0.040
	31	—	—	未知物-31	0.030
	32	—	—	未知物-32	0.064
	33	—	—	未知物-33	1.589
	34	—	—	未知物-34	0.038
	35	—	—	未知物-35	0.124
	36	—	—	未知物-36	0.073
	37	—	—	未知物-37	0.029
	38	—	—	未知物-38	0.050
	39	—	—	未知物-39	0.150
	40	—	—	未知物-40	0.083
	41	—	—	未知物-41	0.044

类别	序号	英文名称	CAS	中文名称	含量/(μg/支)
	42	—	—	未知物-42	0.277
	43	—	—	未知物-43	0.051
	44	—	—	未知物-44	0.042
	45	—	—	未知物-45	11.159
	46	—	—	未知物-46	0.143
	47	—	—	未知物-47	0.456
	48	—	—	未知物-48	0.616
	49	—	—	未知物-49	0.060
	50	—	—	未知物-50	0.159
	51	—	—	未知物-51	0.151
	52	—	—	未知物-52	0.480
	53	—	—	未知物-53	0.107
	54	—	—	未知物-54	0.107
	55	—	—	未知物-55	5.200
	56	—	—	未知物-56	0.028
	57	—	—	未知物-57	0.061
	58	—	—	未知物-58	14.972
	59	—	—	未知物-59	1.693
	60	—	—	未知物-60	9.082
未知物	61	—	—	未知物-61	0.149
	62	—	—	未知物-62	124.578
	63	—	—	未知物-63	14.563
	64	—	—	未知物-64	34.738
	65	—	—	未知物-65	35.451
	66	—	—	未知物-66	82.185
	67	—	—	未知物-67	0.039
	68	—	—	未知物-68	0.083
	69	—	—	未知物-69	0.026
	70	—	—	未知物-70	0.073
	71	—	CAS	未知物-71	58.108
	72	—	—	未知物-72	1.227
	73	—	—	未知物-73	62.368
	74	—	—	未知物-74	93.291
	75	—	—	未知物-75	1.127
	76	—	—	未知物-76	30.080
	77	—	—	未知物-77	44.751
	78	—	—	未知物-78	35.458
	79	—	—	未知物-79	28.469
	80	—	—	未知物-80	63.429
	81	—	—	未知物-81	337.260
	82	—	—	未知物-82	16.401

类别	序号	英文名称	CAS	中文名称	含量/(μg/支)
	83	—	—	未知物-83	1.509
	84	—	—	未知物-84	12.870
	85	—	—	未知物-85	25.614
	86	—	—	未知物-86	10.420
	87	—	—	未知物-87	11.063
	88	—	—	未知物-88	1.067
	89	—	—	未知物-89	29.184
	90	—	—	未知物-90	24.080
	91	—	—	未知物-91	59.316
	92	—	—	未知物-92	150.730
	93	—	—	未知物-93	0.400
	94	—	—	未知物-94	0.420
	95	—	—	未知物-95	59.378
	96	—	—	未知物-96	55.291
	97	—	—	未知物-97	82.319
	98	—	—	未知物-98	0.254
	99	—	—	未知物-99	96.438
	100	—	—	未知物-100	126.387
	101	—	—	未知物-101	66.290
	102	—	—	未知物-102	14.369
未知物	103	—	—	未知物-103	0.527
	104	—	—	未知物-104	20.914
	105	—	—	未知物-105	7.279
	106	—	—	未知物-106	0.125
	107	—	—	未知物-107	63.407
	108	—	—	未知物-108	51.027
	109	—	—	未知物-109	0.106
	110	—	—	未知物-110	38.484
	111	—	—	未知物-111	49.669
	112	英文名称	CAS	未知物-112	5.217
	113	—	—	未知物-113	0.029
	114	—	—	未知物-114	11.918
	115	—	—	未知物-115	49.385
	116	—	—	未知物-116	0.053
	117	—	—	未知物-117	20.807
	118	—	—	未知物-118	2.449
	119	—	—	未知物-119	0.250
	120	—	—	未知物-120	0.038
	121	—	—	未知物-121	0.042
	122	—	—	未知物-122	0.151
	123	—	—	未知物-123	25.261

续表

类别	序号	英文名称	CAS	中文名称	含量/(μg/支)
未知物	124	—	—	未知物-124	0.066
	125	—	—	未知物-125	32.667
	126	—	—	未知物-126	0.177
	127	—	—	未知物-127	2.404
	128	—	—	未知物-128	127.859
	129	—	—	未知物-129	35.930
	130	—	—	未知物-130	160.128
	131	—	—	未知物-131	1.151
	132	—	—	未知物-132	4.475
	133	—	—	未知物-133	385.075
	134	—	—	未知物-134	0.809
	135	—	—	未知物-135	1.751
	136	—	—	未知物-136	168.900
	137	—	—	未知物-137	0.067
	138	—	—	未知物-138	0.116
	139	—	—	未知物-139	79.230
	140	—	—	未知物-140	284.512
	141	—	—	未知物-141	0.069
	142	—	—	未知物-142	0.035
	143	—	—	未知物-143	0.052
	144	—	—	未知物-144	1.037
	145	—	—	未知物-145	20.767
	146	—	—	未知物-146	53.130
	147	—	—	未知物-147	80.772
	148	—	—	未知物-148	0.550
	149	—	—	未知物-149	50.726
	150	—	—	未知物-150	0.282
	151	—	—	未知物-151	8.597
	152	—	—	未知物-152	112.321
	153	—	CAS	未知物-153	40.384
	154	—	—	未知物-154	34.640
	155	—	—	未知物-155	50.506
	156	—	—	未知物-156	0.038
	157	—	—	未知物-157	0.075
	158	—	—	未知物-158	6.103
	159	—	—	未知物-159	48.196
	160	—	—	未知物-160	257.920
	161	—	—	未知物-161	0.205
	162	—	—	未知物-162	0.041
	163	—	—	未知物-163	31.681
	164	—	—	未知物-164	73.329

类别	序号	英文名称	CAS	中文名称	含量/(μg/支)
未知物	165	—	—	未知物-165	166.789
	166	—	—	未知物-166	0.107
	167	—	—	未知物-167	0.328
	168	—	—	未知物-168	10.700
	169	—	—	未知物-169	181.386
	170	—	—	未知物-170	0.027
	171	—	—	未知物-171	0.719
	172	—	—	未知物-172	0.486
	173	—	—	未知物-173	2.187
	174	—	—	未知物-174	1.571
	175	—	—	未知物-175	8.246
	176	—	—	未知物-176	282.667
	177	—	—	未知物-177	0.245
	178	—	—	未知物-178	0.380
	179	—	—	未知物-179	0.408
	180	—	—	未知物-180	0.080
	181	—	—	未知物-181	226.184
	182	—	—	未知物-182	33.534
	183	—	—	未知物-183	0.037
	184	—	—	未知物-184	0.061
	185	—	—	未知物-185	7.833
	186	—	—	未知物-186	4.499
	187	—	—	未知物-187	0.534
	188	—	—	未知物-188	0.944
	189	—	—	未知物-189	0.916
	190	—	—	未知物-190	0.055
	191	—	—	未知物-191	0.183
	192	—	—	未知物-192	0.224
	193	—	—	未知物-193	20.012
	194	—	CAS	未知物-194	0.056
	195	—	—	未知物-195	1.554
	196	—	—	未知物-196	0.143
	197	—	—	未知物-197	16.135
	198	—	—	未知物-198	0.699
	199	—	—	未知物-199	0.088
	200	—	—	未知物-200	0.045
	201	—	—	未知物-201	1.959
	202	—	—	未知物-202	9.626
	203	—	—	未知物-203	0.331
小计					5749.828
总计					6684.400

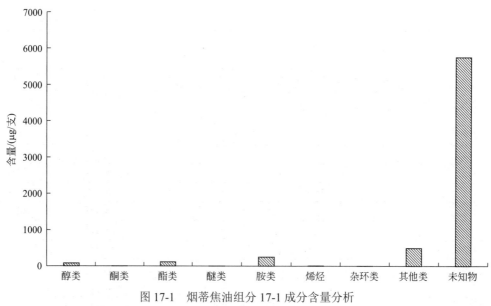

图 17-1　烟蒂焦油组分 17-1 成分含量分析

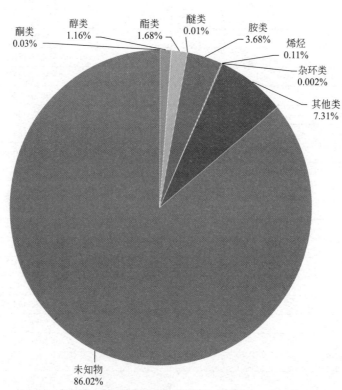

图 17-2　烟蒂焦油组分 17-1 各类成分占比分析

17.3.1.2　烟蒂焦油组分 17-2 成分结果分析

　　通过对卷烟烟蒂焦油的分离，得到烟蒂焦油组分 17-2 成分分析结果如表 17-2 和图 17-3、图 17-4 所示。结果表明，烟蒂焦油组分 17-2 中共含有 214 种物质，总含量为 143166.669μg/支，其中醇类 3 种，总含量为 635.675μg/支；酮类 5 种，总含量为 898.614μg/支；酯类 6 种，总含量为 2180.992μg/支；杂环类 2 种，总含量为 398.208μg/支；烯烃 1 种，总含量为 939.746μg/

支；胺类 1 种，总含量为 338.164µg/支；其他物质 14 种，总含量为 5862.93µg/支。其中含量最多的是其他类。

表 17-2　烟蒂焦油组分 17-2 成分分析结果

类别	序号	英文名称	CAS	中文名称	含量/(µg/支)
醇类	1	1,2-Benzenediol, *O*-(2-furoyl)-*O*′-(pentafluoropropionyl)-	1000329-74-7	*O*-(2-糠醛基)-*O*′-(五氟辛基)-1,2-苯二醇	33.331
	2	Cyclohexanethiol, 2-[(phenylethynyl)thio]-	1000327-32-1	2-[(苯乙炔基)硫]环己硫醇	18.067
	3	1,2-Benzenediol, *O*-(4-methoxybezoyl)-*O*′-(5-chlorovaleryl)-	1000325-98-7	*O*-(4-甲氧基苯甲酰基)-*O*′-(5-氯戊基)-1,2-苯二醇	584.277
		小计			635.675
酮类	1	2(5*H*)-Furanone	497-23-4	2(5*H*)-呋喃酮	255.784
	2	Pyrrolidine-2,4-dione	37772-89-7	2,4-吡咯烷二酮	84.984
	3	2,4-Pentanedione, 1,1-dichloro-	53009-77-1	1,1-二氯-2,4-戊二酮	551.232
	4	2*H*-1,4-Benzoxazine-2,3(4*H*)-dione	3597-63-5	3-羟基-2*H*-1,4-苯并噁嗪-2-酮	2.96
	5	5-Iodopyrid-2(1*H*)-thione	1000251-67-5	5-碘吡啶-2(1*H*)-硫酮	3.654
		小计			898.614
酯类	1	L-Proline, *N*-(2,6-difluoro-3-methylbenzoyl)-, isohexyl ester	1000345-88-9	*N*-(2,6-二氟-3-甲基苯甲基)-L-脯氨酸异己基酯	3.613
	2	2-Ethoxyethyl acrylate	106-74-1	2-乙氧基乙基丙烯酸酯	464.143
	3	Succinic acid, 2,2,3,3,4,4,5,5-octafluoropentyl 2-decyl ester	1000390-53-0	2,2,3,3,4,4,5,5-八氟戊基丁二酸-2-癸酯	867.037
	4	Glutaric acid, 2,4-dimethylpent-3-yl propyl ester	1000359-47-3	2,4-二甲基戊二酸-3-丙酯	751.817
	5	Methane, isocyanato-	624-83-9	异氰酸甲酯	92.742
	6	2-Thiophenecarboxylic acid, 4-nitrophenyl ester	1000308-06-7	4-硝基苯-2-噻吩甲酸酯	1.64
		小计			2180.992
胺类	1	2-Methoxybenzylamine, *N,N*-diheptyl-	1000310-36-7	*N,N*-二庚基-2-甲氧基苄胺	338.164
		小计			338.164
烯烃	1	2-Butene-1,4-diol, diacetate	18621-75-5	1,4-二乙酰氧基-2-丁烯	939.746
		小计			939.746
杂环类	1	6-Phenyl-5,6-dihydro-5,6-azaboruracil	78594-53-3	2-苯基-1,2-氮杂硼脲嘧啶	354.732
	2	1*H*-1,2,3-Triazole	288-36-8	1*H*-1,2,3-三氮唑	43.476
		小计			398.208
其他类	1	2-(4*a*-hydroxybenzyl)-2-methyl-1,3-dithiane	78349-00-5	2-(4*a*-羟基苄基)-2-甲基-1,3-二硫烷	27.961
	2	Probarbital	76-76-6	普罗巴比妥	71.465
	3	Cobalt, bis(eta-5-piperidinylcyclopentadienyl)-	1000162-04-6	双(*η*-5-哌啶基环戊二烯基)钴	113.095
	4	2,2-Dimethyl-propyl-2,2-dimethyl-propanesulfinyl sulfone	82360-14-3	2,2-二甲基丙基-2,2-二甲基丙亚砜	3.995
	5	Decane, 3,3,5-trimethyl-	62338-13-0	3,3,5-三甲基癸烷	27.788
	6	Undecane, 4,8-dimethyl-	17301-33-6	4,8-二甲基十一烷	156.314
	7	Hexane, 2,4,4-trimethyl-	16747-30-1	2,4,4-三甲基己烷	247.964
	8	Decane, 3,8-dimethyl-	17312-55-9	3,8-二甲基癸烷	410.905
	9	1,3-Dioxolane, 2-methyl-2-(4-methyl-3-methylenepentyl)-	66972-05-2	2-甲基-2-(4-甲基-3-亚甲基苯基)-1,3-二氧戊环	3.807
	10	Pentane, 3,3-dimethyl-	562-49-2	3,3-二甲基戊烷	370.362

类别	序号	英文名称	CAS	中文名称	含量/(μg/支)
其他类	11	Undecane, 6,6-dimethyl-	17312-76-4	6,6-二甲基癸烷	240.072
	12	3-Methylbutyl *N*,*O*-bis(heptafluorobutyryl) hydroxyprolinate	1000105-07-9	3-甲基丁基-*N*,*O*-双(七氟丁酰基)羟脯氨酸	1.249
	13	Nonane, 3-methyl-5-propyl-	31081-18-2	3-甲基-5-丙基壬烷	567.332
	14	Octane, 3-ethyl-2,7-dimethyl-	62183-55-5	3-乙基-2,7-二甲基辛烷	3620.621
		小计			5862.93
未知物	1	—	—	未知物-1	24.017
	2	—	—	未知物-2	3.787
	3	—	—	未知物-3	30.883
	4	—	—	未知物-4	58.744
	5	—	—	未知物-5	6.069
	6	—	—	未知物-6	2.035
	7	—	—	未知物-7	6.779
	8	—	—	未知物-8	30.695
	9	—	—	未知物-9	12.864
	10	—	—	未知物-10	4.667
	11	—	—	未知物-11	13.523
	12	—	—	未知物-12	4.02
	13	—	—	未知物-13	5.523
	14	—	—	未知物-14	86.833
	15	—	—	未知物-15	9.247
	16	—	—	未知物-16	8.5
	17	—	—	未知物-17	1.6
	18	—	—	未知物-18	868.864
	19	—	—	未知物-19	2.805
	20	—	—	未知物-20	76.258
	21	—	—	未知物-21	16.241
	22	—	—	未知物-22	173.413
	23	—	—	未知物-23	3.816
	24	—	—	未知物-24	7.947
	25	—	—	未知物-25	10.584
	26	—	—	未知物-26	157.109
	27	—	—	未知物-27	60.621
	28	—	—	未知物-28	21.531
	29	—	—	未知物-29	5.087
	30	—	—	未知物-30	4.187
	31	—	—	未知物-31	6.136
	32	—	—	未知物-32	0.832
	33	—	—	未知物-33	2.706
	34	—	—	未知物-34	1.257
	35	—	—	未知物-35	1.623

类别	序号	英文名称	CAS	中文名称	含量/(μg/支)
	36	—	—	未知物-36	98.744
	37	—	—	未知物-37	11.347
	38	—	—	未知物-38	1.675
	39	—	—	未知物-39	2.108
	40	—	—	未知物-40	1.496
	41	—	—	未知物-41	2.07
	42	—	—	未知物-42	1.347
	43	—	—	未知物-43	0.676
	44	—	—	未知物-44	0.901
	45	—	—	未知物-45	0.945
	46	—	—	未知物-46	6.312
	47	—	—	未知物-47	1.024
	48	—	—	未知物-48	0.799
	49	—	—	未知物-49	2.108
	50	—	—	未知物-50	4.796
	51	—	—	未知物-51	116.642
	52	—	—	未知物-52	17.153
	53	—	—	未知物-53	1.329
	54	—	—	未知物-54	10.889
	55	—	—	未知物-55	2.493
未知物	56	—	—	未知物-56	0.653
	57	—	—	未知物-57	0.689
	58	—	—	未知物-58	2.238
	59	—	—	未知物-59	3.919
	60	—	—	未知物-60	3.978
	61	—	—	未知物-61	1.358
	62	—	—	未知物-62	4.184
	63	—	—	未知物-63	301.871
	64	—	—	未知物-64	0.711
	65	—	CAS	未知物-65	0.822
	66	—	—	未知物-66	6.173
	67	—	—	未知物-67	0.609
	68	—	—	未知物-68	609.518
	69	—	—	未知物-69	120.658
	70	—	—	未知物-70	21.265
	71	—	—	未知物-71	1073.804
	72	—	—	未知物-72	1007.406
	73	—	—	未知物-73	652.401
	74	—	—	未知物-74	1138.171
	75	—	—	未知物-75	634.23
	76	—	—	未知物-76	4376.444

类别	序号	英文名称	CAS	中文名称	含量/(μg/支)
	77	—	—	未知物-77	1.082
	78	—	—	未知物-78	29.274
	79	—	—	未知物-79	821.265
	80	—	—	未知物-80	0.705
	81	—	—	未知物-81	2.058
	82	—	—	未知物-82	1595.309
	83	—	—	未知物-83	1761.912
	84	—	—	未知物-84	1709.966
	85	—	—	未知物-85	10.211
	86	—	—	未知物-86	1582.627
	87	—	—	未知物-87	7.004
	88	—	—	未知物-88	797.264
	89	—	—	未知物-89	449.115
	90	—	—	未知物-90	702.742
	91	—	—	未知物-91	733.086
	92	—	—	未知物-92	5.055
	93	—	—	未知物-93	4.933
	94	—	—	未知物-94	4929.924
	95	—	—	未知物-95	712.182
	96	—	—	未知物-96	1610.088
未知物	97	—	—	未知物-97	2782.117
	98	—	—	未知物-98	165.631
	99	—	—	未知物-99	24.096
	100	—	—	未知物-100	2.23
	101	—	—	未知物-101	6317.573
	102	—	—	未知物-102	1.189
	103	—	—	未知物-103	1350.706
	104	—	—	未知物-104	8110.701
	105	—	—	未知物-105	503.241
	106	—	—	未知物-106	6571.509
	107	—	—	未知物-107	18.335
	108	—	—	未知物-108	1280.012
	109	—	—	未知物-109	3558.64
	110	—	—	未知物-110	610.758
	111	—	—	未知物-111	2.363
	112	—	—	未知物-112	1.882
	113	—	—	未知物-113	966.353
	114	—	—	未知物-114	3937.898
	115	—	—	未知物-115	4350.563
	116	—	—	未知物-116	1377.88
	117	—	—	未知物-117	142.712

类别	序号	英文名称	CAS	中文名称	含量/(μg/支)
未知物	118	—	—	未知物-118	912.466
	119	—	—	未知物-119	1689.125
	120	—	—	未知物-120	1.818
	121	—	—	未知物-121	1.981
	122	—	—	未知物-122	1806.002
	123	—	—	未知物-123	2.209
	124	—	—	未知物-124	2220.927
	125	—	—	未知物-125	672.078
	126	—	—	未知物-126	157.688
	127	—	—	未知物-127	628.639
	128	—	—	未知物-128	2234.972
	129	—	—	未知物-129	1318.459
	130	—	—	未知物-130	856.803
	131	—	—	未知物-131	2049.012
	132	—	—	未知物-132	691.997
	133	—	—	未知物-133	17.508
	134	—	—	未知物-134	12.964
	135	—	—	未知物-135	932.831
	136	—	—	未知物-136	6.482
	137	—	—	未知物-137	5324.183
	138	—	—	未知物-138	4614.667
	139	—	—	未知物-139	1.397
	140	—	—	未知物-140	1523.201
	141	—	—	未知物-141	2.255
	142	—	—	未知物-142	41.941
	143	—	—	未知物-143	4535.628
	144	—	—	未知物-144	4.491
	145	—	—	未知物-145	2560.345
	146	—	—	未知物-146	1.363
	147	—	CAS	未知物-147	2.653
	148	—	—	未知物-148	4.621
	149	—	—	未知物-149	31.954
	150	—	—	未知物-150	1.63
	151	—	—	未知物-151	0.739
	152	—	—	未知物-152	1086.617
	153	—	—	未知物-153	287.569
	154	—	—	未知物-154	186.128
	155	—	—	未知物-155	465.365
	156	—	—	未知物-156	9.468
	157	—	—	未知物-157	1081.552
	158	—	—	未知物-158	148.143

续表

类别	序号	英文名称	CAS	中文名称	含量/(μg/支)
未知物	159	—	—	未知物-159	7.103
	160	—	—	未知物-160	168.074
	161	—	—	未知物-161	8.963
	162	—	—	未知物-162	28.661
	163	—	—	未知物-163	9074.453
	164	—	—	未知物-164	1.748
	165	—	—	未知物-165	3216.804
	166	—	—	未知物-166	1749.004
	167	—	—	未知物-167	181.888
	168	—	—	未知物-168	270.133
	169	—	—	未知物-169	6648.2
	170	—	—	未知物-170	236.021
	171	—	—	未知物-171	3.848
	172	—	—	未知物-172	22.938
	173	—	—	未知物-173	0.758
	174	—	—	未知物-174	56.793
	175	—	—	未知物-175	18.755
	176	—	—	未知物-176	2.687
	177	—	—	未知物-177	8.116
	178	—	—	未知物-178	11.04
	179	—	—	未知物-179	523.464
	180	—	—	未知物-180	3.392
	181	—	—	未知物-181	16.783
	182	—	—	未知物-182	3.893
小计					131912.34
总计					143166.669

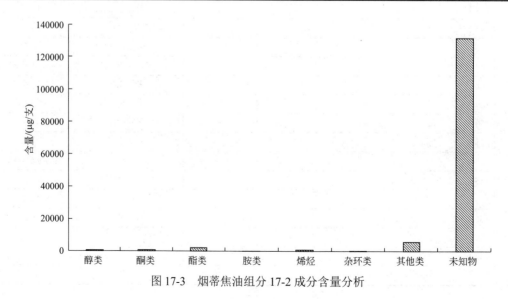

图 17-3　烟蒂焦油组分 17-2 成分含量分析

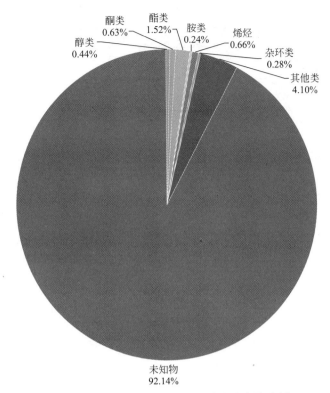

图 17-4 烟蒂焦油组分 17-2 各类成分占比分析

17.3.1.3 烟蒂焦油组分 17-3 成分结果分析

通过对卷烟烟蒂焦油的分离，得到烟蒂焦油组分 17-3 成分分析结果如表 17-3 和图 17-5、图 17-6 所示。结果表明，烟蒂焦油组分 17-3 共含有 250 种物质，总含量为 758182.773μg/支，其中醇类 2 种，总含量为 1470.625μg/支；酮类 6 种，总含量为 1986.027μg/支；酯类 12 种，总含量为 33982.078μg/支；醛类 1 种,总含量为 258.465μg/支；胺类 3 种,总含量为 6095.498μg/支；杂环类 3 种，总含量为 2388.548μg/支；苯系物 1 种，总含量为 20.099μg/支；其他物质 12 种，总含量为 174618.594μg/支。其中含量最多的是酯类。

表 17-3 烟蒂焦油组分 17-3 成分分析结果

类别	序号	英文名称	CAS	中文名称	含量/(μg/支)
醇类	1	4,4-Dimethyl-2-pentanol, chlorodifluoroacetate	1000376-27-0	氯二氟乙酸-4,4-二甲基-2-戊醇	1425.497
	2	3-Buten-2-ol	598-32-3	3-丁烯-2-醇	45.128
小计					1470.625
酮类	1	3-Hexanone, 2,5-dimethyl-	1888-57-9	2,5-二甲基-3-己酮	50.086
	2	5-Iodopyrid-2(1H)-thione	1000251-67-5	5-碘吡啶-2(1H)-硫酮	17.193
	3	2-Butanone	78-93-3	2-丁酮	985.685
	4	2,3-Pentanedione	600-14-6	2,3-戊二酮	35.210
	5	3,6-Heptanedione	1703-51-1	2,5-庚二酮	883.224
	6	2H-1,4-Benzoxazine-2,3(4H)-dione	3597-63-5	3-羟基-2H-1,4-苯并噁嗪-2-酮	14.629
小计					1986.027

续表

类别	序号	英文名称	CAS	中文名称	含量/(μg/支)
酯类	1	2-octyl alpha-methoxy-alpha-(trifluoromethyl)phenylacetate	40121-44-6	α-甲氧基-α-(三氟甲基)苯乙酸-2-辛酯	2441.120
	2	trimethylsilyl 2,4-bis(trimethylsilyloxy)benzoate	10586-16-0	2,4-二(三甲基硅氧基)苯甲酸三甲基硅酯	17795.195
	3	Terephthalic acid, propyl tridec-2-yn-1-yl ester	1000323-92-3	对苯二甲酸丙酯	45.969
	4	Sulfurous acid, isohexyl pentyl ester	1000309-14-0	亚硫酸异己基戊酯	977.019
	5	Pentanoic acid, 1,1-dimethylpropyl ester	117421-32-6	1,1-二甲基戊酸丙酯	1739.259
	6	Dibutyl phthalate	84-74-2	邻苯二甲酸二正丁酯	216.540
	7	Phthalic acid, 4-cyanophenyl nonyl ester	1000309-79-7	邻苯二甲酸-4-氰基壬基酯	254.241
	8	Tributyl acetylcitrate	77-90-7	乙酰柠檬酸三丁酯	1538.437
	9	Sulfurous acid, 2-ethylhexyl hexyl ester	1000309-20-2	亚硫酸-2-乙基己基己基酯	2109.385
	10	1,2-Benzenedicarboxylic acid,bis-(2-ethylhexyl) ester	74746-55-7	邻苯二甲酸二(2-乙基己基)酯	1099.775
	11	Sulfurous acid, dodecyl 2-ethylhexyl ester	1000309-19-5	亚硫酸十二烷基-2-乙基己基酯	5515.525
	12	Oxalic acid, diallyl ester	1000309-22-9	草酸二烯丙基酯	249.613
		小计			33982.078
醛类	1	Ethanone, 1,2-di-2-furanyl-2-hydroxy-	552-86-3	2,2'-联糠醛	258.465
		小计			258.465
胺类	1	2-Furancarboxamide, N-methyl-	1000407-23-7	N-甲基-2-呋喃甲酰胺	1452.500
	2	Tris(2-chloroethyl)amine	555-77-1	三(2-氯乙基)胺	4418.251
	3	Cyclobutanecarboxamide, N-(3-methylphenyl)-	1000307-04-7	N-(3-甲基苯基)环丁烷甲酰胺	224.747
		小计			6095.498
杂环类	1	Pyridine, 3-(1a,2,7,7a-tetrahydro-2-methoxy-1-phenyl-1,2,7-metheno-1H-cyclopropa[b]naphthalen-8-yl)-	50559-57-4	3-[1a,2,7,7a-四氢-2-甲氧基-1-苯基-1,2,7-甲桥-1H-环丙烷[b]萘-8-基]吡啶	511.443
	2	Pyrrole, 2-methyl-5-phenyl-	3042-21-5	2-甲基-5-苯基-1H-吡咯	1801.546
	3	2-Pyrimidinamine, 5-bromo-	7752-82-1	2-氨基-5-溴嘧啶	75.559
		小计			2388.548
苯系物	1	Naphthalene, 1,8-diiodo-	1730-04-7	1,8-二碘萘	20.099
		小计			20.099
其他类	1	Silane, diethoxydimethyl-	78-62-6	二乙氧基二甲基硅烷	2268.928
	2	10-[2-(1,4,7-trioxa-10-azacyclododec-10-yl)ethyl]-1,4,7-trioxa-10-azacyclododecane	79645-07-1	10-[2-(1,4,7-三氧-10-氮杂环十二烷-10-基)乙基]-1,4,7-三氧-10-氮杂环十二烷	72.821
	3	1,3-Diacetin	1000428-18-0	1,3-二西汀	134340.533
	4	Tetracosamethyl-cyclododecasiloxane	18919-94-3	二十四甲基环十二硅氧烷	15246.447
	5	Nonane, 3,7-dimethyl-	17302-32-8	3,7-二甲基壬烷	285.452
	6	Pentane, 3,3-dimethyl-	562-49-2	3,3-二甲基戊烷	543.569
	7	Hexasiloxane, tetradecamethyl-	107-52-8	十四甲基六硅氧烷	7221.279
	8	Trisiloxane, octamethyl-	107-51-7	八甲基三硅氧烷	741.401
	9	Undecane, 4,8-dimethyl-	17301-33-6	4,8-二甲基十一烷	3094.363
	10	Octane, 6-ethyl-2-methyl-	62016-19-7	6-乙基-2-甲基辛烷	1497.690
	11	Decane, 3,3,5-trimethyl-	62338-13-0	3,3,5-三甲基癸烷	5875.621

类别	序号	英文名称	CAS	中文名称	含量/(μg/支)
其他类	12	2,2-Dimethyl-propyl 2,2-dimethyl-propanesulfinyl sulfone	82360-14-3	2,2-二甲基丙基-2,2-二甲基丙亚砜	3430.490
		小计			174618.594
未知物	1	—	—	未知物-1	38.077
	2	—	—	未知物-2	18.399
	3	—	—	未知物-3	19.044
	4	—	—	未知物-4	6.154
	5	—	—	未知物-5	10.372
	6	—	—	未知物-6	1971.668
	7	—	—	未知物-7	444.467
	8	—	—	未知物-8	15.645
	9	—	—	未知物-9	23.593
	10	—	—	未知物-10	4.398
	11	—	—	未知物-11	76.529
	12	—	—	未知物-12	3211.572
	13	—	—	未知物-13	13.193
	14	—	—	未知物-14	25.035
	15	—	—	未知物-15	17.950
	16	—	—	未知物-16	886.685
	17	—	—	未知物-17	3920.276
	18	—	—	未知物-18	6.367
	19	—	—	未知物-19	7.679
	20	—	—	未知物-20	2199.169
	21	—	—	未知物-21	63.229
	22	—	—	未知物-22	541.633
	23	—	—	未知物-23	39.630
	24	—	—	未知物-24	6.574
	25	—	—	未知物-25	6.451
	26	—	—	未知物-26	6.569
	27	—	—	未知物-27	605.154
	28	—	—	未知物-28	96.947
	29	—	—	未知物-29	5.963
	30	—	—	未知物-30	97.323
	31	—	—	未知物-31	82.660
	32	—	—	未知物-32	101.401
	33	—	—	未知物-33	1495.670
	34	—	—	未知物-34	851.267
	35	—	—	未知物-35	296.957
	36	—	—	未知物-36	212.720
	37	—	—	未知物-37	1275.170
	38	—	—	未知物-38	2448.277
	39	—	—	未知物-39	1035.531
	40	—	—	未知物-40	95.854

续表

类别	序号	英文名称	CAS	中文名称	含量/(μg/支)
	41	—	—	未知物-41	171.395
	42	—	—	未知物-42	354.060
	43	—	—	未知物-43	2.967
	44	—	—	未知物-44	3.652
	45	—	—	未知物-45	9.856
	46	—	—	未知物-46	15.067
	47	—	—	未知物-47	158.499
	48	—	—	未知物-48	4361.366
	49	—	—	未知物-49	3005.875
	50	—	—	未知物-50	220.669
	51	—	—	未知物-51	822.996
	52	—	—	未知物-52	6.900
	53	—	—	未知物-53	24.092
	54	—	—	未知物-54	22.286
	55	—	—	未知物-55	10.237
	56	—	—	未知物-56	5.234
	57	—	—	未知物-57	1018.775
	58	—	—	未知物-58	4481.761
	59	—	—	未知物-59	1141.492
	60	—	—	未知物-60	9.811
未知物	61	—	—	未知物-61	5.542
	62	—	—	未知物-62	5.980
	63	—	—	未知物-63	16.963
	64	—	—	未知物-64	27.638
	65	—	—	未知物-65	7.045
	66	—	—	未知物-66	2340.307
	67	—	—	未知物-67	60.890
	68	—	—	未知物-68	18.012
	69	—	—	未知物-69	356.343
	70	—	—	未知物-70	19.829
	71	—	—	未知物-71	4.482
	72	—	—	未知物-72	11.572
	73	—	—	未知物-73	26.263
	74	—	—	未知物-74	1333.603
	75	—	—	未知物-75	867.400
	76	—	—	未知物-76	116.277
	77	—	—	未知物-77	5188.373
	78	—	—	未知物-78	109912.919
	79	—	—	未知物-79	18400.994
	80	—	—	未知物-80	2349.748
	81	—	—	未知物-81	4.897
	82	—	—	未知物-82	19.223

类别	序号	英文名称	CAS	中文名称	含量/(μg/支)
	83	—	—	未知物-83	7127.613
	84	—	—	未知物-84	55.275
	85	—	—	未知物-85	13.956
	86	—	—	未知物-86	1783.730
	87	—	—	未知物-87	3805.171
	88	—	—	未知物-88	1903.362
	89	—	—	未知物-89	5.105
	90	—	—	未知物-90	370.305
	91	—	—	未知物-91	262.705
	92	—	—	未知物-92	570.757
	93	—	—	未知物-93	4929.431
	94	—	—	未知物-94	2653.481
	95	—	—	未知物-95	3667.471
	96	—	—	未知物-96	2158.546
	97	—	—	未知物-97	22.095
	98	—	—	未知物-98	3.461
	99	—	—	未知物-99	3720.766
	100	—	—	未知物-100	21.131
	101	—	—	未知物-101	11968.718
	102	—	—	未知物-102	14.646
未知物	103	—	—	未知物-103	1216.945
	104	—	—	未知物-104	3102.093
	105	—	—	未知物-105	46.721
	106	—	—	未知物-106	300.457
	107	—	—	未知物-107	1294.697
	108	—	—	未知物-108	13095.525
	109	—	—	未知物-109	24115.406
	110	—	—	未知物-110	2768.698
	111	—	—	未知物-111	2777.538
	112	—	—	未知物-112	1146.277
	113	—	—	未知物-113	22169.260
	114	—	—	未知物-114	39.692
	115	—	—	未知物-115	5.576
	116	—	—	未知物-116	16.974
	117	—	—	未知物-117	5340.724
	118	—	—	未知物-118	7.640
	119	—	—	未知物-119	79.564
	120	—	—	未知物-120	106.354
	121	—	—	未知物-121	13.715
	122	—	—	未知物-122	2572.239
	123	—	—	未知物-123	3240.948
	124	—	—	未知物-124	3128.912

类别	序号	英文名称	CAS	中文名称	含量/(μg/支)
	125	—	—	未知物-125	14.354
	126	—	—	未知物-126	24.479
	127	—	—	未知物-127	354.195
	128	—	—	未知物-128	13.749
	129	—	—	未知物-129	39.765
	130	—	—	未知物-130	13.306
	131	—	—	未知物-131	10.916
	132	—	—	未知物-132	22.006
	133	—	—	未知物-133	30.756
	134	—	—	未知物-134	8.162
	135	—	—	未知物-135	4690.403
	136	—	—	未知物-136	5886.430
	137	—	—	未知物-137	7143.140
	138	—	—	未知物-138	35881.450
	139	—	—	未知物-139	2316.983
	140	—	—	未知物-140	9817.403
	141	—	—	未知物-141	6111.070
	142	—	—	未知物-142	18.354
	143	—	—	未知物-143	1116.766
	144	—	—	未知物-144	5620.449
未知物	145	—	—	未知物-145	10.860
	146	—	—	未知物-146	14897.963
	147	—	—	未知物-147	7835.363
	148	—	—	未知物-148	4.061
	149	—	—	未知物-149	4.100
	150	—	—	未知物-150	1139.148
	151	—	—	未知物-151	2064.212
	152	—	—	未知物-152	9.289
	153	—	—	未知物-153	491.502
	154	—	—	未知物-154	10.540
	155	—	—	未知物-155	4614.485
	156	—	—	未知物-156	23.795
	157	—	—	未知物-157	6843.743
	158	—	—	未知物-158	35.990
	159	—	—	未知物-159	172.074
	160	—	—	未知物-160	10.361
	161	—	—	未知物-161	10585.870
	162	—	—	未知物-162	1311.110
	163	—	—	未知物-163	9.575
	164	—	—	未知物-164	25.551
	165	—	—	未知物-165	7.892
	166	—	—	未知物-166	6103.722

类别	序号	英文名称	CAS	中文名称	含量/(μg/支)
	167	—	—	未知物-167	1941.854
	168	—	—	未知物-168	4.443
	169	—	—	未知物-169	14.416
	170	—	—	未知物-170	1442.151
	171	—	—	未知物-171	10961.722
	172	—	—	未知物-172	10751.414
	173	—	—	未知物-173	8121.690
	174	—	—	未知物-174	4136.440
	175	—	—	未知物-175	1985.103
	176	—	—	未知物-176	1384.369
	177	—	—	未知物-177	32.153
	178	—	—	未知物-178	16.155
	179	—	—	未知物-179	62.988
	180	—	—	未知物-180	59.073
	181	—	—	未知物-181	1379.802
	182	—	—	未知物-182	43.535
	183	—	—	未知物-183	33451.123
	184	—	—	未知物-184	10.327
	185	—	—	未知物-185	766.526
	186	—	—	未知物-186	482.061
未知物	187	—	—	未知物-187	685.425
	188	—	—	未知物-188	23.128
	189	—	—	未知物-189	9251.116
	190	—	—	未知物-190	19.330
	191	—	—	未知物-191	8.409
	192	—	—	未知物-192	13.064
	193	—	—	未知物-193	3199.725
	194	—	—	未知物-194	5.744
	195	—	—	未知物-195	5.363
	196	—	—	未知物-196	118.970
	197	—	—	未知物-197	128.758
	198	—	—	未知物-198	95.657
	199	—	—	未知物-199	26.207
	200	—	—	未知物-200	200.419
	201	—	—	未知物-201	84.265
	202	—	—	未知物-202	92.381
	203	—	—	未知物-203	19.465
	204	—	—	未知物-204	8.947
	205	—	—	未知物-205	13.676
	206	—	—	未知物-206	42.340
	207	—	—	未知物-207	8.919

类别	序号	英文名称	CAS	中文名称	含量/(μg/支)
未知物	208	—	—	未知物-208	42.918
	209	—	—	未知物-209	3.691
	210	—	—	未知物-210	6.013
小计					537362.839
总计					758182.773

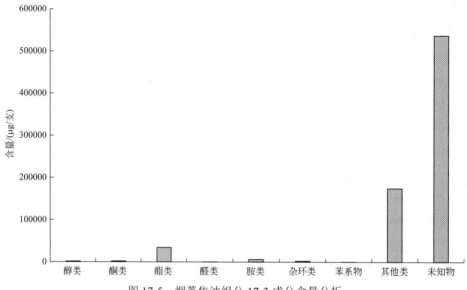

图 17-5　烟蒂焦油组分 17-3 成分含量分析

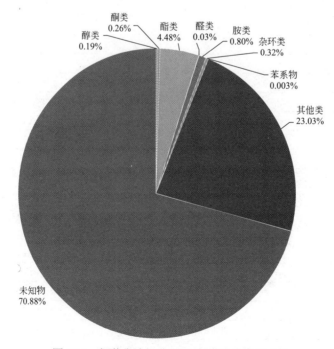

图 17-6　烟蒂焦油组分 17-3 各类成分占比分析

17.3.1.4　烟蒂焦油组分 17-4 成分结果分析

通过对卷烟烟蒂焦油的分离，得到烟蒂焦油组分 17-4 成分分析结果如表 17-4 和图 17-7、图 17-8 所示。结果表明，烟蒂焦油组分 17-4 中共有 195 种物质，总含量为 76500.002μg/支，其中醇类 1 种，总含量为 71.463μg/支；酮类 3 种，总含量为 17.515μg/支；酯类 6 种，总含量为 1233.600μg/支；胺类 3 种，总含量为 186.705μg/支；杂环类 6 种，总含量为 4464.949μg/支；其他物质 12 种，总含量为 3451.308μg/支。其中含量最多的是杂环类物质。

表 17-4　烟蒂焦油组分 17-4 成分分析结果

类别	序号	英文名称	CAS	中文名称	含量/(μg/支)
醇类	1	2-Undecen-4-ol	22381-86-8	2-十一碳烯-4-醇	71.463
		小计			71.463
酮类	1	2*H*-1,4-Benzoxazine-2,3(4*H*)-dione	3597-63-5	3-羟基-2*H*-1,4-苯并噁嗪-2-酮	1.635
	2	5-Iodopyrid-2(1*H*)-thione	1000251-67-5	5-碘吡啶-2(1*H*)-硫酮	2.437
	3	1,2-Oxaborolane, 2-ethyl-4,5-dimethyl-	74685-45-3	4-丙基-2-咪唑烷酮	13.443
		小计			17.515
酯类	1	Sulfurous acid, hexyl pentyl ester	1000309-14-1	亚硫酸己基戊酯	138.022
	2	Sulfurous acid, isohexyl hexyl ester	1000309-12-8	亚硫酸异己酯	111.763
	3	Phthalic acid, octyl 2-pentyl ester	1000315-48-0	邻苯二甲酸辛酯	17.885
	4	Sulfurous acid, 2-ethylhexyl hexyl ester	1000309-20-2	亚硫酸-2-乙基己基己基酯	79.94
	5	Butanoic acid, 2-methyl-, 1,2-dimethylpropyl ester	84696-83-3	1,2-二甲基丙基-2-甲基丁酸酯	2.923
	6	Glycerol 1,2-diacetate	102-62-5	(2-乙酰-3-羟基丙基)酯	883.067
		小计			1233.600
胺类	1	5*H*-Tetrazol-5-amine	1000273-02-0	5*H*-四唑-5-胺	97.064
	2	Thiophen-2-methylamine, *N*,*N*-didecyl-	1000310-36-2	*N*,*N*-二癸基噻吩-2-甲胺	17.945
	3	Thiophen-2-methylamine, *N*-(2-fluorophenyl)-	1000310-35-2	*N*-(2-氟苯基)噻吩-2-甲胺	71.696
		小计			186.705
杂环类	1	1,3,4-Thiadiazole, 2,5-dimethyl-	27464-82-0	2,5-二甲基噻二唑	2.246
	2	Pyridine, 1,2-dihydro-1-phenyl-	50900-29-3	1-苯基-1,2-二氢吡啶	273.251
	3	*N*-Benzylthiomorpholine	1000306-11-0	*N*-苄基硫吗啉	3886.105
	4	2-(1-Methylcyclopentyloxy)-tetrahydropyran	122685-21-6	2-(1-甲基环戊氧基)四氢吡喃	139.568
	5	Imidazo[4,5-*d*]imidazole, 1,6-dihydro-	35369-36-9	1,6-二氢咪唑并[4,5-*d*]咪唑	98.947
	6	1-Methyl-3-acetylindole	19012-02-3	1-甲基-3-乙酰吲哚	64.832
		小计			4464.949
其他类	1	Oxetane, 3-(1-methylethyl)-	10317-17-6	3-(1-甲基乙基)氧乙烷	111.562
	2	Silane, diethoxydimethyl-	78-62-6	二甲基二乙氧基硅烷	74.671
	3	Cyclohexane, 1-bromo-4-methyl-	6294-40-2	1-溴-4-甲基环己烷	7.54
	4	Trimethylindium	3385-78-2	高纯三甲基铟	171.336
	5	4,4-Dimethyl octane	15869-95-1	4,4-二甲基辛烷	67.062
	6	Heptane, 3,3,5-trimethyl-	7154-80-5	3,3,5-三甲基庚烷	207.408
	7	Decane, 2,4-dimethyl-	2801-84-5	2,4-二甲基癸烷	334.357
	8	(2*S*,4*R*)-2,4-dimethyloxolane	39168-01-9	(2*S*,4*R*)-2,4-二甲基氧戊环	259.097

类别	序号	英文名称	CAS	中文名称	含量/(μg/支)
其他类	9	4-Methyl-2,4-bis(*p*-hydroxyphenyl)pent-1-ene, 2TMS derivative	1000283-56-8	4-甲基-2,4-双(对羟基苯基)戊-1-烯,2TMS 衍生物	701.266
	10	Heptacosane	593-49-7	正二十七烷	887.393
	11	Hexane, 2,4,4-trimethyl-	16747-30-1	2,4,4-三甲基己烷	190.399
	12	2,2-Dimethyl-propyl 2,2-dimethyl-propanesulfinyl sulfone	82360-14-3	2,2-二甲基丙基-2,2-二甲基丙烷亚磺酰基砜	439.217
		小计			3451.308
未知物	1	—	—	未知物-1	0.795
	2	—	—	未知物-2	2.889
	3	—	—	未知物-3	1.15
	4	—	—	未知物-4	3.671
	5	—	—	未知物-5	13.343
	6	—	—	未知物-6	1.302
	7	—	—	未知物-7	9.312
	8	—	—	未知物-8	519.173
	9	—	—	未知物-9	1.963
	10	—	—	未知物-10	70.552
	11	—	—	未知物-11	71.18
	12	—	—	未知物-12	0.663
	13	—	—	未知物-13	1.589
	14	—	—	未知物-14	4.697
	15	—	—	未知物-15	1.909
	16	—	—	未知物-16	1.237
	17	—	—	未知物-17	0.396
	18	—	—	未知物-18	0.692
	19	—	—	未知物-19	61.493
	20	—	—	未知物-20	14.853
	21	—	—	未知物-21	1.299
	22	—	—	未知物-22	1.724
	23	—	—	未知物-23	0.501
	24	—	—	未知物-24	0.443
	25	—	—	未知物-25	1.17
	26	—	—	未知物-26	91.819
	27	—	—	未知物-27	30.902
	28	—	—	未知物-28	263.755
	29	—	—	未知物-29	2.686
	30	—	—	未知物-30	1.712
	31	—	—	未知物-31	2.16
	32	—	—	未知物-32	2.901
	33	—	—	未知物-33	10.042
	34	—	—	未知物-34	59.907
	35	—	—	未知物-35	5.075

续表

类别	序号	英文名称	CAS	中文名称	含量/(μg/支)
	36	—	—	未知物-36	0.859
	37	—	—	未知物-37	22.889
	38	—	—	未知物-38	326.004
	39	—	—	未知物-39	5.625
	40	—	—	未知物-40	1.553
	41	—	—	未知物-41	7.238
	42	—	—	未知物-42	285.813
	43	—	—	未知物-43	3.709
	44	—	—	未知物-44	380.579
	45	—	—	未知物-45	15.3
	46	—	—	未知物-46	8.924
	47	—	—	未知物-47	17.947
	48	—	—	未知物-48	525.826
	49	—	—	未知物-49	959.581
	50	—	—	未知物-50	3.228
	51	—	—	未知物-51	614.671
	52	—	—	未知物-52	200.655
	53	—	—	未知物-53	323.106
	54	—	—	未知物-54	0.625
	55	—	—	未知物-55	1.038
未知物	56	—	—	未知物-56	1.083
	57	—	—	未知物-57	2.116
	58	—	—	未知物-58	74.534
	59	—	—	未知物-59	1.23
	60	—	—	未知物-60	396.566
	61	—	—	未知物-61	2.344
	62	—	—	未知物-62	2.683
	63	—	—	未知物-63	747.016
	64	—	—	未知物-64	744.774
	65	—	—	未知物-65	537.93
	66	—	—	未知物-66	25.098
	67	—	—	未知物-67	1.361
	68	—	—	未知物-68	0.639
	69	—	—	未知物-69	795.313
	70	—	—	未知物-70	18.156
	71	—	—	未知物-71	0.871
	72	—	—	未知物-72	1194.624
	73	—	—	未知物-73	1.367
	74	—	—	未知物-74	339.935
	75	—	—	未知物-75	2213.152
	76	—	—	未知物-76	318.428
	77	—	—	未知物-77	849.524

续表

类别	序号	英文名称	CAS	中文名称	含量/(μg/支)
未知物	78	—	—	未知物-78	5.769
	79	—	—	未知物-79	76.028
	80	—	—	未知物-80	1565.504
	81	—	—	未知物-81	2347.482
	82	—	—	未知物-82	4507.255
	83	—	—	未知物-83	1943.746
	84	—	—	未知物-84	3918.683
	85	—	—	未知物-85	224.667
	86	—	—	未知物-86	1.773
	87	—	—	未知物-87	0.479
	88	—	—	未知物-88	2.852
	89	—	—	未知物-89	1512.116
	90	—	—	未知物-90	584.505
	91	—	—	未知物-91	2736.495
	92	—	—	未知物-92	1.896
	93	—	—	未知物-93	1165.776
	94	—	—	未知物-94	3.171
	95	—	—	未知物-95	0.697
	96	—	—	未知物-96	815.998
	97	—	—	未知物-97	1394.808
	98	—	—	未知物-98	532.598
	99	—	—	未知物-99	6826.856
	100	—	—	未知物-100	3405.785
	101	—	—	未知物-101	1148.606
	102	—	—	未知物-102	292.19
	103	—	—	未知物-103	187.538
	104	—	—	未知物-104	1.221
	105	—	—	未知物-105	1.458
	106	—	—	未知物-106	855.907
	107	—	—	未知物-107	27.269
	108	—	—	未知物-108	25.195
	109	—	—	未知物-109	6.192
	110	—	—	未知物-110	27.65
	111	—	—	未知物-111	4.433
	112	—	—	未知物-112	384.528
	113	—	—	未知物-113	3.869
	114	—	—	未知物-114	534.135
	115	—	—	未知物-115	1082.603
	116	—	—	未知物-116	1.874
	117	—	—	未知物-117	465.773
	118	—	—	未知物-118	11.946
	119	—	—	未知物-119	5.632

续表

类别	序号	英文名称	CAS	中文名称	含量/(μg/支)
	120	—	—	未知物-120	0.964
	121	—	—	未知物-121	1.919
	122	—	—	未知物-122	18.647
	123	—	—	未知物-123	130.214
	124	—	—	未知物-124	3826.703
	125	—	—	未知物-125	1616.585
	126	—	—	未知物-126	228.845
	127	—	—	未知物-127	107.959
	128	—	—	未知物-128	0.494
	129	—	—	未知物-129	798.392
	130	—	—	未知物-130	351.852
	131	—	—	未知物-131	1.729
	132	—	—	未知物-132	4.673
	133	—	—	未知物-133	1140.706
	134	—	—	未知物-134	3.927
	135	—	—	未知物-135	4527.84
	136	—	—	未知物-136	1.747
	137	—	—	未知物-137	0.647
	138	—	—	未知物-138	4.025
	139	—	—	未知物-139	1.289
未知物	140	—	—	未知物-140	2.819
	141	—	—	未知物-141	2.518
	142	—	—	未知物-142	0.579
	143	—	—	未知物-143	2.245
	144	—	—	未知物-144	6.006
	145	—	—	未知物-145	0.821
	146	—	—	未知物-146	0.474
	147	—	—	未知物-147	0.713
	148	—	—	未知物-148	2.576
	149	—	—	未知物-149	1996.61
	150	—	—	未知物-150	111.404
	151	—	—	未知物-151	190.956
	152	—	—	未知物-152	27.53
	153	—	—	未知物-153	1.991
	154	—	—	未知物-154	0.477
	155	—	—	未知物-155	2.088
	156	—	—	未知物-156	1.635
	157	—	—	未知物-157	2.308
	158	—	—	未知物-158	1.342
	159	—	—	未知物-159	19.638
	160	—	—	未知物-160	2.382
	161	—	—	未知物-161	1.146

类别	序号	英文名称	CAS	中文名称	含量/(μg/支)
未知物	162	—	—	未知物-162	2.426
	163	—	—	未知物-163	45.423
	164	—	—	未知物-164	3.371
		小计			67074.462
		总计			76500.002

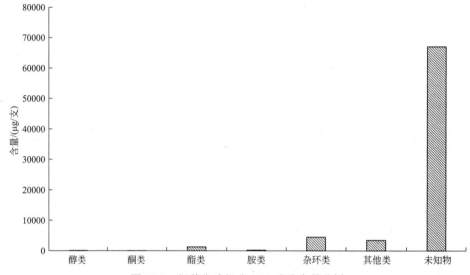

图 17-7　烟蒂焦油组分 17-4 成分含量分析

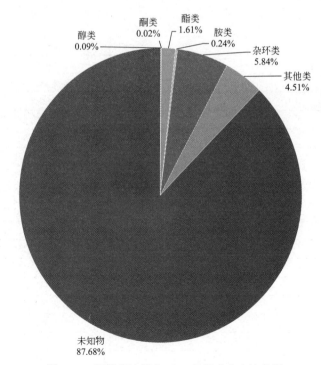

图 17-8　烟蒂焦油组分 17-4 各类成分占比分析

17.3.1.5　烟蒂焦油组分 17-5 成分结果分析

通过对卷烟烟蒂焦油的分离，得到烟蒂焦油组分 17-5 成分分析结果如表 17-5 和图 17-9、图 17-10 所示。结果表明，烟蒂焦油组分 17-5 共有 177 种物质，总含量为 54000.002μg/支，其中醇类 1 种，总含量为 58.566μg/支；酮类 5 种，总含量为 59.587μg/支；酯类 12 种，总含量为 6205.465μg/支；胺类 1 种，总含量为 76.114μg/支；杂环类 2 种，总含量为 101.589μg/支；苯系物 1 种，总含量为 366.949；其他物质 8 种，总含量为 891.254μg/支。其中含量最大的是酯类。

表 17-5　烟蒂焦油组分 17-5 成分分析结果

类别	序号	英文名称	CAS	中文名称	含量/(μg/支)
醇类	1	2,4,4-Trimethyl-1-pentanol, trifluoroacetate	1000365-19-5	三氟乙酸-2,4,4-三甲基-1-戊醇	58.566
	小计				58.566
酮类	1	2H-1,4-Benzoxazine-2,3(4H)-dione	3597-63-5	3-羟基-2H-1,4-苯并噁嗪-2-酮	0.907
	2	5-Iodopyrid-2(1H)-thione	1000251-67-5	5-碘吡啶-2(1H)-硫酮	1.507
	3	3-Hexanone, 2,5-dimethyl-	1888-57-9	2,5-二甲基-3-己酮	9.955
	4	2H-Pyrrol-2-one, 5-ethoxy-3,4-dihydro-3,4-dimethyl-, trans-	64833-42-7	反式-5-乙氧基-3,4-二氢-3,4-二甲基-2H-吡咯-2-酮	42.193
	5	2-Azetidinone, 3,4,4-trimethyl-	22607-01-8	3,4,4-三甲基氮杂环丁酮	5.025
	小计				59.587
酯类	1	Pentanedioic acid, (2,4-di-t-butylphenyl) mono-ester	1000164-44-5	戊二酸-(2,4-二叔丁基苯基)单酯	3.181
	2	Di-n-octyl phthalate	117-84-0	邻苯二甲酸二正辛酯	9.860
	3	Sulfurous acid, butyl nonyl ester	1000309-17-6	亚硫酸正丁酯	120.405
	4	5-Acetylamino-2-methyl-benzoesaeure-methylester	6154-06-9	5-乙酰氨基-2-甲基苯甲酰甲酯	56.683
	5	5-Methyl-4-hexene-1-yl acetate	1000426-93-8	乙酸-5-甲基-4-己烯-1-基酯	882.044
	6	Sulfurous acid, 2-ethylhexyl hexyl ester	1000309-20-2	亚硫酸-2-乙基己酯	40.472
	7	Methane, isocyanato-	624-83-9	异氰酸甲酯	48.598
	8	1-[(1-Butoxypropan-2-yl)oxy]propan-2-yl 2,3,4,5,6-pentafluorobenzoate	1000378-29-1	1-[(1-丁氧基丙烷-2-基)氧基]丙烷-2-基-2,3,4,5,6-五氟苯甲酸酯	3429.557
	9	l-Proline, n-heptafluorobutyryl-, isohexyl ester	1000321-10-1	正七氟丁基脯氨酸异己基酯	5.002
	10	Succinic acid, 2-bromo-4-fluorophenyl 2,2,3,3,4,4,4-heptafluorobutyl ester	1000358-01-0	丁二酸-2-溴-4-氟苯基-2,2,3,3,4,4,4-七氟丁酯	1387.386
	11	Sulfurous acid, 2-ethylhexyl isohexyl ester	1000309-19-0	亚硫酸-2-乙基己基异己基酯	38.735
	12	Glycerol 1,2-diacetate	102-62-5	(2-乙酰-3-羟基丙基)酯	183.542
	小计				6205.465
胺类	1	5H-Tetrazol-5-amine	1000273-02-0	5H-四唑-5-胺	76.114
	小计				76.114
杂环类	1	Furan, 2-(1,2-diethoxyethyl)-	14133-54-1	2-(1,2-二乙氧基乙基)呋喃	62.003
	2	2,2,6,6-Tetramethyl-2,6-disilapiperidine	1000427-08-5	2,2,6,6-四甲基-2,6-二硅哌啶	39.586
	小计				101.589
苯系物	1	3,5-Dimethyl-1-dimethylisopropylsilyloxybenzene	1000307-91-0	3,5-二甲基-1-二甲基异丙基硅氧基苯	366.949
	小计				366.949

类别	序号	英文名称	CAS	中文名称	含量/(μg/支)
其他类	1	3-Ethyl-3-methylheptane	17302-01-1	3-乙基-3-甲基庚烷	84.912
	2	Oxetane, 3-(1-methylethyl)-	10317-17-6	3-丙烷-2-氧庚烷	79.672
	3	Silane, diethoxydimethyl-	78-62-6	二乙氧基二甲基硅烷	15.252
	4	Undecane, 6-ethyl-	17312-60-6	6-乙基十一烷	205.386
	5	Hexane, 2,5-dimethyl-	592-13-2	2,5-二甲基己烷	127.698
	6	Decane, 3,8-dimethyl-	17312-55-9	3,8-二甲基癸烷	370.084
	7	2-(6,8-Dichloro-3-formyl-4-oxochroman-2-yl)malononitrile	1000306-80-8	2-(6,8-二氯-3-甲酰基-4-氧代铬-2-基)丙二腈	5.007
	8	Cyclohexane, 1-bromo-4-methyl-	6294-40-2	1-溴-4-甲基环己烷	3.243
		小计			891.254
未知物	1	—	—	未知物-1	1.166
	2	—	—	未知物-2	0.776
	3	—	—	未知物-3	28.225
	4	—	—	未知物-4	6.076
	5	—	—	未知物-5	0.744
	6	—	—	未知物-6	1.429
	7	—	—	未知物-7	2.252
	8	—	—	未知物-8	1.095
	9	—	—	未知物-9	1.875
	10	—	—	未知物-10	309.858
	11	—	—	未知物-11	0.242
	12	—	—	未知物-12	44.077
	13	—	—	未知物-13	0.887
	14	—	—	未知物-14	1.094
	15	—	—	未知物-15	4.099
	16	—	—	未知物-16	0.667
	17	—	—	未知物-17	0.540
	18	—	—	未知物-18	2.061
	19	—	—	未知物-19	1.215
	20	—	—	未知物-20	0.337
	21	—	—	未知物-21	0.356
	22	—	—	未知物-22	0.269
	23	—	—	未知物-23	1.718
	24	—	—	未知物-24	0.510
	25	—	—	未知物-25	0.395
	26	—	—	未知物-26	0.548
	27	—	—	未知物-27	0.724
	28	—	—	未知物-28	0.679
	29	—	—	未知物-29	9.663
	30	—	—	未知物-30	5.528
	31	—	—	未知物-31	0.317

类别	序号	英文名称	CAS	中文名称	含量/(μg/支)
	32	—	—	未知物-32	0.417
	33	—	—	未知物-33	0.320
	34	—	—	未知物-34	1.071
	35	—	—	未知物-35	0.525
	36	—	—	未知物-36	2.483
	37	—	—	未知物-37	25.227
	38	—	—	未知物-38	2.514
	39	—	—	未知物-39	0.576
	40	—	—	未知物-40	5.591
	41	—	—	未知物-41	116.360
	42	—	—	未知物-42	43.893
	43	—	—	未知物-43	0.738
	44	—	—	未知物-44	19.265
	45	—	—	未知物-45	333.929
	46	—	—	未知物-46	23.157
	47	—	—	未知物-47	314.742
	48	—	—	未知物-48	113.965
	49	—	—	未知物-49	2.773
	50	—	—	未知物-50	4.813
未知物	51	—	—	未知物-51	52.368
	52	—	—	未知物-52	1.152
	53	—	—	未知物-53	624.738
	54	—	—	未知物-54	1.040
	55	—	—	未知物-55	424.260
	56	—	—	未知物-56	0.875
	57	—	—	未知物-57	0.384
	58	—	—	未知物-58	0.965
	59	—	—	未知物-59	381.333
	60	—	CAS	未知物-60	48.190
	61	—	—	未知物-61	287.482
	62	—	—	未知物-62	249.223
	63	—	—	未知物-63	966.167
	64	—	—	未知物-64	195.704
	65	—	—	未知物-65	20.718
	66	—	—	未知物-66	40.513
	67	—	—	未知物-67	112.972
	68	—	—	未知物-68	305.716
	69	—	—	未知物-69	1.407
	70	—	—	未知物-70	0.853
	71	—	—	未知物-71	0.896

类别	序号	英文名称	CAS	中文名称	含量/(μg/支)
	72	—	—	未知物-72	173.736
	73	—	—	未知物-73	21.970
	74	—	—	未知物-74	0.330
	75	—	—	未知物-75	620.347
	76	—	—	未知物-76	0.533
	77	—	—	未知物-77	269.337
	78	—	—	未知物-78	2064.186
	79	—	—	未知物-79	1207.778
	80	—	—	未知物-80	203.074
	81	—	—	未知物-81	2.566
	82	—	—	未知物-82	11.671
	83	—	—	未知物-83	1226.878
	84	—	—	未知物-84	253.207
	85	—	—	未知物-85	400.918
	86	—	—	未知物-86	402.030
	87	—	—	未知物-87	60.565
	88	—	—	未知物-88	1.621
	89	—	—	未知物-89	0.614
	90	—	—	未知物-90	522.891
未知物	91	—	—	未知物-91	251.804
	92	—	—	未知物-92	525.993
	93	—	—	未知物-93	481.331
	94	—	—	未知物-94	754.747
	95	—	—	未知物-95	0.440
	96	—	—	未知物-96	690.898
	97	—	—	未知物-97	776.591
	98	—	—	未知物-98	332.597
	99	—	—	未知物-99	88.690
	100	—	—	未知物-100	0.703
	101	—	—	未知物-101	1.045
	102	—	—	未知物-102	2.222
	103	—	—	未知物-103	0.890
	104	—	—	未知物-104	484.519
	105	—	—	未知物-105	9699.930
	106	—	—	未知物-106	338.593
	107	—	—	未知物-107	204.676
	108	—	—	未知物-108	380.419
	109	—	—	未知物-109	1460.657
	110	—	—	未知物-110	0.876
	111	—	—	未知物-111	168.336

类别	序号	英文名称	CAS	中文名称	含量/(μg/支)
	112	—	—	未知物-112	789.433
	113	—	—	未知物-113	50.334
	114	—	—	未知物-114	40.396
	115	—	—	未知物-115	55.415
	116	—	—	未知物-116	1101.973
	117	—	—	未知物-117	2507.596
	118	—	—	未知物-118	3645.336
	119	—	—	未知物-119	1044.429
	120	—	—	未知物-120	2390.552
	121	—	—	未知物-121	348.890
	122	—	—	未知物-122	1.123
	123	—	—	未知物-123	664.270
	124	—	—	未知物-124	3.655
	125	—	—	未知物-125	467.817
	126	—	—	未知物-126	520.815
	127	—	—	未知物-127	2.704
	128	—	—	未知物-128	2551.619
	129	—	—	未知物-129	0.500
未知物	130	—	—	未知物-130	515.584
	131	—	—	未知物-131	19.531
	132	—	—	未知物-132	0.310
	133	—	—	未知物-133	2.196
	134	—	—	未知物-134	1.747
	135	—	—	未知物-135	0.920
	136	—	—	未知物-136	0.397
	137	—	—	未知物-137	0.281
	138	—	—	未知物-138	107.452
	139	—	—	未知物-139	3.207
	140	—	—	未知物-140	75.179
	141	—	—	未知物-141	0.683
	142	—	—	未知物-142	0.427
	143	—	—	未知物-143	2.072
	144	—	—	未知物-144	11.551
	145	—	—	未知物-145	0.450
	146	—	—	未知物-146	59.837
	147	—	—	未知物-147	2.851
小计					46240.478
合计					54000.002

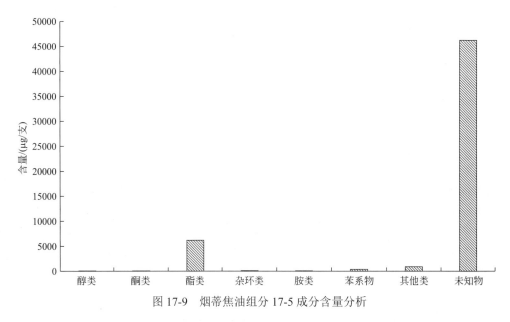

图 17-9　烟蒂焦油组分 17-5 成分含量分析

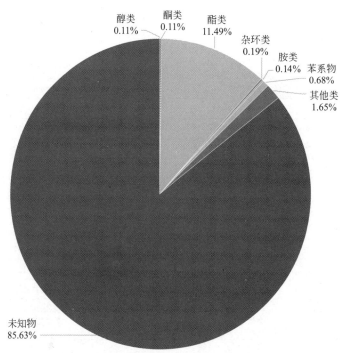

图 17-10　烟蒂焦油组分 17-5 各类成分占比分析

17.3.1.6　烟蒂焦油组分 17-6 成分结果分析

通过对卷烟烟蒂焦油的分离，得到烟蒂焦油组分 17-6 成分分析结果如表 17-6 和图 17-11、图 17-12 所示。结果表明，烟蒂焦油组分 17-6 中共含有 159 种物质，总含量为 87499.998μg/支，其中酮类 4 种，总含量为 70.668μg/支；酯类 7 种，总含量为 7353.179μg/支；胺类 1 种，总含量为 25.870μg/支；杂环类 3 种，总含量为 526.674μg/支；其他物质 4 种，总含量为 272.883μg/支。其中含量最高的是酯类。

表 17-6 烟蒂焦油组分 17-6 成分分析结果

类别	序号	英文名称	CAS	中文名称	含量/(μg/支)
酮类	1	Acetyl valeryl	96-04-8	2,3-庚二酮	40.835
	2	3-Hexanone, 2,5-dimethyl-	1888-57-9	2,5-二甲基-3-己酮	24.297
	3	2H-1,4-Benzoxazine-2,3(4H)-dione	3597-63-5	3-羟基-2H-1,4-苯并噁嗪-2-酮	2.678
	4	5-Iodopyrid-2(1H)-thione	1000251-67-5	5-碘吡啶-2(1H)-硫酮	2.858
		小计			70.668
酯类	1	l-Proline, n-heptafluorobutyryl-, isobutyl ester	1000321-09-8	正七氟丁基脯氨酸异丁酯	6.497
	2	Sulfurous acid, 2-ethylhexyl hexyl ester	1000309-20-2	亚硫酸-2-乙基己酯	111.144
	3	Phthalic acid, di(hept-3-yl) ester	1000357-00-0	邻苯二甲酸二(庚-3-基)酯	32.902
	4	1,2,3-Propanetriol, 1-acetate	106-61-6	一乙酸甘油酯	1221.397
	5	Phthalic acid, di(2,3-dimethylphenyl) ester	1000357-09-2	邻苯二甲酸二(2,3-二甲基苯基)酯	5927.105
	6	Sulfurous acid, isobutyl pentyl ester	1000309-13-8	亚硫酸异丁酯	29.249
	7	4-Ethylbenzoic acid, 2,3-dichlorophenyl ester	1000331-31-5	4-乙基苯甲酸-2,3-二氯苯基酯	24.885
		小计			7353.179
胺类	1	5H-Tetrazol-5-amine	1000273-02-0	5H-四唑-5-胺	25.870
		小计			25.870
杂环类	1	1,3-Dibenzoyl-4-oxo-2-thioxoimidazolidine	83800-63-9	1,3-二苯甲酰基-4-氧代-2-硫氧基咪唑啉	31.284
	2	Aziridine, 1-methyl-	1072-44-2	1-甲基氮丙啶	17.596
	3	1,2-Benzisothiazole	272-16-2	1,2-苯并异噻唑	477.794
		小计			526.674
其他类	1	Butane, 2,2-dimethyl-	75-83-2	2,2-二甲基丁烷	7.333
	2	Decane, 2,4-dimethyl-	2801-84-5	2,4-二甲基癸烷	88.166
	3	Decane, 3,8-dimethyl-	17312-55-9	3,8-二甲基癸烷	58.320
	4	Pentane, 3,3-dimethyl-	562-49-2	3,3-二甲基戊烷	119.064
		小计			272.883
未知物	1	—	—	未知物-1	0.589
	2	—	—	未知物-2	25.921
	3	—	—	未知物-3	160.331
	4	—	—	未知物-4	14.744
	5	—	—	未知物-5	162.573
	6	—	—	未知物-6	0.520
	7	—	—	未知物-7	6.760
	8	—	—	未知物-8	0.521
	9	—	—	未知物-9	0.736
	10	—	—	未知物-10	1.142
	11	—	—	未知物-11	1.268
	12	—	—	未知物-12	1.583
	13	—	—	未知物-13	8.788
	14	—	—	未知物-14	5.721
	15	—	—	未知物-15	17.230

续表

类别	序号	英文名称	CAS	中文名称	含量/(μg/支)
	16	—	—	未知物-16	0.657
	17	—	—	未知物-17	18.995
	18	—	—	未知物-18	0.602
	19	—	—	未知物-19	0.653
	20	—	—	未知物-20	24.559
	21	—	—	未知物-21	11.283
	22	—	—	未知物-22	6.443
	23	—	—	未知物-23	1.548
	24	—	—	未知物-24	2.047
	25	—	—	未知物-25	625.604
	26	—	—	未知物-26	21.788
	27	—	—	未知物-27	6.408
	28	—	—	未知物-28	1.383
	29	—	—	未知物-29	65.402
	30	—	—	未知物-30	5.326
	31	—	—	未知物-31	1.491
	32	—	—	未知物-32	3.067
	33	—	—	未知物-33	0.546
	34	—	—	未知物-34	4.118
	35	—	—	未知物-35	10.492
未知物	36	—	—	未知物-36	5.514
	37	—	—	未知物-37	0.805
	38	—	—	未知物-38	1.257
	39	—	—	未知物-39	0.773
	40	—	—	未知物-40	9.732
	41	—	—	未知物-41	0.663
	42	—	—	未知物-42	0.919
	43	—	—	未知物-43	3.018
	44	—	—	未知物-44	1.947
	45	—	—	未知物-45	7.813
	46	—	—	未知物-46	0.756
	47	—	—	未知物-47	0.577
	48	—	—	未知物-48	0.883
	49	—	—	未知物-49	2.004
	50	—	—	未知物-50	2.240
	51	—	—	未知物-51	229.656
	52	—	—	未知物-52	0.516
	53	—	—	未知物-53	2.883
	54	—	—	未知物-54	5.021
	55	—	—	未知物-55	0.925
	56	—	—	未知物-56	4.246

续表

类别	序号	英文名称	CAS	中文名称	含量/(μg/支)
	57	—	—	未知物-57	6.658
	58	—	—	未知物-58	1.431
	59	—	—	未知物-59	2.635
	60	—	—	未知物-60	3.940
	61	—	—	未知物-61	24.228
	62	—	—	未知物-62	7.672
	63	—	—	未知物-63	2.564
	64	—	—	未知物-64	827.145
	65	—	—	未知物-65	6.592
	66	—	—	未知物-66	355.076
	67	—	—	未知物-67	198.028
	68	—	—	未知物-68	6.649
	69	—	—	未知物-69	0.523
	70	—	—	未知物-70	706.151
	71	—	—	未知物-71	15.428
	72	—	—	未知物-72	14.497
	73	—	—	未知物-73	2097.569
	74	—	—	未知物-74	1068.577
	75	—	—	未知物-75	1548.722
	76	—	—	未知物-76	2795.279
未知物	77	—	—	未知物-77	106.839
	78	—	—	未知物-78	468.604
	79	—	—	未知物-79	2927.161
	80	—	—	未知物-80	604.683
	81	—	—	未知物-81	1161.957
	82	—	—	未知物-82	1091.311
	83	—	—	未知物-83	10508.756
	84	—	—	未知物-84	1359.921
	85	—	—	未知物-85	651.748
	86	—	—	未知物-86	1932.636
	87	—	—	未知物-87	999.465
	88	—	—	未知物-88	3245.075
	89	—	—	未知物-89	106.654
	90	—	—	未知物-90	516.143
	91	—	—	未知物-91	0.668
	92	—	—	未知物-92	1604.923
	93	—	—	未知物-93	543.955
	94	—	—	未知物-94	1046.650
	95	—	—	未知物-95	1796.834
	96	—	—	未知物-96	20.649
	97	—	—	未知物-97	1.285
	98	—	—	未知物-98	1980.821
	99	—	—	未知物-99	126.926

续表

类别	序号	英文名称	CAS	中文名称	含量/(μg/支)
未知物	100	—	—	未知物-100	2406.886
	101	—	—	未知物-101	1085.223
	102	—	—	未知物-102	873.557
	103	—	—	未知物-103	7.945
	104	—	—	未知物-104	14.517
	105	—	—	未知物-105	1.869
	106	—	—	未知物-106	2.837
	107	—	—	未知物-107	2.175
	108	—	—	未知物-108	5186.721
	109	—	—	未知物-109	14.207
	110	—	—	未知物-110	3.853
	111	—	—	未知物-111	573.864
	112	—	—	未知物-112	2.307
	113	—	—	未知物-113	0.907
	114	—	—	未知物-114	928.806
	115	—	—	未知物-115	2109.472
	116	—	—	未知物-116	614.248
	117	—	—	未知物-117	294.490
	118	—	—	未知物-118	326.792
	119	—	—	未知物-119	2551.361
	120	—	—	未知物-120	2.727
	121	—	—	未知物-121	27.348
	122	—	—	未知物-122	1467.925
	123	—	—	未知物-123	472.810
	124	—	—	未知物-124	1877.322
	125	—	—	未知物-125	653.645
	126	—	—	未知物-126	737.000
	127	—	—	未知物-127	715.779
	128	—	—	未知物-128	1.974
	129	—	—	未知物-129	3246.691
	130	—	—	未知物-130	253.079
	131	—	—	未知物-131	822.017
	132	—	—	未知物-132	1.611
	133	—	—	未知物-133	5240.562
	134	—	—	未知物-134	1491.448
	135	—	—	未知物-135	43.177
	136	—	—	未知物-136	16.350
	137	—	—	未知物-137	7.393
	138	—	—	未知物-138	9.553
	139	—	—	未知物-139	1163.387
	140	—	—	未知物-140	0.874
小计					79250.724
总计					87499.998

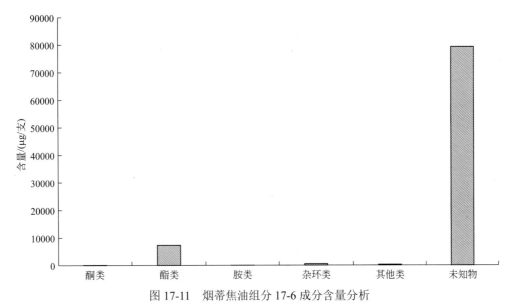

图 17-11　烟蒂焦油组分 17-6 成分含量分析

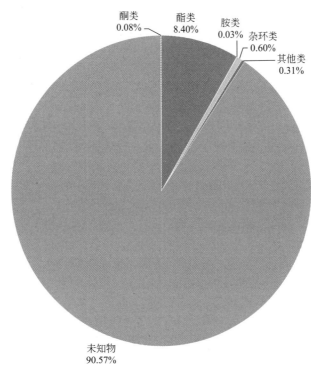

图 17-12　烟蒂焦油组分 17-6 各类成分占比分析

17.3.1.7　烟蒂焦油组分 17-7 成分结果分析

通过对卷烟烟蒂焦油的分离,得到烟蒂焦油组分 17-7 成分分析结果如表 17-7 和图 17-13、图 17-14 所示。结果表明,烟蒂焦油组分 17-7 中共含有 152 种物质,总含量为 36833.331μg/支,其中酮类 2 种,总含量为 31.997μg/支;酯类 1 种,总含量为 2047.825μg/支;烯烃 1 种,总含量为 6.137μg/支;苯系物 1 种,总含量为 1.068μg/支;其他物质 1 种,总含量为 12.693μg/支。其中含量最多的是酯类。

表 17-7　烟蒂焦油组分 17-7 成分分析结果

类别	序号	英文名称	CAS	中文名称	含量/(μg/支)
酮类	1	5-Iodopyrid-2(1H)-thione	1000251-67-5	5-碘吡啶-2(1H)-硫酮	1.017
	2	1-Methyl-3-acetylindole	19012-02-3	1-(1-甲基-1H-吲哚-3-基)-1-乙酮	30.980
	小计				31.997
酯类	1	2-Fluoro-6-trifluoromethylbenzoic acid, 4-cyanophenyl ester	1000357-69-9	4-氰基苯基-2-氟-6-三氟甲基苯甲酸酯	2047.825
	小计				2047.825
烯烃	1	4-Methyl-2,4-bis(p-hydroxyphenyl)pent-1-ene	1000283-56-8	4-甲基-2,4-双(对羟基苯基)戊-1-烯,2TMS 衍生物	6.137
	小计				6.137
苯系物	1	4-Methylamino-5-amino-fluorene	122779-24-2	4-甲氨基-5-氨基芴	1.068
	小计				1.068
其他类	1	Silane, diethoxydimethyl-	78-62-6	二乙氧基二甲基硅烷	12.693
	小计				12.693
未知物	1	—	—	未知物-1	1.519
	2	—	—	未知物-2	1.067
	3	—	—	未知物-3	59.176
	4	—	—	未知物-4	41.803
	5	—	—	未知物-5	0.726
	6	—	—	未知物-6	0.576
	7	—	—	未知物-7	0.216
	8	—	—	未知物-8	1.268
	9	—	—	未知物-9	5.462
	10	—	—	未知物-10	5.875
	11	—	—	未知物-11	0.502
	12	—	—	未知物-12	7.383
	13	—	—	未知物-13	1.155
	14	—	—	未知物-14	0.742
	15	—	—	未知物-15	0.369
	16	—	—	未知物-16	0.981
	17	—	—	未知物-17	1.283
	18	—	—	未知物-18	5.275
	19	—	—	未知物-19	220.951
	20	—	—	未知物-20	1.280
	21	—	—	未知物-21	1.816
	22	—	—	未知物-22	4.427
	23	—	—	未知物-23	0.445
	24	—	—	未知物-24	0.844
	25	—	—	未知物-25	0.380
	26	—	—	未知物-26	0.272
	27	—	—	未知物-27	0.364
	28	—	—	未知物-28	0.262

类别	序号	英文名称	CAS	中文名称	含量/(μg/支)
	29	—	—	未知物-29	0.252
	30	—	—	未知物-30	0.297
	31	—	—	未知物-31	0.222
	32	—	—	未知物-32	0.385
	33	—	—	未知物-33	0.654
	34	—	—	未知物-34	0.236
	35	—	—	未知物-35	0.351
	36	—	—	未知物-36	0.247
	37	—	—	未知物-37	0.268
	38	—	—	未知物-38	0.800
	39	—	—	未知物-39	2.495
	40	—	—	未知物-40	0.246
	41	—	—	未知物-41	0.747
	42	—	—	未知物-42	0.261
	43	—	—	未知物-43	0.684
	44	—	—	未知物-44	1.921
	45	—	—	未知物-45	0.735
	46	—	—	未知物-46	0.523
	47	—	—	未知物-47	0.593
	48	—	—	未知物-48	0.291
未知物	49	—	—	未知物-49	0.601
	50	—	—	未知物-50	0.429
	51	—	—	未知物-51	0.218
	52	—	—	未知物-52	2.409
	53	—	—	未知物-53	1.440
	54	—	—	未知物-54	2.180
	55	—	—	未知物-55	2.576
	56	—	—	未知物-56	0.261
	57	—	—	未知物-57	15.035
	58	—	—	未知物-58	1.546
	59	—	—	未知物-59	5.538
	60	—	—	未知物-60	0.567
	61	—	—	未知物-61	138.577
	62	—	—	未知物-62	102.466
	63	—	—	未知物-63	189.033
	64	—	—	未知物-64	375.325
	65	—	—	未知物-65	184.910
	66	—	—	未知物-66	218.268
	67	—	—	未知物-67	360.458
	68	—	—	未知物-68	0.609
	69	—	—	未知物-69	80.129

类别	序号	英文名称	CAS	中文名称	含量/(μg/支)
	70	—	—	未知物-70	65.541
	71	—	—	未知物-71	1076.777
	72	—	—	未知物-72	329.654
	73	—	—	未知物-73	108.121
	74	—	—	未知物-74	0.338
	75	—	—	未知物-75	78.908
	76	—	—	未知物-76	2.037
	77	—	—	未知物-77	944.857
	78	—	—	未知物-78	123.812
	79	—	—	未知物-79	4207.203
	80	—	—	未知物-80	1.636
	81	—	—	未知物-81	0.592
	82	—	—	未知物-82	378.290
	83	—	—	未知物-83	1.825
	84	—	—	未知物-84	2919.554
	85	—	—	未知物-85	664.616
	86	—	—	未知物-86	914.509
	87	—	—	未知物-87	89.452
	88	—	—	未知物-88	104.447
未知物	89	—	—	未知物-89	31.558
	90	—	—	未知物-90	301.614
	91	—	—	未知物-91	68.755
	92	—	—	未知物-92	242.062
	93	—	—	未知物-93	404.693
	94	—	—	未知物-94	404.887
	95	—	—	未知物-95	268.815
	96	—	—	未知物-96	3.927
	97	—	—	未知物-97	339.451
	98	—	—	未知物-98	326.329
	99	—	—	未知物-99	157.701
	100	—	—	未知物-100	291.630
	101	—	—	未知物-101	5.408
	102	—	—	未知物-102	4.061
	103	—	—	未知物-103	2.921
	104	—	—	未知物-104	53.989
	105	—	—	未知物-105	1444.577
	106	—	—	未知物-106	1753.391
	107	—	—	未知物-107	615.834
	108	—	—	未知物-108	421.556
	109	—	—	未知物-109	395.964

类别	序号	英文名称	CAS	中文名称	含量/(μg/支)
未知物	110	—	—	未知物-110	95.616
	111	—	—	未知物-111	772.831
	112	—	—	未知物-112	1.987
	113	—	—	未知物-113	529.086
	114	—	—	未知物-114	361.574
	115	—	—	未知物-115	188.775
	116	—	—	未知物-116	127.818
	117	—	—	未知物-117	90.517
	118	—	—	未知物-118	313.890
	119	—	—	未知物-119	5.368
	120	—	—	未知物-120	0.630
	121	—	—	未知物-121	368.673
	122	—	—	未知物-122	358.455
	123	—	—	未知物-123	4.342
	124	—	—	未知物-124	871.609
	125	—	—	未知物-125	0.927
	126	—	—	未知物-126	2136.712
	127	—	—	未知物-127	342.073
	128	—	—	未知物-128	3.262
	129	—	—	未知物-129	1305.678
	130	—	—	未知物-130	547.454
	131	—	—	未知物-131	2.577
	132	—	—	未知物-132	777.973
	133	—	—	未知物-133	1669.192
	134	—	—	未知物-134	43.634
	135	—	—	未知物-135	17.928
	136	—	—	未知物-136	0.591
	137	—	—	未知物-137	28.176
	138	—	—	未知物-138	211.100
	139	—	—	未知物-139	823.292
	140	—	—	未知物-140	221.950
	141	—	—	未知物-141	2.209
	142	—	—	未知物-142	19.465
	143	—	—	未知物-143	74.151
	144	—	—	未知物-144	797.915
	145	—	—	未知物-145	2.559
	146	—	—	未知物-146	1.128
小计					34733.611
合计					36833.331

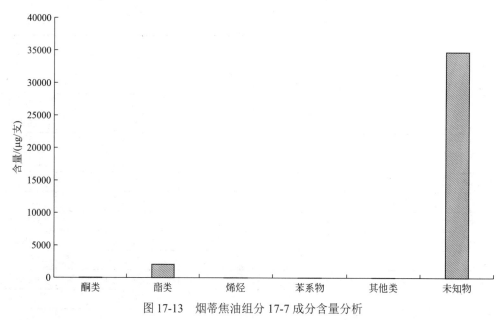

图 17-13　烟蒂焦油组分 17-7 成分含量分析

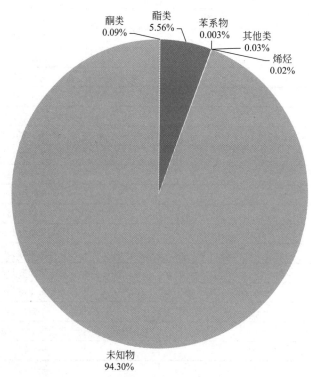

图 17-14　烟蒂焦油组分 17-7 各类成分占比分析

17.3.1.8　烟蒂焦油组分 17-8 成分结果分析

通过对卷烟主流烟蒂焦油的分离，得到烟蒂焦油组分 17-8 成分分析结果如表 17-8 和图 17-15、图 17-16 所示。结果表明，烟蒂焦油组分 17-8 中共有 109 种物质，总含量为 16666.663μg/支，其中醇类 1 种，总含量为 52.957μg/支；酮类 2 种，总含量为 10.454μg/支；酯类 4 种，总含量为 529.807μg/支；其他物质 3 种，总含量为 86.982μg/支。其中含量最多的是酯类。

表 17-8　烟蒂焦油组分 17-8 成分分析结果

类别	序号	英文名称	CAS	中文名称	含量/(μg/支)
醇类	1	1,3-Benzenediol, O-(2-methoxybenzoyl)-O′-ethoxycarbonyl-	1000330-77-1	O-(2-甲氧基苯甲酰基)-O′-乙氧基羰基-1,3-苯二醇	52.957
		小计			52.957
酮类	1	Ethanone, 1-(1-methyl-1H-indol-3-yl)-	19012-02-3	1-(1-甲基-1H-吲哚-3-基)-1-乙酮	10.064
	2	5-Iodopyrid-2(1H)-thione	1000251-67-5	5-碘吡啶-2(1H)-硫酮	0.390
		小计			10.454
酯类	1	Succinic acid, 2,2,3,3,4,4,4-heptafluorobutyl 2-methylhex-3-yl ester	1000382-35-2	丁二酸-2,2,3,3,4,4,4-七氟丁基-2-甲基十六烷基酯	522.740
	2	Phthalic acid, cyclobutyl tridecyl ester	1000314-90-8	邻苯二甲酸环丁基十三烷基酯	2.727
	3	Methyl 3-cyanopropionate	4107-62-4	3-氰基丙酸甲酯	1.037
	4	4-Ethylbenzoic acid, 2,3-dichlorophenyl ester	1000331-31-5	4-乙基苯甲酸-2,3-二氯苯基酯	3.303
		小计			529.808
其他类	1	Argon	7440-37-1	氩	0.788
	2	Trifluoromethylthiocyanate	690-24-4	三氟甲基硫氰酸盐	3.756
	3	4-Methyl-2,4-bis(p-hydroxyphenyl)pent-1-ene, 2TMS derivative	1000283-56-8	4-甲基-2,4-双(对羟基苯基)戊-1-烯,2TMS 衍生物	82.438
		小计			86.982
未知物	1	—	—	未知物-1	0.813
	2	—	—	未知物-2	10.475
	3	—	—	未知物-3	9.496
	4	—	—	未知物-4	12.032
	5	—	—	未知物-5	20.863
	6	—	—	未知物-6	0.181
	7	—	—	未知物-7	0.145
	8	—	—	未知物-8	10.778
	9	—	—	未知物-9	0.420
	10	—	—	未知物-10	0.542
	11	—	—	未知物-11	0.299
	12	—	—	未知物-12	72.473
	13	—	—	未知物-13	9.514
	14	—	—	未知物-14	0.279
	15	—	—	未知物-15	0.245
	16	—	—	未知物-16	0.764
	17	—	—	未知物-17	11.672
	18	—	—	未知物-18	58.789
	19	—	—	未知物-19	0.222
	20	—	—	未知物-20	0.672
	21	—	—	未知物-21	0.152
	22	—	—	未知物-22	0.264

类别	序号	英文名称	CAS	中文名称	含量/(μg/支)
	23	—	—	未知物-23	0.620
	24	—	—	未知物-24	0.224
	25	—	—	未知物-25	0.210
	26	—	—	未知物-26	0.197
	27	—	—	未知物-27	0.256
	28	—	—	未知物-28	0.183
	29	—	—	未知物-29	0.221
	30	—	—	未知物-30	0.618
	31	—	—	未知物-31	0.171
	32	—	—	未知物-32	0.653
	33	—	—	未知物-33	0.215
	34	—	—	未知物-34	0.299
	35	—	—	未知物-35	0.405
	36	—	—	未知物-36	0.076
	37	—	—	未知物-37	0.724
	38	—	—	未知物-38	0.137
	39	—	—	未知物-39	0.312
	40	—	—	未知物-40	1.166
	41	—	—	未知物-41	2.427
未知物	42	—	—	未知物-42	111.542
	43	—	—	未知物-43	117.259
	44	—	—	未知物-44	2410.300
	45	—	—	未知物-45	1.845
	46	—	—	未知物-46	283.052
	47	—	—	未知物-47	54.772
	48	—	—	未知物-48	78.453
	49	—	—	未知物-49	0.286
	50	—	—	未知物-50	55.259
	51	—	—	未知物-51	152.419
	52	—	—	未知物-52	31.541
	53	—	—	未知物-53	97.237
	54	—	—	未知物-54	134.710
	55	—	—	未知物-55	101.863
	56	—	—	未知物-56	2.689
	57	—	—	未知物-57	46.431
	58	—	—	未知物-58	365.029
	59	—	—	未知物-59	58.851
	60	—	—	未知物-60	0.750
	61	—	—	未知物-61	223.311
	62	—	—	未知物-62	134.303

类别	序号	英文名称	CAS	中文名称	含量/(μg/支)
	63	—	—	未知物-63	204.086
	64	—	—	未知物-64	99.161
	65	—	—	未知物-65	78.720
	66	—	—	未知物-66	296.663
	67	—	—	未知物-67	694.785
	68	—	—	未知物-68	712.675
	69	—	—	未知物-69	473.901
	70	—	—	未知物-70	303.826
	71	—	—	未知物-71	120.392
	72	—	—	未知物-72	84.653
	73	—	—	未知物-73	271.397
	74	—	—	未知物-74	186.923
	75	—	—	未知物-75	0.076
	76	—	—	未知物-76	46.498
	77	—	—	未知物-77	132.873
	78	—	—	未知物-78	187.183
	79	—	—	未知物-79	87.625
	80	—	—	未知物-80	596.537
未知物	81	—	—	未知物-81	146.041
	82	—	—	未知物-82	2793.618
	83	—	—	未知物-83	103.666
	84	—	—	未知物-84	21.755
	85	—	—	未知物-85	135.143
	86	—	—	未知物-86	70.733
	87	—	—	未知物-87	332.280
	88	—	—	未知物-88	9.048
	89	—	—	未知物-89	106.840
	90	—	—	未知物-90	282.735
	91	—	—	未知物-91	20.180
	92	—	—	未知物-92	766.546
	93	—	—	未知物-93	1242.226
	94	—	—	未知物-94	278.256
	95	—	—	未知物-95	371.929
	96	—	—	未知物-96	17.807
	97	—	—	未知物-97	7.411
	98	—	—	未知物-98	6.191
	99	—	—	未知物-99	3.978
小计					15986.463
合计					16666.663

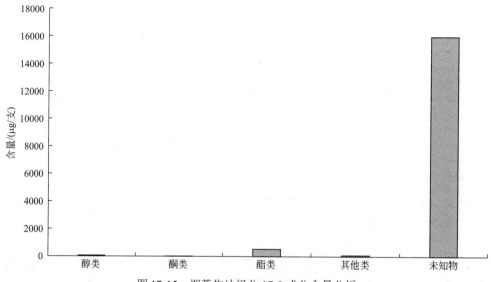

图 17-15　烟蒂焦油组分 17-8 成分含量分析

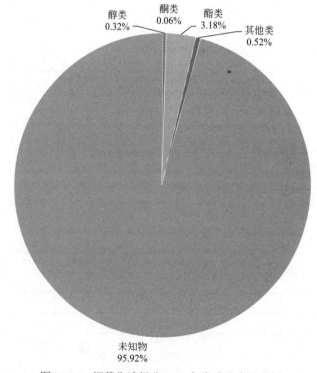

图 17-16　烟蒂焦油组分 17-8 各类成分占比分析

17.3.1.9　烟蒂焦油组分 17-9 成分结果分析

通过对卷烟烟蒂焦油的分离,得到烟蒂焦油组分 17-9 成分分析结果如表 17-9 和图 17-17、图 17-18 所示。结果表明,烟蒂焦油组分 17-9 中共含有 100 种物质,总含量为 17000.000μg/支,其中杂环类 1 种,总含量为 14.511μg/支;酮类 2 种,总含量为 0.935μg/支;酯类 2 种,总含量为 26.843μg/支;其他类 2 种,总含量为 251.225μg/支。其中含量最多的是酯类。

表 17-9　烟蒂焦油组分 17-9 成分分析结果

类别	序号	英文名称	CAS	中文名称	含量/(μg/支)
酮类	1	2H-1,4-Benzoxazine-2,3(4H)-dione	3597-63-5	3-羟基-2H-1,4-苯并噁嗪-2-酮	0.480
	2	5-Iodopyrid-2(1H)-thione	1000251-67-5	5-碘吡啶-2(1H)-硫酮	0.455
		小计			0.935
酯类	1	4-Ethylbenzoic acid, 2,3-dichlorophenyl ester	1000331-31-5	4-乙基苯甲酸-2,3-二氯苯基酯	14.230
	2	Valylvaline, N,N'-dimethyl-N'-ethoxycarbonyl-, undecyl ester	1000329-06-8	N,N'-二甲基-N'-乙氧羰基缬氨酸十一烷基酯	12.613
		小计			26.843
杂环类	1	Imidazo[4,5-d]imidazole, 1,6-dihydro-	35369-36-9	1,6-二氢咪唑并[4,5-d]咪唑	14.511
		小计			14.511
其他类	1	Acetic acid, cesium salt	3396-11-0	乙酸铯	250.235
	2	1,2,4,5-Tetrazine	290-96-0	均四嗪	0.990
		小计			251.225
未知物	1	—	—	未知物-1	33.829
	2	—	—	未知物-2	17.924
	3	—	—	未知物-3	73.414
	4	—	—	未知物-4	2.146
	5	—	—	未知物-5	0.402
	6	—	—	未知物-6	65.99
	7	—	—	未知物-7	0.612
	8	—	—	未知物-8	0.728
	9	—	—	未知物-9	0.39
	10	—	—	未知物-10	0.66
	11	—	—	未知物-11	0.173
	12	—	—	未知物-12	0.406
	13	—	—	未知物-13	92.307
	14	—	—	未知物-14	0.878
	15	—	—	未知物-15	2.712
	16	—	—	未知物-16	23.542
	17	—	—	未知物-17	46.49
	18	—	—	未知物-18	1.383
	19	—	—	未知物-19	6.577
	20	—	—	未知物-20	7.235
	21	—	—	未知物-21	0.206
	22	—	—	未知物-22	0.323
	23	—	—	未知物-23	0.236
	24	—	—	未知物-24	2.545
	25	—	—	未知物-25	0.684
	26	—	—	未知物-26	0.658
	27	—	—	未知物-27	0.155
	28	—	—	未知物-28	0.113
	29	—	—	未知物-29	0.231

续表

类别	序号	英文名称	CAS	中文名称	含量/(µg/支)
	30	—	—	未知物-30	0.142
	31	—	—	未知物-31	0.987
	32	—	—	未知物-32	0.957
	33	—	—	未知物-33	0.917
	34	—	—	未知物-34	1.16
	35	—	—	未知物-35	257.273
	36	—	—	未知物-36	1.889
	37	—	—	未知物-37	15.68
	38	—	—	未知物-38	60.63
	39	—	—	未知物-39	87.382
	40	—	—	未知物-40	188.065
	41	—	—	未知物-41	2.15
	42	—	—	未知物-42	221.284
	43	—	—	未知物-43	319.393
	44	—	—	未知物-44	6.795
	45	—	—	未知物-45	200.883
	46	—	—	未知物-46	0.569
	47	—	—	未知物-47	107.405
	48	—	—	未知物-48	1855.866
	49	—	—	未知物-49	83.123
未知物	50	—	—	未知物-50	139.538
	51	—	—	未知物-51	131.637
	52	—	—	未知物-52	87.415
	53	—	—	未知物-53	170.165
	54	—	—	未知物-54	15.964
	55	—	—	未知物-55	343.601
	56	—	—	未知物-56	368.149
	57	—	—	未知物-57	4.181
	58	—	—	未知物-58	280.503
	59	—	—	未知物-59	126.757
	60	—	—	未知物-60	958.495
	61	—	—	未知物-61	287.774
	62	—	—	未知物-62	239.005
	63	—	—	未知物-63	127.485
	64	—	—	未知物-64	28.422
	65	—	—	未知物-65	119.243
	66	—	—	未知物-66	465.135
	67	—	—	未知物-67	33.246
	68	—	—	未知物-68	106.335
	69	—	—	未知物-69	2287.7
	70	—	—	未知物-70	675.336

续表

类别	序号	英文名称	CAS	中文名称	含量/(μg/支)
未知物	71	—	—	未知物-71	605.505
	72	—	—	未知物-72	121.8
	73	—	—	未知物-73	82.3
	74	—	—	未知物-74	102.831
	75	—	—	未知物-75	3.466
	76	—	—	未知物-76	681.239
	77	—	—	未知物-77	207.191
	78	—	—	未知物-78	147.375
	79	—	—	未知物-79	252.641
	80	—	—	未知物-80	367.374
	81	—	—	未知物-81	65.903
	82	—	—	未知物-82	298.271
	83	—	—	未知物-83	127.947
	84	—	—	未知物-84	204.596
	85	—	—	未知物-85	1046.798
	86	—	—	未知物-86	148.138
	87	—	—	未知物-87	141.478
	88	—	—	未知物-88	29.386
	89	—	—	未知物-89	5.199
	90	—	—	未知物-90	175.922
	91	—	—	未知物-91	199.986
	92	—	—	未知物-92	897.201
	93	—	—	未知物-93	2.354
小计					16706.486
合计					17000.000

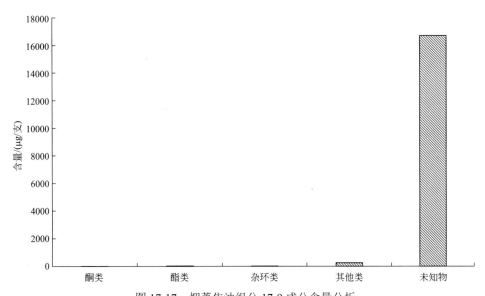

图 17-17　烟蒂焦油组分 17-9 成分含量分析

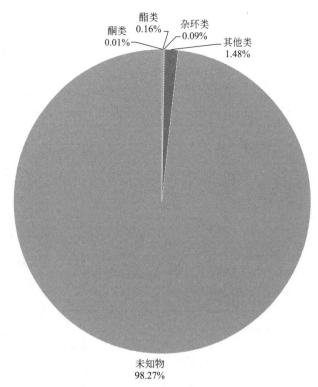

图 17-18　烟蒂焦油组分 17-9 各类成分占比分析

17.3.1.10　烟蒂焦油组分 17-10 成分结果分析

通过对卷烟烟蒂焦油的分离,得到烟蒂焦油组分 17-10 成分分析结果如表 17-10 和图 17-19、图 17-20 所示。结果表明,烟蒂焦油组分 17-10 中共含有 102 种物质,总含量为 13000.001μg/支,其中酮类 1 种,总含量为 0.350μg/支;酯类 2 种,总含量为 12.723μg/支;醛类 1 种,总含量为 0.301μg/支;其他物质 3 种,总含量为 95.684μg/支。其中含量最多的是酯类。

表 17-10　烟蒂焦油组分 17-10 成分分析结果

类别	序号	英文名称	CAS	中文名称	含量/(μg/支)
酮类	1	5-Iodopyrid-2(1*H*)-thione	1000251-67-5	5-碘吡啶-2(1*H*)-硫酮	0.350
		小计			0.350
酯类	1	l-Norvaline, *n*-propoxycarbonyl-, undecyl ester	1000320-73-7	正丙氧羰基-1-去甲缬氨酸十一酯	8.430
	2	1-buten-4-yl ester	97056-84-3	1-丁烯-4-基酯	4.293
		小计			12.723
醛类	1	Terephthalaldehyde mono-(diethyl acetal)	81172-89-6	对苯二甲醛缩二乙醛	0.301
		小计			0.301
其他类	1	Methane, diazo-	334-88-3	重氮甲烷	0.368
	2	Silane, diethoxydimethyl-	78-62-6	二乙氧基二甲基硅烷	4.182
	3	Bis(*N*-methoxy-*N*-methylamino)methane	6919-46-6	双(甲氧基甲氨基)甲烷	91.134
		小计			95.684
未知物	1	—	—	未知物-1	3.825
	2	—	—	未知物-2	8.683
	3	—	—	未知物-3	11.233

类别	序号	英文名称	CAS	中文名称	含量/(μg/支)
	4	—	—	未知物-4	0.305
	5	—	—	未知物-5	0.082
	6	—	—	未知物-6	0.082
	7	—	—	未知物-7	1.344
	8	—	—	未知物-8	0.382
	9	—	—	未知物-9	0.353
	10	—	—	未知物-10	0.075
	11	—	—	未知物-11	0.257
	12	—	—	未知物-12	0.17
	13	—	—	未知物-13	0.249
	14	—	—	未知物-14	0.234
	15	—	—	未知物-15	61.281
	16	—	—	未知物-16	0.72
	17	—	—	未知物-17	1.075
	18	—	—	未知物-18	28.061
	19	—	—	未知物-19	29.595
	20	—	—	未知物-20	0.819
	21	—	—	未知物-21	1.952
	22	—	—	未知物-22	0.081
	23	—	—	未知物-23	0.249
	24	—	—	未知物-24	0.369
未知物	25	—	—	未知物-25	0.272
	26	—	—	未知物-26	0.371
	27	—	—	未知物-27	16.475
	28	—	—	未知物-28	0.157
	29	—	—	未知物-29	0.187
	30	—	—	未知物-30	0.223
	31	—	—	未知物-31	0.769
	32	—	—	未知物-32	11.33
	33	—	—	未知物-33	0.344
	34	—	—	未知物-34	163.707
	35	—	—	未知物-35	0.882
	36	—	—	未知物-36	346.83
	37	—	—	未知物-37	13.95
	38	—	—	未知物-38	61.906
	39	—	—	未知物-39	100.901
	40	—	—	未知物-40	3.783
	41	—	—	未知物-41	742.544
	42	—	—	未知物-42	72.869
	43	—	—	未知物-43	59.192
	44	—	—	未知物-44	52.416
	45	—	—	未知物-45	64.774
	46	—	—	未知物-46	0.983
	47	—	—	未知物-47	45.196

续表

类别	序号	英文名称	CAS	中文名称	含量/(μg/支)
未知物	48	—	—	未知物-48	62.428
	49	—	—	未知物-49	51.925
	50	—	—	未知物-50	119.738
	51	—	—	未知物-51	27.217
	52	—	—	未知物-52	73.967
	53	—	—	未知物-53	520.612
	54	—	—	未知物-54	131.478
	55	—	—	未知物-55	122.14
	56	—	—	未知物-56	0.265
	57	—	—	未知物-57	32.718
	58	—	—	未知物-58	263.457
	59	—	—	未知物-59	227.091
	60	—	—	未知物-60	942.503
	61	—	—	未知物-61	140.548
	62	—	—	未知物-62	101.646
	63	—	—	未知物-63	337.368
	64	—	—	未知物-64	17.343
	65	—	—	未知物-65	207.403
	66	—	—	未知物-66	175.121
	67	—	—	未知物-67	374.479
	68	—	—	未知物-68	476.091
	69	—	—	未知物-69	55.167
	70	—	—	未知物-70	241.831
	71	—	—	未知物-71	97.197
	72	—	—	未知物-72	629.444
	73	—	—	未知物-73	2.452
	74	—	—	未知物-74	292.429
	75	—	—	未知物-75	77.492
	76	—	—	未知物-76	264.068
	77	—	—	未知物-77	74.506
	78	—	—	未知物-78	278.859
	79	—	—	未知物-79	134.74
	80	—	—	未知物-80	584.882
	81	—	—	未知物-81	422.234
	82	—	—	未知物-82	2.365
	83	—	—	未知物-83	80.655
	84	—	—	未知物-84	109.857
	85	—	—	未知物-85	106.533
	86	—	—	未知物-86	107.76
	87	—	—	未知物-87	2632.702
	88	—	—	未知物-88	3.002
	89	—	—	未知物-89	8.726
	90	—	—	未知物-90	36.145
	91	—	—	未知物-91	4.296

续表

类别	序号	英文名称	CAS	中文名称	含量/(μg/支)
未知物	92	—	—	未知物-92	3.927
	93	—	—	未知物-93	321.772
	94	—	—	未知物-94	0.288
	95	—	—	未知物-95	0.539
小计					12890.943
合计					13000.001

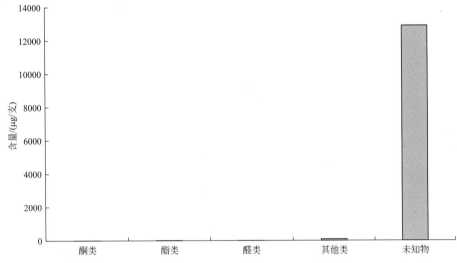

图 17-19　烟蒂焦油组分 17-10 成分含量分析

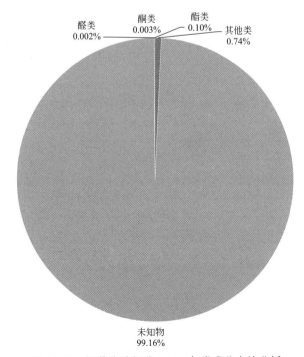

图 17-20　烟蒂焦油组分 17-10 各类成分占比分析

17.3.1.11　烟蒂焦油组分 17-11 成分结果分析

通过对卷烟烟蒂焦油的分离，得到烟蒂焦油组分 17-11 成分分析结果如表 17-11 和图 17-21、图 17-22 所示。结果表明，烟蒂焦油组分 17-11 中共含有 110 种物质，总含量为 39666.666μg/支，其中酮类 1 种，总含量为 1.056μg/支；酯类 1 种，总含量为 1521.837μg/支；杂环类 1 种，总含量为 27.755μg/支；其他物质 1 种，总含量为 14.361μg/支。其中含量最多的是酯类。

表 17-11　烟蒂焦油组分 17-11 成分分析结果

类别	序号	英文名称	CAS	中文名称	含量/(μg/支)
酮类	1	5-Iodopyrid-2(1H)-thione	1000251-67-5	5-碘吡啶-2(1H)-硫酮	1.056
		小计			1.056
酯类	1	Succinic acid, 2,2,3,3,4,4,4-heptafluorobutyl 2-methylhex-3-yl ester	1000382-35-2	丁二酸-2,2,3,3,4,4,4-七氟丁基-2-甲基十六烷基酯	1521.837
		小计			1521.837
杂环类	1	6-Quinolinamine, 2-methyl-	65079-19-8	6-氨基-2-甲基喹啉	27.755
		小计			27.755
其他类	1	Silane, diethoxydimethyl-	78-62-6	二乙氧基二甲基硅烷	14.361
		小计			14.361
未知物	1	—	—	未知物-1	0.274
	2	—	—	未知物-2	38.175
	3	—	—	未知物-3	58.330
	4	—	—	未知物-4	0.775
	5	—	—	未知物-5	66.592
	6	—	—	未知物-6	0.731
	7	—	—	未知物-7	1.567
	8	—	—	未知物-8	0.490
	9	—	—	未知物-9	0.451
	10	—	—	未知物-10	0.660
	11	—	—	未知物-11	145.258
	12	—	—	未知物-12	1.801
	13	—	—	未知物-13	7.863
	14	—	—	未知物-14	1.344
	15	—	—	未知物-15	0.536
	16	—	—	未知物-16	0.417
	17	—	—	未知物-17	1.510
	18	—	—	未知物-18	0.483
	19	—	—	未知物-19	4.164
	20	—	—	未知物-20	1.236
	21	—	—	未知物-21	120.038
	22	—	—	未知物-22	59.808
	23	—	—	未知物-23	0.548
	24	—	—	未知物-24	1.973
	25	—	—	未知物-25	54.633

续表

类别	序号	英文名称	CAS	中文名称	含量/(μg/支)
未知物	26	—	—	未知物-26	126.215
	27	—	—	未知物-27	0.742
	28	—	—	未知物-28	39.063
	29	—	—	未知物-29	3.752
	30	—	—	未知物-30	0.439
	31	—	—	未知物-31	0.633
	32	—	—	未知物-32	0.518
	33	—	—	未知物-33	1.957
	34	—	—	未知物-34	0.471
	35	—	—	未知物-35	0.469
	36	—	—	未知物-36	44.002
	37	—	—	未知物-37	0.450
	38	—	—	未知物-38	0.371
	39	—	—	未知物-39	0.598
	40	—	—	未知物-40	0.661
	41	—	—	未知物-41	0.321
	42	—	—	未知物-42	0.257
	43	—	—	未知物-43	1.501
	44	—	—	未知物-44	1.152
	45	—	—	未知物-45	1.770
	46	—	—	未知物-46	1.665
	47	—	—	未知物-47	0.605
	48	—	—	未知物-48	0.672
	49	—	—	未知物-49	2.061
	50	—	—	未知物-50	923.304
	51	—	—	未知物-51	129.364
	52	—	—	未知物-52	516.001
	53	—	—	未知物-53	314.955
	54	—	—	未知物-54	461.246
	55	—	CAS	未知物-55	6.776
	56	—	—	未知物-56	317.275
	57	—	—	未知物-57	339.140
	58	—	—	未知物-58	6.373
	59	—	—	未知物-59	153.643
	60	—	—	未知物-60	962.062
	61	—	—	未知物-61	111.216
	62	—	—	未知物-62	597.580
	63	—	—	未知物-63	113.447
	64	—	—	未知物-64	280.076
	65	—	—	未知物-65	273.777
	66	—	—	未知物-66	217.840

续表

类别	序号	英文名称	CAS	中文名称	含量/(μg/支)
	67	—	—	未知物-67	291.509
	68	—	—	未知物-68	2136.291
	69	—	—	未知物-69	5111.082
	70	—	—	未知物-70	7.299
	71	—	—	未知物-71	318.280
	72	—	—	未知物-72	9.660
	73	—	—	未知物-73	193.561
	74	—	—	未知物-74	314.825
	75	—	—	未知物-75	238.335
	76	—	—	未知物-76	3349.556
	77	—	—	未知物-77	312.538
	78	—	—	未知物-78	0.306
	79	—	—	未知物-79	905.917
	80	—	—	未知物-80	638.026
	81	—	—	未知物-81	1541.255
	82	—	—	未知物-82	1731.704
	83	—	—	未知物-83	421.394
	84	—	—	未知物-84	333.660
	85	—	—	未知物-85	329.336
	86	—	—	未知物-86	800.803
未知物	87	—	—	未知物-87	841.102
	88	—	—	未知物-88	122.839
	89	—	—	未知物-89	103.527
	90	—	—	未知物-90	4.990
	91	—	—	未知物-91	280.898
	92	—	—	未知物-92	300.146
	93	—	—	未知物-93	805.360
	94	—	—	未知物-94	250.394
	95	—	—	未知物-95	2190.226
	96	—	—	未知物-96	399.510
	97	—	—	未知物-97	1179.982
	98	—	—	未知物-98	86.105
	99	—	—	未知物-99	444.889
	100	—	—	未知物-100	1718.808
	101	—	—	未知物-101	1219.370
	102	—	—	未知物-102	304.302
	103	—	—	未知物-103	1789.962
	104	—	—	未知物-104	538.479
	105	—	—	未知物-105	4.774
	106	—	—	未知物-106	6.580
小计					38101.657
合计					39666.666

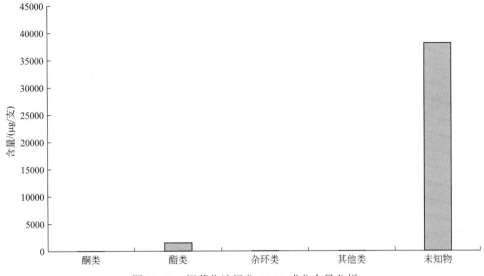

图 17-21　烟蒂焦油组分 17-11 成分含量分析

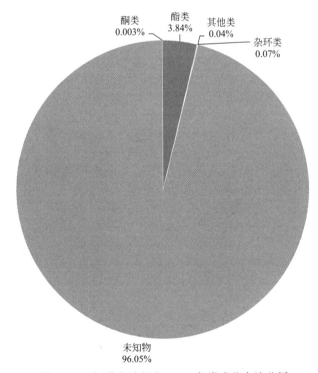

图 17-22　烟蒂焦油组分 17-11 各类成分占比分析

17.3.1.12　烟蒂焦油组分 17-12 成分结果分析

通过对卷烟烟蒂焦油的分离，得到烟蒂焦油组分 17-12 成分分析结果如表 17-12 和图 17-23、图 17-24 所示。结果表明，烟蒂焦油组分 17-12 中共含有 117 种物质，总含量为 23833.337μg/支，其中酯类 1 种，总含量为 5.471μg/支；酮类 2 种，总含量为 16.561μg/支；醛类 1 种，总含量为 0.615μg/支；杂环类 1 种，总含量为 113.464μg/支；苯系物类 1 种，总含量为 0.379μg/支；其他物质 2 种，总含量为 14.935μg/支。其中含量最多的是杂环类。

表 17-12　烟蒂焦油组分 17-12 成分分析结果

类别	序号	英文名称	CAS	中文名称	含量/(μg/支)
酮类	1	1-Methyl-3-acetylindole	19012-02-3	1-(1-甲基-1H-吲哚-3-基)-1-乙酮	16.283
	2	3-Hydroxyflavone	577-85-5	3-羟基黄酮	0.278
		小计			16.561
酯类	1	Methane, isocyanato-	624-83-9	异氰酸甲酯	5.471
		小计			5.471
醛类	1	Terephthalaldehyde mono-(diethyl acetal)	81172-89-6	对苯二甲醛缩二乙醛	0.615
		小计			0.615
杂环类	1	1H-Pyrazolo[3,4-d]pyrimidin-4-amine	2380-63-4	4-氨基吡唑并[3,4-d]嘧啶	113.464
		小计			113.464
苯系物	1	[1,1':4',1''-Terphenyl]-4-carbonitrile, 4''-pentyl-	54211-46-0	4-氰基-4''-正戊基对三联苯	0.379
		小计			0.379
其他类	1	Benzenecarboximidoyl chloride,N-(benzoyloxy)-	29577-09-1	N-(苯甲酰氧基)苯羧肟酰氯	2.529
	2	Silane, diethoxydimethyl-	78-62-6	二乙氧基二甲基硅烷	12.406
		小计			14.935
未知物	1	—	—	未知物-1	31.715
	2	—	—	未知物-2	37.263
	3	—	—	未知物-3	11.920
	4	—	—	未知物-4	0.596
	5	—	—	未知物-5	1.129
	6	—	—	未知物-6	8.052
	7	—	—	未知物-7	1.190
	8	—	—	未知物-8	0.525
	9	—	—	未知物-9	0.168
	10	—	—	未知物-10	0.689
	11	—	—	未知物-11	1.563
	12	—	—	未知物-12	1.318
	13	—	—	未知物-13	0.818
	14	—	—	未知物-14	105.636
	15	—	—	未知物-15	0.490
	16	—	—	未知物-16	1.127
	17	—	—	未知物-17	33.655
	18	—	—	未知物-18	20.440
	19	—	—	未知物-19	10.341
	20	—	—	未知物-20	5.258
	21	—	—	未知物-21	2.898
	22	—	—	未知物-22	26.914
	23	—	—	未知物-23	1.713
	24	—	—	未知物-24	10.924
	25	—	—	未知物-25	7.107
	26	—	—	未知物-26	14.343
	27	—	—	未知物-27	0.285

类别	序号	英文名称	CAS	中文名称	含量/(μg/支)
	28	—	—	未知物-28	0.176
	29	—	—	未知物-29	0.165
	30	—	—	未知物-30	0.965
	31	—	—	未知物-31	0.493
	32	—	—	未知物-32	0.289
	33	—	—	未知物-33	0.223
	34	—	—	未知物-34	0.457
	35	—	—	未知物-35	0.201
	36	—	—	未知物-36	0.447
	37	—	—	未知物-37	0.371
	38	—	—	未知物-38	1.423
	39	—	—	未知物-39	0.357
	40	—	—	未知物-40	0.160
	41	—	—	未知物-41	0.221
	42	—	—	未知物-42	0.573
	43	—	—	未知物-43	1.884
	44	—	—	未知物-44	0.414
	45	—	—	未知物-45	0.288
	46	—	—	未知物-46	1.219
	47	—	—	未知物-47	0.860
未知物	48	—	—	未知物-48	8.175
	49	—	—	未知物-49	254.302
	50	—	—	未知物-50	15.662
	51	—	—	未知物-51	363.528
	52	—	—	未知物-52	113.447
	53	—	—	未知物-53	48.189
	54	—	—	未知物-54	233.541
	55	—	—	未知物-55	142.621
	56	—	—	未知物-56	448.055
	57	—	—	未知物-57	104.821
	58	—	—	未知物-58	144.205
	59	—	—	未知物-59	160.234
	60	—	—	未知物-60	102.696
	61	—	—	未知物-61	4.012
	62	—	—	未知物-62	591.372
	63	—	—	未知物-63	4566.648
	64	—	—	未知物-64	25.949
	65	—	—	未知物-65	190.200
	66	—	—	未知物-66	1209.883
	67	—	—	未知物-67	718.183
	68	—	—	未知物-68	99.140
	69	—	—	未知物-69	194.334

类别	序号	英文名称	CAS	中文名称	含量/(μg/支)
	70	—	—	未知物-70	224.990
	71	—	—	未知物-71	43.770
	72	—	—	未知物-72	3.902
	73	—	—	未知物-73	462.765
	74	—	—	未知物-74	72.790
	75	—	—	未知物-75	750.267
	76	—	—	未知物-76	0.694
	77	—	—	未知物-77	320.639
	78	—	—	未知物-78	907.345
	79	—	—	未知物-79	2.853
	80	—	—	未知物-80	112.110
	81	—	—	未知物-81	64.338
	82	—	—	未知物-82	103.647
	83	—	—	未知物-83	25.182
	84	—	—	未知物-84	705.816
	85	—	—	未知物-85	179.803
	86	—	—	未知物-86	52.739
	87	—	—	未知物-87	223.501
	88	—	—	未知物-88	1335.084
	89	—	—	未知物-89	5.986
未知物	90	—	—	未知物-90	722.558
	91	—	—	未知物-91	48.670
	92	—	—	未知物-92	434.279
	93	—	—	未知物-93	126.806
	94	—	—	未知物-94	99.817
	95	—	—	未知物-95	879.030
	96	—	—	未知物-96	378.893
	97	—	—	未知物-97	46.763
	98	—	—	未知物-98	180.565
	99	—	—	未知物-99	1541.106
	100	—	—	未知物-100	110.467
	101	—	—	未知物-101	1214.310
	102	—	—	未知物-102	51.840
	103	—	—	未知物-103	43.965
	104	—	—	未知物-104	2042.047
	105	—	—	未知物-105	14.881
	106	—	—	未知物-106	2.294
	107	—	—	未知物-107	54.487
	108	—	—	未知物-108	1.496
	109	—	—	未知物-109	0.957
小计					23681.912
合计					23833.337

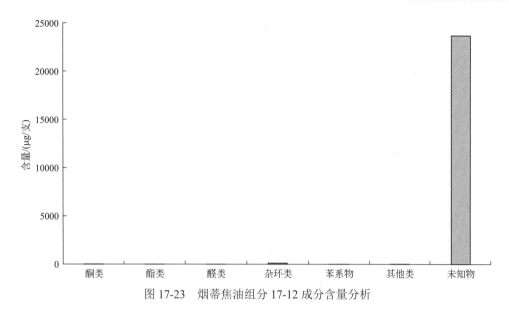

图 17-23　烟蒂焦油组分 17-12 成分含量分析

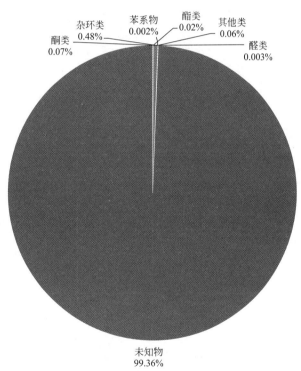

图 17-24　烟蒂焦油组分 17-12 各类成分占比分析

17.3.1.13　烟蒂焦油组分 17-13 成分结果分析

通过对卷烟烟蒂焦油的分离，得到烟蒂焦油组分 17-13 成分分析结果如表 17-13 和图 17-25、图 17-26 所示。结果表明，烟蒂焦油组分 17-13 中共含有 112 种物质，总含量为 32666.665μg/支，其中醇类 1 种，总含量为 125.079μg/支；酮类 1 种，总含量为 0.822μg/支；酯类 3 种，总含量为 25.761μg/支；杂环类 1 种，总含量为 25.391μg/支；酸类 1 种，总含量为 41.930μg/支。其中含量最多的是醇类。

表 17-13　烟蒂焦油组分 17-13 成分分析结果

类别	序号	英文名称	CAS	中文名称	含量/(μg/支)
醇类	1	1,3-Benzenediol, *O*-(2-methoxybenzoyl)-*O'*-ethoxycarbonyl-	1000330-77-1	*O*-(2-甲氧基苯甲酰基)-*O'*-乙氧基羰基-1,3-苯二醇	125.079
		小计			125.079
酮类	1	5-Iodopyrid-2(1*H*)-thione	1000251-67-5	5-碘吡啶-2(1*H*)-硫酮	0.822
		小计			0.822
酯类	1	4-Ethylbenzoic acid, 3-fluorophenyl ester	1000331-31-0	4-乙基苯酸-3-氟苯基酯	8.913
	2	Dicyclohexyl phthalate	84-61-7	邻苯二甲酸二环己酯	5.354
	3	Ethane, isocyanato-	109-90-0	异氰酸乙酯	11.494
		小计			25.761
杂环类	1	Pyridine, 3-(1*a*,2,7,7*a*-tetrahydro-2-methoxy-1-phenyl-1,2,7-metheno-1*H*-cyclopropa[*b*]naphthalen-8-yl)-	50559-57-4	3-(1*a*,2,7,7*a*-四氢-2-甲氧基-1-苯基-1,2,7-甲撑-1*H*-环丙烷[*b*]萘-8-基)吡啶	25.391
		小计			25.391
酸类	1	Butanoic acid, 3-methyl-	503-74-2	异戊酸	41.930
		小计			41.930
未知物	1	—	—	未知物-1	36.686
	2	—	—	未知物-2	6.096
	3	—	—	未知物-3	2.489
	4	—	—	未知物-4	51.940
	5	—	—	未知物-5	0.595
	6	—	—	未知物-6	0.518
	7	—	—	未知物-7	28.356
	8	—	—	未知物-8	13.040
	9	—	—	未知物-9	122.958
	10	—	—	未知物-10	0.585
	11	—	—	未知物-11	0.728
	12	—	—	未知物-12	0.949
	13	—	—	未知物-13	1.189
	14	—	—	未知物-14	2.582
	15	—	—	未知物-15	0.342
	16	—	—	未知物-16	11.268
	17	—	—	未知物-17	3.856
	18	—	—	未知物-18	124.551
	19	—	—	未知物-19	0.485
	20	—	—	未知物-20	1.664
	21	—	—	未知物-21	2.897
	22	—	—	未知物-22	28.158
	23	—	—	未知物-23	0.830
	24	—	—	未知物-24	0.839
	25	—	—	未知物-25	0.510
	26	—	—	未知物-26	0.219
	27	—	—	未知物-27	0.218

类别	序号	英文名称	CAS	中文名称	含量/(μg/支)
	28	—	—	未知物-28	0.216
	29	—	—	未知物-29	1.097
	30	—	—	未知物-30	1.606
	31	—	—	未知物-31	2.356
	32	—	—	未知物-32	0.557
	33	—	—	未知物-33	0.367
	34	—	—	未知物-34	1.541
	35	—	—	未知物-35	0.543
	36	—	—	未知物-36	34.297
	37	—	—	未知物-37	0.422
	38	—	—	未知物-38	0.656
	39	—	—	未知物-39	0.850
	40	—	—	未知物-40	0.341
	41	—	—	未知物-41	0.529
	42	—	—	未知物-42	0.610
	43	—	—	未知物-43	1.034
	44	—	—	未知物-44	0.428
	45	—	—	未知物-45	3.167
	46	—	—	未知物-46	271.290
	47	—	—	未知物-47	224.678
未知物	48	—	—	未知物-48	7.888
	49	—	—	未知物-49	459.568
	50	—	—	未知物-50	161.133
	51	—	—	未知物-51	2.813
	52	—	—	未知物-52	238.435
	53	—	—	未知物-53	0.895
	54	—	—	未知物-54	2.173
	55	—	—	未知物-55	364.216
	56	—	—	未知物-56	1225.049
	57	—	—	未知物-57	66.424
	58	—	—	未知物-58	508.369
	59	—	—	未知物-59	0.535
	60	—	—	未知物-60	108.498
	61	—	—	未知物-61	253.864
	62	—	—	未知物-62	168.560
	63	—	—	未知物-63	238.471
	64	—	—	未知物-64	308.601
	65	—	—	未知物-65	534.431
	66	—	—	未知物-66	270.257
	67	—	—	未知物-67	379.642
	68	—	—	未知物-68	2.491

类别	序号	英文名称	CAS	中文名称	含量/(μg/支)
	69	—	—	未知物-69	325.604
	70	—	—	未知物-70	604.960
	71	—	—	未知物-71	971.721
	72	—	—	未知物-72	826.954
	73	—	—	未知物-73	77.631
	74	—	—	未知物-74	734.125
	75	—	—	未知物-75	370.257
	76	—	—	未知物-76	1044.513
	77	—	—	未知物-77	201.731
	78	—	—	未知物-78	1864.337
	79	—	—	未知物-79	972.811
	80	—	—	未知物-80	612.876
	81	—	—	未知物-81	350.941
	82	—	—	未知物-82	2.857
	83	—	—	未知物-83	47.198
	84	—	—	未知物-84	273.073
	85	—	—	未知物-85	317.319
	86	—	—	未知物-86	248.918
未知物	87	—	—	未知物-87	565.661
	88	—	—	未知物-88	261.189
	89	—	—	未知物-89	1573.209
	90	—	—	未知物-90	174.627
	91	—	—	未知物-91	2137.063
	92	—	—	未知物-92	196.525
	93	—	—	未知物-93	311.244
	94	—	—	未知物-94	239.840
	95	—	—	未知物-95	88.873
	96	—	—	未知物-96	216.693
	97	—	—	未知物-97	1757.709
	98	—	—	未知物-98	853.674
	99	—	—	未知物-99	141.428
	100	—	—	未知物-100	50.786
	101	—	—	未知物-101	10.472
	102	—	—	未知物-102	144.598
	103	—	—	未知物-103	753.580
	104	—	—	未知物-104	51.692
	105	—	—	未知物-105	6777.547
小计					32447.682
合计					32666.665

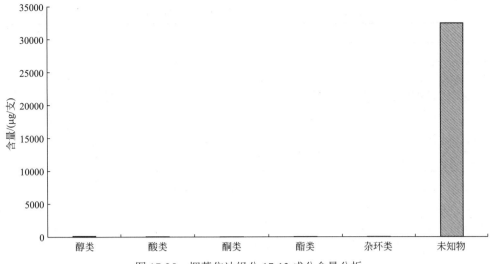

图 17-25　烟蒂焦油组分 17-13 成分含量分析

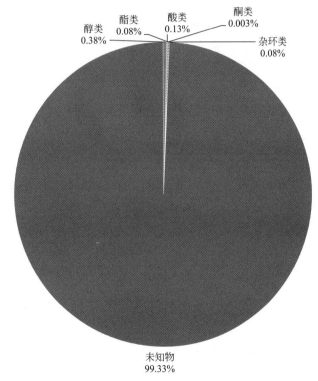

图 17-26　烟蒂焦油组分 17-13 各类成分占比分析

17.3.1.14　烟蒂焦油组分 17-14 成分结果分析

通过对卷烟烟蒂焦油的分离，得到烟蒂焦油组分 17-14 成分分析结果如表 17-14 和图 17-27、图 17-28 所示。结果表明，烟蒂焦油组分 17-14 中共含有 95 种物质，总含量为 26833.330μg/支，其中酮类 1 种，总含量为 0.745μg/支；酯类 1 种，总含量为 6.742μg/支；胺类 1 种，总含量为 2008.590μg/支；杂环类 1 种，总含量为 2.660μg/支；其他物质 2 种，总含量为 9.005μg/支。其中含量最多的是胺类。

表 17-14　烟蒂焦油组分 17-14 成分分析结果

类别	序号	英文名称	CAS	中文名称	含量/(μg/支)
酮类	1	5-Iodopyrid-2(1H)-thione	1000251-67-5	5-碘吡啶-2(1H)-硫酮	0.745
		小计			0.745
酯类	1	4-Ethylbenzoic acid, 3-fluorophenyl ester	1000331-31-0	4-乙基苯甲酸-3-氟苯基酯	6.742
		小计			6.742
胺类	1	4-Benzoyl-N-(4-methoxy-phenyl)-benzamide	339229-39-9	4-苯甲酰基-N-(4-甲氧基苯基)苯甲酰胺	2008.590
		小计			2008.590
杂环	1	2(1H)-Quinolinone, 4-methyl-	607-66-9	2-羟基-4-甲基喹啉	2.660
		小计			2.660
其他类	1	Semioxamazide	515-96-8	奥肼	0.363
	2	Trifluoromethyl thiocyanate	690-24-4	三氟甲基硫氰酸盐	8.642
		小计			9.005
未知物	1	—	—	未知物-1	6.606
	2	—	—	未知物-2	27.537
	3	—	—	未知物-3	4.224
	4	—	—	未知物-4	12.711
	5	—	—	未知物-5	0.483
	6	—	—	未知物-6	3.746
	7	—	—	未知物-7	115.599
	8	—	—	未知物-8	0.626
	9	—	—	未知物-9	151.813
	10	—	—	未知物-10	1.108
	11	—	—	未知物-11	0.717
	12	—	—	未知物-12	0.212
	13	—	—	未知物-13	0.660
	14	—	—	未知物-14	1.507
	15	—	—	未知物-15	0.444
	16	—	—	未知物-16	1.373
	17	—	—	未知物-17	28.517
	18	—	CAS	未知物-18	2.940
	19	—	—	未知物-19	2.023
	20	—	—	未知物-20	4.268
	21	—	—	未知物-21	6.263
	22	—	—	未知物-22	14.158
	23	—	—	未知物-23	0.189
	24	—	—	未知物-24	0.167
	25	—	—	未知物-25	0.869
	26	—	—	未知物-26	0.656
	27	—	—	未知物-27	0.548
	28	—	—	未知物-28	1.250
	29	—	—	未知物-29	0.298

类别	序号	英文名称	CAS	中文名称	含量/(μg/支)
	30	—	—	未知物-30	0.276
	31	—	—	未知物-31	0.405
	32	—	—	未知物-32	1.143
	33	—	—	未知物-33	0.250
	34	—	—	未知物-34	0.190
	35	—	—	未知物-35	2.925
	36	—	—	未知物-36	2.128
	37	—	—	未知物-37	0.585
	38	—	—	未知物-38	0.611
	39	—	—	未知物-39	0.296
	40	—	—	未知物-40	3.039
	41	—	—	未知物-41	1.984
	42	—	—	未知物-42	414.764
	43	—	—	未知物-43	119.595
	44	—	—	未知物-44	165.908
	45	—	—	未知物-45	85.222
	46	—	—	未知物-46	417.741
	47	—	—	未知物-47	822.458
	48	—	—	未知物-48	250.723
未知物	49	—	—	未知物-49	142.052
	50	—	—	未知物-50	5.410
	51	—	—	未知物-51	128.094
	52	—	—	未知物-52	1.431
	53	—	—	未知物-53	436.173
	54	—	—	未知物-54	442.705
	55	—	—	未知物-55	468.138
	56	—	—	未知物-56	808.889
	57	—	—	未知物-57	166.989
	58	—	—	未知物-58	38.803
	59	—	—	未知物-59	1369.543
	60	—	—	未知物-60	164.135
	61	—	—	未知物-61	129.591
	62	—	—	未知物-62	146.317
	63	—	—	未知物-63	148.324
	64	—	—	未知物-64	410.237
	65	—	—	未知物-65	23.316
	66	—	—	未知物-66	791.894
	67	—	—	未知物-67	30.709
	68	—	—	未知物-68	235.592
	69	—	—	未知物-69	285.642

续表

类别	序号	英文名称	CAS	中文名称	含量/(μg/支)
未知物	70	—	—	未知物-70	544.224
	71	—	—	未知物-71	244.699
	72	—	—	未知物-72	0.301
	73	—	—	未知物-73	25.855
	74	—	—	未知物-74	202.525
	75	—	—	未知物-75	1.986
	76	—	—	未知物-76	1031.102
	77	—	—	未知物-77	533.237
	78	—	—	未知物-78	4891.281
	79	—	—	未知物-79	286.837
	80	—	—	未知物-80	1696.326
	81	—	—	未知物-81	542.011
	82	—	—	未知物-82	854.563
	83	—	—	未知物-83	298.120
	84	—	—	未知物-84	2556.326
	85	—	—	未知物-85	268.971
	86	—	—	未知物-86	192.552
	87	—	—	未知物-87	68.578
	88	—	—	未知物-88	2.806
	89	—	—	未知物-89	1507.548
小计					24805.587
合计					26833.329

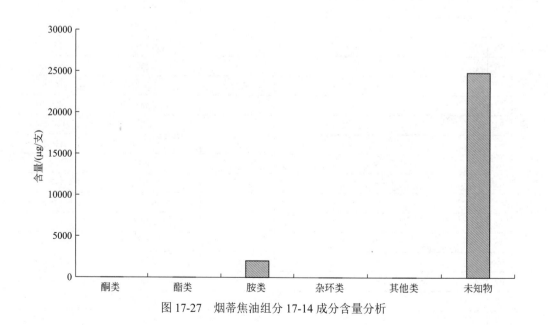

图 17-27　烟蒂焦油组分 17-14 成分含量分析

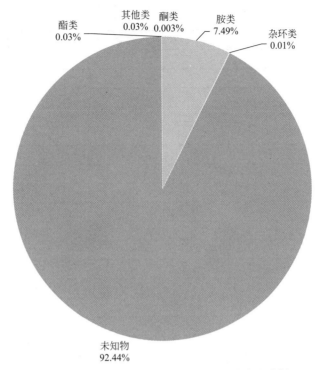

图 17-28　烟蒂焦油组分 17-14 各类成分占比分析

17.3.1.15　烟蒂焦油组分 17-15 成分结果分析

通过对卷烟烟蒂焦油的分离，得到烟蒂焦油组分 17-15 成分分析结果如表 17-15 和图 17-29、图 17-30 所示。结果表明，烟蒂焦油组分 17-15 中共含有 113 种物质，总含量为 35833.334μg/支，其中酯类 3 种，总含量为 21.856μg/支；酮类 1 种，总含量为 0.731μg/支；酚类 1 种，总含量为 2.719μg/支；杂环类 2 种，总含量为 48.642μg/支；其他物质 1 种，总含量为 9.727μg/支。其中含量最多的是杂环类。

表 17-15　烟蒂焦油组分 17-15 成分分析结果

类别	序号	英文名称	CAS	中文名称	含量/(μg/支)
酮类	1	5-Iodopyrid-2(1*H*)-thione	1000251-67-5	5-碘吡啶-2(1*H*)-硫酮	0.731
		小计			0.731
酯类	1	Phthalic acid, butyl 2-pentyl ester	1000315-47-6	邻苯二甲酸正丁酯	14.177
	2	Succinic acid, 2,2,3,3,4,4,5,5-octafluoropentyl 2-methylpent-3-yl ester	1000389-59-5	2,2,3,3,4,4,5,5-八氟戊基-2-甲基戊基-3-丁二酸酯	0.533
	3	Phthalic acid, bis(2-pentyl) ester	1000315-48-5	邻苯二甲酸双(2-戊基)酯	7.146
		小计			21.856
酚类	1	1-Naphthalenol, 6-amino-	23894-12-4	6-氨基-1-萘酚	2.719
		小计			2.719
杂环类	1	6-Quinolinamine, 2-methyl-	65079-19-8	6-氨基-2-甲基喹啉	21.107
	2	Imidazo[4,5-*d*]imidazole, 1,6-dihydro-	35369-36-9	1,6-二氢咪唑并[4,5-*d*]咪唑	27.535
		小计			48.642
其他类	1	Silane, diethoxydimethyl-	78-62-6	二乙氧基二甲基硅烷	9.727
		小计			9.727

类别	序号	英文名称	CAS	中文名称	含量/(μg/支)
未知物	1	—	—	未知物-1	2.957
	2	—	—	未知物-2	16.540
	3	—	—	未知物-3	5.312
	4	—	—	未知物-4	50.748
	5	—	—	未知物-5	0.491
	6	—	—	未知物-6	1.033
	7	—	—	未知物-7	0.668
	8	—	—	未知物-8	0.393
	9	—	—	未知物-9	0.293
	10	—	—	未知物-10	0.280
	11	—	—	未知物-11	4.772
	12	—	—	未知物-12	1.970
	13	—	—	未知物-13	1.179
	14	—	—	未知物-14	0.506
	15	—	—	未知物-15	0.793
	16	—	—	未知物-16	0.269
	17	—	—	未知物-17	1.025
	18	—	—	未知物-18	126.197
	19	—	—	未知物-19	1.451
	20	—	—	未知物-20	18.493
	21	—	—	未知物-21	9.404
	22	—	—	未知物-22	27.670
	23	—	—	未知物-23	75.273
	24	—	—	未知物-24	0.741
	25	—	—	未知物-25	0.660
	26	—	—	未知物-26	1.301
	27	—	—	未知物-27	2.808
	28	—	—	未知物-28	44.195
	29	—	—	未知物-29	17.680
	30	—	—	未知物-30	0.414
	31	—	—	未知物-31	0.287
	32	—	—	未知物-32	0.393
	33	—	—	未知物-33	0.331
	34	—	—	未知物-34	1.113
	35	—	—	未知物-35	0.346
	36	—	—	未知物-36	1.006
	37	—	—	未知物-37	0.820
	38	—	—	未知物-38	0.400
	39	—	—	未知物-39	1.003
	40	—	—	未知物-40	0.306
	41	—	—	未知物-41	0.358

续表

类别	序号	英文名称	CAS	中文名称	含量/(μg/支)
未知物	42	—	—	未知物-42	0.392
	43	—	—	未知物-43	2.022
	44	—	—	未知物-44	0.309
	45	—	—	未知物-45	0.347
	46	—	—	未知物-46	0.381
	47	—	—	未知物-47	0.199
	48	—	—	未知物-48	277.827
	49	—	—	未知物-49	2.298
	50	—	—	未知物-50	288.150
	51	—	—	未知物-51	0.458
	52	—	—	未知物-52	1330.532
	53	—	—	未知物-53	4.588
	54	—	—	未知物-54	186.582
	55	—	—	未知物-55	200.469
	56	—	—	未知物-56	582.554
	57	—	—	未知物-57	307.470
	58	—	—	未知物-58	1226.129
	59	—	—	未知物-59	305.510
	60	—	—	未知物-60	306.397
	61	—	—	未知物-61	186.021
	62	—	—	未知物-62	609.696
	63	—	—	未知物-63	109.162
	64	—	—	未知物-64	524.181
	65	—	—	未知物-65	538.170
	66	—	—	未知物-66	3.081
	67	—	—	未知物-67	343.646
	68	—	—	未知物-68	725.618
	69	—	—	未知物-69	114.949
	70	—	—	未知物-70	594.039
	71	—	CAS	未知物-71	5.330
	72	—	—	未知物-72	50.920
	73	—	—	未知物-73	282.981
	74	—	—	未知物-74	575.396
	75	—	—	未知物-75	1624.888
	76	—	—	未知物-76	5.081
	77	—	—	未知物-77	68.747
	78	—	—	未知物-78	60.911
	79	—	—	未知物-79	77.340
	80	—	—	未知物-80	55.352
	81	—	—	未知物-81	846.224
	82	—	—	未知物-82	1723.483

第 2 部分　烟蒂焦油

续表

类别	序号	英文名称	CAS	中文名称	含量/(μg/支)
未知物	83	—	—	未知物-83	344.825
	84	—	—	未知物-84	854.048
	85	—	—	未知物-85	1164.414
	86	—	—	未知物-86	2290.874
	87	—	—	未知物-87	235.623
	88	—	—	未知物-88	322.465
	89	—	—	未知物-89	234.086
	90	—	—	未知物-90	202.359
	91	—	—	未知物-91	2482.505
	92	—	—	未知物-92	549.968
	93	—	—	未知物-93	289.468
	94	—	—	未知物-94	3463.055
	95	—	—	未知物-95	283.412
	96	—	—	未知物-96	741.336
	97	—	—	未知物-97	4.107
	98	—	—	未知物-98	6523.325
	99	—	—	未知物-99	45.350
	100	—	—	未知物-100	8.738
	101	—	—	未知物-101	559.642
	102	—	—	未知物-102	305.439
	103	—	—	未知物-103	5.951
	104	—	—	未知物-104	265.877
	105	—	—	未知物-105	3.084
小计					35749.660
合计					35833.334

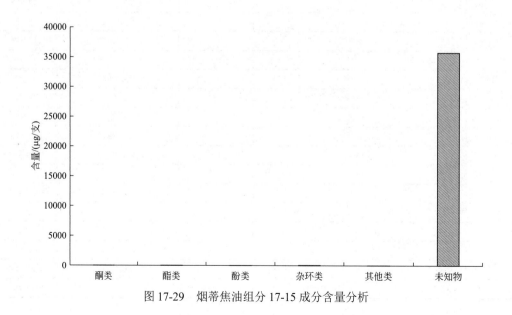

图 17-29　烟蒂焦油组分 17-15 成分含量分析

292

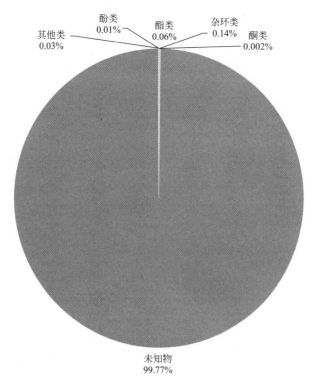

图 17-30　烟蒂焦油组分 17-15 各类成分占比分析

17.3.1.16　烟蒂焦油组分 17-16 成分结果分析

　　通过对卷烟烟蒂焦油的分离，得到烟蒂焦油组分 17-16 成分分析结果如表 17-16 和图 17-31、图 17-32 所示。结果表明，烟蒂焦油组分 17-16 中共含有 127 种物质，总含量为 18500.001μg/支，其中酮类 3 种，总含量为 12.340μg/支；酯类 1 种，总含量为 9.523μg/支；醛类 1 种，总含量为 0.157μg/支；杂环类 1 种，总含量为 1.989μg/支；胺类 1 种，总含量为 0.491μg/支；其他物质 1 种，总含量为 12.899μg/支。其中含量最多的是酮类。

表 17-16　烟蒂焦油组分 17-16 成分分析结果

类别	序号	英文名称	CAS	中文名称	含量/(μg/支)
酮类	1	2H-1,4-Benzoxazine-2,3(4H)-dione	3597-63-5	3-羟基-2H-1,4-苯并噁嗪-2-酮	0.386
	2	5-Iodopyrid-2(1H)-thione	1000251-67-5	5-碘吡啶-2(1H)-硫酮	0.451
	3	1-Methyl-3-acetylindole	19012-02-3	1-(1-甲基-1H-吲哚-3-基)-1-乙酮	11.503
		小计			12.340
酯类	1	Phthalic acid, cyclobutyl isobutyl ester	1000314-91-1	邻苯二甲酸环丁基异丁酯	9.523
		小计			9.523
醛类	1	3,3-Diethoxy-1-propyne	10160-87-9	丙醛二乙基乙缩醛	0.157
		小计			0.157
胺类	1	Acetamide	60-35-5	乙酰胺	0.491
		小计			0.491
杂环类	1	4-Methylquinolin-2(1H)-one	607-66-9	2-羟基-4-甲基喹啉	1.989
		小计			1.989

类别	序号	英文名称	CAS	中文名称	含量/(μg/支)
其他类	1	Silane, diethoxydimethyl-	78-62-6	二乙氧基二甲基硅烷	12.899
		小计			12.899
未知物	1	—	—	未知物-1	1.246
	2	—	—	未知物-2	22.428
	3	—	—	未知物-3	17.480
	4	—	—	未知物-4	0.179
	5	—	—	未知物-5	16.424
	6	—	—	未知物-6	2.452
	7	—	—	未知物-7	84.019
	8	—	—	未知物-8	0.584
	9	—	—	未知物-9	0.450
	10	—	—	未知物-10	9.373
	11	—	—	未知物-11	0.293
	12	—	—	未知物-12	30.733
	13	—	—	未知物-13	0.887
	14	—	—	未知物-14	17.323
	15	—	—	未知物-15	18.239
	16	—	—	未知物-16	7.738
	17	—	—	未知物-17	0.325
	18	—	—	未知物-18	0.368
	19	—	—	未知物-19	0.299
	20	—	—	未知物-20	0.891
	21	—	—	未知物-21	0.114
	22	—	—	未知物-22	0.252
	23	—	—	未知物-23	0.259
	24	—	—	未知物-24	0.114
	25	—	—	未知物-25	0.501
	26	—	—	未知物-26	0.230
	27	—	—	未知物-27	0.320
	28	—	—	未知物-28	0.231
	29	—	—	未知物-29	0.156
	30	—	—	未知物-30	0.182
	31	—	—	未知物-31	0.350
	32	—	—	未知物-32	0.217
	33	—	—	未知物-33	3.138
	34	—	—	未知物-34	0.487
	35	—	—	未知物-35	0.129
	36	—	—	未知物-36	0.278
	37	—	—	未知物-37	0.931
	38	—	—	未知物-38	347.391
	39	—	—	未知物-39	2.333

类别	序号	英文名称	CAS	中文名称	含量/(μg/支)
	40	—	—	未知物-40	425.737
	41	—	—	未知物-41	71.984
	42	—	—	未知物-42	32.563
	43	—	—	未知物-43	310.953
	44	—	—	未知物-44	0.271
	45	—	—	未知物-45	236.982
	46	—	—	未知物-46	85.690
	47	—	—	未知物-47	0.401
	48	—	—	未知物-48	84.619
	49	—	—	未知物-49	203.069
	50	—	—	未知物-50	289.126
	51	—	—	未知物-51	342.922
	52	—	—	未知物-52	46.853
	53	—	—	未知物-53	0.396
	54	—	—	未知物-54	0.247
	55	—	—	未知物-55	0.263
	56	—	—	未知物-56	0.486
	57	—	—	未知物-57	315.359
	58	—	—	未知物-58	123.628
	59	—	—	未知物-59	0.275
未知物	60	—	—	未知物-60	874.341
	61	—	—	未知物-61	0.239
	62	—	—	未知物-62	840.009
	63	—	—	未知物-63	114.570
	64	—	—	未知物-64	23.595
	65	—	—	未知物-65	0.247
	66	—	—	未知物-66	386.984
	67	—	—	未知物-67	155.967
	68	—	—	未知物-68	91.947
	69	—	—	未知物-69	70.955
	70	—	—	未知物-70	304.420
	71	—	—	未知物-71	0.400
	72	—	—	未知物-72	0.237
	73	—	—	未知物-73	11.747
	74	—	—	未知物-74	153.047
	75	—	—	未知物-75	143.831
	76	—	—	未知物-76	108.667
	77	—	—	未知物-77	115.454
	78	—	—	未知物-78	2.488
	79	—	—	未知物-79	267.935
	80	—	—	未知物-80	2.527

类别	序号	英文名称	CAS	中文名称	含量/(μg/支)
	81	—	—	未知物-81	15.438
	82	—	—	未知物-82	0.770
	83	—	—	未知物-83	0.248
	84	—	—	未知物-84	110.359
	85	—	—	未知物-85	0.257
	86	—	—	未知物-86	0.242
	87	—	—	未知物-87	73.572
	88	—	—	未知物-88	3501.653
	89	—	—	未知物-89	108.805
	90	—	—	未知物-90	126.358
	91	—	—	未知物-91	134.456
	92	—	—	未知物-92	0.248
	93	—	—	未知物-93	27.763
	94	—	—	未知物-94	127.636
	95	—	—	未知物-95	1488.383
	96	—	—	未知物-96	29.490
	97	—	—	未知物-97	409.306
	98	—	—	未知物-98	163.927
	99	—	—	未知物-99	1073.034
未知物	100	—	—	未知物-100	3.759
	101	—	—	未知物-101	313.780
	102	—	—	未知物-102	0.250
	103	—	—	未知物-103	526.691
	104	—	—	未知物-104	37.195
	105	—	—	未知物-105	6.996
	106	—	—	未知物-106	2.394
	107	—	—	未知物-107	529.002
	108	—	—	未知物-108	1153.434
	109	—	—	未知物-109	12.450
	110	—	—	未知物-110	0.225
	111	—	—	未知物-111	152.898
	112	—	—	未知物-112	0.261
	113	—	—	未知物-113	449.972
	114	—	—	未知物-114	0.316
	115	—	—	未知物-115	69.161
	116	—	—	未知物-116	972.263
	117	—	—	未知物-117	0.373
	118	—	—	未知物-118	2.087
	119	—	—	未知物-119	6.375
小计					18462.602
合计					18500.001

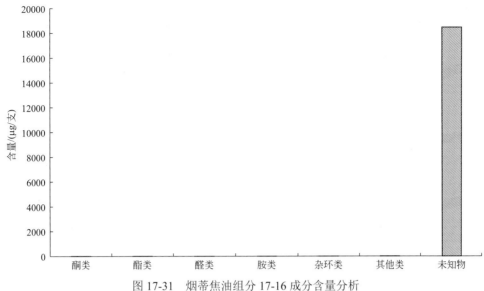

图 17-31 烟蒂焦油组分 17-16 成分含量分析

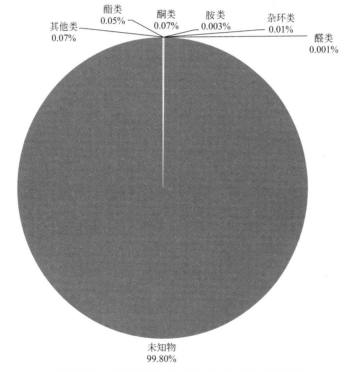

图 17-32 烟蒂焦油组分 17-16 各类成分占比分析

17.3.1.17 烟蒂焦油组分 17-17 成分结果分析

通过对卷烟烟蒂焦油的分离，得到烟蒂焦油组分 17-17 成分分析结果如表 17-17 和图 17-33、图 17-34 所示。结果表明，烟蒂焦油组分 17-17 中共含有 120 种物质，总含量为 19666.663μg/支，其中醇类 2 种，总含量为 58.704μg/支；酯类 5 种，总含量为 972.728μg/支；杂环类 1 种，总含量为 81.514μg/支；胺类 2 种，总含量为 412.506μg/支；其他物质 1 种，总含量为 129.845μg/支。其中含量最多的是酯类。

表 17-17 烟蒂焦油组分 17-17 成分分析结果

类别	序号	英文名称	CAS	中文名称	含量/(μg/支)
醇类	1	1,3-Benzenediol, *O*-(2-methoxybenzoyl)-*O'*-ethoxycarbonyl-	1000330-77-1	*O*-(2-甲氧基苯甲酰基)-*O'*-乙氧基羰基-1,3-苯二醇	11.024
	2	1,2-Benzenediol, *O*-(4-ethylbenzoyl)-*O'*-propargyloxycarbonyl-	1000329-75-1	*O*-(4-乙基苯甲酰基)-*O'*-炔丙基氧羰基-1,2-苯二醇	47.680
		小计			58.704
酯类	1	Succinic acid, 2-methylpent-3-yl 2,2,3,4,4,4-hexafluorobutyl ester	1000390-80-1	丁二酸-2-甲基戊-3-基-2,2,3,4,4,4-六氟丁酯	191.126
	2	Ethyl [5-hydroxy-1-(6-methoxy-4-methyl-3-quinolinyl)-3-methyl-1*H*-pyrazol-4-yl]acetate	1000148-56-9	乙基[5-羟基-1-(6-甲氧基-4-甲基-3-喹啉基)-3-甲基-1*H*-吡唑-4-基]乙酸酯	747.081
	3	Phthalic acid, bis(2-pentyl) ester	1000315-48-5	邻苯二甲酸双（2-戊基）酯	3.304
	4	Phthalic acid, cyclobutyl isobutyl ester	1000314-91-1	邻苯二甲酸环丁基异丁酯	20.698
	5	Alanine, *N*-methyl-*N*-butoxycarbonyl-, decyl ester	1000329-37-5	*N*-甲基-*N*-丁氧羰基丙氨酸癸酯	10.519
		小计			972.728
胺类	1	4-piperidin-1-yl-6-(piperidin-1-ylmethyl)-1,3,5-triazin-2-amine	21868-43-9	4-哌啶-1-基-6-(哌啶-1-基甲基)-1,3,5-三嗪-2-胺	411.885
	2	*N*-Phenylphthalimide	520-03-6	*N*-苯基邻苯二甲亚胺	0.621
		小计			412.506
杂环类	1	3-(1-Methyl-2-pyrrolidinyl)pyridine	1000425-83-4	3-(1-甲基-2-吡咯烷基)吡啶	81.514
		小计			81.514
其他类	1	3-Acetyl-2,5,6-trimethylhydroquinone	1000432-18-3	3-乙酰基-2,5,6-三甲基氢醌	129.845
		小计			129.845
未知物	1	—	—	未知物-1	4.808
	2	—	—	未知物-2	0.850
	3	—	—	未知物-3	26.059
	4	—	—	未知物-4	16.083
	5	—	—	未知物-5	1.237
	6	—	—	未知物-6	0.351
	7	—	—	未知物-7	0.138
	8	—	—	未知物-8	5.879
	9	—	—	未知物-9	1.576
	10	—	—	未知物-10	9.797
	11	—	—	未知物-11	14.425
	12	—	—	未知物-12	0.664
	13	—	—	未知物-13	0.375
	14	—	—	未知物-14	0.421
	15	—	—	未知物-15	10.555
	16	—	—	未知物-16	0.267
	17	—	—	未知物-17	46.360
	18	—	—	未知物-18	2.207
	19	—	—	未知物-19	4.051
	20	—	—	未知物-20	0.822
	21	—	—	未知物-21	16.009

类别	序号	英文名称	CAS	中文名称	含量/(μg/支)
	22	—	—	未知物-22	17.156
	23	—	—	未知物-23	1.714
	24	—	—	未知物-24	0.500
	25	—	—	未知物-25	14.448
	26	—	—	未知物-26	0.365
	27	—	—	未知物-27	8.295
	28	—	—	未知物-28	11.082
	29	—	—	未知物-29	9.125
	30	—	—	未知物-30	0.520
	31	—	—	未知物-31	10.482
	32	—	—	未知物-32	18.592
	33	—	—	未知物-33	0.154
	34	—	—	未知物-34	0.104
	35	—	—	未知物-35	0.435
	36	—	—	未知物-36	0.119
	37	—	—	未知物-37	0.537
	38	—	—	未知物-38	0.173
	39	—	—	未知物-39	0.210
	40	—	—	未知物-40	0.181
	41	—	—	未知物-41	0.441
未知物	42	—	—	未知物-42	0.122
	43	—	—	未知物-43	0.190
	44	—	—	未知物-44	0.363
	45	—	—	未知物-45	0.182
	46	—	—	未知物-46	0.772
	47	—	—	未知物-47	2.965
	48	—	—	未知物-48	0.103
	49	—	—	未知物-49	0.674
	50	—	—	未知物-50	1.528
	51	—	—	未知物-51	10.182
	52	—	—	未知物-52	2966.627
	53	—	—	未知物-53	64.034
	54	—	—	未知物-54	581.964
	55	—	—	未知物-55	140.098
	56	—	—	未知物-56	340.816
	57	—	—	未知物-57	28.387
	58	—	—	未知物-58	1.087
	59	—	—	未知物-59	167.255
	60	—	—	未知物-60	124.114
	61	—	—	未知物-61	0.864
	62	—	—	未知物-62	299.264
	63	—	—	未知物-63	848.221

类别	序号	英文名称	CAS	中文名称	含量/(μg/支)
	64	—	—	未知物-64	3174.000
	65	—	—	未知物-65	49.488
	66	—	—	未知物-66	109.040
	67	—	—	未知物-67	104.726
	68	—	—	未知物-68	72.104
	69	—	—	未知物-69	4.273
	70	—	—	未知物-70	1471.360
	71	—	—	未知物-71	137.420
	72	—	—	未知物-72	553.209
	73	—	—	未知物-73	359.650
	74	—	—	未知物-74	14.618
	75	—	—	未知物-75	99.913
	76	—	—	未知物-76	803.218
	77	—	—	未知物-77	29.515
	78	—	—	未知物-78	51.677
	79	—	—	未知物-79	96.458
	80	—	—	未知物-80	161.168
	81	—	—	未知物-81	13.977
	82	—	—	未知物-82	126.377
	83	—	—	未知物-83	118.321
未知物	84	—	—	未知物-84	1.379
	85	—	—	未知物-85	46.277
	86	—	—	未知物-86	169.109
	87	—	—	未知物-87	1221.201
	88	—	—	未知物-88	203.861
	89	—	—	未知物-89	51.064
	90	—	—	未知物-90	128.044
	91	—	—	未知物-91	1.228
	92	—	—	未知物-92	48.579
	93	—	—	未知物-93	175.462
	94	—	—	未知物-94	21.594
	95	—	—	未知物-95	87.222
	96	—	—	未知物-96	310.846
	97	—	—	未知物-97	871.426
	98	—	—	未知物-98	0.430
	99	—	—	未知物-99	51.635
	100	—	—	未知物-100	112.790
	101	—	—	未知物-101	323.656
	102	—	—	未知物-102	102.925
	103	—	—	未知物-103	97.929
	104	—	—	未知物-104	19.059
	105	—	—	未知物-105	277.608

续表

类别	序号	英文名称	CAS	中文名称	含量/(μg/支)
未知物	106	—	—	未知物-106	257.933
	107	—	—	未知物-107	37.801
	108	—	—	未知物-108	1.400
	109	—	—	未知物-109	3.017
小计					18011.366
合计					19666.663

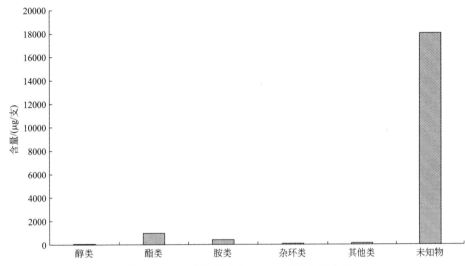

图 17-33　烟蒂焦油组分 17-17 成分含量分析

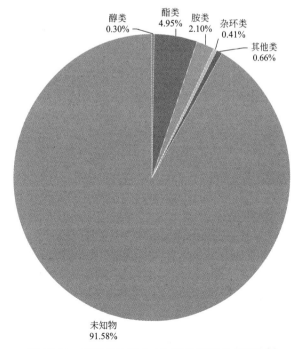

图 17-34　烟蒂焦油组分 17-17 各类成分占比分析

17.3.2　烟蒂焦油 4 组分成分分析

17.3.2.1　烟蒂焦油分离组分 4-1 成分结果分析

通过对卷烟烟蒂焦油的分离,得到烟蒂焦油组分 4-1 成分分析结果如表 17-18 和图 17-35、图 17-36 所示。结果表明,烟蒂焦油组分 4-1 共有 79 种物质,其中醇类 1 种,相对百分含量为 0.05%;酮类 3 种,相对百分含量为 0.35%;酯类 9 种,相对百分含量为 7.91%,醚类 1 种,相对百分含量为 5.00%;苯系物 1 种,相对百分含量为 0.04%;烯烃类 1 种,相对百分含量为 0.13%;胺类 1 种,相对百分含量为 0.55%;其他物质 2 种,相对百分含量为 0.77%。其中含量最多的是酯类。

表 17-18　烟蒂焦油分离组分 4-1 成分分析结果

类别	序号	英文名称	CAS	中文名称	相对百分含量/%
醇类	1	3-Buten-2-ol	598-32-3	3-丁烯-2-醇	0.05
		小计			0.05
酮类	1	1,2,4-Cyclopentanetrione, 3-methyl-	4505-54-8	3-甲基环戊烷-1,2,4-三酮	0.26
	2	2-Azetidinone, 3,4,4-trimethyl-	22607-01-8	3,4,4-三甲基-2-氮杂环丁酮	0.06
	3	1-Hexanone, 5-methyl-1-phenyl-	25552-17-4	5-甲基-1-苯基-1-己酮	0.03
		小计			0.40
酯类	1	(Z)-3-en-1-yl 2-methylbutanoate	1000372-71-2	(Z)-3-烯-1-基-2-甲基丁酸酯	6.21
	2	Sulfurous acid, 2-ethylhexyl hexyl ester	1000309-20-2	亚硫酸-2-乙基己基己基酯	0.09
	3	Sulfurous acid, 2-ethylhexyl isohexyl ester	1000309-19-0	亚硫酸-2-乙基己基异己基酯	0.74
	4	Sulfurous acid, isobutyl pentyl ester	1000309-13-8	亚硫酸异丁酯	0.06
	5	Ethane, isocyanato-	109-90-0	异氰酸乙酯	0.24
	6	Isobutyl 3-methylbut-3-enyl carbonate	1000372-90-7	3-甲基-3-烯基碳酸异丁酯	0.30
	7	2-Propenoic acid, 2-methyl-, 2-propenyl ester	96-05-9	甲基丙烯酸烯丙酯	0.07
	8	Pipecolic acid, N-propargyloxycarbonyl-, propargyl ester	1000393-10-1	N-炔丙基氧羰基哌啶酸炔丙基酯	0.01
	9	2-Propenoic acid, (1-methyl-1,2-ethanediyl)bis[oxy(methyl-2,1-ethanediyl)]ester	42978-66-5	二缩三丙二醇二丙烯酸酯	0.19
		小计			7.91
胺类	1	N-(2-Ethyl-2H-1,2,3,4-tetrazol-5-yl)hexanamide	1000435-52-4	N-(2-乙基-2H-1,2,3,4-四唑-5-基)己酰胺	0.55
		小计			0.55
烯烃类	1	4-Methyl-1,5-Heptadiene	998-94-7	4-甲基-1,5-庚二烯	0.13
		小计			0.13
醚类	1	Hexyl Ether	112-58-3	正己醚	5.00
		小计			5.00
苯系物	1	Toluene	108-88-3	甲苯	0.04
		小计			0.04
其他类	1	Oxetane, 3-(1-methylethyl)-	10317-17-6	3-丙烷-2-氧庚烷	0.64
	2	1,4-Dioxaspiro[4.5]decane, 7-methyl-	935-46-6	2-[3-(3-乙基-3H-苯并噻唑-2-亚基)异丁-1-烯基]-3-(3-磺酸根丙基)苯并噻唑正离子	0.13
		小计			0.77

类别	序号	英文名称	CAS	中文名称	相对百分含量/%
未知物	1	—	—	未知物-1	0.00
	2	—	—	未知物-2	0.03
	3	—	—	未知物-3	0.08
	4	—	—	未知物-4	2.82
	5	—	—	未知物-5	0.01
	6	—	—	未知物-6	0.01
	7	—	—	未知物-7	0.01
	8	—	—	未知物-8	0.02
	9	—	—	未知物-9	0.02
	10	—	—	未知物-10	0.01
	11	—	—	未知物-11	0.02
	12	—	—	未知物-12	0.01
	13	—	—	未知物-13	0.06
	14	—	—	未知物-14	0.22
	15	—	—	未知物-15	0.00
	16	—	—	未知物-16	1.37
	17	—	—	未知物-17	0.58
	18	—	—	未知物-18	0.83
	19	—	—	未知物-19	0.64
	20	—	—	未知物-20	0.32
	21	—	—	未知物-21	0.02
	22	—	—	未知物-22	2.75
	23	—	—	未知物-23	0.02
	24	—	—	未知物-24	3.32
	25	—	—	未知物-25	0.11
	26	—	—	未知物-26	11.31
	27	—	—	未知物-27	0.02
	28	—	—	未知物-28	0.06
	29	—	—	未知物-29	7.52
	30	—	—	未知物-30	4.50
	31	—	—	未知物-31	0.19
	32	—	—	未知物-32	0.22
	33	—	—	未知物-33	0.04
	34	—	—	未知物-34	0.02
	35	—	—	未知物-35	0.00
	36	—	—	未知物-36	35.33
	37	—	—	未知物-37	0.03
	38	—	—	未知物-38	3.37
	39	—	—	未知物-39	0.01
	40	—	—	未知物-40	0.53

续表

类别	序号	英文名称	CAS	中文名称	相对百分含量/%
未知物	41	—	—	未知物-41	1.71
	42	—	—	未知物-42	1.67
	43	—	—	未知物-43	0.00
	44	—	—	未知物-44	0.01
	45	—	—	未知物-45	0.02
	46	—	—	未知物-46	3.37
	47	—	—	未知物-47	0.01
	48	—	—	未知物-48	0.08
	49	—	—	未知物-49	0.06
	50	—	—	未知物-50	0.04
	51	—	—	未知物-51	0.04
	52	—	—	未知物-52	0.09
	53	—	—	未知物-53	0.04
	54	—	—	未知物-54	1.58
	55	—	—	未知物-55	0.02
	56	—	—	未知物-56	0.01
	57	—	—	未知物-57	0.01
	58	—	—	未知物-58	0.02
	59	—	—	未知物-59	0.00
小计					85.21
总计					100.01

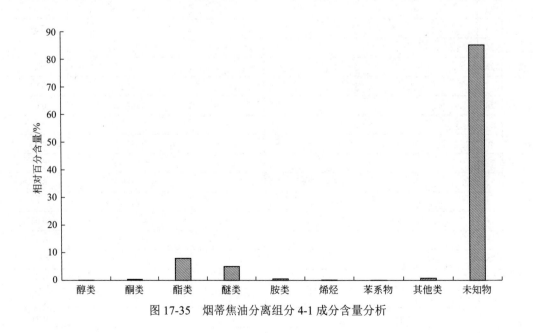

图 17-35　烟蒂焦油分离组分 4-1 成分含量分析

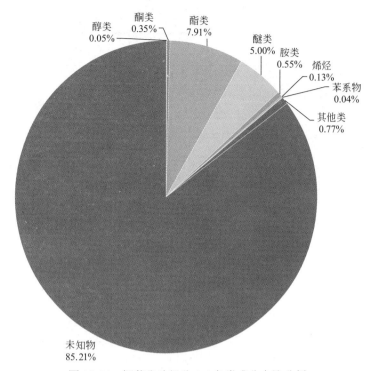

图 17-36　烟蒂焦油组分 4-1 各类成分占比分析

17.3.2.2　烟蒂焦油分离组分 4-2 成分结果分析

通过对卷烟烟蒂焦油的分离,得到烟蒂焦油组分 4-2 成分分析结果如表 17-19 和图 17-37、图 17-38 所示。结果表明,烟蒂焦油组分 4-2 共有 210 种物质,其中醇类 3 种,相对百分含量为 0.14%;酮类 13 种,相对百分含量为 2.35%;酯类 13 种,相对百分含量为 32.78%;酸类 4 种,相对百分含量为 3.52%;醚类 2 种,相对百分含量为 0.22%;醛类 3 种,相对百分含量为 0.26%;酚类 7 种,相对百分含量为 2.28%;苯系物 4 种,相对百分含量为 0.46%;烯烃 6 种,相对百分含量为 0.49%;胺类 3 种,相对百分含量为 0.32%;杂环类 9 种,相对百分含量为 0.48%;其他物质 9 种,相对百分含量为 3.80%。其中含量最多的是酯类。

表 17-19　烟蒂焦油分离组分 4-2 成分分析结果

类别	序号	英文名称	CAS	中文名称	相对百分含量/%
醇类	1	1,2-Benzenediol, *O*-(5-chlorovaleryl)-*O′*-(1-naphthoyl)-	1000325-94-8	*O*-(5-氯戊基)-*O′*-(1-萘基)-1,2-苯二醇	0.06
	2	Pyrazolo[5,1-*c*][1,2,4]benzotriazin-8-ol	14394-47-9	吡唑[5,1-*c*][1,2,4]苯并三嗪-8-醇	0.04
	3	1,2-Benzenediol, *O*-(2-furoyl)-*O′*-(pentafluoropropionyl)-	1000329-74-7	*O*-(2-糠醛基)-*O′*-(五氟辛基)-1,2-苯二醇	0.04
	小计				0.14
醛类	1	Ethylcis-3-Hexenylacetal	28069-74-1	叶醇缩醛	0.12
	2	Benzaldehyde, 2,4-dihydroxy-6-methyl-	487-69-4	2,4-二羟基-6-甲基苯甲醛	0.13
	3	Benzaldehyde, 2,4-dihydroxy-3,6-dimethyl-	34883-14-2	2,4-二羟基-3,6-二甲基苯甲醛	0.01
	小计				0.26

续表

类别	序号	英文名称	CAS	中文名称	相对百分含量/%
酸类	1	Butanoic acid, 2-methyl-	116-53-0	2-甲基丁酸	0.03
	2	N-Benzyl-4-(2,4-dichloro-phenoxy)-N-methyl-butyramide	1000294-67-6	N-苄基-4-(2,4-二氯苯氧基)-N-甲基-丁酸	0.02
	3	n-Hexadecanoic acid	57-10-3	棕榈酸	1.06
	4	2-Propenoic acid	79-10-7	丙烯酸	2.41
	小计				3.52
酯类	1	Acetic acid, methyl ester	79-20-9	乙酸甲酯	0.04
	2	n-Butyl cyanoacetate	5459-58-5	氰乙酸正丁酯	0.08
	3	2-Chloroethyl benzoate	939-55-9	苯甲酸-2-氯乙酯	0.07
	4	Benzoic acid, 4-amino-, 4-hydroximino-2,2,6,6-tetramethyl-1-piperidinyl ester	1000261-13-0	4-氨基-4-羟肟基-2,2,6,6-四甲基-1-哌啶基苯甲酸酯	0.17
	5	Glycerol 1,2-diacetate	102-62-5	(2-乙酰-3-羟丙基)酯	31.62
	6	Methylparaben	99-76-3	尼泊金甲酯	0.03
	7	benzoic acid, 4,4'-(1,2-dioxo-1,2-ethanediyl)bis-, dimethyl ester	1000402-36-4	4,4'-(1,2-二氧基-1,2-乙二醇)双苯甲酸二甲酯	0.17
	8	Benzenecarbothioic acid, 2,4,6-triethyl-, S-(2-phenylethyl) ester	64712-67-0	S-(2-苯乙基)-2,4,6-三乙苯硫代甲酸酯	0.14
	9	Fumaric acid, di(4-cyanophenyl) ester	1000344-82-1	富马酸二(4-氰基苯基)酯	0.06
	10	Phthalic acid, butyl 2-pentyl ester	1000315-47-6	邻苯二甲酸正丁酯	0.11
	11	Dibutyl phthalate	84-74-2	邻苯二甲酸二正丁酯	0.23
	12	D-Alanine, N-(2,5-ditrifluoromethylbenzoyl)-, heptyl ester	1000347-80-2	N-(2,5-二氟甲基苯甲酰基)-D-丙氨酸庚酯	0.03
	13	Butyl citrate	77-94-1	柠檬酸三丁酯	0.05
	小计				32.80
酮类	1	1-Hexanone, 5-methyl-1-phenyl-	25552-17-4	5-甲基-1-苯基-1-己酮	0.04
	2	2-Cyclopenten-1-one, 2-hydroxy-3-methyl-	80-71-7	2-羟基-3-甲基-2-环戊烯酮	0.19
	3	(3S,3aR)-3-butyl-3a,4,5,6-tetrahydro-3H-2-benzofuran-1-one	4567-33-3	(3S,3aR)-3-丁基-3a,4,5,6-四氢呋喃-3H-2-苯并呋喃-1-酮	0.25
	4	1,2,4-Cyclopentanetrione, 3-methyl-	4505-54-8	3-甲基环戊烷-1,2,4-三酮	0.03
	5	3,7-Dimethylcycloheptatrienone	1000423-11-4	3,7-二甲基环庚三烯酮	0.05
	6	alpha-(Aminomethylene)glutaconic anhydride	67598-07-6	(Z)-3-(氨基亚甲基)-2H-吡喃-2,6(3H)-二酮	0.02
	7	Ethanone, 1-(3-hydroxyphenyl)-	121-71-1	3-羟基苯乙酮	0.06
	8	Ethanone, 1-(4-methylphenyl)-	122-00-9	对甲基苯乙酮	0.04
	9	4H-1-Benzopyran-4-one, 2,3-dihydro-	491-37-2	4-二氢色原酮	0.02
	10	2-Propanone, 1,1,1-trifluoro-	421-50-1	1,1,1-三氟丙酮	0.06
	11	Ethanone, 1-(3-methylenecyclopentyl)-	54829-98-0	1-(3-亚甲基环戊基)乙酮	0.28
	12	5-(Furan-3-yl)-2-methylpent-1-en-3-one	80445-58-5	5-(呋喃-3-基)-2-甲基戊-1-烯-3-酮	0.09
	13	6-Methyl-1,5-dihydrofuro[3,4-c]pyridine-3,4-dione	7472-18-6	6-甲基-1,5-二氢糠醛[3,4-c]吡啶-3,4-二酮	1.22
	小计				2.35

类别	序号	英文名称	CAS	中文名称	相对百分含量/%
胺类	1	benzenesulfonamide, N-(2-aminophenyl)-	1000401-32-7	N-(2-氨基苯基)苯磺酰胺	0.27
	2	6-Amino-2-methyl-1H-pyrrolo[2,3-b]pyridine	55463-64-4	2-甲基-1H-吡咯并[2,3-B]吡啶-6-胺	0.04
	3	Thiourea, 1-benzoyl-3-(3-methyl-5-isoxazolyl)-	118385-15-2	N-[(3-甲基-1,2-噁唑-5-基)氨基甲酰]苯甲酰胺	0.01
	小计				0.32
醚类	1	Methyl propargyl ether	627-41-8	甲基炔丙基醚	0.20
	2	Benzene, 1,4-dimethoxy-	150-78-7	对苯二甲醚	0.02
	小计				0.22
苯系物	1	Toluene	108-88-3	甲苯	0.03
	2	Benzene, nitro-	98-95-3	硝基苯	0.19
	3	4-(2-Ethylhexoxy)ethylbenzene	1000327-15-7	4-(2-乙基己氧基)乙苯	0.04
	4	1,2-Benzenediol, 4-methyl-	452-86-8	3,4-二羟基甲苯	0.20
	小计				0.46
烯烃	1	(2S,6R,7S,8E)-(+)-2,7-Epoxy-4,8-megastigmadiene	108342-25-2	2,7-环氧-4,8-巨豆二烯	0.02
	2	Silane, 1,3-butadiynyltrimethyl-	4526-06-1	三甲基硅基-1,3-丁二烯	0.15
	3	1,3-Benzodioxole	274-09-9	1,3-苯并间二氧杂环戊烯	0.05
	4	3-Hydroxy-4-methoxystyrene	621-58-9	3-羟基-4-甲氧基苯乙烯	0.06
	5	δ-4-Carene	29050-33-7	4-蒈烯	0.06
	6	Cycloocta-1,3,6-triene, 2,3,5,5,8,8-hexamethyl-	1000161-97-9	2,3,5,5,8,8-六甲基环辛-1,3,6-三烯	0.15
	小计				0.49
酚类	1	Phenol	108-95-2	苯酚	0.47
	2	p-Cresol	106-44-5	对甲酚	0.14
	3	Phenol, 2-methoxy-	90-05-1	愈创木酚	0.04
	4	Phenol, 3,4-dimethyl-	95-65-8	3,4-二甲基苯酚	0.21
	5	Catechol	120-80-9	邻苯二酚	0.95
	6	Phenol, 4-ethyl-2-methyl-	2219-73-0	4-乙基-2-甲基苯酚	0.04
	7	1,3-Benzenediol, 4-ethyl-	2896-60-8	4-乙基间苯二酚	0.43
	小计				2.28
其他	1	Formic acid hydrazide	624-84-0	甲酰肼	0.04
	2	3-(Hydroxyimino)-6-methylindolin-2-one	107976-73-8	6-甲基板蓝碱-3-肟	0.02
	3	Sarcosine ethyl ester hydrochloride	52605-49-9	肌氨酸乙酯盐酸盐	0.91
	4	2,2,4-Trimethyl-1,3-pentanediol diisobutyrate	6846-50-0	2,2,4-三甲基-1,3-二(2-甲基丙酰氧基)戊烷	0.98
	5	Benzphetamine	156-08-1	苄非他明	0.02
	6	Sym-tetramethyl(diisopropyl)disiloxane	36957-90-1	1,3-二异丙基-1,1,3,3-四甲基二硅氧烷	0.09
	7	1(3H)-Isobenzofuranone, 6-nitro-	610-93-5	6-硝基苯酞	0.05
	8	Shisool formate	1000465-82-2	噻唑甲酸盐	0.61
	9	Dibenz[a,h]anthracene, 5,12-diphenyl-	14474-66-9	5,12-二苯二苯蒽	1.08
	小计				3.80

类别	序号	英文名称	CAS	中文名称	相对百分含量/%
杂环类	1	2,5-Furandicarboxaldehyde	823-82-5	2,5-二甲酰基呋喃	0.16
	2	Indolizine, 1-methyl-	767-61-3	1-甲基吲哚啉	0.11
	3	3-Methylbenzothiophene	1455-18-1	3-甲基苯噻吩	0.02
	4	1H-Indole, 1-ethyl-	10604-59-8	1-乙基吲哚	0.03
	5	1H-Indole, 2,5-dimethyl-	1196-79-8	2,5-二甲基吲哚	0.02
	6	Furan, 3-phenyl-	13679-41-9	3-苯基呋喃	0.02
	7	Benzo[b]thiophene, 3,5-dimethyl-	1964-45-0	3,5-二甲基苯并噻吩	0.04
	8	3,5-Diamino-1,2,4-triazole	1455-77-2	3,5-二氨基-1,2,4-三氮唑	0.06
	9	2,3-Dihydro-1-ethyl-1H-cyclopenta[b]quinoxaline	109682-76-0	2,3-二氢-1-乙基-1H-环戊烷[b]喹喔啉	0.02
		小计			0.48
未知物	1	—	—	未知物-1	0.01
	2	—	—	未知物-2	0.02
	3	—	—	未知物-3	0.01
	4	—	—	未知物-4	0.01
	5	—	—	未知物-5	0.01
	6	—	—	未知物-6	0.03
	7	—	—	未知物-7	0.01
	8	—	—	未知物-8	0.01
	9	—	—	未知物-9	0.00
	10	—	—	未知物-10	0.01
	11	—	—	未知物-11	0.03
	12	—	—	未知物-12	0.01
	13	—	—	未知物-13	0.01
	14	—	—	未知物-14	0.01
	15	—	—	未知物-15	0.01
	16	—	—	未知物-16	0.02
	17	—	—	未知物-17	0.02
	18	—	—	未知物-18	0.23
	19	—	—	未知物-19	0.03
	20	—	—	未知物-20	0.01
	21	—	—	未知物-21	0.01
	22	—	—	未知物-22	0.01
	23	—	—	未知物-23	0.02
	24	—	—	未知物-24	0.01
	25	—	—	未知物-25	0.01
	26	—	—	未知物-26	0.05
	27	—	—	未知物-27	0.01
	28	—	—	未知物-28	0.03
	29	—	—	未知物-29	0.00
	30	—	—	未知物-30	0.01

类别	序号	英文名称	CAS	中文名称	相对百分含量/%
未知物	31	—	—	未知物-31	0.01
	32	—	—	未知物-32	0.01
	33	—	—	未知物-33	0.01
	34	—	—	未知物-34	0.01
	35	—	—	未知物-35	0.02
	36	—	—	未知物-36	0.01
	37	—	—	未知物-37	0.05
	38	—	—	未知物-38	0.01
	39	—	—	未知物-39	0.01
	40	—	—	未知物-40	0.02
	41	—	—	未知物-41	0.00
	42	—	—	未知物-42	0.01
	43	—	—	未知物-43	0.03
	44	—	—	未知物-44	0.02
	45	—	—	未知物-45	0.01
	46	—	—	未知物-46	0.04
	47	—	—	未知物-47	0.02
	48	—	—	未知物-48	0.01
	49	—	—	未知物-49	0.01
	50	—	—	未知物-50	0.01
	51	—	—	未知物-51	0.05
	52	—	—	未知物-52	0.01
	53	—	—	未知物-53	0.01
	54	—	—	未知物-54	0.02
	55	—	—	未知物-55	0.01
	56	—	—	未知物-56	0.02
	57	—	—	未知物-57	0.01
	58	—	—	未知物-58	0.01
	59	—	—	未知物-59	0.02
	60	—	—	未知物-60	0.21
	61	—	—	未知物-61	0.18
	62	—	—	未知物-62	0.01
	63	—	—	未知物-63	0.01
	64	—	—	未知物-64	0.01
	65	—	—	未知物-65	0.02
	66	—	—	未知物-66	0.01
	67	—	—	未知物-67	0.01
	68	—	—	未知物-68	0.01
	69	—	—	未知物-69	0.01
	70	—	—	未知物-70	0.00

续表

类别	序号	英文名称	CAS	中文名称	相对百分含量/%
	71	—	—	未知物-71	0.02
	72	—	—	未知物-72	0.00
	73	—	—	未知物-73	0.02
	74	—	—	未知物-74	0.01
	75	—	—	未知物-75	0.02
	76	—	—	未知物-76	0.02
	77	—	—	未知物-77	0.01
	78	—	—	未知物-78	0.01
	79	—	—	未知物-79	0.00
	80	—	—	未知物-80	0.04
	81	—	—	未知物-81	0.01
	82	—	—	未知物-82	0.02
	83	—	—	未知物-83	0.21
	84	—	—	未知物-84	0.36
	85	—	—	未知物-85	0.18
	86	—	—	未知物-86	0.01
	87	—	—	未知物-87	0.05
	88	—	—	未知物-88	0.01
	89	—	—	未知物-89	0.01
未知物	90	—	—	未知物-90	0.02
	91	—	—	未知物-91	0.38
	92	—	—	未知物-92	0.43
	93	—	—	未知物-93	0.09
	94	—	—	未知物-94	0.06
	95	—	—	未知物-95	0.20
	96	—	—	未知物-96	0.03
	97	—	—	未知物-97	0.01
	98	—	—	未知物-98	0.01
	99	—	—	未知物-99	0.00
	100	—	—	未知物-100	0.01
	101	—	—	未知物-101	0.05
	102	—	—	未知物-102	0.00
	103	—	—	未知物-103	0.00
	104	—	—	未知物-104	0.01
	105	—	—	未知物-105	0.05
	106	—	—	未知物-106	0.07
	107	—	—	未知物-107	0.00
	108	—	—	未知物-108	0.00
	109	—	—	未知物-109	0.00
	110	—	—	未知物-110	0.00

续表

类别	序号	英文名称	CAS	中文名称	相对百分含量/%
未知物	111	—	—	未知物-111	0.01
	112	—	—	未知物-112	0.35
	113	—	—	未知物-113	0.28
	114	—	—	未知物-114	1.66
	115	—	—	未知物-115	0.01
	116	—	—	未知物-116	0.09
	117	—	—	未知物-117	0.02
	118	—	—	未知物-118	2.24
	119	—	—	未知物-119	0.02
	120	—	—	未知物-120	0.90
	121	—	—	未知物-121	1.84
	122	—	—	未知物-122	2.37
	123	—	—	未知物-123	0.13
	124	—	—	未知物-124	5.16
	125	—	—	未知物-125	17.40
	126	—	—	未知物-126	0.03
	127	—	—	未知物-127	9.38
	128	—	—	未知物-128	0.01
	129	—	—	未知物-129	2.37
	130	—	—	未知物-130	0.94
	131	—	—	未知物-131	0.01
	132	—	—	未知物-132	1.95
	133	—	—	未知物-133	0.20
	134	—	—	未知物-134	1.53
小计					52.95
总计					100.05

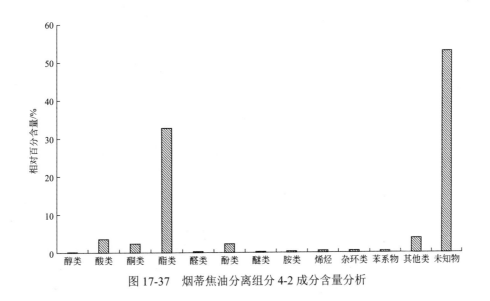

图 17-37 烟蒂焦油分离组分 4-2 成分含量分析

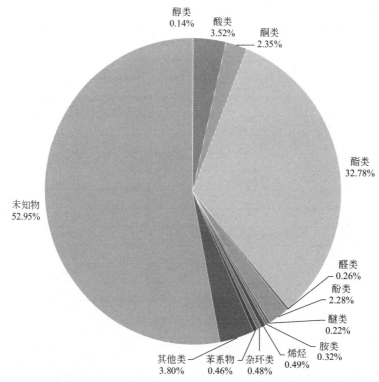

图 17-38　烟蒂焦油分离组分 4-2 各类成分占比分析

17.3.2.3　烟蒂焦油分离组分 4-3 成分结果分析

通过对卷烟烟蒂焦油的分离,得到烟蒂焦油组分 4-3 成分分析结果如表 17-20 和图 17-39、图 17-40 所示。结果表明,烟蒂焦油组分 4-3 共有 282 种物质,其中醇类 8 种,相对百分含量为 14.01%;酮类 18 种,相对百分含量为 4.16%;酯类 24 种,相对百分含量为 6.95%;酸类 7 种,相对百分含量为 3.01%;醛类 4 种,相对百分含量为 0.93%;酚类 2 种,相对百分含量为 1.47%;苯系物 2 种,相对百分含量为 0.12%;烯烃 1 种,相对百分含量为 0.02%;胺类 6 种,相对百分含量 1.02%;杂环类 14 种,相对百分含量为 3.77%;其他物质 26 种,相对百分含量为 8.83%。其中含量最多的是醇类。

表 17-20　烟蒂焦油分离组分 4-3 成分分析结果

类别	序号	名称	CAS	中文名称	相对百分含量/%
醇类	1	*R*-(−)-1,2-propanediol	4254-14-2	(*R*)-1,2-丙二醇	6.88
	2	(*S*)-(+)-1,2-Propanediol	4254-15-3	(*S*)-(+)-1,2-丙二醇	5.78
	3	Silanol, trimethyl-	1066-40-6	三甲基硅醇	0.10
	4	1,2-Benzenediol, *O*-(5-chlorovaleryl)-*O*′-(1-naphthoyl)-	1000325-94-8	*O*-(5-氯戊基)-*O*′-(1-萘基)-1,2-苯二醇	0.05
	5	Benzeneethanol, 4-hydroxy-	501-94-0	对羟基苯乙醇	0.21
	6	3-Pentanol, 3-methyl-	77-74-7	3-甲基-3-戊醇	0.70
	7	2-Amino-1,3-propanediol	534-03-2	2-氨基-1,3-丙二醇	0.22
	8	1-(2,3-Dimethoxyphenyl)ethanol	1000433-06-8	1-(2,3-二甲氧基苯基)乙醇	0.07
小计					14.01

类别	序号	名称	CAS	中文名称	相对百分含量/%
醛类	1	3-Furaldehyde	498-60-2	3-糠醛	0.03
	2	2-Propenal	107-02-8	丙烯醛	0.08
	3	5-Acetoxymethyl-2-furaldehyde	10551-58-3	5-乙酰氧基甲基-2-呋喃醛	0.76
	4	2-Butyn-1-al diethyl acetal	2806-97-5	2-丁炔乙缩醛	0.06
		小计			0.93
酸类	1	Pentanoic acid, 4-oxo-	123-76-2	乙酰丙酸	0.07
	2	2-Furancarboxylic acid	88-14-2	糠酸	0.15
	3	2-Furanacetic acid, alpha-hydroxy-	19377-73-2	α-羟基呋喃-2-乙酸	1.80
	4	Benzeneacetic acid	103-82-2	苯乙酸	0.13
	5	3-Amino-1,2,4-triazole-5-carboxylic acid	3641-13-2	5-氨基-1H-1,2,4-三氮唑-3-羧酸	0.51
	6	Benzoic acid, 3-hydroxy-	99-06-9	间羟基苯甲酸	0.27
	7	Cyclohex-2-ene-1-acrylic acid, 2,6,6,alpha-tetramethyl-	109629-40-5	(E)-2-甲基-3-(2',6',6'-三甲基-2'-环己烯基)丙烯酸	0.08
		小计			3.01
酯类	1	Hydrogen isocyanate	75-13-8	异氰酸酯	0.10
	2	1,2-Propanediol, 1-acetate	627-69-0	1,2-丙二醇-1-醋酸酯	0.14
	3	1,1-Ethanediol, diacetate	542-10-9	乙烯二乙酯	0.06
	4	2-Hydroxy-gamma-butyrolactone	19444-84-9	2-羟基-γ-丁内酯	0.09
	5	Valeric acid, 4-nitrophenyl ester	1000307-98-9	缬草酸-4-硝基苯基酯	0.04
	6	1,2,3-Propanetriol, 1-acetate	106-61-6	一乙酸甘油酯	0.43
	7	Propanoic acid, 2-oxo-, methyl ester	600-22-6	丙酮酸甲酯	0.05
	8	2(3H)-Furanone, dihydro-4-hydroxy-	5469-16-9	(S)-3-羟基-γ-丁内酯	0.32
	9	2-Chloroethyl benzoate	939-55-9	苯甲酸-2-氯乙酯	0.11
	10	Succinic acid, ethyl 4-heptyl ester	1000349-26-3	丁二酸-4-庚基乙酯	0.03
	11	1,2-Ethanediol, monoacetate	542-59-6	1,2-乙二醇单乙酸酯	0.85
	12	Glycerol 1,2-diacetate	102-62-5	(2-乙酰-3-羟基丙基)酯	0.44
	13	(+)-Diethyl L-tartrate	87-91-2	L-(+)酒石酸二乙酯	0.36
	14	Butanoic acid, 1,1-dimethylethyl ester	2308-38-5	丁酸叔丁酯	0.19
	15	Butanoic acid, 2-propenyl ester	2051-78-7	丁酸烯丙酯	0.15
	16	Propane, 2-isocyanato-2-methyl-	1609-86-5	叔丁基异氰酸酯	0.15
	17	Boronic acid, ethyl-, dimethyl ester	7318-82-3	乙基硼酸二甲酯	0.69
	18	Pentanoic acid, 2-hydroxy-, ethyl ester	6938-26-7	2-羟基戊酸乙酯	0.88
	19	2,4-Dimethyl-3-pentanol acetate	84612-74-8	乙酸-2,4-二甲基戊烷-3-基酯	0.35
	20	l-Alanine, N-(2-thienylcarbonyl)-, pentyl ester	1000314-33-2	N-(2-噻吩羰基)-l-丙氨酸戊基酯	0.09
	21	Heptanoic acid, 4-methoxyphenyl ester	56052-15-4	庚酸-4-甲氧基苯基酯	0.06
	22	L-Proline, N-valeryl-, nonyl ester	1000345-50-3	N-戊基-L-脯氨酸壬基酯	0.04
	23	Scopoletin	92-61-5	东莨菪内酯	1.26
	24	2-Ethoxyethyl acrylate	106-74-1	2-乙氧基乙基丙烯酸酯	0.07
		小计			6.97

续表

类别	序号	名称	CAS	中文名称	相对百分含量/%
酮类	1	Furaneol	3658-77-3	4-羟基-2,5-二甲基-3(2H)-呋喃酮	0.08
	2	3H-1,2,4-Triazol-3-one, 1,2-dihydro-	930-33-6	1,2-二氢-3H-1,2,4-三氮唑-3-酮	0.14
	3	4H-Pyran-4-one, 2,3-dihydro-3,5-dihydroxy-6-methyl-	28564-83-2	2,3-二氢-3,5-二羟基-6-甲基-4(H)-吡喃-4-酮	1.03
	4	2-Butanone, 1-(acetyloxy)-	1575-57-1	1-乙酰氧基-2-丁酮	0.81
	5	sec-Butylhydrazone methylethylketone	1000423-16-6	仲丁醛酮甲基乙基酮	0.07
	6	4-Hexen-3-one, 2,2-dimethyl-	20971-19-1	2,2-二甲基-4-己烯-3-酮	0.35
	7	4-(Hydroxymethyl)-3-oxabicyclo[3.1.0]hexan-2-one	264921-37-1	[1S-(1$α$,4$α$,5$α$)]-4-羟甲基-3-噁杂环[3.1.0]己-2-酮	0.27
	8	4,5-Octanedione	5455-24-3	4,5-辛二酮	0.04
	9	2-Butanone, 3-methoxy-3-methyl-	36687-98-6	3-甲氧基-3-甲基-2-丁酮	0.26
	10	Methyl vinyl ketone	78-94-4	丁烯酮	0.21
	11	Ethanone, 1-(2,3,4-trihydroxyphenyl)-	528-21-2	2,3,4-三羟基苯乙酮	0.06
	12	3-Hexanone	589-38-8	3-己酮	0.41
	13	Cotinine	486-56-6	吡啶吡咯酮	0.07
	14	4,5-Dimethoxy-2-hydroxyacetophenone	20628-06-2	2′-羟基-4′,5′-二甲氧基苯乙酮	0.02
	15	3,6-Dimethyl-4H-furo[3,2-c]pyran-4-one	36745-38-7	3,6-二甲基-4H-呋喃并[3,2-c]吡喃-4-酮	0.02
	16	Cyclo(L-prolyl-L-valine)	2854-40-2	(3S,8aS)-3-丙烷-2-基-2,3,6,7,8,8a-六氢吡咯[1,2-a]吡嗪-1,4-二酮	0.10
	17	2(5H)-Furanone, 5-(bromomethyl)-5-phenyl-	53774-22-4	5-溴甲基-5-苯基-5H-呋喃-2-酮	0.04
	18	Paroxypropione	70-70-2	4-羟基苯丙酮	0.18
		小计			4.16
烯烃类	1	Oxirane, 2,3-dimethyl-, cis-	1758-33-4	顺式-2,3-氯丁烯	0.02
		小计			0.02
酚类	1	Catechol	120-80-9	邻苯二酚	1.40
	2	1,4-Benzenediol, 2-methoxy-	824-46-4	2-甲氧基对苯二酚	0.07
		小计			1.47
胺类	1	N,N-Dimethyl-O-(1-methyl-butyl)-hydroxylamine	1000190-16-8	N,N-二甲基-O-(1-甲基丁基)羟胺	0.56
	2	Butanamide	541-35-5	丁酰胺	0.04
	3	N-Methoxy-N-methylacetamide	78191-00-1	N-甲氧基-N-甲基乙酰胺	0.04
	4	Formamide, N,N-dimethyl-	68-12-2	N,N-二甲基甲酰胺	0.16
	5	1,2-Ethanediamine, N,N-diethyl-	100-36-7	N,N-二乙基乙二胺	0.16
	6	2-Fluoro-5-methylaniline	452-84-6	2-氟-5-甲基苯胺	0.06
		小计			1.02
苯系物	1	Toluene	108-88-3	甲苯	0.02
	2	Benzene, 1-(butylthio)-4-methyl-	21784-96-3	4-甲基-1-(1-噻戊基)苯	0.10
		小计			0.12

类别	序号	名称	CAS	中文名称	相对百分含量/%
其他类	1	Propane, 1,1-dimethoxy-	4744-10-9	1,1-二甲氧基丙烷	0.03
	2	1,3-Butadiyne, 1,4-difluoro-	64788-23-4	1,4-二氟丁烷-1,3-二炔	0.01
	3	Hydrazine, 1,1-bis(2-methylpropyl)-	16596-38-6	1,1-双(2-甲基丙基)肼	0.03
	4	n-Hexyl methylphosphonofluoridate	113548-89-3	1-[氟(甲基)磷酰]氧己烷	0.12
	5	Methane, diazo-	334-88-3	重氮甲烷	0.16
	6	Valeric anhydride	2082-59-9	戊酸酐	0.37
	7	Propanoic acid, 2-methyl-, anhydride	97-72-3	异丁酸酐	0.04
	8	Benzene, 1-ethynyl-4-methyl-	766-97-2	4-甲苯基乙炔	0.01
	9	3,4-Altrosan	1000129-76-4	3,4-奥特洛桑	0.79
	10	Sulfane, bis(2-trifluoroacetoxyethyl)-, oxide	97916-05-7	双(2-三氟乙酰氧基乙基)硫氧化物	0.06
	11	Silane, trimethyl-3-penten-1-ynyl-	18387-62-7	三甲基-3-戊烯-1-炔基硅烷	0.09
	12	Trifluoroguanidine	37950-72-4	1,1,2-三氟胍	0.15
	13	S-Ethyl ethanethioate	625-60-5	硫代乙酸乙酯	0.29
	14	Butanenitrile, 3-methyl-	625-28-5	异戊腈	0.24
	15	Benzene, 1-(bromomethyl)-3-nitro-	3958-57-4	3-硝基溴苄	0.27
	16	Benserazide	322-35-0	苄丝肼	2.79
	17	Urea, formyltrimethyl-	1000151-45-7	甲酰三甲基脲	0.31
	18	Imidodicarbonic diamide	108-19-0	缩二脲	0.63
	19	Ammonium acetate	631-61-8	乙酸铵	0.66
	20	2-Acetyl-2-methyltetrahydrofuran	32318-87-9	1-(四氢基-2-甲基-2-呋喃基)乙烷	1.08
	21	1-ethoxy-1-(1,1-dimethyl-allyloxy)-ethane	18526-72-2	1-乙氧基-1-(1,1-二甲基烯丙基氧基)乙烷	0.52
	22	Bromonitromethane	563-70-2	溴代硝基甲烷	0.03
	23	4H-1,3,2-Dioxaborin, 2-ethyl-4-methyl-4,6-dipropyl-	74421-10-6	2-乙基-4-甲基-4,6-二丙基-4H-1,3,2-二噁英	0.02
	24	6-Hydroxy-4-methylcoumarin	2373-31-1	6-羟基-4-甲基香豆素	0.09
	25	Benzonitrile, 2-bromo-	2042-37-7	2-溴苯腈	0.02
	26	1,3-Dioxolane, 2-(methoxymethyl)-2-phenyl-	1000156-71-2	2-(甲氧基甲基)-2-苯基-1,3-二氧戊环	0.02
		小计			8.83
杂环类	1	Thiophene, 3-methyl-	616-44-4	3-甲基噻吩	0.02
	2	2-Amino-1,3,5-triazine	4122-04-7	2-氨基-1,3,5-三嗪	0.06
	3	Thymine	65-71-4	5-甲基脲嘧啶	0.09
	4	3-Pyridinol	109-00-2	3-羟基吡啶	0.49
	5	2(1H)-Pyridinone, 3-methyl-	1003-56-1	2-羟基-3-甲基吡啶	0.05
	6	3,5-Diamino-1,2,4-triazole	1455-77-2	3,5-二氨基-1,2,4-三氮唑	0.05
	7	5-Methyl-2-(2-methyl-2-tetrahydrofuryl)tetrahydrofuran	1000112-56-4	5-甲基-2-(2-甲基-2-四氢呋喃)四氢呋喃	0.02
	8	N-1-Naphthalmethyl-piperidin	63401-12-7	N-1-萘甲基哌啶	0.17
	9	4-Amino-2(1H)-pyridinone	38767-72-5	4-氨基-2-羟基吡啶	1.27

类别	序号	名称	CAS	中文名称	相对百分含量/%
杂环类	10	2,5-Furandicarboxaldehyde	823-82-5	2,5-二甲酰基呋喃	0.09
	11	3-Nitropyrrole	5930-94-9	3-硝基吡咯	1.12
	12	2,3-Dihydro-1-ethyl-1H-cyclopenta[b]quinoxaline	109682-76-0	2,3-二氢-1-乙基-1H-环戊烷[b]喹喔啉	0.13
	13	S-Tetrazine, 3,6-bis(dimethylamino)-	877-77-0	3,6-二(二甲氨基)-1,2,4,5-四嗪	0.05
	14	Imidazo[2,1-a]isoquinoline	234-70-8	咪唑并[2,1-a]异喹啉	0.16
		小计			3.77
未知物	1			未知物-1	0.01
	2			未知物-2	0.01
	3			未知物-3	0.03
	4			未知物-4	0.01
	5			未知物-5	0.02
	6			未知物-6	0.00
	7			未知物-7	0.00
	8			未知物-8	0.01
	9			未知物-9	0.08
	10			未知物-10	0.01
	11			未知物-11	0.00
	12			未知物-12	0.00
	13			未知物-13	0.00
	14			未知物-14	0.02
	15			未知物-15	0.01
	16			未知物-16	0.01
	17			未知物-17	2.91
	18			未知物-18	0.01
	19			未知物-19	0.03
	20			未知物-20	0.02
	21			未知物-21	0.07
	22			未知物-22	0.00
	23			未知物-23	0.01
	24			未知物-24	0.04
	25			未知物-25	0.01
	26			未知物-26	0.02
	27			未知物-27	0.04
	28			未知物-28	0.01
	29			未知物-29	0.09
	30			未知物-30	0.02
	31			未知物-31	0.01
	32			未知物-32	0.01
	33			未知物-33	0.12
	34			未知物-34	0.30

类别	序号	名称	CAS	中文名称	相对百分含量/%
	35			未知物-35	0.01
	36			未知物-36	0.02
	37			未知物-37	0.03
	38			未知物-38	0.02
	39			未知物-39	0.15
	40			未知物-40	0.49
	41			未知物-41	0.02
	42			未知物-42	0.40
	43			未知物-43	0.00
	44			未知物-44	0.11
	45			未知物-45	0.01
	46			未知物-46	0.01
	47			未知物-47	0.07
	48			未知物-48	0.03
	49			未知物-49	0.05
	50			未知物-50	0.02
	51			未知物-51	0.01
	52			未知物-52	0.01
	53			未知物-53	0.01
未知物	54			未知物-54	0.01
	55			未知物-55	0.02
	56			未知物-56	0.04
	57			未知物-57	0.03
	58			未知物-58	0.10
	59			未知物-59	0.03
	60			未知物-60	0.02
	61			未知物-61	0.01
	62			未知物-62	0.00
	63			未知物-63	0.06
	64			未知物-64	0.32
	65			未知物-65	0.07
	66			未知物-66	0.05
	67			未知物-67	0.05
	68			未知物-68	0.03
	69			未知物-69	0.05
	70			未知物-70	0.01
	71			未知物-71	0.01
	72			未知物-72	0.02
	73			未知物-73	0.01

类别	序号	名称	CAS	中文名称	相对百分含量/%
	74			未知物-74	0.05
	75			未知物-75	0.01
	76			未知物-76	0.02
	77			未知物-77	0.02
	78			未知物-78	0.10
	79			未知物-79	0.18
	80			未知物-80	0.01
	81			未知物-81	0.04
	82			未知物-82	0.02
	83			未知物-83	0.00
	84			未知物-84	0.01
	85			未知物-85	0.01
	86			未知物-86	0.08
	87			未知物-87	0.40
	88			未知物-88	0.04
	89			未知物-89	0.02
	90			未知物-90	0.01
	91			未知物-91	1.58
	92			未知物-92	0.48
未知物	93			未知物-93	0.06
	94			未知物-94	0.01
	95			未知物-95	0.01
	96			未知物-96	0.08
	97			未知物-97	0.01
	98			未知物-98	0.00
	99			未知物-99	0.13
	100			未知物-100	0.01
	101			未知物-101	0.14
	102			未知物-102	0.02
	103			未知物-103	0.38
	104			未知物-104	0.18
	105			未知物-105	0.01
	106			未知物-106	1.02
	107			未知物-107	0.63
	108			未知物-108	0.06
	109			未知物-109	0.24
	110			未知物-110	0.04
	111			未知物-111	0.01
	112			未知物-112	0.01

类别	序号	名称	CAS	中文名称	相对百分含量/%
未知物	113			未知物-113	0.00
	114			未知物-114	0.03
	115			未知物-115	0.01
	116			未知物-116	0.01
	117			未知物-117	0.00
	118			未知物-118	0.01
	119			未知物-119	0.05
	120			未知物-120	0.01
	121			未知物-121	0.00
	122			未知物-122	0.06
	123			未知物-123	0.00
	124			未知物-124	0.00
	125			未知物-125	0.01
	126			未知物-126	0.01
	127			未知物-127	0.00
	128			未知物-128	0.01
	129			未知物-129	0.02
	130			未知物-130	0.01
	131			未知物-131	0.01
	132			未知物-132	0.03
	133			未知物-133	0.09
	134			未知物-134	0.03
	135			未知物-135	0.00
	136			未知物-136	0.00
	137			未知物-137	0.01
	138			未知物-138	0.01
	139			未知物-139	0.01
	140			未知物-140	0.00
	141			未知物-141	0.01
	142			未知物-142	0.00
	143			未知物-143	0.00
	144			未知物-144	0.03
	145			未知物-145	0.01
	146			未知物-146	0.00
	147			未知物-147	0.01
	148			未知物-148	0.01
	149			未知物-149	0.02
	150			未知物-150	0.04
	151			未知物-151	0.08

续表

类别	序号	名称	CAS	中文名称	相对百分含量/%
未知物	152			未知物-152	0.02
	153			未知物-153	0.00
	154			未知物-154	0.01
	155			未知物-155	0.02
	156			未知物-156	0.00
	157			未知物-157	1.17
	158			未知物-158	0.71
	159			未知物-159	17.74
	160			未知物-160	1.30
	161			未知物-161	2.26
	162			未知物-162	2.31
	163			未知物-163	2.22
	164			未知物-164	0.60
	165			未知物-165	0.00
	166			未知物-166	2.09
	167			未知物-167	0.86
	168			未知物-168	1.85
	169			未知物-169	7.72
	170			未知物-170	1.70
小计					55.70
总计					99.99

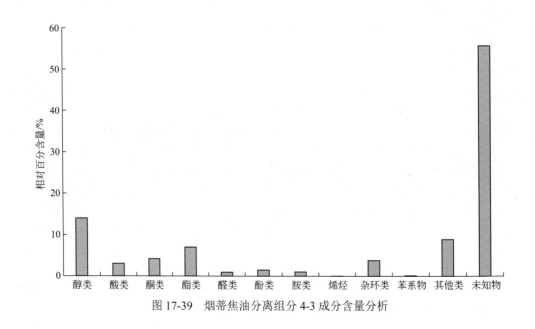

图 17-39　烟蒂焦油分离组分 4-3 成分含量分析

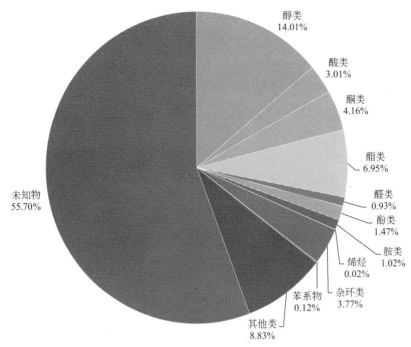

图 17-40　烟蒂焦油分离组分 4-3 各类成分占比分析

17.3.2.4　烟蒂焦油分离组分 4-4 成分结果分析

通过对卷烟烟蒂焦油的分离,得到烟蒂焦油组分 4-4 成分分析结果如表 17-21 和图 17-41、图 17-42 所示。结果表明,烟蒂焦油组分 4-4 共有 62 种物质,其中醇类 1 种,相对百分含量为 0.11%;酮类 2 种,相对百分含量为 0.16%;酯类 1 种,相对百分含量为 0.04%;醛类 1 种,相对百分含量为 0.71%;杂环类 2 种,相对百分含量为 50.60%;其他物质 2 种,相对百分含量为 0.11%。其中含量最多的是杂环类。

表 17-21　烟蒂焦油分离组分 4-4 成分分析结果

类别	序号	英文名称	CAS	中文名称	相对百分含量/%
醛类	1	Methylal	109-87-5	甲缩醛	0.71
		小计			0.71
酯类	1	Phthalic acid, 4-cyanophenyl 2-propyl ester	1000315-57-1	邻苯二甲酸-4-氰基苯基-2-丙酯	0.04
		小计			0.04
醇类	1	2-Amino-1,3-propanediol	534-03-2	2-氨基-1,3-丙二醇	0.11
		小计			0.11
酮类	1	Acetoin	513-86-0	3-羟基-2-丁酮	0.14
	2	Ethanone, 1-(2,6-dihydroxy-4-methoxyphenyl)-	7507-89-3	1-(2,6-二羟基-4-甲氧基苯基)乙酮	0.02
		小计			0.16
杂环类	1	2,3-Quinoxalinedione, 1,4-dihydro-	15804-19-0	2,3-二羟基喹喔啉	9.83
	2	Pyridine, 3-(1-methyl-2-pyrrolidinyl)-, (S)-	54-11-5	尼古丁	40.77
		小计			50.60

类别	序号	英文名称	CAS	中文名称	相对百分含量/%
其他类	1	Carbon disulfide	75-15-0	二硫化碳	0.09
	2	Anhydro 5-mercapto-3-methyl-1,2,3,4-oxatriazolium hydroxide	1000256-13-4	无水-5-巯基-3-甲基-1,2,3,4-噁曲唑氢氧化物	0.02
		小计			0.11
未知物	1			未知物-1	0.01
	2			未知物-2	0.01
	3			未知物-3	0.03
	4			未知物-4	0.11
	5			未知物-5	0.01
	6			未知物-6	0.01
	7			未知物-7	0.03
	8			未知物-8	0.10
	9			未知物-9	0.06
	10			未知物-10	0.08
	11			未知物-11	0.00
	12			未知物-12	0.01
	13			未知物-13	0.01
	14			未知物-14	0.02
	15			未知物-15	0.02
	16			未知物-16	0.01
	17			未知物-17	0.03
	18			未知物-18	0.00
	19			未知物-19	0.80
	20			未知物-20	0.42
	21			未知物-21	0.02
	22			未知物-22	0.00
	23			未知物-23	0.01
	24			未知物-24	0.01
	25			未知物-25	0.00
	26			未知物-26	0.00
	27			未知物-27	0.02
	28			未知物-28	0.00
	29			未知物-29	0.42
	30			未知物-30	0.00
	31			未知物-31	0.01
	32			未知物-32	0.01
	33			未知物-33	0.01
	34			未知物-34	0.01
	35			未知物-35	0.01

类别	序号	英文名称	CAS	中文名称	相对百分含量/%
未知物	36			未知物-36	0.00
	37			未知物-37	0.01
	38			未知物-38	0.01
	39			未知物-39	0.00
	40			未知物-40	0.00
	41			未知物-41	3.27
	42			未知物-42	1.85
	43			未知物-43	1.52
	44			未知物-44	0.81
	45			未知物-45	17.67
	46			未知物-46	1.71
	47			未知物-47	2.08
	48			未知物-48	2.41
	49			未知物-49	0.67
	50			未知物-50	0.18
	51			未知物-51	9.40
	52			未知物-52	2.38
	53			未知物-53	2.00
小计					48.27
总计					100.00

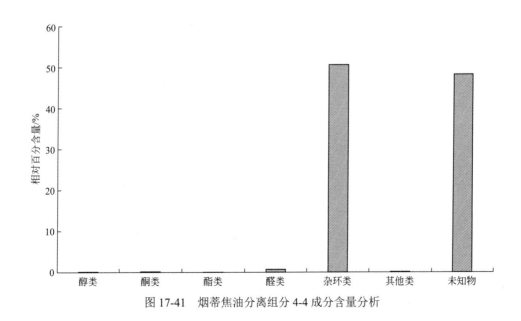

图 17-41 烟蒂焦油分离组分 4-4 成分含量分析

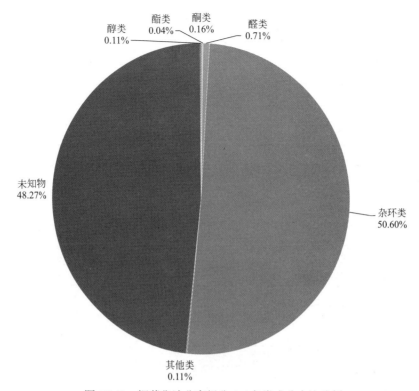

图 17-42　烟蒂焦油分离组分 4-4 各类成分占比分析

参考文献

[1] 孙玉利, 王晓瑜, 刘绍锋, 等. 串联冷阱捕集-气相色谱/质谱法分析卷烟主流烟气气相成分[J]. 烟草科技, 2016, 49(3): 52-61.

[2] 申钦鹏, 刘强, 向能军, 等. 在线液相-气相二维色谱高灵敏测定卷烟主流烟气中的 4-(N-甲基亚硝胺基)-1-(3-吡啶基)-1-丁酮[J]. 分析化学, 2016, 44(6): 929-934.

[3] 郑阳, 许秀丽, 纪顺利, 等. 固相萃取结合气相色谱-串联质谱法测定烟草制品中 23 种酯类香料[J]. 色谱, 2016, 34 (5): 512-519.

[4] 洪华俏, 郭紫明, 易克, 等. 卷烟主流烟气的中性香气成分分析[J]. 湖南农业大学学报(自然科学版), 2008, 34(2): 164-167.

[5] 杨琼. 中、低焦油卷烟主流烟气成分对比剖析研究[D]. 长沙: 湖南师范大学, 2014.

[6] 刘欢, 楚桂林, 何力, 等. 多糖的热裂解性质分析及其在卷烟中的应用[J]. 食品与机械, 2020, 36(11): 217-222.

[7] GB/T 16450—2004. 常规分析用吸烟机　定义和标准条件[S].

[8] 田数, 李力群, 郭春生, 等. 卷烟烟蒂焦油与烟气焦油中性香味成分对比分析研究[J]. 轻工科技, 2021, 37(11): 7-9.

[9] 贾春晓, 张月丽, 陈芝飞, 等. 卷烟烟气中性香味成分的半制备 HPLC 分离与 GC-MS 测定[J]. 轻工学报, 2017, 32(06): 63-72.

[10] 杨斌, 白俊海. HXD 前后烟丝中烟碱及部分香味成分的变化[J]. 烟草科技, 2006, (01): 18-21.

[11] 李瑞丽, 徐达, 赵琪, 等. 美拉德反应产物对主流烟气碱性香味成分的影响研究[J]. 化学试剂, 2021, 43(02): 220-224.

[12] 纪旭东, 何山, 赵赛月, 等. 不同风格类型卷烟碱性香味成分差异化研究[J]. 西南农业学报, 2020, 33(03): 651-657.

[13] 张燕, 马林, 刘挺, 等. 卷烟烟丝有机酸与香气特征的相关分析[J]. 昆明学院学报, 2012, 34(03): 16-19.

[14] 高复高, 王刘东, 王仰勋, 等. 不同香型卷烟中有机酸的差异性[J]. 食品工业, 2021, 42(11): 188-192.

[15] 任雯黎, 余苓, 沈晓洁, 等. 不同类型卷烟中非挥发性有机酸及高级脂肪酸的分析[J]. 计算机与应用化学, 2013, 30(07): 788-792.

[16] 沈艳飞, 赵常山, 赵立恒, 等. 微波辅助甲酯化-微型液液萃取-气相色谱法测定卷烟中的非挥发有机酸和脂肪酸[J]. 化学试剂, 2018, 40(03): 244-248.

[17] 毛多斌, 马宇平, 张峻松, 等. 国内外混合型卷烟主流烟气中酚类物质的分析[J]. 烟草科技, 2002, (04): 17-20.

[18] Saha Subhrakanti, Mistri Rajib, Ray Bidhan Chandra. A rapid and selective method for simultaneous determination of six toxic phenolic compounds in mainstream cigarette smoke using single-drop microextraction followed by liquid chromatography- tandem mass spectrometry[J]. Analytical and bioanalytical chemistry, 2013, 405(28): 9265-9272.

[19] 刘春波, 陆舍铭, 刘正聪, 等. 吹扫捕集-气相色谱法测定卷烟主流烟气中挥发酚[J]. 理化检验(化学分册), 2009, 45(03): 349-351.

[20] YC/T 255—2008. 卷烟　主流烟气中主要酚类化合物的测定　高效液相色谱法[S].

[21] 姬厚伟, 张丽, 刘剑, 等. 气相色谱-串联质谱法测定卷烟主流烟气中 8 种生物碱[J]. 中国烟草学报, 2016, 22(06): 32-40.

[22] 朱琴, 刘志华, 朱瑞芝, 等. 7 种生物碱在不同粒径卷烟主流烟气气溶胶中的分布研究[J]. 分析测试学报, 2017, 36(11): 1380-1386.

[23] YC/T 254—2008. 卷烟　主流烟气中主要羰基化合物的测定　高效液相色谱法[S].

[24] 申洪涛, 徐辰生, 张仕祥, 等. 土壤金属胁迫对烟草不同部位金属含量的影响[J]. 现代农业科技, 2019, (04): 3-7.

[25] 胡亚杰, 刘高, 王维, 等. 喷施金属离子对初烤烟叶颜色变化的影响[J]. 作物研究, 2017, 31(05): 524-527.

[26] 李欣. 二氯喹啉酸在烟蒂中的残留降解吸附及烟蒂和烟叶中的效应研究[D]. 长沙: 湖南农业大学, 2011.

[27] 郭倩, 秦迪岚, 伍齐, 等. 吹扫捕集气质联用法同时测定水中氯乙烯、乙醛、丙烯醛、丙烯腈、吡啶和松节油[J]. 中国环境监测, 2016, 32(03): 115-119.

[28] 王加忠, 赖东辉, 蔡元青, 等. 气质联用测定卷烟主流烟气中的 3-羟基吡啶[J]. 安徽农业科学, 2017, 45(12): 64-66.

[29] 王芳, 温东奇, 陈再根, 等. 深度吸烟对卷烟焦油、烟碱和 CO 释放量测定结果的影响[J]. 烟草科技, 2006, (03): 24-29.

[30] 王军, 刘永新, 刘爱玲. 卷烟主流烟气粒相物中稠环芳烃的分析[C]//河南省烟草学会 2006 年论文集(上). [出版者不详], 2007: 46-53.

[31] 张国安, 王复, 李桂贞, 等. 卷烟烟气中多环芳烃的分析方法[J]. 华东理工大学学报, 2001, (02): 186-190.

[32] 马建明, 龚文杰. 柱层析分离净化的实验方法和技巧探讨[J]. 中国卫生检验杂志, 2008, (04): 745+762.

[33] 郑州烟草研究院卷烟焦油中性香味物质研究组. 卷烟焦油中性香味物质的分离和鉴定[J]. 烟草科技, 1988, (01): 15+17-19.

[34] Gmeiner G, Stehlik G, Tausch H. Determination of seventeen polycyclic aromatic hydrocarbons in tobacco smoke condensate[J]. Journal of Chromatography A, 1997, 767(1): 163-169.